Peter Barham
Die letzten Geheimnisse der Kochkunst

Springer-Verlag Berlin Heidelberg GmbH

PETER BARHAM

Die letzten Geheimnisse der Kochkunst

Hintergründe – Rezepte – Experimente

Aus dem Englischen übersetzt
von Martin Krause, Wolfenbüttel

DR. PETER BARHAM
2 Cotham Place, Trelawney Road
BS6 6QS Bristol
United Kingdom

Originalausgabe:
Peter Barham, The Science of Cooking

ISBN 978-3-642-62466-7   ISBN 978-3-642-55511-4 (eBook)
DOI 10.1007/978-3-642-55511-4

Bibliografische Information Der Deutschen Bibliothek
Die Deutsche Bibliothek verzeichnet diese Publikation in der Deutschen Nationalbibliografie; detaillierte bibliografische Daten sind im Internet über <http://dnb.ddb.de> abrufbar.

Dieses Werk ist urheberrechtlich geschützt. Die dadurch begründeten Rechte, insbesondere die der Übersetzung, des Nachdrucks, des Vortrags, der Entnahme von Abbildungen und Tabellen, der Funksendung, der Mikroverfilmung oder der Vervielfältigung auf anderen Wegen und der Speicherung in Datenverarbeitungsanlagen, bleiben, auch bei nur auszugsweiser Verwertung, vorbehalten. Eine Vervielfältigung dieses Werkes oder von Teilen dieses Werkes ist auch im Einzelfall nur in den Grenzen der gesetzlichen Bestimmungen des Urheberrechtsgesetzes der Bundesrepublik Deutschland vom 9. September 1965 in der jeweils geltenden Fassung zulässig. Sie ist grundsätzlich vergütungspflichtig. Zuwiderhandlungen unterliegen den Strafbestimmungen des Urheberrechtsgesetzes.

© Springer-Verlag Berlin Heidelberg 2004
Softcover reprint of the hardcover 1st edition 2004

Die Wiedergabe von Gebrauchsnamen, Warenbezeichnungen usw. in diesem Werk berechtigt auch ohne besondere Kennzeichnung nicht zu der Annahme, dass solche Namen im Sinne der Warenzeichen- und Markenschutzgesetzgebung als frei zu betrachten wären und daher von jedermann benutzt werden dürften.

Produkthaftung: Für Angaben über Dosierungsanweisungen und Applikationsformen kann vom Verlag keine Gewähr übernommen werden. Derartige Angaben müssen vom jeweiligen Anwender im Einzelfall anhand anderer Literaturstellen auf ihre Richtigkeit überprüft werden. **Die Experimente könnten gefährlich werden und sollten nur unter Aufsicht von Erwachsenen durchgeführt werden.**

Datenkonvertierung:
Fotosatz-Service Köhler GmbH, Würzburg
Herstellung: Sabine Gerhardt, Berlin
Umschlaggestaltung, Typografie: deblik, Berlin
Gedruckt auf säurefreiem Papier
52/3020XV - 5 4 3 2 1 -

Inhalt

Danksagungen VII

1. Einleitung 1
2. Sinnliche Moleküle, molekulare Kochkunst 7
3. Geschmack und Geruch 39
4. Erhitzen von Speisen, physikalische Aspekte der Kochkunst 53
5. Küchenutensilien, Verfahrensweisen und technische Spielereien 79
6. Fleisch und Geflügel 95
7. Fisch 135
8. Brot 163
9. Saucen 189
10. Biskuitkuchen 233
11. Feingebäck 269
12. Soufflés 307
13. Kochen und Backen mit Schokolade 325

Anhang 347

Glossar 349

Literaturverzeichnis 355

Stichwortverzeichnis 359

Danksagungen

Viele Freunde und Kollegen haben mich zum Schreiben dieses Buches ermutigt und standen mir beim Verfassen hilfreich zur Seite. Zunächst einmal bin ich Sue Pringle zu großem Dank verpflichtet. Sie war es, die mich zu öffentlichen Vortragsveranstaltungen überredet hat, bei denen ich die »Wissenschaft vom Kochen« anschaulich demonstrieren konnte. Zweitens möchte ich allen Teilnehmern der internationalen Workshops über »Molekulare und physikalische Aspekte der Kochkunst« in Erice, Italien in den vergangenen Jahren danken. Besonders inspiriert hat mich Nicholas Korti, der treibende Motor hinter den Kulissen der Workshops. Viele Stunden sind bei unendlichen Diskussionen in Erice (und anderswo) mit Leslie Forbes, Tony Blake, Herve This und Len Fisher dahin geflossen. Zahlreiche Ideen, die mir im Kopf herumschwirrten, wurden dadurch wesentlich klarer und ich wurde immer wieder von neuem dazu motiviert, mit dem Schreiben fortzufahren. Auch Ramon Farthing danke ich sehr für die unendliche Geduld beim Erklären seiner Kochtechniken.

Die Person aber, die mich am meisten beeinflusst und unterstützt hat, durch das Ertragen der »Testessen« bei der Überprüfung meiner Rezepte, durch das wiederholte Lesen der Textfassungen und durch die ständigen Ermutigungen, ist natürlich meine Lebensgefährtin Barbara, der auch dieses Buch gewidmet ist.

Peter Barham

1 Einleitung

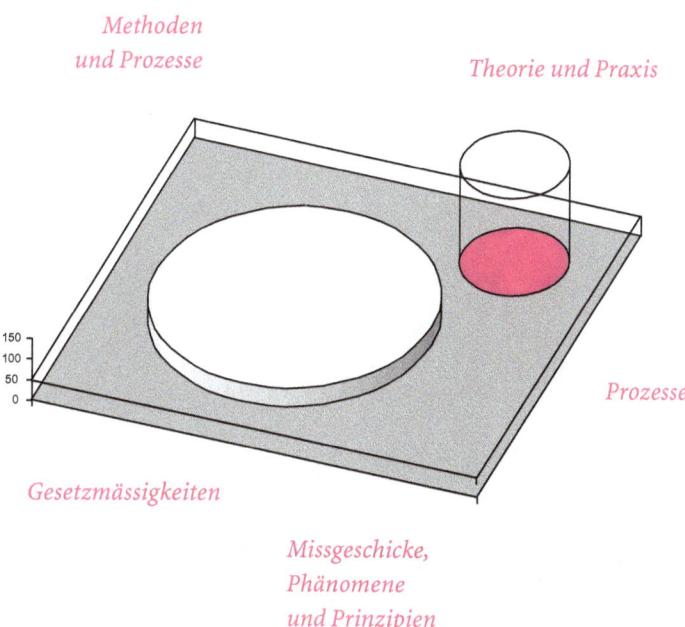

Methoden und Prozesse

Theorie und Praxis

Prozesse

Gesetzmässigkeiten

Missgeschicke, Phänomene und Prinzipien

Einleitung

Vieles von dem, was ich in diesem Buch vorstelle, stammt aus meinen Vorlesungen und den vielen Vortragsreisen kreuz und quer durch Großbritannien, für die ich verschiedene Bereiche der Naturwissenschaften allgemein verständlich aufbereitet und mit vielen Experimenten anschaulich dargestellt habe. Ich bin begeisterter Naturwissenschaftler und habe großes Interesse daran, diese Begeisterung auch anderen in allgemein verständlicher Weise zuteil werden zu lassen. Auch bin ich fest davon überzeugt, dass gewisse Kenntnisse darüber, wie die Naturwissenschaft unser Leben beeinflusst und prägt, zur Allgemeinbildung gehören. Trotzdem muss ich immer wieder feststellen, dass viele Menschen den Naturwissenschaften gegenüber ablehnend eingestellt sind. Für viele ist die Wissenschaft auch vollkommen unzugänglich und hüllt sich in einen Schleier aus Rätselhaftigkeit und zu großer Komplexität.

Und dennoch – überall wo wir hinblicken, umgeben uns die Gesetzmäßigkeiten der Naturwissenschaft. So führt z. B. jeder, der in der Küche nach irgendeinem Rezept kocht, im Prinzip ein wissenschaftliches Experiment durch. Jede Köchin oder jeder Koch, der aus seinen Erfahrungen lernt und seine Kenntnisse, die er ursprünglich aus den Rezepten entnommen hat, verbessert, macht eigentlich nichts anderes als die Wissenschaftler in ihren Laboratorien.

Auch ich arbeite nach den gleichen Methoden, egal ob ich in meinem Physiklaboratorium bin oder zu Hause in meiner Küche. Wenn ich ein Gericht zum ersten Mal zubereite, dann richte ich mich mehr oder weniger streng nach einem Rezept. Dieses Rezept kann aus einem Kochbuch stammen oder ich habe es mir selbst ausgedacht. Aber es wird sich bei der Rezeptur immer um eine Liste von Zutaten handeln und entsprechende Anweisungen, wie man diese Zutaten miteinander vermischen soll und wie das Ganze dann in geeigneter Weise gekocht, gebraten oder gebacken wird. Ist ein Gericht schließlich fertig, wird es »getestet« – indem man es isst. Danach werden die Ergebnisse beurteilt. War das Gericht gut? Was könnte man verbessern? Und so weiter.

Wenn ich dann beim nächsten Mal das gleiche Gericht zubereite, mache ich an dem Rezept entsprechende Änderungen, von denen ich glaube, dass sie im fertigen Erzeugnis die gewünschten Verbesserungen bewirken werden. Wieder wird getestet, neue Verbesserungsvorschläge drängen sich auf, und so weiter.

Der Prozess dieser ständigen Überarbeitung eines Rezeptes ist eigentlich die Übertragung der experimentellen Herangehensweise in den Naturwissenschaften auf das Kochen. Aber wie bei allen anderen wissenschaftlichen Experimenten auch, kann etwas Kenntnis der zugrunde liegenden Theorie nicht schaden und bei der Planung des nächsten Experiments sehr hilfreich sein. Also auch beim Kochen, Backen, etc. Je eingehender man die Prozesse versteht, die bei der Entstehung von Aroma, Beschaffenheit usw. ablaufen, um so eher ist man in der Lage, entsprechende Änderungen vorzunehmen und schnell und effektiv irgendein Rezept zu verbessern.

Ich hoffe, dass Sie als Leserinnen und Leser dieses Buches genug über die naturwissenschaftlichen Phänomene beim Kochen lernen werden, dass Sie nicht nur verstehen, warum manche Dinge schief gehen können, sondern in die Lage versetzt werden, Missgeschicke in der Küche von vorn herein zu vermeiden.

In den Kapiteln 2 bis 5 habe ich versucht, eine kleine Einführung in das Gebiet der Naturwissenschaft zu geben, das die Änderungen in den Lebensmitteln beim Kochen, Backen und Braten in chemischer und physikalischer Hinsicht erklären kann. Dabei kommt auch zur Sprache, wie wir unserer Lebensmittel überhaupt schmecken und riechen können.

Es kaum zu vermeiden, dass für diejenigen mit einem guten naturwissenschaftlichen Hintergrundwissen einige Erklärungen vielleicht etwas zu vereinfacht dargestellt sind, während für andere, die ihre naturwissenschaftlichen Kenntnisse inzwischen wieder vergessen haben, einiges doch recht schwierig sein wird. Es ist eben nicht möglich, es allen recht zu machen. Ich habe deswegen einen Schwierigkeitsgrad gewählt, bei dem ich nicht so weit ins Detail gehe, dass die eigentlich wichtigen Prinzipien übersehen werden können und bei dem der durchschnittliche Leser oder die durchschnittliche Leserin doch einige »Aha-Erlebnisse« und neue Erkenntnisse mitnehmen können.

In den ersten Kapiteln werden also kurz die naturwissenschaftlichen Grundlagen skizziert. Sie sollen jedoch eigentlich mehr als Nachschlagequelle dienen, damit Sie sich als interessierter Leser oder Leserin bei Bedarf tiefer mit der Materie beschäftigen können.

In den folgenden Kapiteln (Kapitel 6 bis 13) habe ich die naturwissenschaftlichen Zusammenhänge, die sich hinter einer ganzen Reihe von verschiedenen Zubereitungsarten verbergen, beschrieben und diese anhand von ausgewählten Rezepten versucht zu veranschaulichen. In jedem dieser Kapitel gibt es also eine kurze Einleitung, in denen die wichtigsten naturwissenschaftlichen Prinzipien kurz angesprochen werden (ggf. mit einem Verweis auf frühere Kapitel), gefolgt von einigen Rezepten, um diese Prinzipien in der Praxis zu demonstrieren.

Jedes Rezept in den jeweiligen Kapiteln wurde sorgfältig ausgearbeitet und jede Zutat und alle Anweisungen haben einen bestimmten Sinn. Dabei habe ich versucht, eine Begründung für die jeweiligen Anweisungen zu geben und auch darauf hinzuweisen, was alles schief gehen kann, wenn man diese ignoriert.

Ich habe für jedes Grundrezept auch eine Tabelle mit möglicherweise auftretenden Problemen hinzugefügt, den Gründen dafür und entsprechende Lösungsvorschläge. Aus eigener Erfahrung weiß ich eben, dass doch eine ganze Menge schief gehen kann.

Viele Kapitel enthalten außerdem – optisch abgetrennt – Textkästen, in denen entweder einige interessante Teilaspekte der Naturwissenschaften noch einmal etwas genauer dargestellt werden oder manchmal auch einfach nur ein paar humorvolle Anekdoten erzählt werden. Damit soll nicht nur der Text etwas aufgelockert, sondern auch die Kenntnisse über die naturwissenschaftlichen Vorgänge in den einzelnen Rezepten etwas vertieft werden.

Im Anschluss an die Grundrezepte habe ich in jedem Kapitel einige Vorschläge für Rezeptvariationen gemacht, die Sie dann selber ausprobieren können. Dadurch erhalten Sie jede Menge Anregungen, Ihre eigenen Rezepte zu entwickeln. Denn wenn Sie erst einmal verstanden haben, wie ein bestimmtes Rezept »funktioniert«, können Sie es meistens recht einfach ändern und damit neue (und manchmal auch sehr interessante) Gerichte zubereiten.

Am Ende der meisten Kapitel habe ich einige naturwissenschaftliche Experimente aufgenommen, die Sie zu Hause selber ausprobieren können. Mit diesen Experimenten werden manche naturwissenschaftliche Zusammenhänge in den entsprechenden Kapiteln noch stärker verdeutlicht. In einigen Fällen können sie wirklich dazu beitragen, Ihre Kochkünste zu verbessern, während Sie in vielen anderen einfach bisschen Spaß zusammen mit Ihrer Familie haben werden. Weil bei einigen Experimenten Hitze oder Feuer notwendig sind, besteht immer die – wenn auch geringe – Gefahr, sich dabei zu verletzen. Lesen Sie also zunächst die Beschreibung des jeweiligen Experiments sorgfältig durch und nur wenn Sie sicher sind, dass Sie alles vollständig verstanden haben, sollten Sie fortfahren und es durchführen. Fragen Sie sich auch immer vorher: »Was könnte hier schief gehen und was würde ich tun, wenn dies oder jenes passiert?«, bevor Sie wirklich mit der Durchführung der Experimente anfangen.

Die meisten Experimente sind für Menschen jeglichen Alters geeignet, aber einige sollten nur unter Aufsicht Erwachsener durchgeführt werden.

Dabei profitieren alle Experimente davon, wenn ein Erwachsener hilfreich zur Seite steht. Ich hoffe, dass viele Familien mit diesen Experimenten sehr viel Spaß haben werden und ich damit vielleicht auch das Interesse an den Naturwissenschaften wecken kann. Wenn ich mit meinem Buch vielleicht sogar ein paar Jugendliche begeistern und zu einer wissenschaftlichen Laufbahn animieren könnte, würde ich mich sehr darüber freuen.

2
Sinnliche Moleküle
molekulare Kochkunst

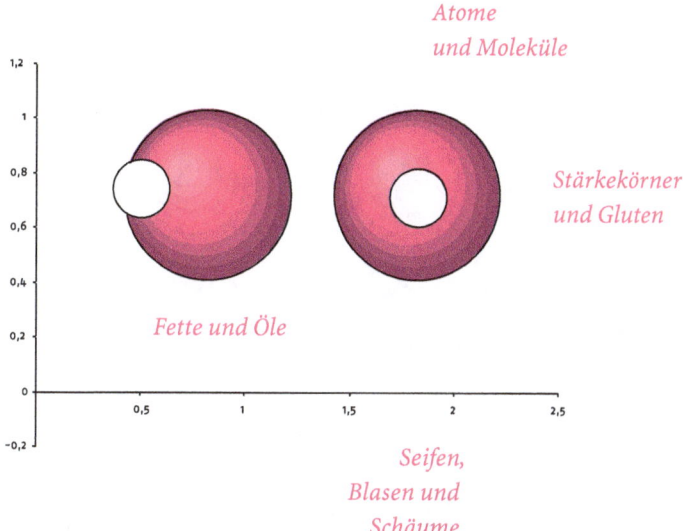

Einleitung

Dieses Kapitel und die nächsten zwei sollen Ihnen etwas naturwissenschaftliches Hintergrundwissen vermitteln, das Ihnen in den späteren Kapiteln beim Verständnis der dort aufgeführten Phänomene behilflich sein kann. Diejenigen Leserinnen und Leser unter Ihnen, die bereits über einige naturwissenschaftliche Kenntnisse verfügen, können diese Kapitel einfach überfliegen oder überspringen. Für andere, die sich nicht oder kaum noch an die Naturwissenschaften in der Schule erinnern können, mag manches vielleicht schon zu schwer sein. Trotzdem hoffe ich, dass die meisten von Ihnen diese Ausführungen recht brauchbar finden. Vielleicht werden Sie das Eine oder Andere später wiedererkennen, wenn Sie die folgenden Kapitel durchlesen und ich hoffe, dass diese naturwissenschaftlichen Grundlagen dann auch dazu beitragen können, Ihre Kochfertigkeiten wirklich zu verbessern.

Auf den ersten Blick werden Sie sich vielleicht fragen, warum Sie all diese Details aus den Naturwissenschaften über Atome und Moleküle durcharbeiten sollen und in wieweit dies Ihre Kochfertigkeiten überhaupt verbessern kann. Ich bin aber der festen Meinung, dass Sie sehr wohl Ihre eigenen Kochkünste verbessern können, wenn Sie über einen ausreichenden Wissensstand verfügen, denn je besser Ihr grundlegendes Verständnis über die Funktionsweise der Chemie ist, um so besser können Sie auch beim Kochen diese chemischen Vorgänge verstehen und entsprechend eingreifen.

Bei vielen verschiedenen Gelegenheiten greift man auf Modelle zurück, die dann sehr nützlich sind, wenn sie auf guten Detailkenntnissen basieren. Heutzutage fährt fast jeder ein Auto und jeder Fahrer benutzt irgendwelche Modellvorstellungen, um zu verstehen, wie die Steuerungsmechanismen funktionieren. Ein einfaches Beispiel: Wenn wir mit dem Auto um die Kurve fahren wollen, müssen wir das Lenkrad drehen. Oder: Wir treten auf das Gaspedal und das Auto beschleunigt. Oder wir treten auf die Bremse und das Auto kommt zum Stehen. Mit solchen einfachen Modellen werden Ursache-Wirkungs-Beziehungen aufgestellt, ohne eine genaue Kenntnis darüber, wie und warum diese beide miteinander verknüpft sind. In den meisten Fällen reichen solche Modelle ohne weiteres aus. Wenn man ein etwas besseres Modell verinnerlicht hat, könnte man z. B. damit einen Unfall vermeiden. Die Fahrer, die sich besser mit der Funktionsweise des Steuerungssystems auskennen, haben eine bessere Modellvorstellung, die es ihnen ermöglicht, instinktiv zu verstehen, wie man das Schleudern verhindern kann. Das lässt sich beliebig fortsetzen, und wenn jemand ein Modell besitzt, in das auch die Kenntnisse über die Funktionsweise des Motors eingeflossen sind, kann ein Autofahrer ohne weiteres die Routinewartungsarbeiten selber durchführen. Auch wenn das Auto einmal liegen geblieben ist, kann man dann kleinere Reparaturen selber durchführen, ohne auf einen Kraftfahrzeugmechaniker angewiesen zu sein.

Je nachdem, wie gut Ihre Kenntnisse sind, haben Sie eine mehr oder weniger gute Modellvorstellung von irgendeinem Vorgang. Wenn Sie z. B. Schach spielen, ist ein Modell auf unterster Ebene, die Regeln zu kennen, d. h. wie die einzelnen Figuren bewegt werden. Ein schon etwas besseres Modell schließt einige Kenntnisse darüber ein, dass einige Figuren wertvoller sind als andere. Mit solch einem Modell werden Sie auf jeden Fall darauf achten, die Königin nicht leichtfertig zu verlieren. Ein noch tieferes Verständnis werden Sie dann bekommen, wenn Sie sich Kenntnisse über verschiedene Strategien aneignen, grundlegende Eröffnungszüge kennen und sich mit den letzten Zügen gespielter Partien auseinander gesetzt haben. Auf dieser Stufe können Sie wahrscheinlich die meisten Computerprogramme schlagen. Bevor Sie jedoch bei Schachwettkämpfen gut abschneiden, müssen Sie noch tiefer in die Materie eindringen und z. B. in der Lage sein, verschiedene Stellungen auszuwerten.

Die Modelle, die die meisten von uns beim Kochen benutzen, basieren in der Regel auf eigenen Erfahrungen und zum Teil auf den Anweisungen und Anleitungen aus Kochbüchern. So wissen wir z. B. alle, dass auch ein kleines Ei etwa 3 bis 4 Minuten kochen muss, damit das Eigelb flüssig bleibt, während eine Kochzeit von 6 Minuten zu einem harten Eigelb führen wird. Ähnliche Daumenregeln wenden wir z. B. an, wenn wir abschätzen wollen, wie lange der Sonntagsbraten schmoren muss. Dann entstehen solche Regeln wie: 30 Minuten pro Kilogramm Fleisch und dann noch weitere 20 Minuten. Mit solchen Modellen kommt man bei vielen Gelegenheiten sehr gut zurecht, aber wenn wir nicht die ihnen zugrunde liegenden naturwissenschaftlichen Gesetzmäßigkeiten kennen, werden wir auch die Grenzen dieser Modelle nicht erkennen können. Wahrscheinlich wird es nicht oft vorkommen, dass Sie sich fragen, wie lange ein Ei hoch über dem Meeresspiegel in den Anden gekocht werden muss oder wie man gekochte Enteneier zubereiten muss oder wie lange ein ungewöhnlich großer (oder kleiner) Braten garen muss. Sie können aber sicher sein, dass die oben angegebenen Daumenregeln versagen werden (wie in Kapitel 4 beschrieben). Wenn Sie jedoch über einige naturwissenschaftliche Kenntnisse verfügen, werden Sie sehr schnell in der Lage sein, selbst auszurechnen, wie lange die Eier gekocht oder der Braten gegart werden müssen.

Mit guten Modellen können wir unsere Fähigkeiten wesentlich verbessern, während schlechte Modelle ohne weiteres zu Katastrophen führen können. In Simbabwe haben die Menschen eine Modellvorstellung über Gewitter entwickelt, die auf der vom Prinzip her richtigen Beobachtung basiert, dass der Blitz normalerweise in hoch gelegene Punkte einschlägt. In diesem Kulturkreis existiert die Vorstellung, dass der Blitz ein riesiger Vogel ist, der sein Nest in hoch gelegenen Orten baut und oft zu der gleichen Stelle zurückkehrt. Und jetzt passiert das Verhängnisvolle. Mit dieser Modellvorstellung haben die Menschen angefangen, lange, dünne Metallstangen auf ihren Behausungen anzubringen, damit die Vögel von den Gebäuden fern gehalten werden und keine Nester auf den Dächern bauen. Die Folge ist, dass Simbabwe wegen dieser Maßnahmen die höchste Rate an Todesfällen durch Blitzeinschlag auf der ganzen Welt zu verzeichnen hat. Natürlich hätten besser ausgebildete Menschen erkannt, dass der Blitz gerade von diesen Metalldrähten auf dem Dach von hohen Gebäuden angezogen wird. ... aber haben Sie nicht auch vielleicht eine Fernsehantenne oben auf dem Dach Ihres Hauses?

Auch ein Rezept können Sie als sehr einfaches Modell auffassen. Die meisten Köche verwenden dann auch solche Rezepte als grobe Richtlinie und legen die Anweisungen so aus, dass sie zu den ihnen zur Verfügung stehenden Geräten usw. passen. Sie ändern auch die Zutaten nach Belieben und je nach Geschmack, und eventuell auch danach, welche Lebensmittel gerade vorhanden sind. Stellen Sie sich vor, Sie möchten ein Brie-Soufflé zubereiten und finden in einem Kochbuch ein Rezept für ein normales Käsesoufflé oder sind versucht, das Rezept für ein süßes Soufflé entsprechend abzuwandeln. In beiden Fällen wird es relativ schwierig sein, zu einem guten Ergebnis zu kommen, weil die Soufflés, die in diesen Rezepten beschrieben werden, sehr dazu neigen, zusammen zu fallen (wie in Kapitel 12 beschrieben). Wenn Sie jedoch die zugrunde liegenden chemischen Vorgänge kennen, werden sie auch sofort wissen, dass das Fett aus dem Käse den Eischnee zerstört. Sie werden dann entweder versuchen, ein Rezept zu finden, mit dem es »ganz gut funktionieren könnte« oder Sie denken sich selber Methoden aus, mit denen Sie den Käse in einem neutralen Medium einschließen können, z. B. in einer Sauce auf Stärkebasis.

Die Chemie ist eine Wissenschaft, die beschreibt, wie Atome sich miteinander verbinden und wie dadurch Moleküle entstehen. In unserem gesamten Universum gibt es etwa 100 verschiedene Elemente und die kleinste, nicht mehr teilbare Einheit jedes Elementes ist das Atom. Wenn wir uns mit dem Kochen und mit Lebensmitteln beschäftigen, werden uns nur wenige dieser

Elemente begegnen. Das meiste, was wir kochen und essen, besteht aus Kohlenstoff, Sauerstoff und Wasserstoff, etwas Stickstoff und Spuren von Natrium, Schwefel, Kalium und einigen anderen.

Es ist schon recht hilfreich, wenn man weiß, wie chemische Reaktionen ablaufen und wie man die unterschiedlichsten Moleküle einer Substanzklasse zuordnen kann. Wir fangen am besten mit einem Atommodell an und lernen dann kennen, wie sich einzelne Atome miteinander verbinden, d. h. wie durch Ausbildung von chemischen Bindungen einfache Moleküle, wie z. B. Wasser, entstehen. Von dieser Grundlage ausgehend, führt der Weg direkt zu den wichtigsten Molekülen, die in Lebensmitteln vorkommen – Zucker, Fette, Proteine usw. Und danach werden wir auch verstehen, wie die verschiedenen Molekülarten miteinander reagieren und dass viele chemische Reaktionen ablaufen, selbst wenn Sie nur ganz einfache Gerichte zubereiten.

Es gibt das Sprichwort: Du bist, was du isst. Und im Großen und Ganzen trifft dies sehr genau zu. Bei der Nahrungsaufnahme werden die komplexen Moleküle aus den Lebensmitteln abgebaut und es entstehen einfachere und kleinere Moleküle. Diese einfachen Moleküle sind dann die Bausteine, aus denen sich die komplexeren, lebensnotwendigen Moleküle aufbauen. Alle die verschiedenen Bestandteile unseres Körpers – Haut, Knochen, Muskeln, Blut usw. – müssen erzeugt werden. Die meisten lassen sich im Körper mit chemischen Verbindungen aus den verschiedensten Lebensmitteln aufbauen, aber es gibt darunter einige lebensnotwendige, die wir nicht selber synthetisieren können. Dazu gehören die Vitamine, die wir durch Nahrungsaufnahme in ausreichender Menge zu uns nehmen müssen. Auch andere Substanzklassen sind notwendig, um das Leben aufrecht zu erhalten und dazu gehören die Proteine, die Zucker und die Fette.

Atome und Moleküle

Vieles von dem, was beim Kochen abläuft, sind genau genommen chemische Vorgänge. Wenn verschiedene Atome (oder Moleküle) zusammengemischt werden und sich dabei neue Moleküle bilden, so bezeichnet man diesen Vorgang als chemische Reaktion. Die Entwicklung von Fleischaromen beim Erhitzen und Bräunen von Fleisch wird durch komplexe chemische Reaktionen hervorgerufen – die so genannten »Maillard-Reaktionen«. Warum werden gekochte Eier hart? Auch hier haben wir es wieder mit der Chemie zu tun, denn die Proteine im Ei reagieren miteinander und gerinnen. Auch wenn beim Ko-

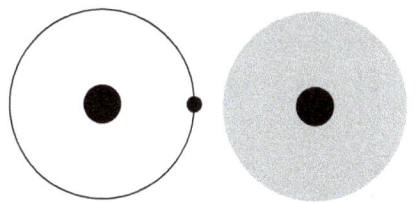

Abb. 2.1
Links: Ein einfaches Planetenmodell für ein Atom mit dem positiv geladenen Kern im Zentrum und den negativ geladenen Elektronen in festgelegten Bahnen weit davon entfernt. Rechts: Ein besseres Modell, bei dem sich die Elektronen in einer wolkenähnlichen Hülle um den Kern im Zentrum bewegen.

chen Lebensmittel in einer Pfanne anhaften, liegt das daran, dass bei hohen Temperaturen die Proteine mit einigen Metallionen an der Oberfläche der Pfanne reagieren.

In diesem Abschnitt werden wir uns zunächst mit den Konzepten von Atomen und Molekülen auseinandersetzen und uns im Anschluss daran etwas genauer mit den wichtigsten Substanzklassen in Lebensmitteln beschäftigen.

Schon die alten Griechen stellten die Theorie auf, dass sich die gesamte Materie aus kleinen Bausteinen zusammensetzt. Insbesondere im letzten Jahrhundert haben sich die Vorstellungen über Größe und Zusammensetzung dieser Bausteine grundlegend geändert. Nach heutigem Kenntnisstand weiß man, dass sich die gesamte Materie aus sehr kleinen Teilchen, den Molekülen, zusammensetzt. Moleküle wiederum bestehen aus noch kleineren Teilchen, den Atomen, die miteinander verknüpft sind. Die Atome wiederum setzen sich aus noch kleineren Teilchen zusammen, den Protonen, Neutronen, Elektronen usw. (diese werden zusammenfassend als subatomare Teilchen bezeichnet). Heute gehen die Physiker davon aus, dass die kleinsten in der Natur vorkommenden Teilchen Quarks sind und dass jedes subatomare Teilchen aus drei Quarks besteht.

Bevor wir uns näher mit Atomen und Molekülen beschäftigen, möchte ich Ihnen eine ungefähre Vorstellung davon geben, wie unglaublich klein sie sind. Nehmen Sie z. B. ein Glas Wein. Wie viele Atome könnte der Wein enthalten? Die Lösung ist grob geschätzt 10.000.000.000.000.000.000.000.000 (normalerweise als 10^{25} geschrieben). Eine Zahl, die so groß ist, dass niemand in der Lage ist zu erfassen, wie groß sie eigentlich ist. Man kann sich eine ungefähre Vorstellung von dieser gigantischen Zahl an Atomen in einem Glas Wein machen, wenn man einmal abschätzt, welchen Raum die gleiche Anzahl an Salzkörnern einnehmen würde. Stellen Sie sich vor, Sie verteilten 10^{25} Salzkörner in einer 1 Meter dicken Schicht auf dem Erdboden. Diese Salzschicht würde die gesamte Erdoberfläche bedecken – die Landmasse und die Ozeane!

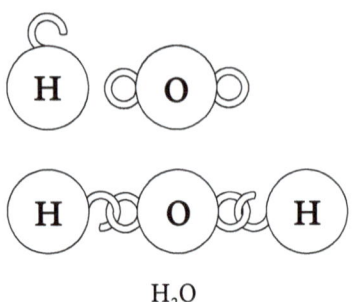

Abb. 2.2
Eine kleine Skizze zur Demonstration, wie Wassermoleküle durch die Verbindung von zwei Wasserstoffatomen und einem Sauerstoffatom entstehen.

Die Atommodelle haben sich im Laufe des letzten Jahrhunderts erheblich verändert, weil es immer bessere Verfahren gab, in die mikroskopische Welt der Atome vorzudringen. Je mehr sich unsere Kenntnisse über das Verhalten von subatomaren Teilchen ausweiten, um so »verrückter« werden die Modelle, die wir benutzen, um sie zu verstehen. Heutzutage stellen wir uns vor, dass sich die subatomaren Teilchen in einem Mikrokosmos aufhalten, in denen hauptsächlich die Gesetze der Wahrscheinlichkeit vorherrschen. Nur die Tatsache, dass unsere Modellvorstellungen wahrscheinlich falsch sind, ist relativ sicher.

Bevor wir uns im Folgenden mit einem einfachen (aber für unsere Zwecke ausreichenden) Atommodell beschäftigen werden, sollten Sie sich noch einmal in Erinnerung rufen, dass es drei subatomare Teilchen gibt, aus denen die Atome bestehen. Dabei handelt es sich um Elektronen, Protonen und Neutronen. Protonen und Elektronen sind elektrisch geladene Teilchen. Mit Sicherheit wird Ihnen der Begriff elektrische Ladung vertraut sein, oder zumindest die elektrische Ladung, die sich bewegt (Strom). Wenn die elektrische Ladung in einer Wolke Richtung Erde freigesetzt wird, kommt es zu einem Blitzschlag. Und Sie kennen wahrscheinlich auch die Schrecksekunde, wenn Sie z. B. eine Autotür anfassen und sich eine elektrostatische Aufladung plötzlich entlädt (die sich z. B. beim Laufen über Kunstfaserteppiche aufgebaut hat). Ein Elektron hat die gleiche Ladung wie ein Proton, nur mit umgekehrtem Vorzeichen (d. h. Elektronen sind negativ und Protonen sind positiv geladen). Gleiche Ladungen stoßen einander ab, während Ladungen mit umgekehrten Vorzeichen einander anziehen. Die Neutronen dagegen sind elektrisch neutral. Obgleich all diese Teilchen unvorstellbar klein sind (selbst wenn man sie mit einem Atom vergleicht), sind die Protonen und die Neutronen verglichen mit einem Elektron noch sehr viel größer.

Zum Glück brauchen wir die Struktur von Atomen hier nicht bis in alle Einzelheiten zu verstehen. Es gibt eine anschauliche Darstellung eines Atoms, die zwar mit den gegenwärtigen Atommodellen wenig gemein hat, aber dennoch für viele Zwecke sehr nützlich sein kann. In diesem Modell besteht ein Atom aus einem Atomkern (aus positiv geladenen Protonen und neutralen Neutronen), um den herum sich Elektronen in »großer« Entfernung auf Orbitalbahnen bewegen. Weil Atome nach außen hin elektrisch neutral sind, muss die Anzahl der Elektronen mit der Anzahl von Protonen im Atomkern übereinstimmen. Die verschiedenen Atome haben jeweils eine unterschiedliche Anzahl an Protonen. So hat Wasserstoff z. B. 1 Proton, Kohlenstoff 6, Sauerstoff 8 und Uran 92 Protonen.

Die Vorstellung, dass sich die Elektronen auf festen Umlaufbahnen befinden, ähnlich wie die Planeten um die Sonne, ist inzwischen überholt, aber dennoch ein manchmal sehr nützliches Modell. Wenn Sie sich einmal vorstellen, der Atomkern hätte die Größe der Sonne, dann wären die Elektronen kleiner als eine Erbse und würden soweit weg sein wie der Jupiter! Besser ist es jedoch, wenn man sich die Elektronen nicht als einzelne Teilchen vorstellt, sondern als Elektronenwolke, die als dünne Schale den Atomkern umgibt.

In jeder dieser wolkenartigen Elektronenschalen hat eine bestimmte Anzahl von Elektronen Platz. Atome mit nur ein oder zwei Elektronen in der Elektronenschale teilen sich diese wenigen Elektronen mit einem anderen Atom, das eine fast volle Schale hat. Auf diese Weise bilden sich Moleküle mit chemischen (oder kovalenten) Bindungen, bei denen Atome sich ihre Elektronen teilen. Sehr einfach ausgedrückt kann man sich diese Bindungen so vorstellen, dass die Atome mit einem Überschuss an Elektronen in der äußeren Schale Haken haben (die Anzahl der Haken entspricht der Anzahl der überschüssigen Elektronen in der äußeren Schale), während die Atome mit einer fast vollen Schale mit Ösen dargestellt werden. Haken und Ösen verbinden sich dann miteinander. Dementsprechend hat Wasserstoff einen Haken und Sauerstoff zwei

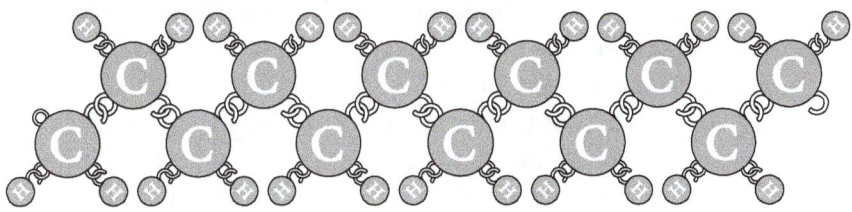

Abb. 2.3
Ein einfaches Modell mit einem Ausschnitt aus einem Polyethylenmolekül – die großen Kreise stellen Kohlenstoffatome dar und die kleinen Kreise Wasserstoff.

Ösen. Es werden sich also 2 Wasserstoffatome mit einem Sauerstoffatom verbinden und es entsteht ein Molekül aus 2 Wasserstoffatomen (geschrieben als H_2) und 1 Sauerstoffatom (O), genannt H_2O oder Wasser. Entsprechend hat Kohlenstoff 4 Haken und verbindet sich mit 2 Sauerstoffatomen zu CO_2 oder Kohlendioxid.

Wenn sich nicht sehr viele Atome (bis zu einer Anzahl von etwa 50 bis 100) an der Bildung eines Moleküls beteiligen, dann werden solche Moleküle meistens als »kleine« Moleküle bezeichnet. Wie wir noch in Kapitel 3 sehen werden, sind es gerade diese kleinen Moleküle, die in Lebensmitteln für das Aroma verantwortlich sind. Zwei besonders wichtige Klassen kleiner Moleküle, die in Lebensmitteln und beim Kochen eine große Rolle spielen, sind Fette und Zucker. Eine genauere Beschreibung dieser Moleküle finden Sie im Anschluss etwas weiter unten.

Dann gibt es noch zwei verschiedene Polymere, die beim Kochen eine besondere Bedeutung haben. Das sind Proteine und Stärken, beides langkettige Moleküle, die sich aus vielen sich wiederholenden Einheiten zusammen setzen. Solche Moleküle nennen wir langkettige Polymere. Die kleinen Einheiten, aus denen sich die Proteine zusammensetzen, werden Aminosäuren genannt, während sich bei Stärken Zuckermoleküle zu Ketten verbinden. Die genaueren Strukturen von Proteinen und Stärken werden etwas später in diesem Kapitel besprochen.

Fette und Öle

Viele Menschen glauben, dass es zwischen Fetten und Ölen einen großen Unterschied gibt. Dies trifft jedoch nicht zu. Es hat sich einfach so ergeben, dass wir den Begriff Öl für diejenigen Fette benutzen, die bei Raumtemperatur flüssig sind. Alle anderen, die bei Raumtemperatur fest sind, werden dann als Fett bezeichnet. Die Unterscheidung ist also eher willkürlich. Weil wir beim Kochen und Braten Fette fast immer schmelzen lassen, könnten wir sie auch als »Gebrauchsöle« bezeichnen.

Fette und Öle werden von Pflanzen und Tieren gebildet, um Energie zu speichern. Von der Molekülstruktur her ähneln Öle und Fette ohne weiteres dem Treibstoff Ihres Autos. Ähnlich wie beim Benzin im Automotor wird beim Verbrennen von Fett Energie freigesetzt. In diesem Zusammenhang bedeutet »verbrennen« eigentlich Oxidation und genau genommen die Reaktion eines Fettes mit Sauerstoff. Im Verlauf dieser Reaktion wird sehr viel Wärme frei. Im Automotor läuft diese Reaktion sehr schnell ab, sodass in sehr kurzer Zeit und

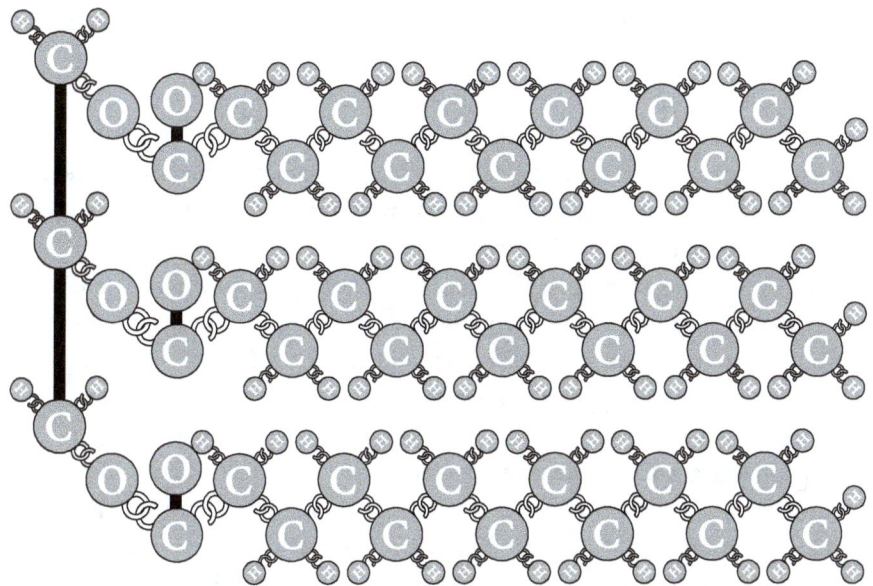

Abb. 2.4
Die Modellstruktur eines typischen Fettmoleküls.

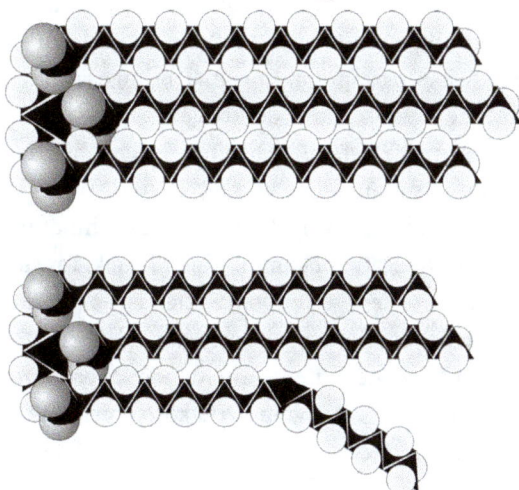

Abb. 2.5
Oben ein gesättigtes Fett und unten ein einfach ungesättigtes Fett. Achten Sie auf den Knick in dem ungesättigten Fett.

auf einem sehr kleinen Raum sehr viel Energie erzeugt wird. Es wird sogar so viel Wärme in einem sehr kurzen Augenblick erzeugt, dass im Zylinder des Motors eine kleine Explosion stattfindet, die den Kolben herunterdrückt, der wiederum die Kurbelwelle bewegt und letztendlich das Auto antreibt. In unserem Körper läuft die Reaktion dagegen viel langsamer und kontrollierter ab, sodass die Wärme nicht so plötzlich frei wird. Aber dennoch wird eine ähnlich große Menge an Energie freigesetzt.

Im Wesentlichen bestehen Fette und Öle aus Kohlenstoffketten, an die Wasserstoffatome gebunden sind. Die meisten Fette, mit denen wir es beim Kochen zu tun haben, bestehen aus drei Ketten, die an einem Ende verbunden sind. Jede dieser Ketten hat typischerweise jeweils 10 bis 20 Kohlenstoffatome.

Eines der wichtigsten Unterscheidungsmerkmale verschiedener Fette ist der Sättigungsgrad. Bei einem gesättigten Fett ist die Anzahl der mit den Kohlenstoffatomen verbundenen Wasserstoffatome so groß wie nur möglich. Mit anderen Worten, jedes Kohlenstoffatom im Inneren der Kette ist mit zwei weiteren Kohlenstoffatomen verbunden (wir bezeichnen die Bindungen der Kohlenstoffatome untereinander als »Einfachbindungen«) und mit zwei Wasserstoffatomen. Derartige Fette können sich sehr leicht zu einer dichten Packung zusammenlagern. Die Ketten erscheinen fast geradlinig, bilden in Wirklichkeit aber planare Zickzackstrukturen aus, die sich einfach aneinander lagern können. In ungesättigten Fetten dagegen werden zwei oder mehr der Kohlenstoffatome durch eine Doppelbindung miteinander verbunden und haben dann nur jeweils ein gebundenes Wasserstoffatom. In »einfach ungesättigten Fetten« sind nur zwei Kohlenstoffatome durch eine derartige Doppelbindung miteinander verbunden, während in »mehrfach ungesättigten Fetten« mehrere Kohlenstoffpaare per Doppelbindung miteinander verknüpft sind. Wenn in einer Kohlenstoffkette eine Doppelbindung vorliegt, wird die gleichmäßige Zickzackstruktur unterbrochen und die Kette bekommt einen Knick. Im Gegensatz zu den planar zickzackstrukturierten, gesättigten Ketten ist es wesentlich schwieriger, dass sich diese geknickten Ketten Seite an Seite anlagern.

Wegen dieses unterschiedlichen Verhaltens beim Aneinanderlagern sind Fette dann entweder fest oder flüssig. Die gesättigten Fette können sich sehr leicht zusammen lagern, bilden daher eher eine feste Struktur aus und haben einen höheren Schmelzpunkt. Sie können außerdem mehr Energie speichern. Da bei Säugetieren die Körpertemperatur etwa bei 35 °C liegt, werden gesättigte Fette im Allgemeinen in flüssiger Form vorliegen und sind bei Bedarf schnell verfügbar. Säugetiere neigen also eher dazu, die gesättigten Fettsäuren zu synthetisieren. Bei den Fischen und den Pflanzen können die Temperaturen wesentlich tiefer sein und gesättigte Fette könnten leicht fest werden. Dadurch wäre es schwierig, solche Fette zu verwerten und es könnte dabei sogar zu Verengungen im Kreislaufsystem kommen und Krankheiten verursachen. Deswegen werden hier bevorzugt die nicht so effizienten ungesättigten Fette zur Speicherung von Energie gebildet.

Warum gesättigte Fette in der Regel als ungesünder gelten, liegt hauptsächlich daran, dass sie einen höheren Schmelzpunkt haben. Wenn sich gesättigte Fette in den Arterien ablagern und das Fett einen Schmelzpunkt nahe oder etwas über der Körpertemperatur hat, so besteht die Gefahr, dass das Fett in den Arterien fest wird. Dadurch kann die Blutzirkulation unterbrochen werden, was zu hohem Blutdruck oder sogar zu einem Gehirnschlag führen kann.

Ein weiteres wichtiges Unterscheidungsmerkmal zwischen gesättigten und ungesättigten Fetten ist die leichtere Oxidierbarkeit von ungesättigten Fetten aufgrund der vorhandenen Doppelbindungen. So kann selbst bei relativ geringen Temperaturen der Sauerstoff aus der Atmosphäre mit ungesättigten Fetten reagieren. Fette, die eine solche Oxidation durchlaufen haben, bezeichnen wir als ranzig. Die Fehlaromen beim Ranzigwerden werden also durch die Oxidation des Fettes verursacht. Gesättigte Fette dagegen, wie z. B. Rindertalg, sind bei Raumtemperatur sehr stabil. Zum einen kann der Sauerstoff nicht so leicht in die feste Struktur des Fettes eindringen, zum anderen gibt es keine Doppelbindungen und die Geschwindigkeit von Oxidationsprozessen an der Oberfläche ist dadurch sehr gering. Wenn man dagegen ein Pflanzenöl bei Raumtemperatur offen stehen lässt, oxidiert es sehr schnell und wird ranzig.

Butter ist ein besonderer Fall. Obwohl das Fett in der Butter zum größten Teil gesättigt vorliegt, wird sie dennoch leicht ranzig, weil es zu einer Hydrolyse kommt, ein Prozess, der durch die Wassertröpfchen in der Butter unterstützt wird. Butterreinfett (Butterschmalz) dagegen wird nicht so schnell ranzig, weil das gesamte Wasser durch vorsichtiges Erhitzen (bis keine Blasen mehr geworfen werden) entfernt worden ist.

Zucker

Für die meisten Menschen ist Zucker das weiße, kristalline Material, das es in Kilopackungen im Supermarkt zu kaufen gibt. Für den Chemiker dagegen sind Zucker eine genau definierte Klasse von chemischen Substanzen, von denen die Saccharose (die süße weiße, kristalline Substanz in den Packungen) nur ein

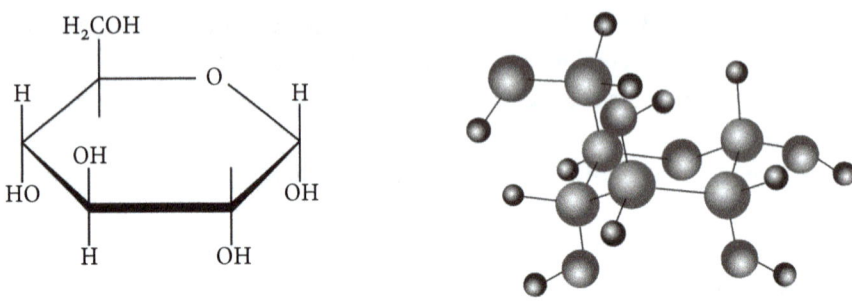

Abb. 2.6
Verschiedene Modelle eines Glukosemoleküls – links ist ein Modell, das die chemischen Bindungen herausstellt und rechts ein Modell, bei dem die Atome als kleine Bälle dargestellt werden.

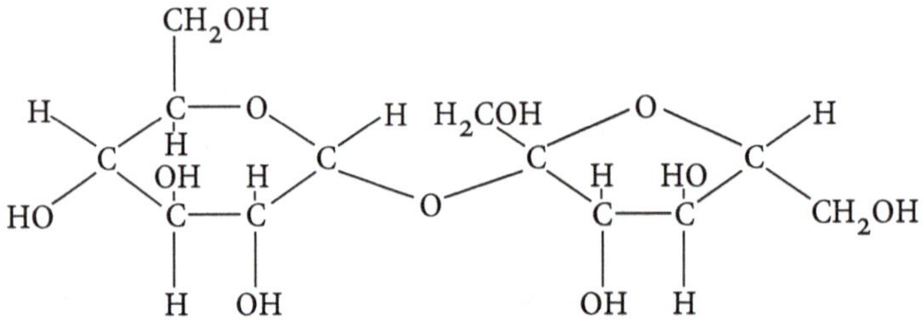

Abb. 2.7
Die schematische Zeichnung eines Saccharosemoleküls. Saccharose besteht aus zwei Zuckerringen, die miteinander verknüpft sind. Es wird als Disaccharidmolekül bezeichnet.

Mitglied aus dieser Familie ist. Es besteht keine Notwendigkeit, hier auf die formale Definition von Zucker einzugehen, aber man sollte sich schon vergegenwärtigen, dass es mehrere verschiedene süße, weiße und kristalline Substanzen gibt, die alle zusammen als Zucker bezeichnet werden.

Der Haushaltszucker, der ursprünglich aus dem Zuckerrohr gewonnen wurde, kommt heute hauptsächlich aus den Zuckerrüben und besteht aus 98 %iger reiner Saccharose. Der Zucker im Honig dagegen besteht fast ausschließlich aus Fruktose und der Zucker in der Milch ist zum größten Teil Lactose. Was sind jetzt also die Unterschiede zwischen all diesen Zuckern und sind diese Unterschiede so wesentlich?

Die wichtigsten, in Lebensmitteln vorkommenden Zucker bestehen aus Ringen mit 4 bis 5 Kohlenstoffatomen und einem Sauerstoffatom sowie 1 bis 2 weiteren Kohlenstoffatomen, die an der Seite mit dem Ring verknüpft sind. Einige Zucker, wie die Glukose, bestehen nur aus einem einzigen Ring, während die meisten anderen Zucker, wie die Saccharose, aus zwei miteinander verbundenen Ringen bestehen. Der Sammelbegriff für die Zucker ist »Saccharide«. Und deswegen werden die Zucker mit einem Ring als Monosaccharide und die Zucker mit zwei Ringen als Disaccharide bezeichnet. Wenn mehrere Zuckerringe zu einem Molekül verknüpft sind, spricht man in der Regel von Oligosacchariden.

Die Zucker werden, ähnlich wie die Fette, von lebenden Organismen gebildet, um Energie zu speichern. Der Wirkungsgrad als Energiespeicher ist bei Zuckern im Allgemeinen geringer, weil sie bereits Sauerstoff enthalten, aber gerade die Anwesenheit von Sauerstoff erleichtert das »Verbrennen« und die Energie kann somit schneller freigesetzt werden. Zucker mit einem Ring setzen in der Regel mehr Energie beim Verbrennen frei als Zucker, die aus mehreren Ringen bestehen. Es ist jedoch notwendig, dass in unserem Körper die Oxidationsreaktion (meist als Verbrennung bezeichnet) der Zucker kontrolliert abläuft. Deswegen gibt es spezielle Moleküle (Enzyme), die die zugrunde liegende chemische Reaktion ausführen – Sie können sich Enzyme auch als »Minireaktoren« vorstellen. Da ein Enzym jeweils nur für eine bestimmte chemische Reaktion zuständig ist, gibt es verschiedene Enzyme für die Verwertung der verschiedenen Zucker.

Weil sich im Laufe der Jahrtausende bei den verschiedenen Pflanzen und Tieren unterschiedliche Enzyme entwickelt haben, werden dementsprechend auch verschiedene Zucker zur Speicherung von Energie synthetisiert. Die meisten Pflanzen erzeugen Saccharose, während bei den meisten Säugetieren das Disaccharid Lactose gebildet wird. Der Mensch kann mehr oder weniger alle Mono- oder Disaccharide verdauen, jedoch müssen wir die Zucker in eine verdaubare Form überführen, bevor wir sie verwerten können. Wir besitzen jedoch keine Enzyme, die in der Lage sind, größere Zucker, wie z. B. Raffinose, zu zerlegen. Diese Zucker mit drei, vier oder fünf Ringen werden von vielen Pflanzen zur Energiespeicherung, besonders in Samen, synthetisiert. Wenn wir solche Zucker mit der Nahrung aufnehmen, werden sie nicht abgebaut, sondern wandern bis in den Dickdarm, wo die verschiedensten Bakterien sie dann verwerten und dabei reichliche Mengen an Kohlendioxidgas erzeugen, mit nicht nur unangenehmen, sondern auch sehr »unhöflichen« Folgen.

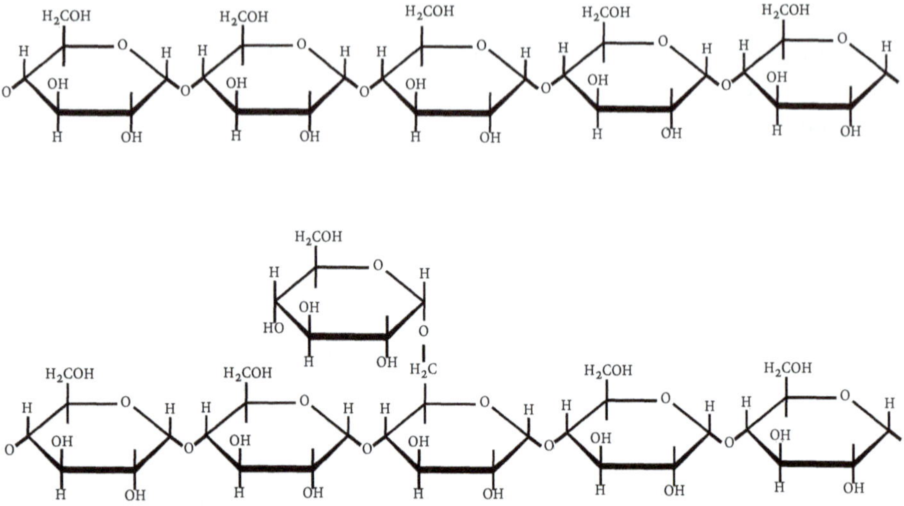

Abb. 2.8
Schematische Zeichnung von Stärkemolekülen – oben ist ein Ausschnitt aus einem Amylosemolekül (das lineare Stärkemolekül) und unten ein Ausschnitt aus einem Amylopektinmolekül – das verzweigte Molekül.

Polysaccharide und Stärken

Wenn man viele Zuckermoleküle zu langen Ketten aneinander reiht, kommt man zu einer Klasse von Molekülen, die man als Kohlenhydrate bezeichnet. Diese aus Kohlenstoff, Sauerstoff und Wasserstoff bestehenden Moleküle gehören zu den wichtigsten biologischen Verbindungen. Weil es viele verschiedene Zucker gibt (Monosaccharide), die als Bausteine dienen können, und weil sie in beliebiger Reihenfolge zusammengesetzt werden können, gibt es unendlich viele Möglichkeiten, Polysaccharide zu bilden. Von allen nur möglichen Kombinationen hat die Natur eine recht große Auswahl getroffen, mit einer enormen Bandbreite an Eigenschaften und Verwendungsmöglichkeiten. Drei der geläufigsten Polysaccharide sind Cellulose, Amylose und Amylopektin (Amylose und Amylopektin sind die Hauptbestandteile der Stärke). Diese drei Polymere besitzen sehr verschiedene Eigenschaften und verhalten sich beim Kochen sowie im Verdauungstrakt sehr unterschiedlich. Cellulose ist der Bestandteil der pflanzlichen Zelle, der für die Festigkeit und Stabilität verantwortlich ist. Weil die Pflanzen natürlich diese Stabilität nicht verlieren wollen, besitzen sie keinerlei Enzyme, die Cellulose verwerten können. So ist Cellulose aus biologischer Sicht ein recht inertes Material und es gibt nur wenige Organismen, die es abbauen und verwerten können und sie ist mehr oder weniger unlöslich. Im Gegensatz dazu ist die Stärke ein Hauptnahrungsmittel für viele Pflanzen und Tiere. So besitzen viele Tiere Enzyme, um Stärke zu verwerten. Durch das Quellvermögen der Stärke und in einigen Fällen auch durch die Wasserlöslichkeit wird der Verdauungsvorgang in großem Maße unterstützt.

Doch trotz der weit reichenden Unterschiede zwischen Cellulose und Stärke besitzen sie exakt die gleiche chemische Formel. Beide bestehen aus miteinander verbundenen Glukose-Ringen, Ende an Ende. Der Unterschied besteht also in der geometrischen Anordnung, d. h. der Art und Weise, wie sie miteinander verbunden sind. Die Cellulosemoleküle sind in einer Weise miteinander verknüpft, dass ein starres Molekül entsteht, das sich wiederum in einer dichten Packung zusammenlagern lässt und durch starke interne Wasserstoffbrückenbindungen in Position gehalten wird. Die Cellulosemoleküle sind so dicht zusammengepackt, dass es sehr schwierig ist, einzelne Moleküle auseinander zu reißen – ein erster, notwendiger Schritt zu ihrem Abbau. Deswegen ist Cellulose auch ein sehr stabiles Material. Bei den Stärkemolekülen auf der anderen Seite führt die geometrische Anordnung durch die Verbindung der Zuckerringe untereinander zu einer offenen, helikalen Struktur mit weniger internen Bindungen, sodass Amylose- und Amylopektinmoleküle zwar eine Packung ergeben, aber in einer loseren und schwächeren Art. Sie können also leichter voneinander getrennt und von speziellen Enzymen abgebaut werden. Diese Enzyme werden von allen Pflanzen und den meisten Tieren für diesen Zweck zur Verfügung gestellt.

Ich habe bereits nebenbei bemerkt, dass Stärke aus den zwei Molekülen Amylose und Amylopektin besteht. Beide Moleküle bestehen aus verknüpften Glukose-Ringen. Der Unterschied besteht darin, dass bei der Amylose die Zuckerringe so verknüpft worden sind, dass sich ein lineares Molekül ergibt, während beim Amylopektin einige Zuckerringe zusätzlich gebunden sind, was dann zu einer verzweigten Molekülstruktur führt, die eher an eine Flaschenbürste als an eine lange Kette erinnert.

Stärkekörner

Stärke wird von vielen Pflanzen in Form kleiner Körnchen gebildet. Ein solches Stärkekorn hat typischerweise einen Durchmesser von einigen tausendstel Millimetern. Innerhalb dieser Körnchen werden in der Pflanze aufeinander folgend Ringe mit einem höheren und einem geringeren Anteil an Amylopektin abgelegt. In den Ringen mit einem geringeren Anteil an Amylopektin sind die Moleküle sehr dicht und in einer hohen Ordnung gepackt, was dazu führt, dass diese Teile der Stärkekörner gegenüber einem Angriff von Enzymen resistenter sind. Die Biologen bezeichnen diese Schichten mit einer größeren Ordnung auch als kristalline Schichten. Natürlich bestehen die Stärkekörner nicht nur aus Amylopektin und Amylose, sondern die Pflanze hat bei ihrem Aufbau auch einige Proteine eingebaut. Es ist wichtig zu wissen, dass die verschiedenen Pflanzen (und verschiedene Arten der gleichen Pflanze) unterschiedlich große Mengen an Protein in den Stärkekörnern einbinden.

Aus küchentechnischer Sicht sind der Proteingehalt und der Ort, an dem sich die Proteine in den Stärkekörnern befinden, von entscheidender Bedeutung. Wenn man zu Stärkekörnern kaltes Wasser hinzufügt, wird dies von den Proteinen absorbiert, aber es dringt kaum bis zur Amylose und dem Amylopektin vor. Deswegen absorbieren Stärkekörner mit einem hohen Proteingehalt bei Raumtemperatur eine große Menge Wasser, während diejenigen mit einem geringeren Proteingehalt nur sehr wenig Feuchtigkeit aufnehmen.

Die Absorptionsfähigkeit ist aus zwei Gründen sehr wichtig. Erstens können in einer feuchten Umgebung Bakterien wachsen und die Stärke verwerten. Zweitens können die Stärkekörner klebrig werden und sich zu großen Klumpen aneinander lagern, wenn die Proteine auf der Außenseite der Stärkekörner Wasser aufgenommen haben. In solch einem Klumpen sind die Stärkekörner im Inneren nach außen hin abgeschirmt und können einerseits nicht von Bakterien angegriffen werden und andererseits, was noch wesentlich wichtiger ist, durch weiteren Zusatz von Wasser nicht weiter aufquellen.

Wir begegnen solchen Stärkekörnern in allen möglichen Mehlsorten. Man könnte sagen, dass Mehl eigentlich nur eine Ansammlung von Stärkekörnern ist. Das Mehl wird trocken gelagert, um es einerseits vor bakteriellem Verderb zu schützen und andererseits, um zu verhindern, dass sich die feucht gewordenen Proteine zusammenlagern und sich im Mehl Klumpen bilden.

Gluten

In den Stärkekörnern des Weizenmehls gibt es zwei Proteine, die von größter Bedeutung sind: Gliadin und Glutenin. Diese beiden Proteine können sich bei Anwesenheit von Wasser (etwa doppelt so viel Wasser wie Protein) miteinander verbinden und einen Komplex bilden, der als Gluten bezeichnet wird. Damit sich aus den Proteinmolekülen Gliadin und Glutenin auch Gluten bilden kann, müssen die Proteinmoleküle Seite an Seite und umgeben von etwas Wasser, gestreckt werden. Sobald die Proteine gestreckt werden, fangen sie an, miteinander in Wechselwirkung zu treten und es bilden sich zwischen beiden neue Bindungen aus. Das so entstandene Gluten ist ein komplexes Netzwerk sich gegenseitig beeinflussender Moleküle – hoch elastisch und sehr zäh. Wie wir noch in späteren Kapiteln sehen werden, spielt die Bildung von Gluten eine äußerst wichtige Rolle bei der Herstellung von Brot, Kuchen und Feingebäck. Im Augenblick reicht es zu wissen, dass man zur Herstellung von Brot den Teig kneten muss, damit sich Gluten bildet, während bei der Herstellung von Feingebäck die Bildung von Gluten verhindert werden soll und deswegen der Teig nur sehr vorsichtig behandelt wird.

Das Quellvermögen beim Erhitzen

Während sich kaltes Wasser kaum auf die Amylose oder das Amylopektin in den Stärkekörnern auswirkt, ist dies bei heißem Wasser völlig anders. Wenn beim Erhitzen von Stärkekörnern die Temperatur 60 °C übersteigt, dann beginnen die kristallinen Schichten zu schmelzen. Dieser Schmelzpunkt hängt einerseits vom mengenmäßigen Verhältnis von Amylopektin und Amylose ab und andererseits davon, wie dicht gepackt die einzelnen Amylosemoleküle in den Stärkekörnern als kleine Kristalle vorliegen. Sobald die Kristalle zu schmelzen anfangen, sind die einzelnen Amylose- und Amylopektinmoleküle nicht mehr so dicht gepackt und beginnen, sich auseinander zu bewegen. Das Durcheinanderbringen der Ordnung und das Öffnen der Körnchenstruktur ermöglicht es dem Wasser, einzudringen. Die linearen Amylosemoleküle sind relativ leicht in Wasser löslich, während das verzweigte Amylopektin sich wesentlich schwieriger löst. Weil sich die Moleküle großenteils übereinander lagern, können sie sich nicht vollständig im Wasser lösen, sondern bilden ein weiches Gel. Stärkekörner können also große Mengen Wasser absorbieren, bleiben dabei aber mehr oder weniger unversehrt, eine Eigenschaft, die sie zu hervorragenden Dickungsmitteln macht. So können z. B. Kartoffelstärkekörner bis zu einem Hundertfachen ihres ursprünglichen Volumens aufquellen, ohne zu platzen. Wenn ein Stärkekörnchen doch einmal platzt, dann lösen sich die einzelnen Amylosemoleküle in dem sie umgebenden Wasser.

Der Quellvorgang ist nicht vollständig reversibel, denn beim Trocknen eines gequollenen Stärkekörnchens kann die ursprüngliche Anordnung der kristallinen Amyloseschichten nicht wieder hergestellt werden. Zwar bilden die

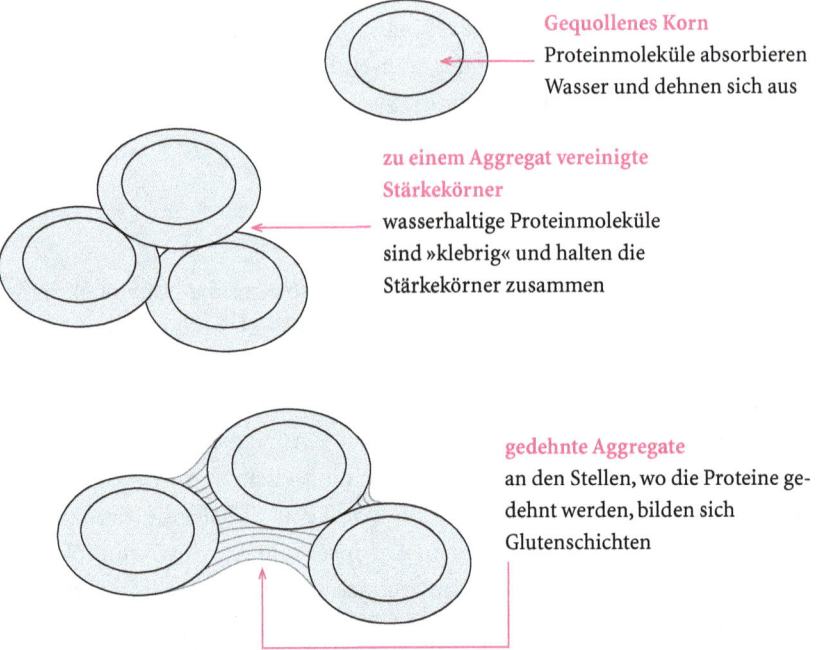

Abb. 2.9
Eine Reihe von Schaubildern, die veranschaulichen sollen, wie Gluten durch das Strecken von Stärkeproteinen entsteht.

Stärkekörnchen
Stärkemoleküle im Inneren
Proteinmoleküle auf der Außenseite

Gequollenes Korn
Proteinmoleküle absorbieren Wasser und dehnen sich aus

zu einem Aggregat vereinigte Stärkekörner
wasserhaltige Proteinmoleküle sind »klebrig« und halten die Stärkekörner zusammen

gedehnte Aggregate
an den Stellen, wo die Proteine gedehnt werden, bilden sich Glutenschichten

Moleküle auch wieder eine geordnete Struktur aus, es handelt sich dabei jedoch um eine andere Kristallform. Die Amylosemoleküle bilden jetzt eine neue helikale Form aus, in der auch einige Wassermoleküle eingebunden sind. Eine derartige Verbindung von Stärkemolekülen mit Wassermolekülen wir oft auch als Komplex bezeichnet. Weil das Wasser in diesen Amylosekomplexen in den Kristallen gebunden ist, entsteht dadurch der Eindruck, dass das gesamte System austrocknet. Es sind diese Vorgänge, die wir normalerweise als »Altbackenwerden« bezeichnen.

Es ist wichtig, sich noch einmal zu vergegenwärtigen, dass sich die Stärkekörner bei Zusatz von kaltem Wasser aneinander lagern können und so Klumpen entstehen. Wenn eine derartig klumpige Mischung schließlich erhitzt wird, kann das Wasser nicht mehr in das Innere dieser Klumpen eindringen und man erhält eine sehr ungleichmäßige Beschaffenheit – das Rezept für eine klumpige Sauce! Damit solche klumpigen Saucen gar nicht erst entstehen, dürfen sich die Stärkekörner, deren Proteine bereits etwas Wasser absorbiert haben und damit klebrig geworden sind, solange nicht zusammenlagern, bis die Temperatur hoch genug ist und die Stärke quellen kann. In Kapitel 9 werden Sie mehrere Methoden kennen lernen, wie Sie dies bewerkstelligen können. Im Wesentlichen geht es bei diesen Methoden darum, die Stärkekörner vor dem Erhitzen voneinander getrennt zu halten, d. h. sie entweder in etwas Fett zu suspendieren oder, wenn die Stärke nur wenig Protein enthält, sie vorher in kaltem Wasser fein zu verteilen.

Proteine

Es gibt viele Moleküle, die zur Aufrechterhaltung des Lebens unentbehrlich sind und an allererster Stelle stehen dabei die Proteine. Um Proteine synthetisieren zu können, müssen wir Proteine mit der Nahrung aufnehmen. Deswegen ist sind auch Proteine immer ein wichtiger Bestandteil jeder Ernährungsempfehlung. Vielleicht haben Sie geglaubt, dass das Protein in der Nährwerttabelle auf der Rückseite einer Verpackung nur ein Lebensmittelinhaltsstoff ist, wie jeder andere auch. Das Protein ist aber wesentlich mehr als nur ein Nahrungsbestandteil!

Proteine gehören zu einer besonderen Klasse von Polymeren, die durch Aneinanderreihung von Aminosäuren aufgebaut werden. Jede Aminosäure be-

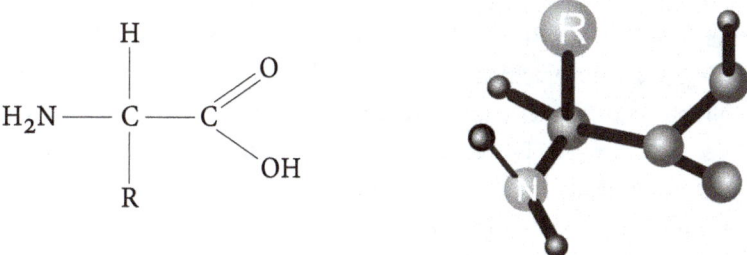

Abb. 2.10
Zwei grafische Darstellungen, die die Struktur einer Aminosäure zeigen. Die Gruppe mit der Abkürzung R ist ein Platzhalter für unterschiedliche Molekülreste in den verschiedenen Aminosäuren.

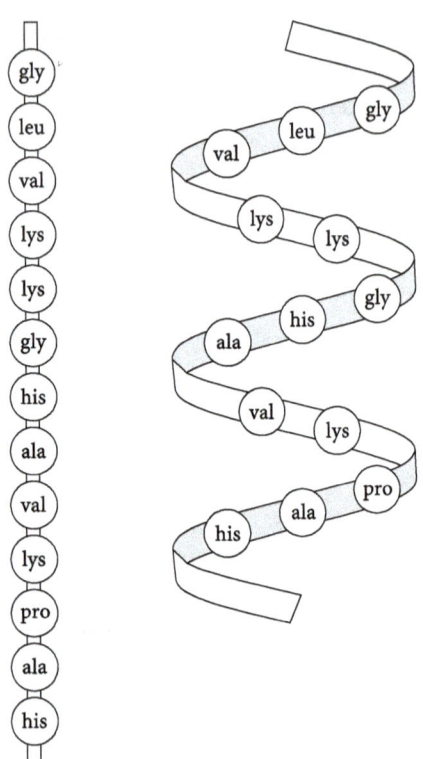
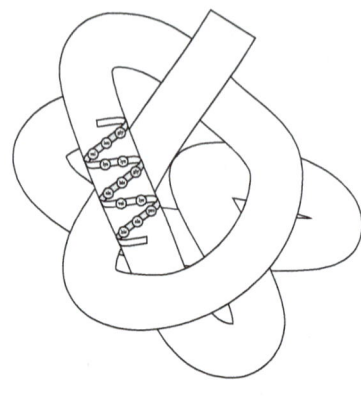

Abb. 2.11
Grafische Darstellung der Proteinstruktur. Auf der linken Seite ist ein Teil eines Proteinmoleküls dargestellt worden als Abfolge von verschiedenen Aminosäuren (jede Aminosäure wird durch drei Buchstaben repräsentiert – z. B. gly für Glycin usw.). In der Mitte ist ein schon realistischeres Modell eines Proteinabschnitts dargestellt, der eine Helix bildet. Auf der rechten Seite ist ein ganzes Protein skizziert worden mit dem Hauptaugenmerk auf seiner übergeordneten Struktur und einem kleinen, sichtbar gemachten Teil der Helix.

steht aus etwa 20 Atomen und von den etwas mehr als 20 verschiedenen Aminosäuren kommen fast alle in den meisten Proteinen vor. Aus diesen Bausteinen lässt sich eine sehr große Anzahl an Molekülen kombinieren. Wenn man beim Lotto (6 aus 49) 6 verschiedene Zahlen ankreuzen will, so gibt es dafür etwa 14 Millionen Möglichkeiten. Deswegen ist es auch so unwahrscheinlich, dass man gewinnt. Bei den Proteinen können Sie rein theoretisch zwischen 50 und 10.000 Aminosäuren aneinander reihen (Sie können ein und dieselbe Aminosäure auch beliebig oft wiederholen). Hier gibt es also noch wesentlich mehr Möglichkeiten als beim Lottospiel!

Die Andersartigkeit der jeweiligen Proteinstruktur hat eine zentrale Bedeutung für ihre biologische Funktion. Aus einer fast unendlich großen Anzahl möglicher Proteinmoleküle hat die Natur jeweils eins mit einer besonderen

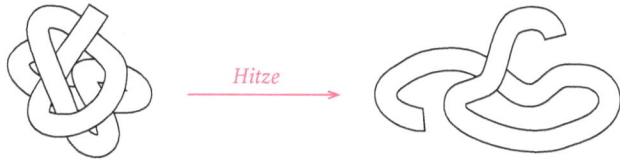

Abb. 2.12
Wenn ein Proteinmolekül, das hier als Linie dargestellt ist, erhitzt wird, lösen sich die internen Bindungen und seine Form ändert sich. Dieser Prozess wird als Denaturierung bezeichnet.

Form für eine bestimmte Aufgabe ausgewählt. Die Form der Proteine ist also für die jeweilige biologische Funktion verantwortlich. So ist z. B. das Protein Hämoglobin so aufgebaut, dass es Sauerstoff im Körper transportieren kann. Das Hämoglobin ist ein Gebilde mit einem »Loch«, in das genau ein Sauerstoffatom hineinpasst. Wenn das Hämoglobin in einem Muskel ankommt, der etwas Sauerstoff benötigt, so erzeugt dieser Muskel ein chemisches Signal, das vom Hämoglobin empfangen wird und das daraufhin seine Form ändert und den Sauerstoff freigibt. Gleichzeitig (als Folge der Formänderung) wechselt die Farbe des Hämoglobins von rot nach purpurrot.

Zwischen den einzelnen Aminosäuren in den Proteinen können sich verschiedene Arten von internen Bindungen ausbilden. Sie haben so ausgefallene Namen wie »Disulfidbrücken« oder »Wasserstoffbrückenbindungen«. Man braucht über diese inneren Bindungen eigentlich nicht viel mehr zu wissen, als dass sie existieren und dass sie die Form der Proteine bestimmen. Diese Bindungen können mithilfe verschiedener Methoden auch wieder gelöst werden (wovon später noch die Rede sein wird). Und trotz dieser so wissenschaftlich klingenden Begriffe gibt es vieles, was man bislang noch nicht über die Funktionsweise dieser inneren Bindungen weiß. Eine Definition für eine Wasserstoffbrückenbindung von Prof. John Polanye (der im Jahre 1986 den Nobelpreis für Chemie erhielt), die das sehr gut umschreibt, lautet: »Eine Wasserstoffbrückenbindung ist ein Begriff der Chemiker und bedeutet nichts weiter als: ›Es führt dazu, dass Atome sich aneinander lagern, aber wir wissen nicht warum.‹«

Wenn die internen Bindungen der Proteine gelöst werden – ein Prozess, der auch als Denaturierung bezeichnet wird –, ändert sich auch ihre Form und sie haben nicht mehr den in der Natur vorkommenden, ursprünglichen Zustand. Viele Proteine liegen zuerst als echtes Knäuel vor (globuläre Proteine), die sich nach Öffnung der internen Bindung beim Denaturieren nach außen ausdehnen. Sie können sich ein natürlich vorkommendes Protein im ursprünglichen

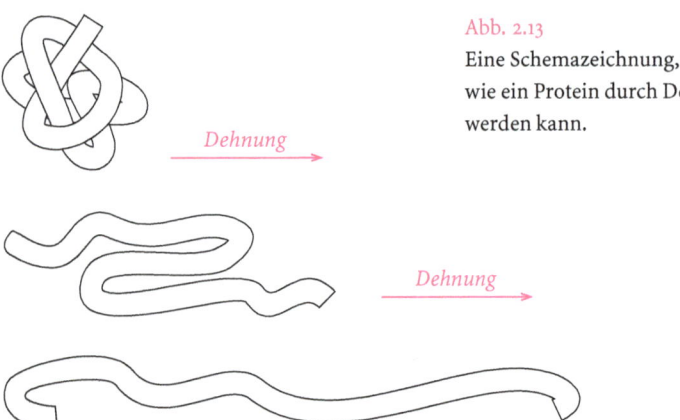

Abb. 2.13
Eine Schemazeichnung, die demonstriert, wie ein Protein durch Dehnen denaturiert werden kann.

Zustand als ein aufgerolltes Wollknäuel vorstellen und alle gleichartigen Proteine werden durch exakt gleiche Wollknäuel repräsentiert. Wenn Sie ein Kätzchen jetzt mit diesem Wollknäuel spielen lassen, entsteht sehr schnell ein großes Durcheinander und genau das passiert, wenn Proteine denaturiert werden.

Am Häufigsten werden in der Küche Proteine durch Hitze denaturiert. Alle Moleküle haben die Eigenschaft, dass sie sich immer in Schwingung befinden und die Amplitude dieser Schwingungen wird größer, sobald man die Temperatur erhöht. Wenn in den Proteinen diese Schwingungen stark genug sind, dann können die Moleküle im wahrsten Sinne des Wortes die internen Bindungen abschütteln und sich befreien. Beim Menschen wird diese Eigenschaft der Proteine ausgenutzt, um Infektionen zu bekämpfen. Ein Virus ist ein sehr komplexes Molekül, das gegenüber Hitzeeinwirkung sehr empfindlich reagiert. Bei einer Erkrankung bemüht sich unser Immunsystem, die Körpertemperatur zu erhöhen, damit die aus Protein bestehende Hülle der Viren denaturiert wird, allerdings nur so hoch, dass die körpereigenen Proteine nicht auch denaturiert werden (sonst würden wir sterben!).

Die meisten Proteine werden bei Temperaturen um die 40 °C denaturiert. Wenn die Proteine dann noch höheren Temperaturen ausgesetzt werden, kommt es zu chemischen Reaktionen, bei denen Moleküle entweder abgebaut oder zu noch größeren Verbindungen zusammengefügt werden. Diese chemischen Reaktionen stehen im Mittelpunkt aller Prozesse beim Kochen, Braten und Backen. Wenn wir ein Ei kochen und die Temperatur dabei über 40 °C steigt, fangen die Proteine schon an zu denaturieren. Das Ei ist dann schließlich bei Temperaturen über 75 °C gar, d.h. die Proteine haben miteinander reagiert. Dabei ändert sich die strukturelle Beschaffenheit des Eies, angefangen von einer flüssigen Proteinlösung bis schließlich eine feste Masse entsteht. Stellen Sie sich wieder Ihr Kätzchen vor, das mit den Wollknäueln spielt. Der ganze Boden sei mit verschiedenen Wollknäueln bedeckt und das Kätzchen spielt mit allen Bällen zugleich, was auf dem Boden zu einem wirren Durcheinander führt – dies ist nichts anderes als das, was bei einer Denaturierung abläuft. Die weitere Wärmezufuhr können wir uns so vorstellen, dass immer mehr Kätzchen dazukommen und sich das ganze Wirrwarr zu einer festen Masse verknotet (weil zwischen einzelnen, denaturierten Proteinmolekülen neue chemische Bindungen entstehen).

Das Dehnen von Molekülen ist eine weitere wichtige Möglichkeit, um Proteine zu denaturieren. Wenn eine Lösung mit Proteinmolekülen fließt, können die Moleküle gedehnt werden. Wenn also eine Lösung beschleunigt wird, dann breitet sie sich aus und die gelösten Proteine dehnen sich – vorausgesetzt, die Lösung fließt schnell genug. In einer nicht bewegten Lösung befinden sich die Proteine in ihrem natürlichen Zustand, d.h. in Form fester Knäuel, während die Proteine in einem fließenden Medium gestreckt werden und lange Ketten bilden können. Die Strömungsfelder zwischen einem Paar sich gegenläufig bewegender Rührbesen (oder einem Schneebesen und den Seiten der Rührschüssel) sind ideale Voraussetzungen für die Denaturierung von Proteinen.

Kollagen, Gelatine und Gele

Das Protein Kollagen verdient hier noch eine besondere Aufmerksamkeit. Es ist ein starres, faserartiges Protein, das in allen Säugetieren in großer Menge vorkommt und ein Hauptbestandteil von Haut und Sehnen ist (Sehnen verbinden die Muskeln mit den Knochen). Auch um die Muskelfaserbündel herum befindet sich eine Schicht aus Kollagen.

Kollagen besteht aber nicht aus einem einzelnen Molekül, sondern wird aus drei einzelnen Molekülen gebildet, die umeinander gewunden sind und eine Struktur haben, die an ein Seil erinnert. Durch die Anordnung in Form einer Tripelhelix erhält das Kollagen seine Starrheit und ist deswegen hervorragend als strukturbildender Baustein für Säugetiergewebe geeignet. Die gleichen Eigenschaften aber – die Starrheit und die Zähigkeit – machen das Kollagen fast ungenießbar. Bevor wir Kollagen verdauen können, müssen wir es in seine drei einzelnen Stränge aufbrechen, die dann als »biegsame« Proteinmoleküle leicht verdaut werden können.

Abb. 2.14
Eine Schemazeichnung der Kollagen-Tripelhelix-Struktur.

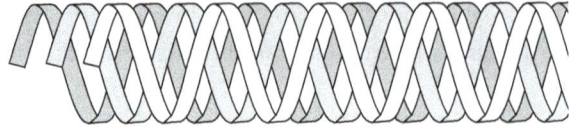

Abb. 2.15
Die Schemazeichnung einer ganzen Serie von Molekülen, die nur in einigen Bereichen miteinander in Wechselwirkung treten und so ein ganzes Netzwerk bilden.

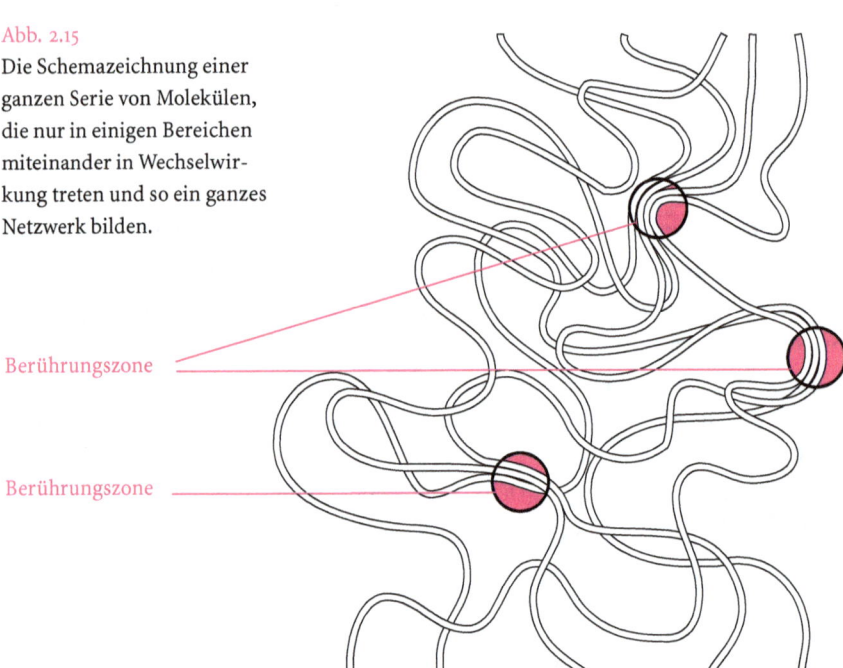

Berührungszone

Berührungszone

Wenn Kollagen auf über 70 °C erhitzt wird, dann entzwirnen sich die Stränge der Tripelhelix zu einzelnen Molekülen. Das Produkt dieser Denaturierung ist die wahrscheinlich allen geläufige Gelatine. Beim Abkühlen kann sich aus den denaturierten Gelatineproteinen aber nicht erneut eine Tripelhelix-Struktur ausbilden. Stattdessen treten die einzelnen Stränge miteinander in Wechselwirkung und bilden über viele Bindungen ein großes Netzwerk.

Zwischen den Berührungszonen innerhalb der Netzwerke bleiben die Gelatinemoleküle in dem sie umgebenden Wasser gelöst – genau genommen müssen wir es eigentlich so formulieren, dass das Wasser an die Gelatinemoleküle gebunden wird. Weil im gesamten Netzwerk alle Molekülketten irgendwie miteinander verbunden sind, verhält sich das Gelatine-Wasser-System eher wie ein Feststoff denn als Flüssigkeit, selbst wenn es 90 % Wasser enthält. Wir bezeichnen solche Systeme als »Gele« oder in der Küche als »Gelee«.

Die aus Gelatine entstandenen Gele sind thermoreversibel, d. h. die Verbindungen zwischen einzelnen Molekülen werden bei einem Temperaturanstieg schwächer und lösen sich schließlich, sobald die Temperatur 30 °C übersteigt – das Gel »schmilzt«. Entsprechend beginnen die einzelnen Moleküle der gelösten Moleküle beim Abkühlen auf etwa 15 °C erneut in Wechselwirkung miteinander zu treten und es bildet sich wieder das Gel.

Gele können in der Küche auch mithilfe anderer Moleküle entstehen. Wenn wir z. B. das Eiklar erhitzen, dann denaturieren die Proteine und es kommt zur Bildung von neuen Querverbindungen – es entsteht ein Gel, das wir als gekochtes Eiweiß kennen. In diesem Fall ist das Gel allerdings dauerhaft, denn die Verbindungen zwischen den einzelnen Eiklarproteinen entstehen durch irreversible chemische Reaktionen.

Seifen, Blasen und Schäume

Es ist fast so wie bei den Menschen und den Tieren: Einige Moleküle lieben das Wasser und andere hassen es. So werden z. B. Öle und Fette – ähnlich wie kleine Jungen und Katzen – von Wasser abgestoßen. Um solche, an sich einfachen Verhaltensweisen zu beschreiben, werden von den Wissenschaftlern natürlich wieder einmal komplizierte Wörter erfunden. So sind Moleküle, die Wasser lieben, »hydrophil«, während diejenigen, die Wasser nicht mögen, als »hydrophob« bezeichnet werden. Es ist nun möglich, besondere Moleküle herzustellen, die ein hydrophobes und ein hydrophiles Ende besitzen, und die in der Mitte durch eine bewegliche Kette verbunden sind. Diese Moleküle haben in

Abb. 2.16
Die Schemazeichnung eines Schmutzpartikels, das von Seifenmolekülen umgeben ist. Die runden Enden der Seifenmoleküle dicht am Schmutzpartikel sind hydrophob (sie verabscheuen Wasser). Die dreieckigen Enden sind hydrophil (sie lieben Wasser) und weil das Wasser nur die hydrophilen Enden der Seifenmoleküle wahrnimmt, können sich die Schmutzpartikel im Wasser lösen.

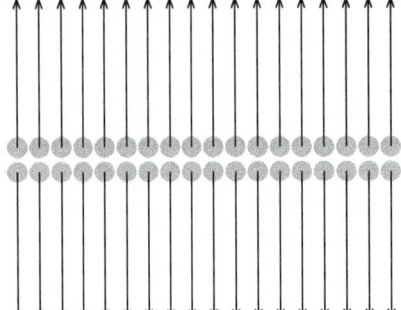

Abb. 2.17
In klarem Wasser bilden Seifen Doppelschichten, mit den hydrophoben Enden in der Mitte dieser Doppelschicht.

Abb. 2.18
Wenn sich eine Seifendoppelschicht bildet und zu einer Kugel schließt, kann darin Luft gehalten werden.

der Natur eine große Bedeutung, weil sie die Grundbausteine für alle Zellwände sind. Solche Moleküle werden als »Lipide« bezeichnet, wenn sie aus der Natur stammen oder als »Seifen« bzw. als »Detergenzien«, wenn sie von Menschen hergestellt worden sind.

Obgleich es zwischen Detergenzien und Seifen einige technologische Unterschiede gibt, funktionieren beide doch im Wesentlichen auf die gleiche Art und Weise. Sie besitzen ein hydrophiles Ende, das sich am liebsten »ins Wasser stürzt«, und ein hydrophobes Ende, das sich durch nichts aufhalten lässt, um möglichst schnell aus dem Wasser heraus zu kommen. So überziehen die hydrophoben Enden, z.B. eines Waschmittels in der Waschmaschine die Schmutzflecken (Öle, Fette usw.) mit einem dünnen Film, während die hydrophilen Enden in das Wasser hineinragen. Das führt dazu, dass der Schmutz in kleine Teilchen zerfällt, die jeweils von einer Schicht Detergenzienmoleküle umgeben sind – mit den hydrophoben Enden auf der öligen Schmutzoberfläche fest verankert. So werden die Schmutzteilchen also in kleinen Tröpfchen eingeschlossen, die durch die hydrophilen Enden stabilisiert werden und sich fein im Wasser verteilen können. In der Abbildung können Sie sehen, wie die hydrophoben Enden der Seifenmoleküle (die runden Enden) die Schmutzteilchen mit der öligen Oberfläche fest verankert umgeben, während die hydrophilen Enden (in der Abbildung dreieckig) fröhlich ins Wasser hineinragen und so den Schmutz fein verteilt im Wasser stabilisieren.

Jeder weiß, dass eine Seifenlösung im Wasser leicht Blasen wirft. In reinem Seifenwasser haben die hydrophoben Enden der Seifenmoleküle keine Gelegenheit, sich irgendwo anzulagern. Deswegen kommen die hydrophoben Enden zusammen und es entstehen aus den Seifenmolekülen dünne Filme, Membranen genannt, bei denen sich die hydrophoben Gruppen aneinander lagern und das Wasser ausgrenzen.

Diese Membranen können recht stark sein. Wenn jetzt Luft eingeleitet wird, beginnen sich die Membranen zu wölben und es entstehen Blasen. Um eine Membran zu biegen, ist etwas Kraft erforderlich und je stärker gekrümmt die Membran wird, desto mehr Kraft wird gebraucht. In einer Blase stammt die Kraft, die die Membran verformt, aus dem Druck im Inneren der Blase. Kleinere Blasen besitzen einen höheren Innendruck als größere, weil sie einen kleineren Durchmesser haben und stärker gekrümmt sind. Ein Schaum ist also einfach eine Ansammlung von Blasen, die miteinander verbunden sind. Kleinere Bläschen mit ihrem höheren Innendruck ergeben also steifere und stärkere Schäume.

Auch Proteine lassen sich so verändern, dass sie sich genauso verhalten wie Seifen. Einige der Aminosäuren (die Atomgruppen, aus denen die Proteine aufgebaut sind) sind hydrophil (sie wollen von Wasser umgeben sein), und andere sind hydrophob (diese vermeiden jeglichen Kontakt mit Wasser). Im natürlichen Zustand sind die Proteine so angeordnet, dass sich die hydrophoben Gruppen im Inneren des festen Knäuels befinden und keinen Kontakt zum Wasser haben, während die hydrophilen Gruppen auf der Außenseite dafür sorgen, dass sich die Proteine gut im Wasser lösen.

Bei der Denaturierung der Proteine werden die hydrophoben Gruppen »enthüllt«, befreit, und sie werden versuchen aus dem Wasser zu gelangen. Ein Weg aus dem Wasser führt direkt zur Oberfläche, wo sie dann in die Luft hinausragen. Weil es jedoch nur eine begrenzte Oberfläche gibt, werden die freigesetzten hydrophoben Gruppen auch irgendwelche Fett- oder Öltröpfchen in der Flüssigkeit mit einem dünnen Film überziehen. Wird die Flüssigkeit dann gerührt, brechen die einzelnen Öltröpfchen auseinander. Dabei wird die verfügbare Oberfläche vergrößert und es kommen weitere hydrophobe Gruppen hinzu und tragen dazu bei, die neu gebildeten Grenzflächen zu stabilisieren. Ähnlich verhält es sich bei der Erzeugung von Luftblasen in einer Flüssigkeit, wenn die hydrophoben Gruppen von denaturierten Proteinen beim Schlagen (z. B. mit einem Schneebesen) dünne Membranen bilden, die die Bläschen dann stabilisieren.

Blasen und Schäume:
Einige Experimente zum selber ausprobieren

Ein Film aus Seifenmolekülen kann sehr stark sein. Solche Seifenfilme können Sie leicht erzeugen, indem Sie eine Drahtschlinge in eine Schüssel mit seifenhaltigem Wasser halten und sie dann vorsichtig wieder herausziehen. Sie können auch versuchen, durch aneinander halten von Zeigefinger und Daumen eine Schlinge zu simulieren. Wenn Sie die Drahtschlinge herausgezogen haben, wird sich darüber ein Film gebildet haben, den Sie durch vorsichtiges Pusten zu einer Halbkugel formen können. Wenn Sie noch stärker pusten, wird sich der Film so weit ausstülpen, dass er sich von den Rändern des Drahtes löst und eine eigenständige Blase bildet. Eine Blase ist einfach eine gewölbte Membran aus einer großen Menge Seifenmoleküle, die zu einer Kugel geworden ist und etwas Luft enthält. Je stärker die Membran gekrümmt ist, desto stärker ist der Luftinnendruck in der Blase. Wenn das Wasser in der Membran anfängt zu verdampfen, wird die Membran etwas weniger starr und die Blase dehnt sich unter dem Luftinnendruck aus. Dies ist ein Prozess, der sich leicht verselbstständigt und die Blasen werden dann schnell platzen. Häufig kommt es auch vor, dass sich die Blasen vor Ihren Augen relativ langsam ausdehnen. Wenn Sie Geduld haben, können Sie dieses Phänomen vielleicht einmal genauer beobachten.

Ein Schaum ist einfach ein Haufen aus einer Unmenge an Bläschen, die miteinander verbunden sind. Bei einem Schaum stellen wir uns im Allgemeinen ein Gebilde vor, das so viele Bläschen enthält, dass wir nicht mehr in der Lage sind, die einzelnen Blasen zu erkennen. Die vielen Membranen in solch einem Seifenschaum sind miteinander verbunden und sie verlieren ihre ursprüngliche Kurvenform. Versuchen Sie einmal einen Drahtrahmen in die Form eines Würfels zu biegen und diesen dann in eine Schüssel mit Seifenlösung einzutauchen. Achten Sie dann einmal auf die Form der Membranen, die in diesem Rahmen entstehen, wenn Sie ihn herausnehmen. Pusten Sie dann auf die Mem-

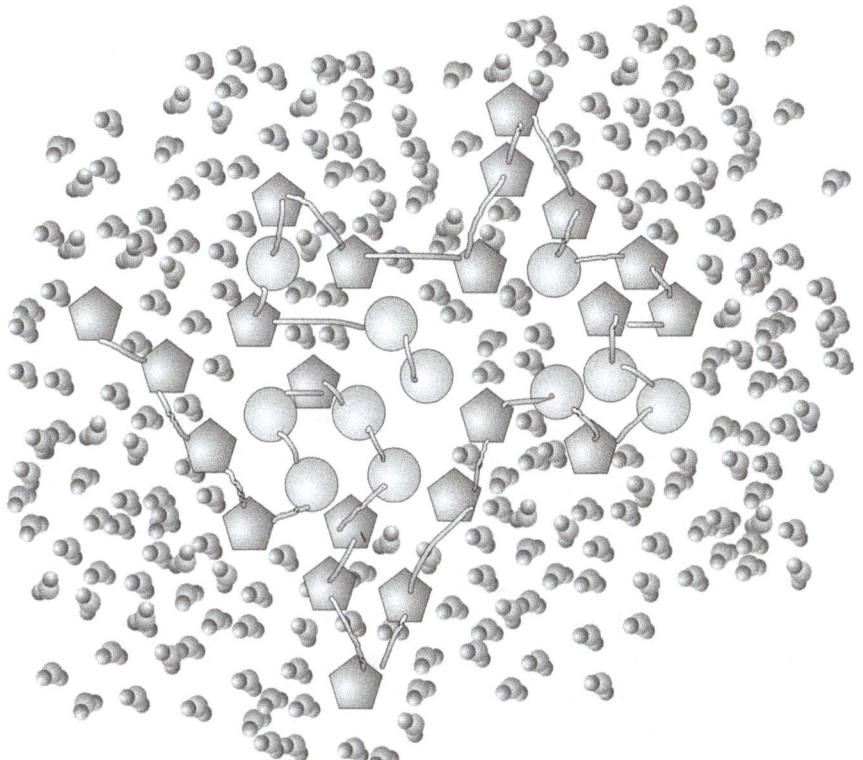

Abb. 2.19 a
Die einfache Skizze eines Proteinmoleküls im Wasser. Die hydrophoben Teile im Protein sind als runde Kugeln gezeichnet worden, während die hydrophilen Bereiche durch Fünfecke dargestellt werden. Beachten Sie, wie die hydrophoben Teile in der Mitte des aufgeknäuelten Proteins liegen und deswegen vom sie umgebenden Wasser abgeschirmt werden (dargestellt durch die Gruppen mit drei kleinen Kugeln).

branen und beobachten Sie, wie sich ihre Form ändert. Sie werden dabei feststellen, dass jetzt mehrere Bläschen miteinander verbunden sind und dass die Membranen jetzt nicht mehr die ursprünglich runde Form haben. Stattdessen können Sie eine große Anzahl flacherer Segmente beobachten.

Wenn Sie sich jetzt noch einmal daran erinnern, dass die hydrophoben (»Wasser verabscheuenden«) Gruppen an einem Ende der Seifenmoleküle das Wasser wie die Pest vermeiden, Fette und Öle dagegen bevorzugen, so sollten Sie jetzt einmal ausprobieren, was mit den Seifenfilmen und -blasen passiert, wenn diese mit etwas Öl oder einer ölhaltigen Oberfläche in Berührung kom-

Abb. 2.19 b
Wenn Proteine denaturiert werden und zur Wasseroberfläche gelangen, werden sie sich so anordnen, dass die hydrophoben Bereiche in die Luft ragen und nicht in das Wasser. Auf diese Art kann ein denaturiertes Protein sich genauso verhalten wie eine Seife oder ein Detergens.

men. Dabei werden Sie feststellen, dass das Öl die Seifenfilme zerstört, die Blasen zum Platzen bringt und Schäume zusammenfallen lässt. Dies ist eine sehr wichtige Erkenntnis, weil es sehr deutlich zeigt, wie und warum Soufflés und andere Kuchen zusammenfallen können. Wenn Sie verstehen, wann Schäume stabil sind und wann nicht, wird Ihnen jedes Soufflé garantiert gelingen.

3
Geschmack und Geruch

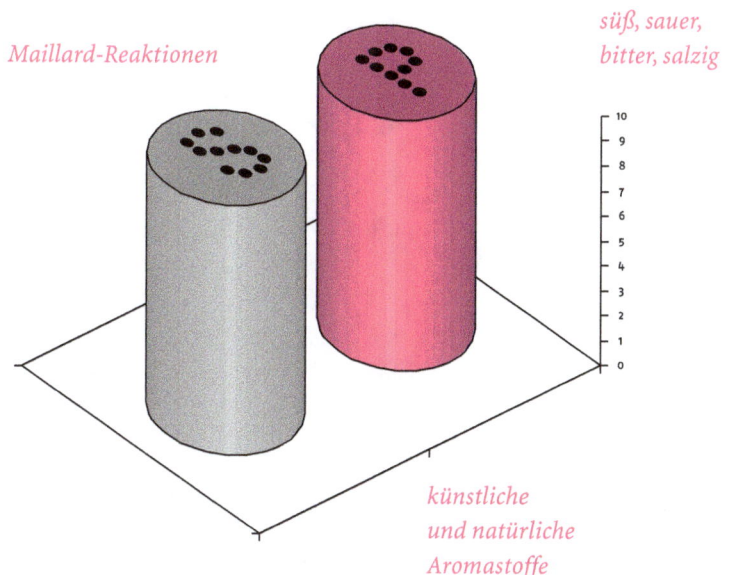

Einleitung

Im Zusammenhang mit dem Essen fallen oft Bemerkungen wie: »Das schmeckt aber gut!« oder: »Das duftet köstlich!«, aber auch: »Das ist überhaupt nicht mein Geschmack!«, etc. Wissen wir aber dabei eigentlich immer, was sich hinter den Begriffen »Geschmack« und »Geruch« genau verbirgt? Und – gibt es überhaupt einen großen Unterschied zwischen Geschmack und Geruch oder ist es dieselbe Sinneswahrnehmung? Viele werden wahrscheinlich oft ein wohlschmeckendes Gericht ganz einfach genießen, ohne sich viele Fragen zu stellen – es schmeckt eben.

Eine Mahlzeit zu genießen ist eine Erfahrung, die alle Sinne anspricht. Schon beim Anblick eines köstlich zubereiteten Gerichtes läuft uns das Wasser im Mund zusammen und wenn dann noch ein angenehmer Duft in unsere Nase zieht, können wir es kaum erwarten, das Lebensmittel in den Mund zunehmen, wo es zuerst mit der Zunge in Berührung kommt, dem Organ mit dem wir schmecken. Sobald wir anfangen zu kauen, nehmen wir mit den geruchsempfindlichen Zellen unserer Nase weitere Gerüche wahr und auch die Geräusche beim Kauen beeinflussen unser Wohlbefinden beim Essen. Ein knuspriger Keks oder eine knackige Bratwurst – alles Geräusche, die das Spektrum der Sinneseindrücke beim Essen abrunden.

In diesem Kapitel werde ich zuerst beschreiben, wie wir überhaupt Nahrungsmittel schmecken beziehungsweise riechen können. Dabei soll auch nicht zu kurz kommen, wie Aromastoffe bei der Nahrungsaufnahme aus den Lebensmitteln freigesetzt werden. Im zweiten Teil dieses Kapitels werde ich dann eine kleine Einführung in die chemischen Abläufe bei der Entstehung von Aromastoffen während der Nahrungszubereitung, insbesondere beim Erhitzen, geben und dabei auf die sehr bedeutsame Klasse von Bräunungsreaktionen eingehen, die unter dem Namen »Maillard-Reaktionen« bekannt geworden sind.

Der Geschmackssinn

Die Zunge ist unser Geschmacksorgan, d. h., wir schmecken mit unserer Zunge, und man kann fünf verschiedene Grundgeschmacksrichtungen unterscheiden, von denen vier den meisten wahrscheinlich sehr vertraut sind: süß, sauer, bitter und salzig. Die Fünfte ist typisch für die Küche im Fernen Osten und ist im Westen weniger bekannt. Man nennt diese Geschmacksrichtung »Umami«

und es handelt sich dabei um den Geschmack von Natriumglutamat, eine Substanz, die bei uns auch als Geschmacksverstärker eingesetzt wird. Weil Natriumglutamat in der östlichen Küche so weit verbreitet ist, wird es auch von denjenigen, die mit dieser Küche vertraut sind, als eigenständiger Geschmack wahrgenommen. Aber auch bei uns gibt es viele Lebensmittel, die große Mengen an Natriumglutamat enthalten, zum Beispiel Tomaten oder Parmesankäse.

Es gibt viele verschiedene chemische Substanzen, die einen Geschmack haben. Die Geschmacksknospen auf der Zunge mit Rezeptoren für »salzigen Geschmack« reagieren deswegen nicht nur auf das gewöhnliche Tafelsalz (Natriumchlorid), sondern ebenso auf viele andere Verbindungen. So schmecken die meisten Natriumsalze (das sind einfache Moleküle, die Natrium enthalten) und die meisten Chloride (das sind einfache Moleküle, die Chlorid enthalten) mehr oder weniger salzig.

Alkaloide sind Substanzen, die bitter schmecken – zwei sehr bekannte Beispiele sind Chinin und Koffein. Allerdings sind viele Alkaloide giftig und unsere generelle Abneigung gegenüber bitteren Substanzen könnte damit erklärt werden. Säuren in Lebensmitteln schmecken immer sauer, während auch andere Substanzen außer Zucker süß schmecken.

Auf der Oberfläche der menschlichen Zunge gibt es Tausende von Geschmacksknospen und wie diese genau funktionieren bzw. auf was sie alles reagieren, ist noch nicht vollständig geklärt. In der Wissenschaft wird auch noch darüber gestritten, wie viele verschiedene Sensoren es für jede Geschmacksrichtung eigentlich gibt.

Die Geschmacksknospen reagieren aber erst dann auf chemische Verbindungen in Lebensmitteln, wenn diese sich in irgendeiner Weise an der Oberfläche der Zilien – den feinen Härchen, dem wichtigste Teil Geschmacksknospen – gebunden haben. Im Allgemeinen muss ein Molekül deswegen vorher in Wasser gelöst werden, um die Zilien der Geschmacksknospen überhaupt zu erreichen.

Wenn wir Lebensmittel in den Mund nehmen, erreichen die bereits in Wasser gelösten »Geschmacksmoleküle« (z. B. in einer Sauce) die Geschmacksknospen zuerst und werden auch als erstes wahrgenommen. Sobald wir anfangen zu kauen, werden weitere geschmacksgebende Moleküle in den Speichel freigesetzt. Im Speichel können aber auch Enzyme mit Lebensmittelbestandteilen (z. B. Proteinen) reagieren und durch eine biochemische Reaktion neue Moleküle entstehen. Und weil das alles nicht gleichzeitig abläuft, ändert sich die Geschmackswahrnehmung beim Kauen dauernd.

Obwohl wir nur die fünf verschiedenen Geschmacksrichtungen unterscheiden, können wir doch sehr viel feinere Abstufungen wahrnehmen, denn nur selten schmecken Lebensmittel nur bitter, sauer, süß oder salzig allein. Durch verschiedenste Kombinationen im Hinblick auf die Intensität dieser vier Geschmacksrichtungen kann man eine immense Vielfalt an Geschmacksnuancen hervorrufen. Aber auch süß ist nicht gleich süß. Wenn wir einmal die verschiedenen Süßungsmittel betrachten, werden wir schnell feststellen, dass einige Zucker süßer schmecken als andere. Auch eine Mischung aus verschiedenen Zuckern kann zum Beispiel süßer sein als die einzelnen Zucker allein. So schmeckt Fruktose im Allgemeinen süßer als Saccharose, während Glukose von den meisten als viel weniger süß empfunden wird. Deswegen wirkt sich auch sehr stark auf das Geschmacksempfinden aus, welcher Zucker genommen wird.

Bei vergleichenden Tests mit verschiedenen Personen stellt sich immer wieder heraus, dass die Empfindlichkeit gegenüber einzelnen Süßungsmitteln auch von Person zu Person sehr stark variiert. Wenn Sie also zwei Personen kennen, die normalerweise beide einen Kaffeelöffel voll Zucker in ihren Kaffee nehmen und dieser Zucker jetzt durch ein anderes Süßungsmittel ersetzt wird, kann es sein, dass der eine nur eine winzige Menge braucht, um den gleichen subjektiven Süßungsgrad zu erreichen, während der andere wesentlich mehr davon nimmt. Wir können also generell nicht davon ausgehen, dass zwei Personen ein bestimmtes Gericht gleich (gut oder schlecht) schmeckt. Das Einzige, was Sie als Köchin oder Koch machen können, ist darauf zu vertrauen und zu hoffen, dass Ihre Gäste das mögen werden, was Ihnen selber schmeckt.

Der Geruchssinn

Unsere Nase ist viel empfindlicher als die Zunge. Wir haben fünf bis zehn Millionen Zellen, die in der Nase auf Gerüche reagieren. Manchmal können wir Substanzen selbst dann noch riechen, wenn nur etwa 250 Moleküle mit einigen Dutzend Zellen in Wechselwirkung treten.

Der begrenzende Faktor beim Riechen ist allerdings, dass wir nur flüchtige Verbindungen wahrnehmen können, also nur relativ kleine Moleküle. Sobald ein Molekül mehr als hundert Atome hat, wird das Molekül so schwer, dass es in ausreichender Menge nicht mehr über die Luft transportiert und von uns wahrgenommen werden kann.

Bei der Nahrungsaufnahme wird dann auch der größte Teil des Aromas über die Nase wahrgenommen. Jedes Mal wenn wir atmen, gelangt etwas Luft vom hinteren Teil des Mundes in den Nasenraum, wo sie von den olfaktorischen Zellen analysiert wird. Das, was wir als Aroma wahrnehmen, wird hauptsächlich durch diese Geruchskomponente bestimmt.

Ähnlich wie beim Geschmack ändert sich auch hier im Laufe der Zeit der Geruch, den wir wahrnehmen. Wenn wir Lebensmittel in den Mund nehmen, werden zuerst nur die flüchtigsten Moleküle über die Luft in die Nase transportiert, wo wir sie dann als Geruch registrieren. Im Allgemeinen werden wir deswegen die kleinsten Moleküle zuerst riechen. Sobald wir dann anfangen zu kauen, werden andere Moleküle freigesetzt und auch einige der etwas größeren Moleküle verdampfen langsam in die Hohlräume im Nasenraum.

Einige Wissenschaftler haben weder Zeit noch Mühe gescheut, um herauszufinden, wie es zur Bildung von verschiedenen geschmacks- und geruchstragenden Verbindungen kommt. So wurden mit der Zeit Hunderte verschiedener geruchsaktiver Substanzen identifiziert. Auch die unterschiedlichsten Lebensmittel wurden untersucht und die Aromastoffe analysiert, angefangen von relativ »einfachen Gemischen« wie sie in der Erdbeere vorkommen (mit über Hundert verschiedenen Verbindungen) bis zu den sehr komplexen Lebensmitteln wie Kaffee, die eine noch sehr viel größere Anzahl an Verbindungen enthalten.

Doch trotz dieser aufwendigen Analysen, bei der manchmal Moleküle in einer Konzentration von nur einigen Milligramm pro Kilogramm (oder sogar noch weniger) gefunden werden, können diese komplexen, geruchstragenden Inhaltsstoffgemische in der Regel nicht künstlich erzeugt werden. In der Praxis kann es vorkommen, das Substanzen in einem bestimmten Aroma sogar in einer so geringen Konzentration vorliegen, dass man sie selbst mit den empfindlichsten Messgeräten nicht nachweisen kann. Dennoch können wir diese Substanzen mit der Nase riechen und oft handelt es sich dabei sogar um Aromastoffe, die für den Charakter eines bestimmten Aromas ausschlaggebend sind.

Auch von Mensch zu Mensch gibt es große Unterschiede beim Riechvermögen, d. h., nicht alle Menschen verfügen über eine gleich empfindliche Nase. Zum Beispiel kann etwa ein Drittel der Bevölkerung (ungefähr 40 Prozent der Männer und 25 Prozent der Frauen) Trüffel nicht riechen. Es ist überraschend, dass viele Menschen eine so teure Zutat zwar essen, aber eigentlich überhaupt nicht wissen, wie sie schmeckt (ich muss gestehen, dass ich einer von denen bin, die Trüffel nicht riechen können). Das sehr unterschiedliche Empfindungsvermögen bei der Wahrnehmung von Gerüchen ist wahrscheinlich der tiefer liegende Grund dafür, warum es so große Unterschiede bei der Beliebtheit von Lebensmitteln gibt. Eine Person hat eventuell eine Abneigung gegenüber einem Lebensmittel, das einer anderen Person »sehr gut schmeckt«.

Woher kommen die Aromen?

Wir können Moleküle von sehr unterschiedlicher Größe schmecken und manchmal kann man sogar schon aufgrund der Molekülstruktur vorhersagen, dass bestimmte Verbindungen einen Geschmack hervorrufen. So schmecken Säuren zum Beispiel immer sauer, unabhängig von ihrer Größe, und Alkaloide – normalerweise relativ große Moleküle – sind vom Geschmack her immer bitter. Doch riechen können wir nur relativ kleine Moleküle, solche, die über die Luft in unsere Nase gelangen. Das, was wir oft als »Geschmack« eines Lebensmittels bezeichnen, setzt sich letztendlich aus einer Geschmacks- und einer Geruchskomponente zusammen und wird dann durch eine ganze Bandbreite verschiedenster Moleküle bestimmt. Am komplexesten aber sind die Vorgänge, die beim Riechen in der Nase ablaufen, und so sind auch hauptsächlich die kleineren Moleküle in einem Nahrungsmittel für das Aroma verantwortlich.

Viele Lebensmittel enthalten schon von Natur aus, d.h. bevor sie erhitzt werden, eine große Zahl geschmacks- und geruchstragender Verbindungen. So besitzen alle Früchte charakteristische Aromastoffe, die aus kleineren Molekülen bestehen, und mit denen die Pflanzen in der Natur Werbung für ihre Früchte machen. Auf diese Weise werden Tiere angelockt, die die Früchte verzehren und die Samen verbreiten, weil die Samen das Verdauungssystem unverletzt passieren und an anderer Stelle wieder ausgeschieden werden. So wird der Verbrauch von Früchten über ausgeprägte Aromastoffprofile gefördert – eine für die Pflanze sehr positive evolutionäre Entwicklungstendenz.

Es gibt aber auch Lebensmittel, die nur wenige Aromastoffe enthalten, bevor sie erhitzt werden. Fleisch zum Beispiel besteht hauptsächlich aus großen Proteinmolekülen und hat keinen Geruch und – wenn überhaupt – nur sehr wenig Geschmack. Erst beim Erhitzen entstehen dann die Aromastoffe, wie wir im nächsten Abschnitt sehen werden.

Chemische Reaktionen beim Kochen, Braten und Backen

Es gibt eine ganze Reihe chemischer Reaktionen, die bei der Zubereitung von Lebensmitteln zur Bildung von Aromastoffen führen, insbesondere beim

Kochen, Braten und Backen. Zunächst möchte ich aber die enzymatischen Reaktionen erwähnen, die auch ohne Erhitzen ablaufen. Es handelt sich dabei um natürliche, biochemische Reaktionen, die in der Natur die biochemischen Abläufe steuern, die essenziell für das Leben eines Organismus sind. Diese Reaktionen können aber auch dann noch stattfinden, wenn der Organismus schon als Lebensmittel verwendet wird. Zwar besitzt jedes Lebensmittel Enzyme, aber es gibt es eine große Anzahl verschiedenster Enzyme und jedes Lebensmittel hat nur einige davon. Beispiele für enzymatische Reaktionen sind das nachträgliche Reifen von Früchten, das Ausflocken von Milch bei der Käseherstellung oder der Abbau von Proteinen beim Altern von Fleisch.

Um die enzymatischen Reaktionen im Einzelnen verstehen zu können, sind tiefer gehende biochemische Kenntnisse erforderlich und diese können in dieser einfachen Einführung nicht vermittelt werden. In späteren Kapiteln werde ich nur dann etwas genauer darauf eingehen, wenn diese Reaktionen eine besondere Bedeutung haben.

Dann gibt es noch eine andere Gruppe von chemischen Reaktionen, die beim Erhitzen von Zuckern und Kohlenhydraten ablaufen. Wenn Saccharide und Oligo-Saccharide zusammen mit Wasser erhitzt werden, durchlaufen sie einen Prozess, der als Hydrolyse bezeichnet wird. Das Wasser reagiert mit dem Sauerstoffatom, das die einzelnen Zuckerringe miteinander verbindet, und baut komplexe Zucker in einzelne Zuckermoleküle ab. Das bekannteste Beispiel ist wahrscheinlich die Umwandlung von Saccharose in eine Mischung aus Fruktose und Glukose, z. B. bei der Herstellung von Süßwaren.

Wird ein Zucker dann noch stärker erhitzt, kommt es zu Bildung von weiteren Reaktionsprodukten, wobei sich chemische Ringstrukturen öffnen und neue Moleküle entstehen – alles Reaktionen, die man als Abbaureaktionen bezeichnet. So entstehen beim Abbau von Zucker Säuren und Aldehyde.

Wird die Temperatur schließlich soweit erhöht, dass ein Zucker anfängt zu schmelzen, laufen noch komplexere Reaktionen ab und es beginnt eine Oxidation – der Zucker »verbrennt«. Diese umgangssprachlich auch als »Karamellisierung« bezeichnete Reaktion beginnt mit der Umwandlung von Saccharose in Fruktose und Glukose, wie oben beschrieben. Dann wird die Ringstruktur dieser Zuckermoleküle durch Abbaureaktionen aufgebrochen, die dabei entstehenden Moleküle vereinigen sich erneut und bilden kettenähnliche Moleküle. Wenn diese komplexen und bislang im Einzelnen erst wenig verstandenen Reaktionen noch weiter ablaufen, wird das anfangs farblose Reaktionsmedium zunächst gelb und schließlich dunkelbraun.

Während der »Karamellisierung« entsteht eine ganze Reihe neuer, aromawirksamer Moleküle, von denen viele als organische Säuren identifiziert werden konnten. Daneben bilden sich braun gefärbte Polymere. Wenn die Reaktion dann noch weiter läuft, ähneln die neu gebildeten Moleküle eher Alkaloiden und nehmen dann auch zunehmend einen bitteren Geschmack an. Die wahrscheinlich wichtigsten chemischen Reaktionen beim Erhitzen (beim Braten, Backen, etc.) sind die Reaktionen zwischen Proteinen und Zuckern, bekannt geworden unter dem Namen »Maillard-Reaktionen«.

Die Maillard-Reaktionen

Louis-Camille Maillard arbeitete nie auf dem Gebiet von Lebensmitteln. Er war Physiker, der sich mit der Biochemie der lebenden Zelle beschäftigte und der im Rahmen seiner Arbeiten Untersuchungen durchführte, um herauszufinden, wie Aminosäuren und Zucker miteinander reagieren – beides Substanzklassen, die auch in der lebenden Zelle vorkommen. Heute ist der Name Maillard sehr eng mit der Lebensmittelwissenschaft verknüpft und es ist kaum möglich, irgendein Buch über Lebensmittel in die Hand zu nehmen und seinen Namen nicht im Stichwortverzeichnis zu finden. Erst lange nach Maillards Tod erkannte man, dass die Aromastoffe, die sich während des Bratens von Fleisch entwickeln, durch eben diese Reaktionen von Aminosäuren und Zuckern entstehen. Ausgehend von seinen Pionierarbeiten auf diesem Gebiet entdeckte man schließlich eine ganze Gruppe von Reaktionen zwischen Aminosäuren und Zuckern, die nach dem Physiker Maillard benannt wurden.

Die bei den Maillard-Reaktionen ablaufenden Vorgänge sind sehr komplex und noch nicht vollständig in allen Einzelheiten geklärt, obgleich schon viele Chemiker ihr Berufsleben dem Studium dieser Reaktionen gewidmet haben. Die Reaktionen sind deswegen so komplex, weil es einerseits sehr viele verschiedene Zucker und Aminosäuren gibt, die miteinander reagieren können und andererseits die eigentlichen Reaktionsprodukte eines Zucker-Aminosäure-Gemisches von verschiedenen Parametern abhängen: von der Reaktionstemperatur, vom Säuregehalt des Reaktionsmediums, von anderen chemischen Begleitstoffen und auch von einer »Zufallskomponente«.

Doch auch wenn das alles für den Nicht-Naturwissenschaftler sehr kompliziert erscheinen mag, für die Zubereitung von Lebensmitteln ist es entscheidend, dass man mit einigen Grundkenntnissen das Aroma beim Erhitzen sehr wohl beeinflussen kann. Fast alle Moleküle, die bei einer Maillard-Reaktion entstehen (bislang sind über eintausend identifiziert worden), sind flüchtig und können als Aromastoffe klassifiziert werden. Das heißt also, dass man – ausgehend von den gleichen Zutaten – über die Kontrolle der Temperatur und der Umgebungsbedingungen zu einer ganzen Reihe verschiedener Aromastoffe kommen kann.

Bei den Maillard-Reaktionen können die Aminosäuren aus irgendeinem Protein und die Zucker aus irgendeinem beliebigen Kohlenhydrat stammen. In der ersten Stufe der Reaktion werden die Kohlenhydrate und die Proteine zu Zucker und Aminosäuren abgebaut. Im darauffolgenden Schritt öffnen sich dann die Ringstrukturen der Zucker und die daraus entstehenden Aldehyde reagieren mit den Aminosäuren zu einer ganzen Reihe neuer Verbindungen. Die jetzt vorliegenden Moleküle reagieren dann wiederum miteinander und bilden schließlich die entscheidenden aromatragenden Komponenten. Auf der Liste der identifizierten Verbindungen finden wir wichtige Substanzklassen wie Pyrazine, die Früchten und Gemüse eine frische grüne Note geben. Furanone und Furanthiole haben ein fruchtiges Aroma und andere Komponenten, wie z. B. Disulfide, haben einen stechenden oder sogar unangenehmen Geruch.

Eine bei diesen Reaktionen sich bildende Verbindung hat eine besondere Bedeutung, weil sie in engem Zusammenhang mit dem Aroma von Fleisch steht – wenn sie fehlt, fehlt auch das typische Fleischaroma. Selbst in sehr geringen Konzentrationen hat diese Substanz einem sehr starken Geruch, der an Fleisch erinnert. Diese Substanz (genannt »Bis-2-methyl-3-furyl-disulfid«) ist inzwischen in der Aroma-Industrie weit verbreitet und wird eingesetzt, um künstliche Fleischaromen herzustellen.

Die Steuerung der Maillard-Reaktionen ist eine sehr knifflige Angelegenheit und es zeichnet eine gute Köchin oder einen guten Koch aus, wenn sie oder er wissen, wie stark ein Stück Fleisch erhitzt werden muss, um ein gewünschtes Aroma zu erhalten. Doch trotz dieser Komplexität gibt es ein paar einfache Regeln, die in der Praxis ganz hilfreich sind. So laufen Maillard-Reaktionen nur bei sehr hohen Temperaturen mit ausreichender Geschwindigkeit ab (so ungefähr ab 140 °C) und nur wenn Fleisch bei diesen hohen Temperaturen gebraten (gegrillt, gebacken, etc.) wird, entsteht das fleischtypische Aroma. Diese hohen Temperaturen entstehen aber nur an der Oberfläche des Fleisches, da sich im Inneren Wasser befindet, das nicht über 100 °C erhitzt werden kann (dann bildet sich Wasserdampf). Wenn Sie die Oberfläche des Fleisches nun vergrößern, zum Beispiel, indem sie das Fleisch vor dem Braten in kleine

Stücke oder schmale Streifen schneiden, wird sich das gewünschte Aroma wesentlich schneller entwickeln.

Allerdings muss man auch noch Folgendes beachten: Sobald die Reaktionstemperatur 200 °C übersteigt, werden schließlich bei den Maillard-Reaktionen Produkte gebildet, die in der Regel nicht sehr angenehm schmecken und von denen einige Substanzen sogar karzinogen (Krebs erregend) sind. Deswegen ist es wichtig, das Fleisch nicht zu überhitzen. Das gesundheitsgefährdende Potenzial ist beim Grillen am größten, besonders dann, wenn die Außenseite des Grillgutes schon fast verkohlt ist.

Experimente zum selber ausprobieren
Zwei Experimente zur Demonstration, dass es sich bei Aromen um Gerüche handelt.

1. | Geschmacksprobe mit Chips
Für dieses einfache Experiment brauchen Sie ein oder zwei Personen als »Versuchskaninchen«, für jeden eine Augenbinde, mehrere Packungen Chips in verschiedenen Geschmacksrichtungen (eine der Packungen muss neutral bzw. nur gesalzen sein) und einige andere Lebensmittel mit einem stark ausgeprägten Aroma (z. B. Früchte, Käse usw.).

Verbinden Sie den Versuchspersonen am Anfang die Augen. Erzählen Sie ihnen, dass Sie einige Chips zum Probieren bekommen werden und dass sie den Geschmack identifizieren sollen. Nehmen Sie nun die neutralen Chips und eins der aromatisierten Chips. Legen Sie das neutrale Chips den Testpersonen in den Mund und halten Sie ihnen zur gleichen Zeit eines von den aromatisierten Chips gerade so unter die Nase, dass es zu keiner Berührung kommt, und keiner merkt, was Sie da eigentlich machen. Erzählen Sie nun ihren Freunden, dass sie die Chips essen und den Geschmack beschreiben sollen. Wiederholen Sie das Experiment mit einem anderen neutralen Chip und halten Sie den Testpersonen jetzt eins der anderen gewürzten Chips oder auch eines der aromareicheren Lebensmittel unter die Nase.

Sie werden feststellen, dass ihre Testkandidaten glauben, aromatisierte bzw. gewürzte Chips zu essen, Chips, die ihnen eigentlich nur unter die Nase gehalten werden. Wenn Sie ihnen z. B. eine Erdbeere unter die Nase halten, werden sie Ihnen vielleicht sogar erzählen, dass sie »Erdbeerchips« gegessen haben.

Dieses Experiment zeigt, dass wir Aromen hauptsächlich über die Nase und nicht über den Mund wahrnehmen. Der Trick ist nicht perfekt, weil es in Wirklichkeit doch einige Unterschiede gibt, je nachdem ob wir die aromaaktiven Moleküle über die Nase einatmen oder ob sie den Nasenraum über den Mund erreichen.

2. | Einige Pürees

Diese Experimente zeigen die Grenzen unserer Zunge, verschiedene Aromen voneinander unterscheiden zu können. Sie werden Ihre Freunde jetzt mit zugehaltener Nase mit verschiedenen pürierten Lebensmitteln füttern, sodass keine Aromamoleküle in die Nase gelangen, sie also nichts riechen können. Wir brauchen wieder ein oder zwei Personen als »Versuchskaninchen« (Sie selbst können sich später auch testen lassen) und Augenbinden, sodass niemand die Lebensmittel aufgrund ihrer Farbe unterscheiden kann (alternativ können Sie auch alle Pürees mit der gleichen Lebensmittelfarbe einfärben). Wenn Sie Zugang zu Nasenklammern von Tauchern haben, können Sie mit diesen verhindern, dass bei den Experimenten jemand mogelt. Bereiten sie eine Reihe von Pürees vor: drei mit einer Frucht (z. B. aus Äpfeln, Birnen und Pfirsichen), drei mit einem Gemüse (z. B. Kartoffeln, Bohnen und Möhren) und drei mit Lebensmitteln, die ein sehr ausgeprägtes Aroma haben, wie Zwiebeln, Tomaten oder Bohnen in Tomatensoße (Baked Beans), und wenn Sie sich trauen, auch ein Püree mit Knoblauch.

Teilen Sie jetzt Ihren Versuchspersonen mit, dass sie die Pürees in einer beliebigen Reihenfolge probieren und dabei herausfinden sollen, um welche Lebensmittel es sich handelt (Sie können ihnen vorher sagen, welche Lebensmittel sie zur Auswahl haben oder Sie können sie ganz im Dunkeln lassen). Die Früchte werden aufgrund ihres Säuregehaltes etwas sauer schmecken und die meisten werden in der Lage sein, sie als Früchte zu identifizieren, aber es ist relativ unwahrscheinlich, dass sie herausfinden, um welche Frucht es sich jeweils handelt. Die verschiedenen Gemüsesorten haben nur wenig Unterscheidungsmerkmale (mit der Ausnahme von Karotten, die vielleicht etwas süßer sind als die anderen) und werden eher nichts sagend schmecken. Die Zwiebeln können den »Trigeminus-Sinn« anregen. Dieser Sinn wird durch scharfe Lebensmittel wie z. B. Curry oder Chili angeregt (eine beißende oder brennende Empfindung im hinteren Teil der Nase) und einige Menschen werden in der Lage sein, solche Nahrungsmittel zu identifizieren (wenn Sie jedoch vorher nicht gesagt haben, dass eines der Lebensmittel eine Zwiebel ist, kann die Antwort genauso gut auch »Pfeffer« lauten). Die Tomaten werden die Umami-Geschmacksknospen (diese reagieren auf Natriumglutamat) anregen und sollten leicht identifizierbar sein. Wenn Sie sich jedoch etwas Natriumglutamat besorgt haben (z. B. aus einem Geschäft für asiatische Lebensmittel) und damit einem Test durchführen, kann dies leicht mit den Tomaten verwechselt werden. Bohnen in Tomatensoße (Baked Beans) enthalten eine Menge Zucker und viel Salz (ebenso reine Tomatensoße) und normalerweise heben sich hier der Geschmack von Salz und der von Zucker gegenseitig auf, sodass der Umami-Geschmack von dem Tomatenpüree übrig bleibt. Es kann aber auch sein, dass in diesem Test bei den Bohnen in Tomatensoße einige Testpersonen das Salz stärker herausschmecken, während für andere der süße Charakter dominiert, sodass die Bohnen eventuell für alles Mögliche herhalten müssen.

4
Erhitzen von Speisen
physikalische Aspekte der Kochkunst

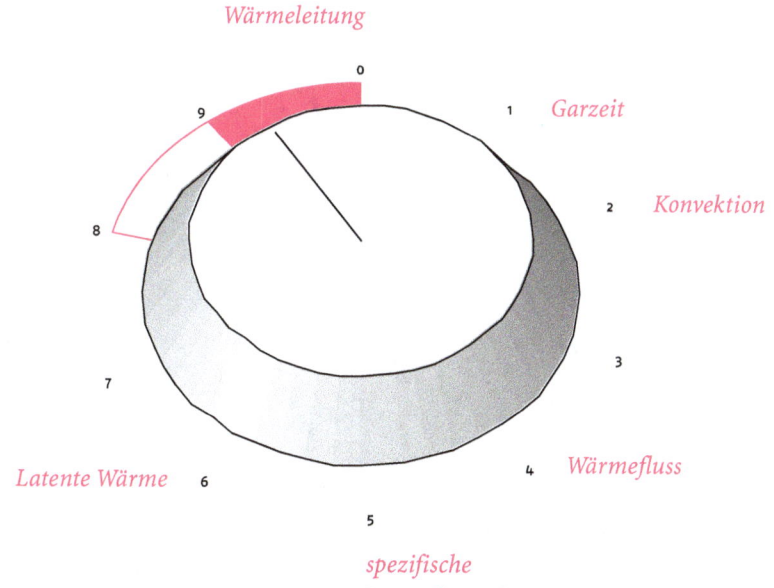

Wärmeleitung

Garzeit

Konvektion

Wärmefluss

Latente Wärme

spezifische Wärmekapazität

Warum erhitzen wir unsere Lebensmittel?

Durch Kochen, Braten oder Backen lässt sich das Spektrum an essbaren Nahrungsmitteln erheblich erweitern, d. h. es werden auch Lebensmittel, die sonst unverdaulich wären, genießbar. So können wir z. B. rohe Kartoffeln deswegen nicht verwerten, weil die Stärke in einer Form vorliegt, die von unserem Magen nicht weiterverarbeitet werden kann. Wenn die Stärke jedoch auf eine ausreichend hohe Temperatur erhitzt wird, ändert sich ihre Struktur und sie wird essbar. Manchmal kommen in Lebensmitteln auch Toxine vor (z. B. in Schweinefleisch), die beim Erhitzen in vielen Fällen zerstört werden. So kann also durch Kochen von Lebensmitteln also auch die Gefahr von Lebensmittelvergiftungen verringert werden.

Durch die verschiedenen Zubereitungsverfahren beim Kochen, Braten oder Backen kann sich aber auch die Beschaffenheit von Lebensmitteln grundlegend ändern. So wird z. B. durch das Garen eine Reihe sonst eher unappetitlicher Nahrungsmittel viel ansprechender (auch bei einigen Fleischsorten ist dies der Fall) und das Nahrungsangebot lässt sich dadurch erweitern. Wie wir auch schon im vorherigen Kapitel gesehen haben, kommt es beim Erhitzen oft zu chemischen Reaktionen, bei denen große Moleküle (die keinen Geschmack besitzen) abgebaut werden und dabei kleinere Moleküle entstehen, die ein ausgeprägtes Aroma aufweisen.

Wärme und Temperatur

Die meisten Menschen gehen davon aus – sofern sie überhaupt schon jemals darüber nachgedacht haben – dass es zwischen Wärme und Temperatur keinen wesentlichen Unterschied gibt. Es handelt sich dabei jedoch um zwei Begriffe, die eine vollkommen verschiedene Bedeutung haben. Wenn Sie den Unterschied erst einmal kennen, können Sie die verschiedenen Erhitzungsmethoden wesentlich besser verstehen und in der Praxis einsetzen.

Unter Wärme versteht man die Energie, die von einem heißen Körper zu einem kalten fließt. Die Temperatur dagegen ist eine Messgröße, die eine Aussage darüber gibt, in welche Richtung die Wärme fließen wird. Wenn man zwei Körper mit verschieden hoher Temperatur miteinander in Kontakt bringt, wird die Wärme immer von dem Körper mit der höheren Temperatur zu dem Körper mit der tieferen Temperatur strömen. Die Wärme wird dann solange in den kälteren Gegenstand fließen (die Temperatur steigt) und gleichzeitig aus dem wärmeren Gegenstand herausfließen (die Temperatur fällt), bis beide Gegenstände schließlich die gleiche Temperatur erreicht haben und der Wärmefluss zum Stillstand kommt. Wenn Sie kaltes Geschirr in einen Backofen stellen, dann strömt die Wärme aus der Luft im Ofen in das Geschirr und die Temperatur steigt solange an, bis das Geschirr die Ofentemperatur erreicht hat. Die Backofentemperatur wiederum wird aufrecht erhalten, indem die Wärme aus den Heizelementen des Ofens in die Luft gelangt und dann ins Geschirr strömt. Ähnlich sieht es aus, wenn Sie einen heißen Topf in den Kühlschrank stellen. Hier fließt die Wärme vom Topf in den Kühlschrank (und wird schließlich vom Kühlaggregat des Kühlschrankes entzogen) und der Topf kühlt sich auf Kühlschranktemperatur ab.

Stellen Sie sich vor, Sie stellen zwei verschiedene Gegenstände, die beide die gleiche Temperatur haben (z.B. 20 °C) in einen Ofen, der auf eine konstante Temperatur von, sagen wir, 50 °C eingestellt ist (z.B. ein Stück Metall und eine Schüssel mit Wasser, beide auf Raumtemperatur). Die Ofenwärme wird dann in beide Gegenstände strömen und beide werden sich erwärmen. Die Geschwindigkeiten jedoch, mit der sie sich jeweils aufwärmen, werden nicht gleich sein. Denn die Wärmemenge, die jeweils in einen Gegenstand fließen muss, um seine Temperatur von 20 °C auf 50 °C zu erhöhen, ist von Gegenstand zu Gegenstand verschieden.

Deswegen wurde von den Wissenschaftlern eine Messgröße definiert, die »spezifische Wärmekapazität« eines Stoffes: Das ist die erforderliche Wärmemenge, um die Temperatur von 1 Kilogramm dieses Stoffes um 1 °C zu erhöhen. Und weil Wasser in der Regel eine wesentlich höhere spezifische Wärmekapazität hat als ein Metall, wird in dem oben angegebenen Beispiel die Schüssel mit Wasser wesentlich mehr Wärme absorbieren als das Metallstück (vorausgesetzt, sie haben das gleiche Gewicht). Für die Praxis bedeutet dies, dass das Wasser wesentlich länger braucht, um auf Ofentemperatur erwärmt zu werden.

Latente Wärme (Umwandlungswärme)

Es ist jedoch nicht immer so, dass die Temperatur eines Stoffes weiter ansteigt, wenn wir noch mehr Wärme hinzufügen. Eine Ausnahme liegt dann vor, wenn eine Substanz eine Zustandsänderung erfährt, d.h. entweder von einem festen in einen flüssigen Zustand oder von einem flüssigen in einen gasförmigen Zustand übergeht. Wenn wir Wasser in einem Kochtropf erhitzen, so steigt die Temperatur immer weiter an, bis das Wasser schließlich 100 °C erreicht und zu kochen anfängt. Die Wassertemperatur bleibt jedoch immer bei 100 °C, obgleich wir immer mehr Wärme hinzugeben, um das Wasser am Kochen zu halten. Irgendwann wird dann die gesamte Flüssigkeit verdampft sein.

Es wird tatsächlich eine Menge Wärmeenergie benötigt, um das Wasser vom flüssigen in den gasförmigen Zustand zu überführen. Die dafür notwendige Wärme wird als »latente Wärme« bezeichnet, für kochendes Wasser lautet sie konkret »latente Wärme beim Verdampfen von Wasser«.

Wenn wir auf der anderen Seite Dampf abkühlen lassen und dieser kondensiert (z.B. wenn wir in einem Dampfkochtopf kochen), so muss der Wasserdampf die latente Wärme an die Umgebung abgeben, um vom gasförmigen Zustand in den flüssigen Zustand zu wechseln. Diese latente Wärme ist auch der Grund dafür, warum Wasserdampf so schlimme Verbrennungen verursacht. Die Wärmemenge, die der Wasserdampf an Ihre Haut abgibt, ist wesentlich größer als die Wärmemenge, die von heißem Wasser (gleiches Gewicht) auf die Haut übertragen wird. Bevor sich Wasserdampf also weiter abkühlen kann, muss er zuerst seine latente Wärme abgeben und sich von einem Gas in eine Flüssigkeit verwandeln.

Genau die gleichen Gesetzmäßigkeiten treffen zu bei der Umwandlung eines flüssigen Stoffes in seinen festen Zustand. Wenn wir also Wasser zu Eis gefrieren lassen, muss das Eis zuerst eine große Menge dieser latenten Wärme abgeben und deswegen dauert es auch so lange, bevor Wasser gefriert. Umgekehrt halten sich Eiswürfel in unseren Getränken ziemlich lange, weil sie große Mengen latenter Wärme aufnehmen müssen, bevor sie schmelzen können.

WAS GEFRIERT SCHNELLER – HEISSES ODER KALTES WASSER?
Vor einigen Jahren machte ein Schüler in Afrika, Erasto B. Mpemba, eine wichtige Beobachtung. Er stellte zwei identische Behältnisse mit der gleichen Menge Wasser (aber mit unterschiedlichen Temperaturen) nebeneinander in einen Gefrierschrank und beobachtete, dass der Behälter mit dem anfangs wärmeren Wasser immer schneller gefror als der Behälter mit dem kälteren Wasser. Er fragte seinen Physiklehrer sehr hartnäckig, wie das passieren könne, aber er bekam immer wieder die gleiche Antwort, er müsse sich irren, »so etwas kann nicht vorkommen!«

Sein Physiklehrer erklärte ihm, dass das heiße Wasser einige Zeit brauchen würde, um auf die Temperatur des kalten Wassers abzukühlen, und während dieser Zeit würde das ursprünglich kältere Wasser schon auf eine noch tiefere Temperatur abgekühlt sein. Dementsprechend würde das heiße Wasser immer etwas wärmer sein (und bleiben) und könne deswegen nicht zuerst gefrieren. Erasto jedoch war ein sehr hartnäckiger junger Bursche und auch wenn er wegen seiner Hartnäckigkeit zu behaupten, dass heißes Wasser schneller gefriere als kaltes, gehänselt wurde, glaubte er immer fest an die Ergebnisse seiner eigenen, sorgfältig durchgeführten Experimente.

Schließlich kam ein britischer Physiker, Prof. Osborne, an Erastos Schule und hielt einen etwa 30minütigen Gastvortrag über Physik und nationale Bildungsfragen. Die Schüler stellten anschließend Fragen zu allen möglichen Themen, z. B. wie man auf die Universität kommen kann usw., aber Erasto stellte »seine« alte Frage: »Warum gefriert heißes Wasser schneller als kaltes Wasser?« Zum Glück war Prof. Osborne ein sehr aufgeschlossener Physiker und fragte nach, was Erasto damit meine. Und Erasto beschrieb Prof. Osborne seine Experimente noch einmal. Dieser war über die Ergebnisse sehr erstaunt, weil sie seiner intuitiven Auffassung von der Physik der Wärme widersprachen.

Prof. Osborne versprach jedoch, er würde Erastos Experimente zu Hause wiederholen und konnte seine Entdeckungen schließlich bestätigen. Wenn Sie es nicht glauben, dann probieren Sie es selber aus.

Obwohl dieser Effekt inzwischen allgemein bekannt ist, konnte er jedoch noch nicht vollständig aufgeklärt werden. Es wurde eine ganze Reihe von Erklärungen vorgeschlagen, unter anderem, dass beim Verdampfen von heißem Wasser ein zusätzlicher Kühleffekt auftritt, dass durch die hohe Temperaturdifferenz zwischen heißem Wasser und seiner Umgebung die auftretenden Konvektionsströme die Wärmeübertragungsrate verbessern, dass beim Kochen von heißem Wasser einige kleine Verunreinigungen ausfallen, die als Keimzellen für die Eiskristallbildung dienen und schließlich die Vermutung, dass durch das heiße Gefäß im Gefrierschrank etwas Eis auf der Oberfläche schmilzt und es damit zu einem besseren thermischen Kontakt mit der Umgebung kommt. So weit ich weiß, ist jedoch keine dieser Erklärungen allein ausreichend, um Erastos einfache Beobachtungen zu erklären.

Wärmefluss

Die Geschwindigkeit, mit der Wärme von einem Gegenstand auf einen anderen übertragen wird, hängt von vielen Faktoren ab. Es spielt dabei eine große Rolle, wie gut sich die beiden Materialien berühren, wie schnell die Wärme durch die Gegenstände fließen kann, und ferner ist die spezifische Wärmekapazität der einzelnen Stoffe sowie die Temperaturdifferenz zwischen beiden Objekten sehr wichtig.

Wenn sich ein warmer Körper und ein kalter Körper berühren, dann wird die Wärme von dem wärmeren zu dem kälteren Körper fließen. Die Geschwindigkeit, mit der die Wärme fließt, hängt von der Temperaturdifferenz der zwei Körper ab. Wenn wir die Geschwindigkeit des Wärmeflusses als H bezeichnen, die Temperatur des kälteren Körpers als T_K und die des wärmeren Körpers als T_W, dann ist H proportional zu ($T_W - T_K$). Ein Wissenschaftler würde dies folgendermaßen formulieren:

$$H \propto (T_W - T_K)$$

Weil ständig Wärme fließt, wird sich natürlich die Temperatur des heißen Körpers verringern und die Temperatur des kälteren Körpers erhöhen, sodass sich die Temperaturdifferenz ($T_W - T_K$) die ganze Zeit über verringert. Deswegen verlangsamt sich auch die Wärmeflussgeschwindigkeit immer mehr, je mehr sich die beiden Körper einem Gleichgewicht annähern.

Natürlich spielen auch andere Faktoren eine Rolle, die sich auf die Geschwindigkeit der Temperaturannäherung von heißen und kalten Körpern auswirken. Wenn der kalte Körper z. B. eine hohe spezifische Wärmekapazität hat, so ist eine bestimmte Menge Wärme erforderlich, um die Temperatur ansteigen zu lassen und die Temperatur wird entsprechend auch nur sehr langsam ansteigen während die Wärme in den Körper fließt. Dann ist auch die Geschwindigkeit, mit der Wärme durch einen Körper hindurchfließt, sehr wichtig. Hierbei ist der Begriff der Wärmeleitfähigkeit von Bedeutung. Es gibt einige Materialien, die als hervorragende Wärmedämmstoffe dem Wärmefluss einen Widerstand entgegensetzen. Mit solchen Isoliermaterialien werden z. B. Ofenhandschuhe hergestellt, mit denen wir heiße Töpfe und Pfannen anfassen können. Viele andere Materialien jedoch, wie z. B. Metalle, leiten die Wärme so gut, dass ein Metalllöffel in einem Topf mit kochendem Wasser so schnell heiß wird, dass man ihn nicht mehr anfassen kann. Wegen der hohen Wärmeleitfähigkeit der Metalle verwenden wir zum Umrühren in Töpfen hölzerne Löffel oder solche aus Plastik. Es gibt jedoch auch hier eine Ausnahme – rostfreier Edelstahl. Dieser hat ein sehr geringes Wärmeleitvermögen und macht damit Küchenutensilien aus rostfreiem Edelstahl sehr vielseitig verwendbar (wenngleich auch teuer).

Verschiedene Arten der Wärmeübertragung

In dem oben Genannten haben wir noch nicht untersucht, was wirklich passiert, wenn die Wärme von einem heißen zu einem kalten Körper strömt. Das wollen wir jetzt nachholen. Dabei können wir verschiedene Wege unterscheiden, auf denen die Wärme von einem Objekt zu einem anderen übertragen wird. Jede Art der Wärmeübertragung hat ihre eigenen Charakteristika und alle Arten kommen in der Küche zur Anwendung.

Wärmeleitung

Die Übertragung von Wärme innerhalb eines Festkörpers erfolgt durch Wärmeleitung. Stellen Sie sich einen Ziegelstein vor, der von der Unterseite aus erhitzt wird. Ursprünglich hat der Ziegel die gleiche Temperatur wie seine Umgebung. Sobald der Stein von der Unterseite her erhitzt wird, wird die Temperatur unten ansteigen und die Wärme wird in den Ziegel hineinfließen. Diese Wärme wird dann mit einer Geschwindigkeit durch den Ziegelstein geleitet, die von der Wärmeleitfähigkeit des Steins abhängt. Durch die Wärmeübertragung in den Stein hinein wird sich dieser aufheizen und es entsteht im Inneren ein Temperaturgefälle. Die Temperatur innerhalb des Ziegels ist dann am Boden am höchsten und fällt dann nach oben hin ab. Wenn mit der Zeit immer mehr Wärme in den Stein einfließt, wird sich auch die Temperaturverteilung im Inneren ändern.

Während die Wärme in den Ziegel einströmt, erwärmt sich dieser und es kommt zu lokalen Temperaturerhöhungen. Der effektive Temperaturanstieg hängt nicht nur von der Wärmeleitfähigkeit des Steins ab, sondern auch von seiner spezifischen Wärmekapazität. Hat er eine niedrige spezifische Wärmekapazität, dann kommt es zu einem größeren Temperaturanstieg als bei einer hohen spezifischen Wärmekapazität. Es ist daher nahe liegend eine neue Materialeigenschaft zu definieren, den Temperaturleitkoeffizienten, der die spezifische Wärmekapazität, die Wärmeleitfähigkeit und die Dichte des jeweiligen Stoffes miteinander verbindet. Wenn die Wärme durch den Ziegelstein geleitet wird, dann hängt der lokale Temperaturanstieg von diesem Temperaturleitkoeffizienten ab.

In der Küche wollen wir in der Regel wissen, wie lange es dauert, bis die Temperatur an der kältesten Stelle eines Lebensmittels einen bestimmten Wert erreicht hat. Die mathematischen Lösungen dieser Wärmeflussgleichungen können recht komplex sein, aber bestimmte Merkmale kommen immer wieder vor und können recht einfach als Grafik veranschaulicht werden.

WÄRMELEITUNG – EINE MATHEMATISCHE ABHANDLUNG

Energie kann in Form von Wärme durch ein Material »weitergereicht« werden. Wenn Atome in einer Ebene beim Erhitzen immer stärker vibrieren, dann geben sie durch Kollisionen und andere Wechselwirkungen etwas von dieser erhöhten Energie an Atome in der nächsten Ebene ab, und so weiter.

Wenn wir einmal genau beobachten, wie Wärme durch eine dünne Scheibe eines homogenen Materials übertragen wird, dann werden wir aus diesen Experimenten Beziehungen ableiten können, die schließlich zu einer »Theorie der Wärmeleitung« führt.

Wir werden dann herausfinden, dass die Geschwindigkeit der Wärmeübertragung durch unsere Scheibe H (= $Q/\Delta t$, wobei Q die Wärmemenge übertragen in der Zeit Δt ist) von der Temperaturdifferenz ΔT innerhalb dieser Scheibe abhängt, d. h. also: $H \propto \Delta T$. Wir werden dann ebenfalls feststellen, dass die Geschwindigkeit des Wärmeflusses umgekehrt proportional zur Dicke der Scheibe (Δx) ist, d. h. also: $H \propto 1/\Delta x$.

Ferner werden wir erkennen, dass die Geschwindigkeit des Wärmeflusses linear von der Fläche A der Scheibe abhängt (d. h. $H \propto A$).

Und so können wir dies folgendermaßen formulieren:

$$H = \frac{Q}{\Delta t} \propto A \frac{\Delta T}{\Delta x}$$

Wir können jetzt eine Konstante k definieren, die Wärmeleitfähigkeit, sodass sich H ergibt zu:

$$H = kA \frac{\Delta T}{\Delta x}$$

Betrachten wir einmal einen einfachen Fall, bei dem zwei Wärmespeicher durch eine Wärme leitende Stange miteinander verbunden sind. Die beiden Wärmespeicher werden auf einer konstanten Temperatur, T_H und T_L, gehalten und die Stange ist so isoliert, dass es an der Seite zu keinem Wärmeverlust kommt. Die Wärme wird jetzt durch die Verbindungsstange fließen – von dem heißen Wärmespeicher zu dem kälteren Wärmespeicher – und die Temperatur innerhalb der Verbindungsstange wird über die gesamte Länge von T_H nach T_L linear abnehmen.

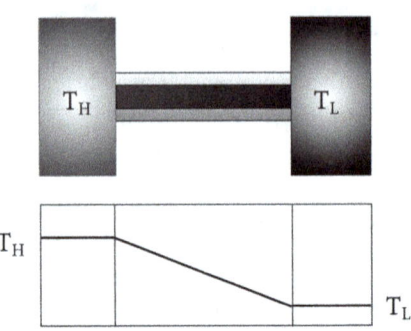

Hierbei handelt es sich um einen stationären Zustand, bei dem die Temperatur in der Verbindungsstange immer gleich bleibt. Um auch Probleme bei einer komplexeren Form oder einem nicht stationären Zustand lösen zu können, ist es oft einfacher, die Wärmeleitfähigkeit in Form einer Differenzialgleichung zu schreiben:

$$H = \frac{dQ}{dt} = -kA\frac{dT}{dx}$$

Das Minuszeichen erscheint deswegen, weil der Wärmefluss in Richtung abnehmende Temperatur erfolgt.

Wenn Wärme auf einen Gegenstand übertragen wird, dann dauert es einige Zeit, bis diese Wärme eine bestimmte Strecke x im Inneren zurückgelegt hat. Die Länge dieser Strecke hängt von der Wärmeleitfähigkeit und der ursprünglichen Temperaturdifferenz zwischen der Innenseite und der Außenseite ab. Die auf den Gegenstand übertragene Wärme erhitzt das Material und seine Temperatur steigt an. Dieser Temperaturanstieg hängt von der spezifischen Wärmekapazität und der Dichte des Materials ab. Jetzt kann man die Zeit, die die Wärme zum Strömen durch ein Objekt benötigt, mit der Zeit, die sie braucht, um die Temperatur ansteigen zu lassen, miteinander verknüpfen. Daraus folgt dann, dass die Gesamtzeit für einen Temperaturanstieg um einen bestimmten Betrag in einer Entfernung x, gemessen von der Außenseite des Körpers, proportional zu x^2 ist. Wir können es auch so formulieren, dass die Erhitzungszeit von dem Quadrat der Größe des Kochgefäßes abhängt.

Konvektion

Ebenso wie Wärme durch einen Körper von außen nach innen strömen kann, so kann die Wärme auch aus der Umgebung auf einen Gegenstand übertragen werden. Die Wärmeübertragung durch Konvektion ist der Wärmeübergang von einem Fluid (ein Gas oder eine Flüssigkeit) auf seine Umgebung. Das Fluid wird in Bewegung gehalten und kann die Wärme aus einer Wärmequelle aufnehmen (aus einem heißen Körper oder aus einer Wärmequelle, wie z. B. Feuer) und zu einer Senke (dem kalten Körper) transportieren. Im Haushaltsbereich ist die Konvektion die gebräuchlichste Form von Wärmeübertragung. So werden unsere Häuser durch Konvektion geheizt. Dabei wird das Wasser in einer Zentralheizung erhitzt und zu den Heizkörpern gepumpt. Die Heizkörper mit dem heißen Wasser erwärmen dann die Umgebungsluft, die heiße Luft steigt auf und erzeugt eine Strömung durch den Raum, erwärmt dadurch die Umgebung und kehrt schließlich abgekühlt zu den Heizkörpern zurück, wo sie erneut erwärmt wird.

In der Küche begegnet uns das Erhitzen durch Konvektion in vielen verschiedenen Situationen. Z. B. wird das Wasser beim Kochen in einem Kochtopf am Boden des Topfes erhitzt und das heiße (oder kochende) Wasser zirkuliert im Topf und erhitzt den Inhalt. In einer Fritteuse wird das Öl erhitzt, zirkuliert um die Lebensmittel herum und überträgt in gleicher Weise die Wärme. Wir verwenden sowohl Gase als auch Flüssigkeiten als Fluide, um Wärme zu übertragen. In einem Backofen wird die Luft durch die Heizstäbe erhitzt (oder durch das brennende Gas usw.) und zirkuliert im Ofen, wodurch die sich darin befindlichen Lebensmittel erhitzt werden. Während moderne Backöfen oft einen eingebauten Ventilator haben, der die Luft zum Zirkulieren zwingt, verlassen sich die anderen Modelle auf die natürliche Zirkulation, bei der die warme Luft aufsteigt und die kältere Luft herabsinkt, so wie bei einer Raumheizung.

Wenn wir die Konvektion zur Wärmeübertragung beim Kochen und Backen ausnutzen, wird im Allgemeinen das Wärmeübertragungsfluid auf einer bestimmten Temperatur gehalten und ihm dabei laufend Wärme über eine elektrische Heizung oder über brennendes Gas zugeführt. Wasser als Wärmeübertragungsfluid lässt sich bei einer konstanten Temperatur von 100 °C halten, indem man das Wasser einfach kochen lässt. Wenn wir andere Fluide verwenden (das Öl in einer Fritteuse oder die Luft in einem Backofen), brauchen wir andere Steuerungsmechanismen und benutzen im Allgemeinen einen Thermostaten. Ein Thermostat ist ein Gerät, das eine Wärmequelle automatisch einschaltet, wenn die Temperatur des Fluids einige Grad unter die erforderliche Temperatur fällt und die Wärmequelle ausschaltet, sobald das Fluid wieder die gewünschte Temperatur erreicht hat.

In den meisten haushaltsüblichen Geräten sind diese Thermostate sehr ungenau. Es lohnt sich daher ohne weiteres, ein Thermometer anzuschaffen, schon allein deswegen, um die wirkliche Temperatur des Backofens oder anderer Geräte einmal zu überprüfen und auch, um einfach einmal festzustellen, wie groß die Temperaturunterschiede eigentlich sind, wenn der Thermostat die Wärmezufuhr an- und abschaltet. Die Temperatur der zirkulierenden Luft in einem guten Heißluftherd (einer mit einem eingebauten Ventilator) bewegt sich normalerweise innerhalb von 5 °C der eingestellten Temperatur. Ein guter Backofen, der auf natürlichen Konvektionsströmen basiert, wird normalerweise an der oberen Seite eine deutlich höhere Temperatur haben als am Boden. Trotzdem sollte im Inneren, egal an welcher Stelle, die Ofentemperatur höchstens einige wenige Grad abweichen, wenn die Heizung sich an- oder abschaltet.

TEMPERATURLEITFÄHIGKEIT UND DIE WÄRMEÜBERTRAGUNGSGLEICHUNG | Wir können die Differenzialgleichung für die Wärmeleitfähigkeit verwenden, um zu zeigen, wie die Wärme tatsächlich in einen Stoff hineindiffundiert. Dazu legen wir fest, dass die Summe der gesamten Wärme, die ein kleines Volumenelement in einer kleinen Zeiteinheit erreicht, gleich der spezifischen Wärmekapazität des Materials multipliziert mit der Temperaturänderung in diesem kleinen Zeitintervall ist.

Die Nettowärme, die in eine kleine Volumeneinheit mit der Fläche A und der Dicke x in der Zeit t eindringt, wird folgendermaßen wiedergegeben:

$$-\frac{d}{dx}\left(\frac{dQ}{dt}\right)\Delta x\,\Delta t$$

Dies wiederum ist gleich der Temperaturänderung in der gleichen Zeit, d. h.:

$$-\frac{d}{dx}\left(\frac{dQ}{dt}\right)\Delta x\,\Delta t = CA\,\Delta x\,\frac{dT}{dt}\Delta t \quad \text{bzw.} \quad -\frac{d}{dx}\left(\frac{dQ}{dt}\right) = CA\,\frac{dT}{dt}$$

Die Gleichung für die Wärmeleitung ergibt:

$$H = \frac{dQ}{dt} = -kA\frac{dT}{dx}$$

Wenn wir dies in der Kontinuitätsgleichung oben ersetzen, erhalten wir:

$$-\frac{d}{dx}\left(\frac{dQ}{dt}\right) = kA\frac{d}{dx}\left(\frac{dT}{dx}\right) = kA\frac{d^2T}{dx^2} = CA\frac{dT}{dt}$$

i.e.

$$\frac{dT}{dt} = \frac{k}{C}\frac{d^2T}{dx^2} = \kappa\frac{d^2T}{dx^2}$$

(κ wird auch als Temperaturleitkoeffizient bezeichnet).

Um diese Gleichung lösen zu können, müssen wir die Randbedingungen für das zu erhitzende Objekt mit den besonderen geometrischen Abmessungen einsetzen, sowie die Einzelheiten, unter welchen Umständen die Wärme übertragen wird. Es gibt viele Lösungen, aber im Allgemeinen können wir die Gleichung nur annäherungsweise lösen, um die Temperaturverteilung innerhalb eines Gegenstandes als Funktion der Zeit, in der er erwärmt wird, zu erhalten.

Obgleich die thermische Diffusionsgleichung oben viele Lösungen hat, so taucht doch immer wieder ein Ausdruck in der Form x^2/t auf. So ist z.B. eine Lösung:

$$T(x, t) = (4\kappa t)^{-\frac{1}{2}}\exp(-x^2/4\kappa t)$$

Daraus folgt, dass die Erhitzungszeit immer proportional zum Quadrat der Größe eines Lebensmittels ist und nicht proportional zum Gewicht.

(Wärme)strahlung

Alle heißen Körper strahlen Wärme ab und die Wärmemenge, die sie abstrahlen, hängt von der vierten Potenz ihrer absoluten Temperatur ab (um die absolute Temperatur in Kelvin K zu finden, nehmen Sie die Temperatur in °C und addieren 273). Die Sonne z. B. hat eine sehr hohe Temperatur (5.800 K) und strahlt eine Menge Wärme auf die Erde. Wenn wir uns an einem sonnigen Tag aufwärmen, können wir die Strahlung spüren, die von unserer Haut absorbiert wird.

Die Erde absorbiert also einen Teil der Wärme, die die Sonne ausstrahlt, und wärmt sich langsam auf. In dem Maße, wie die Temperatur auf der Erde steigt, wird auch mehr Wärme zurück in das Weltall gestrahlt. Schließlich ist die Geschwindigkeit der Wärmestrahlung in den Weltraum genauso groß wie die Geschwindigkeit der von der Sonne kommenden Wärme und es entsteht ein Fließgleichgewichtszustand. Dies führt dann zu einer mittleren Oberflächentemperatur auf der Erde von ungefähr 300 K.

Wenn sich jedoch die Wärmemenge, die von der Erdoberfläche über die Sonnenstrahlung absorbiert wird, erhöht, dann wird sich auch die Oberflächentemperatur der Erde so lange erhöhen, bis sich ein neues Gleichgewicht eingestellt hat. Ein praktisches Beispiel: Je dünner die Ozonschicht in der oberen Erdatmosphäre ist, um so größer ist die Menge an Sonnenstrahlung, die die Erdoberfläche erreichen kann (diese UV-Strahlung erreicht normalerweise nicht die Erdoberfläche).

In der Küche greifen wir auf zwei verschiedene Strahlungsarten zurück. Beim Grillen von Lebensmitteln wird die Wärmestrahlung des Grills von der Oberfläche des Grillgutes absorbiert. Auch Mikrowellen sind eine Form von Strahlung und werden vom Wasser in den Lebensmitteln absorbiert.

Anwendungen beim Kochen, Braten und Backen

In der Küche bringen wir meistens nicht einfach zwei Körper miteinander in Berührung, sondern wir geben irgendein Lebensmittel (sagen wir, eine Kartoffel) in einen Topf mit kochendem Wasser oder in einen heißen Backofen. Wir führen dann dem Wasser oder dem Ofen Wärme zu und halten sie jeweils auf einer konstanten Temperatur. Das Nahrungsmittel wird dann erhitzt und es kommt zu physikalischen und chemischen Änderungen. Wenn ein Nahrungsmittel für eine bestimmte Zeit einer höheren Temperatur ausgesetzt wurde, dann sagen wir, es sei gar. Mit etwas Verständnis für die Art und Weise, wie Wärme in einen Körper strömt, können wir diese Garzeiten in jeder Situation berechnen.

Erhitzungsverfahren in der Küche

Wenn in Kochbüchern von Wärme und Temperatur die Rede ist, sind viele Angaben relativ ungenau. Oftmals wird z. B. angegeben, man solle »auf kleiner Flamme« garen. Es ist nicht immer leicht herauszufinden, was damit wirklich gemeint ist. Im Allgemeinen kommt es sehr stark auf den Zusammenhang an. So bedeutet beim Backen »geringe Wärme«, dass ein Backofen auf eine relativ geringe Temperatur (sagen wir 140 °C bis 160 °C) eingestellt wird. Wenn ein Gericht in einem Topf auf dem Herd zubereitet wird, dann bedeutet »geringe Hitze« eher, dass man die Energiezufuhr auf die kleinstmögliche Einstellung herunterschalten sollte. In den folgenden Abschnitten werde ich die Physik erläutern, die sich hinter den verschiedenen Erhitzungsverfahren von Lebensmitteln in der Küche verbirgt. Ich hoffe, dass dies dazu beiträgt, die manchmal sehr vagen Anweisungen in Rezepten zu verstehen und entsprechend auszulegen.

Konvektion

Konvektion ist das wichtigste Verfahren zur Wärmeübertragung und kommt z. B. beim Kochen, Backen und Frittieren zum Tragen. Aus Erfahrung wissen wir alle, dass die Garzeiten zwischen diesen verschiedenen Verfahren sehr stark schwanken. Warum?

Fangen wir damit an, die unterschiedlichen Garzeiten zu verstehen, indem wir uns eine (annähernde) Lösung einer Gleichung für die Wärmeübertragung bei einer Kugel mit dem Radius r anschauen:

$$r \propto \kappa s \log(T - T_C) \sqrt{t}$$

Dabei ist κ der Temperaturleitkoeffizient des Lebensmittels, s die spezifische Wärmekapazität des die Kugel umgebenden Mediums, T die Temperatur des Garmediums, T_C die erforderliche Endtemperatur im Inneren des Lebensmittels und t die Garzeit. Es ist wahrscheinlich einfacher, wenn wir die Gleichung umformulieren und die Garzeiten angeben:

$$t \propto \frac{r^2}{\kappa^2 s^2 [\log(T - T_C)]^2}$$

Die Garzeit ist also proportional zum Quadrat des kleinsten Radius' des Lebensmittels (r) und umgekehrt proportional zum Quadrat der Differenz zwischen der Temperatur des Umgebungsmediums und der erforderlichen Gartemperatur. Beachten Sie dabei auch, dass eine höhere spezifische Wärmekapazität des Umgebungsmediums die Garzeit sehr stark verkürzt.

Die spezifische Wärmekapazität von Luft ist nun wesentlich geringer als die von Wasser. Wir können also ohne weiteres unsere Hand einige Sekunden lang in einen heißen Backofen halten, ohne uns zu verbrennen, weil die auf unsere Hand übertragene Wärmemenge von der spezifischen Wärmekapazität der Luft abhängt und diese nicht groß genug ist, um unsere Haut wesentlich aufzuwärmen. Wenn Sie dagegen Ihre Hand aus Versehen in heißes Wasser halten, werden Sie sich verbrühen. Die spezifische Wärmekapazität von Wasser ist vergleichsweise hoch und unsere Haut wird sehr schnell auf die Wassertemperatur erwärmt und dann geschädigt.

Daran können wir jetzt auch erkennen, warum die Garzeiten für Kartoffeln in einem Ofen wesentlich länger sind, als wenn man sie in heißem Wasser kocht, auch wenn der Ofen eine wesentlich höhere Temperatur hat. Wenn wir dagegen eine Fritteuse nehmen, verringert sich die Garzeit im Vergleich zu kochendem Wasser wesentlich, weil das Fluid eine wesentlich höhere Temperatur hat (üblicherweise 180 °C verglichen mit 100 °C).

Beispiel – ein Ei kochen

Jedes Ei ist einzigartig – Eier unterscheiden sich in Form und Größe ebenso wie in den relativen Anteilen von Eiklar und Eigelb. Köche, die einmal herausgefunden haben, wie etwas funktioniert, neigen dazu, an einem Verfahren unerschütterlich festzuhalten, und so schwören viele dann darauf, dass es eben nur eine Möglichkeit gibt, ein garantiert »perfekt« gekochtes Ei zu erhalten.

Aber nicht jede Lösung funktioniert immer und nicht bei jedem gleichermaßen. Wir sind alle Individuen mit verschiedenen Vorlieben, und das gilt auch, was die Beschaffenheit von Eiern betrifft. Außerdem kann es sein, dass manchmal Rezepte nur mit den ursprünglich verwendeten Geräten wirklich funktionieren. Von einigen bekannten Lebensmittelautoren wurde vorgeschlagen, das Ei für eine kurze (festgelegte) Zeit in kochendes Wasser zu legen, dann die Herdplatte auszuschalten und das Ei für eine weitere (festgelegte) Zeit in heißem Wasser zu belassen und zu garen. In welchem Ausmaß das Ei jedoch kochen wird, hängt dabei aber nicht nur von der Form und Größe des Eies selbst ab, sondern auch von der Wassertemperatur im Topf und wie langsam das Wasser abkühlt. Diese Temperatur wiederum hängt von dem Topfmaterial ab, der Größe und der Form des Topfes, von der Menge Wasser im Topf, wo Sie den Topf anschließend hinstellen und sogar von der Temperatur in Ihrer Küche.

Wenn Sie in Kürze ein wenig mehr von dem verstehen, was wirklich passiert, wenn Sie ein Ei kochen, werden Sie in der Lage sein, jedes Verfahren an Ihre eigenen Küchenbedingungen anzupassen und auch Eier in mehr oder weniger jeder Größe optimal zu garen.

Eingehüllt in der Eischale, besitzen die Eier zwei Hauptkomponenten, das Eiklar und das Eigelb. Sowohl das Eiweiß als auch das Eigelb enthalten Proteine, die bei ausreichender Erhitzung durch chemische Reaktionen fest werden. Wenn eine Köchin oder ein Koch in der Lage sind, diese Reaktion zu steuern, haben sie gute Aussichten, die Festigkeit von Eiweiß und Eigelb in einem gekochten Ei zu beeinflussen.

Wird ein Ei gekocht, dann denaturieren zuerst die Proteine und werden bei weiterer Wärmezufuhr dann schließlich gerinnen (koagulieren). Bis die Temperatur einen kritischen Wert erreicht hat, passiert zunächst wenig. Dann aber setzen Reaktionen ein, und mit ansteigender Temperatur laufen sie immer schneller ab. Sobald die Temperatur 63 °C übersteigt, fangen die Proteine im Eiklar an zu gerinnen, während im Eigelb die Proteine erst bei einer Temperatur über 70 °C koagulieren. Möchte man ein weich gekochtes Ei haben, dann muss das Eiklar lange genug bei einer Temperatur von über 63 °C erhitzt werden, um zu gerinnen, während das Eigelb nicht über 70 °C erhitzt werden sollte.

Wie dünnflüssig das Eigelb wird, hängt davon ab, wie weit die Eigelbproteine gerinnen, d. h. also von der Temperatur, die im Eigelb beim Kochen erreicht wurde. In der Praxis steigt die Reaktionsgeschwindigkeit mit zunehmender Temperatur so schnell an, dass es eigentlich für ein »perfekt« gekochtes Ei ausreicht, wenn das Zentrum des Eigelbs eine bestimmte Temperatur gerade erreicht hat. Die Höhe dieser Temperatur hängt dann nur noch von dem persönlichen Geschmack ab. Für diejenigen, die weiche Eier bevorzugen, sollte die Temperatur weit unter 70 °C liegen, während sich für ein etwas festeres Eigelb die Temperatur an der Außenseite des Eidotters beim Kochen ohne weiteres 70 °C nähern kann. Wenn das Ei schließlich auf dem Tisch steht, wird noch weitere Wärme vom Eiweiß in das Eigelb strömen und dieses festigen. Für ein hart gekochtes Ei mit einem sehr festen Eigelb sollte das Zentrum des Eigelbs 70 °C erreicht haben, bevor man es aus dem kochenden Wasser nimmt.

Ein »perfektes« Ei zu kochen bedeutet also einfach, die Temperatur im Eigelb und im Eiklar zu steuern. Das Problem liegt also nur darin, wie man auf diese Temperaturen Einfluss nehmen kann. Es handelt sich dabei jedoch nur um ein »einfaches« Wärmeübertragungsproblem, das jeder Physikstudent im unteren Semester zu lösen in der Lage sein sollte.

Temperatur	Auswirkung auf das Eiklar	Auswirkung auf das Eigelb
Unter 55 °C	Risiko einer Salmonellenerkrankung	Risiko einer Salmonellenerkrankung
Bis zu 63 °C	Weich und gelatinös, ähnliche Beschaffenheit wie ein teilweise verfestigtes Gelee oder eine nicht tropfende Farbe	Dünnflüssig, ähnlich wie eine Spülmittellösung
65 °C bis 70 °C	Es verfestigt sich als weiches Gel, ähnliche Struktur wie beim Gelee	Immer noch dünnflüssig, aber die Flüssigkeit beginnt dickflüssiger zu werden. Die Viskosität steigt und das Eigelb ähnelt einem Sirup
73 °C	Das Eiklar wird hart, die Beschaffenheit ähnelt einer weichen Frucht (Erdbeere, usw.)	Es hat eine weiche, gelartige Beschaffenheit und erinnert an ein dickes Shampoo
77 °C	Wird immer fester	Es ist hart gekocht mit einer weichen, aber festen Beschaffenheit wie bei einem stichfesten Joghurt
80 °C		Beginn der Grünfärbung am Rande des Eidotters
90 °C	Das Eiweiß ist weiß und hat eine zähe Struktur, wie ein feuchter Schwamm	Das Eigelb ist völlig trocken, krümelig und fest

Man kann also zeigen, dass die Zeit, die vergeht, bis der Mittelpunkt des Eigelbs eine bestimmte Temperatur T_{Eigelb} erreicht hat, nach ein paar Vereinfachungen und mit einigen Näherungswerten folgendermaßen dargestellt werden kann:

$$t = 0.0015\, d^2 \log_e \left[\frac{2(T_{\text{Wasser}} - T_0)}{T_{\text{Wasser}} - T_{\text{Eigelb}}} \right],$$

wobei d der Durchmesser des Eies in Millimeter ist, T_0 die Temperatur des Eies bevor es in das Wasser gelegt wurde (in °C) und T_{Wasser} die Temperatur des kochenden Wassers (in °C) (so wie es erstmalig 1996 in der Zeitschrift New Scientist von Dr. Williams von der Exeter-Universität veröffentlicht worden ist).

Die wichtigste Eigenschaft dieser Gleichung ist die, dass die Kochzeit mit dem Quadrat des Eidurchmessers zunimmt. Ein relativ kleines Ei (mit einem Durchmesser von weniger als 40 mm) braucht nur etwa 60 % der Zeit, die ein besonders großes Ei (mit einem Durchmesser von etwa 50 mm) braucht. Die andere wichtige Erkenntnis ist, dass die Kochzeit von der Temperatur des Eies abhängt, als dieses in das kochende Wasser gelegt wurde. Ein Ei aus dem Kühlschrank mit 4 °C muss etwa 15 % länger gekocht werden als ein Ei, das mit einer Ausgangstemperatur von 20 °C (Raumtemperatur) ins Kochwasser gelegt wird.

Mit geeigneten Geräten können Sie Eier auch bei tieferen Temperaturen »kochen«. Dabei kommt es zu einer gleichmäßigeren Temperaturverteilung im Ei und man erhält ein festeres Eiweiß – weil es länger heiß gehalten wurde. Wenn Sie z.B. ein Ei mit einem Durchmesser von 45 mm 8 Minuten lang in Wasser legen, das eine konstante Temperatur von 70 °C hat, dann erhalten Sie ein sehr festes Eiweiß und ein flüssiges Eigelb, bei dem die Temperatur von 63 °C in der Mitte gerade so erreicht worden ist.

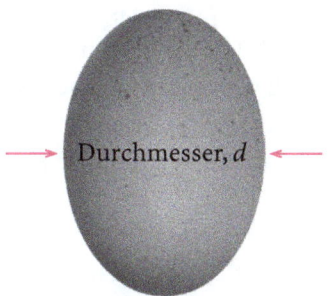

Durchmesser, d

Die notwendige Kochzeit für ein Ei mit einer ursprünglichen Temperatur von T_0 und mit einem Durchmesser von d mm wird angegeben durch:

$$t = 0.0015\, d^2 \log_e \left[\frac{2(T_{\text{Wasser}} - T_0)}{T_{\text{Wasser}} - T_{\text{Eigelb}}} \right] \text{ (in Minuten)}$$

T_{Eigelb} ist die notwendige Eigelbtemperatur in °C und T_{Wasser} ist die Temperatur des heißen Wassers.

Erhitzen durch Wärmestrahlung

Wenn wir einen Grill benutzen, um Lebensmittel zu garen, wird die meiste Wärme an der Oberfläche der Lebensmittel in Form von Wärmestrahlung absorbiert und stammt nicht aus der Umgebungsluft. Das Innere der Lebensmittel wird dann durch Wärmeleitung von der heißen Oberfläche ausgehend erhitzt. Diese Wärmeübertragung von der Oberfläche nach innen geschieht nach dem gleichen Muster wie bei der Konvektion, sodass die Garzeit von dem Quadrat der kleinsten Dimension des Gefäßes abhängt. Die Temperatur an der Oberfläche hängt jedoch nicht von der Temperatur der Umgebung ab, sondern wird hauptsächlich durch die Menge an Wärmeenergie bestimmt, die auf der Oberfläche eintrifft und die wiederum hängt von der Leistung der Wärmequelle (dem Grill) und der Entfernung zwischen Grill und Lebensmittel ab.

Auf dem Rost braten

Hierbei handelt es sich um eine Gar-Methode, bei der Lebensmittel mit einer heißen Oberfläche direkt in Berührung kommen und die Hauptwärmeübertragung geschieht von der Oberfläche ausgehend in das Lebensmittel hinein. Man kann es ohne weiteres mit dem Braten in der Bratpfanne vergleichen. Auch hier können wir feststellen, dass die Wärme das Innere des Lebensmittels durch Wärmeübertragung erreicht und dass die Garzeit von dem Quadrat der Größe des Gefäßes abhängt. Da jedoch wie beim Grillen die Wärmeübertragung nur von einer einzigen Oberfläche aus erfolgt, ist letztendlich die maßgebliche Größe die Dicke des Lebensmittels auf der heißen Oberfläche.

> **GARZEITEN FÜR BRATEN, EIER USW.** | Ich habe an dieser Stelle – nur so aus Spaß – einmal einige Feinheiten aus der Physik einfließen lassen. Wenn Sie möchten, können Sie die nachfolgenden Gleichungen und Ausführungen einfach überspringen. Ich glaube aber dennoch, dass es sich lohnt, wenn Sie sich einmal vergegenwärtigen, dass sich hinter all den verschiedenen Erhitzungsverfahren handfeste naturwissenschaftliche Gesetzmäßigkeiten verbergen.
>
> Für diejenigen unter Ihnen, die mathematisch interessiert sind, habe ich einmal die Lösung der Wärmeübertragungsgleichung für einen kugelförmigen Gegenstand formuliert, der sich in einem Wärmebad bei einer konstanten Temperatur befindet. Aus Gründen der Vereinfachung nehmen

wir an, dass sämtliche Lebensmittel rund sind. Dies hat jedoch keinen großen Einfluss auf die Schlussfolgerungen, und darauf kommt es hier an.

Man kann zeigen, dass in einer Kugel mit dem Radius a die Temperatur im Inneren dieser Kugel, $\Delta T(t, r)$ folgendermaßen dargestellt werden kann:

$$\Delta T(t, r) \approx \frac{2 k a \Delta T_0}{3 r} \sum_{n=1}^{\infty} e^{-\kappa \alpha_n^2 t \frac{k^2 a^4 \alpha_n^4 + 3(2k+3) a^2 \alpha_n^2 + 9}{k^2 a^4 \alpha_n^4 + 9(k+1) a^2 \alpha_n^2}} \sin r \alpha_n \sin a \alpha_n,$$

wobei $T(t, r)$ die Temperatur in der Kugel ist, als Funktion von Zeit t und Radius r, ausgedrückt als Differenz zwischen der Temperatur des Wärmebades und der Umgebungstemperatur (lokal). ΔT_0 ist die Anfangstemperaturdifferenz zwischen der Kugel und dem Fluid in dem Wärmebad. κ ist der Temperaturleitkoeffizient in der Kugel und k ist das Verhältnis von spezifischer Wärmekapazität der Kugel und dem Fluid in dem Wärmebad, und die $\pm \alpha_n$ = 1, 2, 3, ... sind die Wurzeln aus:

$$\tan \alpha = \frac{3 a \alpha}{3 + k a^2 \alpha^2}$$

Diese Gleichungen geben die vollständige Verteilung der Temperatur im Inneren des kugelförmigen Bratens oder Eies an, das wir jeweils garen. Wir brauchen aber nicht die vollständige Lösung, um zu verstehen, wie lange wir jeweils garen müssen. Wir nehmen einfach an, dass etwas dann gar ist, wenn der Mittelpunkt eine bestimmte Temperatur T_C erreicht hat. Die Entfernung x, gemessen von der Außenseite, bei der diese Temperatur T_C erreicht wird, wird dargestellt durch:

$$\chi \propto \kappa s \sqrt{t} \cdot f(T - T_C),$$

wobei κ der Temperaturleitkoeffizient des Lebensmittels, s die spezifische Wärmekapazität des umgebenden Fluids (bei einer Temperatur von T) und t die Zeit ist. Die Funktion $f(T - T_C)$ hängt von der Differenz zwischen der Temperatur in dem Wärmebad und der gewünschten Endtemperatur ab und nimmt eine Form an, die von dem vorliegenden Näherungswert abhängt, den wir benutzen, um die obige Gleichung zu lösen – normalerweise entweder als $(T - T_C)$ oder als $\log_e (T - T_C)$.

Mikrowellen

Mikrowellenöfen arbeiten nach einem ähnlichen Prinzip wie die Wärmestrahlung, nur dass die Strahlung eine größere Wellenlänge hat, als die eines gewöhnlichen Grills (der Infrarotstrahlen aussendet). Außerdem können die Mikrowellen weiter in das Lebensmittel eindringen. Die Mikrowellenstrahlung hat eine Frequenz, die exakt mit der Frequenz abgestimmt ist, bei der Wassermoleküle schwingen können. Wenn also eine Mikrowelle von einem Wassermolekül absorbiert wird, wird die gesamte Energie auf dieses Molekül übertragen und dadurch aufgeheizt. Diese »heißen« Moleküle sind dann in der Lage, etwas von dieser Energie an ihre Nachbarn zu übertragen, sodass letztendlich die Wärme wieder durch Wärmeleitung übertragen wird.

Weil Mikrowellen in der Lage sind, bis zu einer Tiefe von etwa 1 cm in Wasser einzudringen, wird nicht nur die Oberfläche erhitzt, sondern ein Bereich von 1 cm Dicke. Die Garzeiten hängen dann von der Leistung des Mikrowellenherdes ab, von der Menge an Lebensmitteln, die im Ofen erhitzt wird, und von der Größe der Lebensmittel, wenn diese größer als 2 cm sind.

Mikrowellenherde stellen diese Mikrowellenenergie nicht in einer gleichmäßigen Dichte zur Verfügung, sondern es gibt vielmehr im Inneren eines gewöhnlichen Herdes viele heiße und kalte Stellen. Diese Inhomogenität der Mikrowellenöfen kann man mit Kartoffeln sehr gut veranschaulichen, wie später bei den Experimenten in diesem Kapitel noch genau beschrieben ist. So viel sei hier schon erwähnt, dass eine Kartoffel, die in einem Mikrowellenofen bei voller Wattzahl für etwa 40 Sekunden erhitzt worden ist, nach dem Aufschneiden an Finger erinnernde Bereiche aufweist, die von der Außenseite der Kartoffel ausgehen. Dieses Phänomen unterscheidet einen Mikrowellenofen auch von anderen, konventionellen Erhitzungsverfahren, die eine gleichmäßigere Wärmeübertragung gewährleisten.

Wegen der Inhomogenität beim Erhitzen von Lebensmitteln in Mikrowellenöfen ist es notwendig, Standzeiten einzuhalten, damit sich die Temperatur gleichmäßig im Lebensmittel ausbreiten kann, und zwar nach dem Erhitzen im Mikrowellenherd.

Einige Experimente zum selber ausprobieren

1. | **Experimente mit Kartoffeln**
Kartoffeln eignen sich sehr gut dafür, um zu beobachten, wie Wärme in einem erhitzten Lebensmittel übertragen wird. Wenn wir eine Kartoffel über 60 °C erhitzen, ändert sich das äußere Erscheinungsbild und die Kartoffel hat nicht mehr die opak weiße Beschaffenheit, sondern wird durchscheinend. Wir werden später noch sehen, warum dies passiert, aber jetzt wollen wir uns dieses Verhalten zunutze machen, um den Wärmefluss in eine Kartoffel beim Erhitzen zu verfolgen.

Wenn wir einige Kartoffeln in kochendes Wasser legen und sie nach verschieden langen Zeiten wieder herausnehmen und aufschneiden, können wir beobachten, dass sich von außen nach innen ein Ring aus durchscheinendem Material gebildet hat. Die Breite dieses Bereiches ist die Entfernung x in der oben angegebenen Gleichung, bei der die Temperatur 60 °C (oder höher) erreicht hat. Wenn wir x für eine Reihe von Kochzeiten ermitteln und in einer grafischen Darstellung x gegen t auftragen, können wir die folgende Gleichung experimentell bestätigen:

$$x \propto \sqrt{t}$$

Anmerkung: Es ist wesentlich einfacher, den Ring aus durchscheinendem Material zu sehen, wenn Sie die Kartoffel nicht schälen.

2. | **Ein Experiment, um zu zeigen, wie gleichmäßig Ihr Mikrowellenherd heizt**
Erhitzen Sie eine Kartoffel für etwa 2 Minuten in der Mikrowelle auf höchster Wattzahl, schneiden Sie sie dann auf und beobachten Sie, welche Bereiche über 60 °C erhitzt worden sind. Sie werden dabei beobachten, dass es einige Bereiche gibt, in denen sich die Struktur verändert hat, diese also durchscheinend wurden, genauso wie in dem vorherigen Experiment. In diesen Bereichen hat die Kartoffel eine Temperatur von mindestens 60 °C erreicht. Wie sind diese Bereiche angeordnet? Gibt es irgendwelche Bereiche, die nicht an der Oberfläche anfangen? Wenn Sie eine andere Kartoffel erhitzen, können Sie dann die gleichen Erhitzungsmuster feststellen?

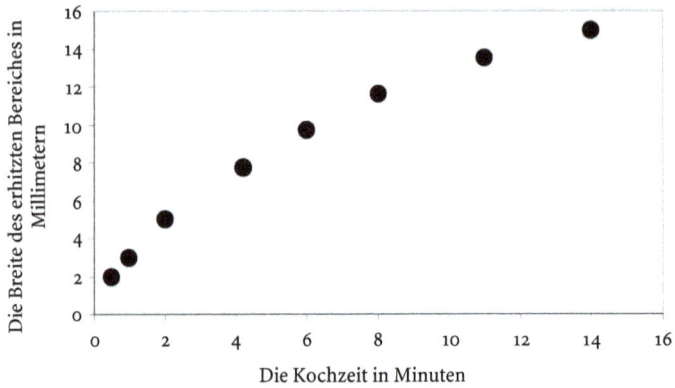

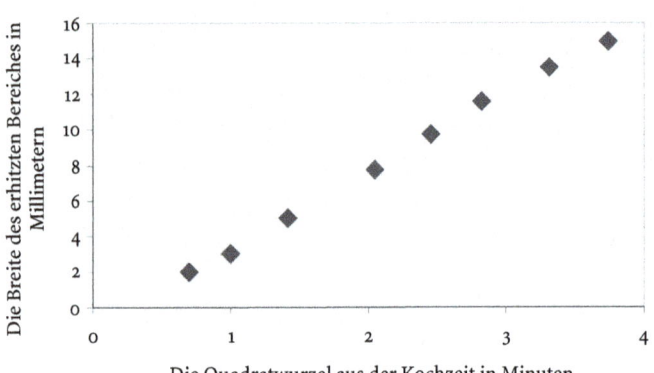

3. | **Eine Glühbirne erhitzen**

Dieses Experiment darf nur unter Aufsicht Erwachsener durchgeführt werden und nur mit der ausdrücklichen Erlaubnis des Besitzers des Mikrowellenherdes. Der Besitzer sollte auch die gesamte Anleitung vorher gelesen haben, bevor er zustimmt!

Mikrowellen bestehen nur aus einem Teil des elektromagnetischen Spektrums und sie haben eine Wellenlänge zwischen den Infrarotstrahlen und den Radiowellen. Wir benutzen solche Mikrowellen nicht nur, um Lebensmittel zu erhitzen, sondern auch im Telekommunikationsbereich. Die Signale, die von Handys übertragen werden, laufen über Mikrowellen.

Bei den Mobiltelefonen werden Mikrowellen von einer Antenne empfangen und es wird ein schwacher elektrischer Strom in der Antenne erzeugt. Die elektronischen Bausteine innerhalb dieser Telefone verstärken diesen elektrischen Strom dann und wandeln ihn in Töne um.

Wenn Sie sich jetzt einmal vorstellen, dass jedes Metallstück wie eine Antenne funktionieren kann (die beste Antenne hat etwa eine Größe in der Wellenlänge der Strahlung), werden Sie schnell begreifen, dass der Glühdraht in einer Glühbirne als Antenne für Mikrowellen fungieren kann.

Sie können dies mit einem Aufsehen erregenden Experiment demonstrieren, indem Sie eine Glühbirne aus dem Haushaltsbereich (z. B. 60 Watt) nehmen und sie im Inneren des Mikrowellenofens auf den Drehteller legen. Wenn Sie jetzt den Mikrowellenherd FÜR NUR EINIGE SEKUNDEN anschalten, wird der Glühdraht der Glühbirne die Mikrowellen empfangen und es entsteht ein Strom, der den Glühdraht erhitzt (genauso wie sonst, wenn Sie das Licht anschalten und der elektrische Strom den Glühdraht erhitzt) und die Lampe wird aufleuchten.

Weil der Mikrowellenherd aber eine Strahlung von mehr als 650 Watt erzeugen kann, und dies wesentlich mehr ist, als der Glühdraht aushält, kann der Glühdraht ohne weiteres schmelzen! Die dadurch erzeugte Energie bzw. Wärme kann ausreichen, um den Glaskörper zum Schmelzen zu bringen. Wenn es soweit kommt, wird die Glühbirne explodieren und der Mikrowellenofen wird von Glassplittern übersät. Falls dies einmal passieren sollte, müssen Sie den Ofen auf jeden Fall sehr sorgfältig säubern, bevor Sie wieder Lebensmittel darin erhitzen!

In der Regel dauert es ca. 20 Sekunden auf voller Leistung, bevor eine Glühbirne explodiert, deswegen sollten Sie die Zeitschaltuhr auf jeden Fall kürzer einstellen.

Diese kleine Vorführung können Sie auch dazu benutzen, um einmal zu sehen, wie gleichmäßig die Mikrowellen im Ofen verteilt sind, und wie ein Mikrowellenofen eigentlich funktioniert, wenn Sie eine niedrige Leistungsstufe wählen.

Wenn Sie die Glühbirne, die auf der Drehscheibe rotiert, einmal genauer beobachten, werden Sie feststellen, dass die Helligkeit des Glühdrahtes variiert. Dort, wo die Konzentration an Mikrowellen im Ofen höher ist, wird sie stärker aufleuchten und dort, wo es eine geringere Konzentration an Mikrowellen gibt, viel weniger Licht abstrahlen.

Wenn Sie den Mikrowellenofen auf eine geringere Leistungsstufe einstellen, können Sie beobachten, dass die Mikrowellen die gleiche Energie haben wie bei einer hohen Wattzahl, aber sie werden in Intervallen an- und ausgeschaltet. Wenn Sie die Energie auf etwa 50 % verringern, werden die Mikrowellen normalerweise für etwa 10 Sekunden angeschaltet und dann für 10 Sekunden ausgeschaltet.

5
Küchenutensilien
Verfahrensweisen und technische Spielereien

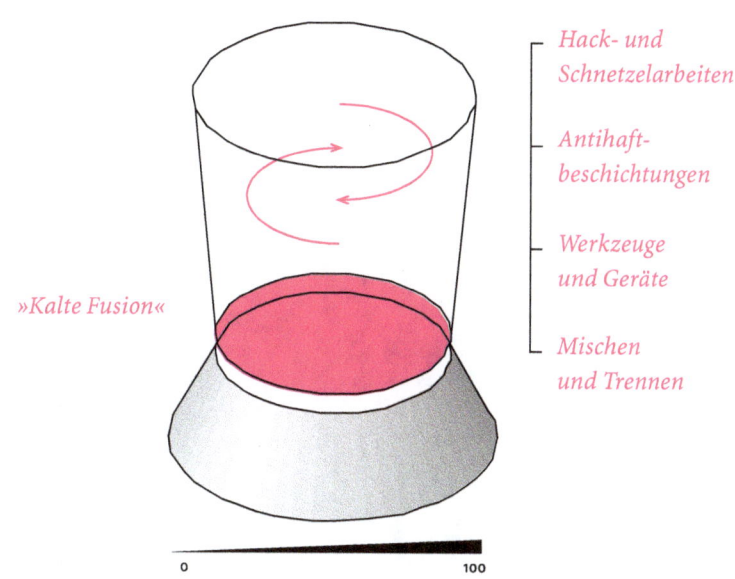

»Kalte Fusion«

Hack- und
Schnetzelarbeiten

Antihaft-
beschichtungen

Werkzeuge
und Geräte

Mischen
und Trennen

Einleitung

Heutzutage wird jede Köchin und jeder Koch mit einer fast unendlichen Anzahl an Küchenhelfern und Küchenwerkzeugen konfrontiert. Egal, an welchen Handgriff Sie in der Küche denken, irgendjemand wird ein Gerät erfunden haben, mit dem man die Aufgabe meistern kann. Ob dies jedoch die jeweilige Tätigkeit immer einfacher macht, ist eine andere Frage! Das Angebot an Kochgeräten (Backöfen, Herdplatten usw.) steigt jeden Tag und die verschiedensten Heizmaterialien und Erhitzungsverfahren werden in regelmäßigen Abständen auf den Markt gebracht. Wie können Sie jetzt die beste Auswahl treffen?

Beim wissenschaftlichen Arbeiten – egal, was für ein Experiment Sie durchführen – ist es sehr wichtig, alle Arbeitsschritte genauestens zu dokumentieren, damit irgendein Kollege auf der Welt das gleiche Experiment wiederholen kann und zu den gleichen Ergebnissen kommt. Wenn es anderen nicht gelingt ein Experiment zu wiederholen, dann wirkt die Originalarbeit oft unglaubwürdig. Ein nicht so lange zurückliegendes Beispiel ist eine Arbeit über »Kalte Fusion« (cold fusion), die große Resonanz in der Presse erfuhr, bevor die ursprünglichen Experimente von verschiedenen Laboratorien wiederholt werden konnten.

Wenn ich also meine Rezepte so aufschreiben würde wie meine wissenschaftlichen Veröffentlichungen, dann müsste ich wesentlich genauere Angaben machen als sonst üblich und jemand, der mein Rezept nachkochen wollte, müsste genau die gleichen Geräte verwenden, die ich in dem jeweiligen Rezept angebe. Der nächste Kasten gibt ein Beispiel dafür, wie man ein Rezept wissenschaftlich formulieren würde. Natürlich würde es den meisten Köchinnen und Köchen im Haushaltsbereich nur wenig nützlich sein.

Alle Rezepte werden mit einer bestimmten Küchenausrüstung entwickelt und getestet, und in den meisten Fällen sind sie nur dann wirklich reproduzierbar, wenn man die identische Ausrüstung verwenden würde. Wenn Sie also eine Vorstellung davon haben, wie unterschiedliche Ausrüstungsgegenstände die Zubereitung und den Erhitzungsprozess beeinflussen, können Sie eher irgendein Rezept so anpassen, dass Sie es mit Ihren eigenen Küchenwerkzeugen optimal verwirklichen können.

EIN WISSENSCHAFTLICH FORMULIERTES REZEPT ZUM KOCHEN VON EIERN

Materialien
Nehmen Sie Eier, die drei Tage alt sind. Ein Ei sollte einen größten Durchmesser zwischen 55 und 58 mm und einen kleinsten Durchmesser zwischen 48 und 52 mm haben und es sollte zwischen 70 und 75 g wiegen. Nehmen Sie bidestilliertes Wasser als wärmeübertragendes Medium und eine Standardlaborheizplatte mit einem Magnetrührer als Heizung. Zur Steuerung der Aufheizgeschwindigkeit und der Wärmezufuhr benötigen Sie ein Kontakt-Thermometer und als Wassergefäß wird ein 600 ml Becherglas aus Pyrexglas gebraucht.

Arbeitsweise
Messen und wiegen Sie das Ei. Nur die Eier, die sich innerhalb der Grenzen der oben beschriebenen Parameter bewegen, dürfen für weitere Experimente verwendet werden. Füllen Sie das Becherglas mit 450 ml bidestilliertem Wasser, das eine Temperatur von 20 °C hat, und geben Sie einen Magnetrührer hinein. Das Kontaktthermometer sollte im Becherglas 1 cm über dem Boden befestigt werden und so gut wie möglich zentriert sein. Das Ei (bereits 20 °C) wird dann in das Wasser gegeben und der Magnetrührer angeschaltet. Die Heizplatte wird dann eingeschaltet und mit einer konstanten Aufheizrate von 30 °C/min. erhitzt, bis die Temperatur 100 °C erreicht hat. Mithilfe des Kontakt-Thermometers wird die Wärmezufuhr dann so gesteuert, dass eine konstante Temperatur von 100 °C gehalten wird, wobei der Flüssigkeitsverlust durch Verdampfen von Wasser nicht mehr als 10 ml/min. betragen darf. Das Ei wird dann genau 3 Minuten, nachdem die Temperatur 100 °C erreicht hat, herausgenommen. Das Ei wird dann auf direktem Weg in einen Standardeierbecher gestellt und innerhalb von 30 Sekunden nach Entnahme aus dem Wasser auf dem Tisch serviert. Das Ei wird innerhalb von 3 Minuten nach dem Auftragen gegessen.

Inzwischen gibt es so viele Geräte und Küchenwerkzeuge, und ich werde mich daher darauf beschränken, einen kleinen Überblick über diejenigen zu geben, die ich besonders nützlich finde. Dies sind Utensilien, die ich regelmäßig in der Küche benutze und die ich auch beim Anfertigen der Rezepte in den späteren

Kapiteln verwendet habe. Bei den Kochtöpfen und Pfannen gibt es einige sehr wichtige Unterschiede, die sich auf das Material und die Form beziehen und die ich für erwähnenswert halte. Schließlich werde ich mich noch kurz über die relativen Vorzüge der verschiedenen Backofentypen und Herdplatten äußern, so wie ich sie sehe.

Doch auch wenn ich das Eine oder Andere im Folgenden ansprechen werde, sollten Sie sich stets darüber bewusst sein, dass die Auswahl an Küchengeräten im Wesentlichen eine Frage persönlicher Vorlieben ist. Was dem Einen gefällt, kann für den Anderen vielleicht unbrauchbar sein. Das wahrscheinlich beste Beispiel aus meinem eigenen Erfahrungsschatz betrifft einen einfachen Kartoffelschäler. Ich habe immer so einen traditionellen Kartoffelschäler benutzt, den auch schon unsere Großeltern kannten, einen mit einer Metallklinge, die mit etwas Draht an einen Holzgriff gebunden ist. Vor einigen Jahren kauften sich meine Eltern so ein moderneres Gerät und sie schworen darauf. Ähnliche Werkzeuge habe ich auch in vielen anderen Küchen in Gebrauch gesehen. Dieser Kartoffelschäler besteht aus einer Klinge, die in einem U-förmigen Griff drehbar gelagert ist und in jede Richtung schälen soll. Ich habe auch mehrere Köche gesehen, die dieses Werkzeug selbstsicher gehandhabt haben, aber in meinen eigenen Händen scheint dieser Sparschäler überhaupt nicht zu funktionieren!

Werkzeuge und Geräte

Küchenwerkzeuge

Jede Küche braucht einen reichlich bemessenen Vorrat an Schneidwerkzeugen. Wenn Sie heiße Lebensmittel umrühren wollen, brauchen Sie Werkzeuge aus isolierenden Materialien. Löffel aus Holz oder rostfreiem Stahl sind besonders geeignet.

Jeder Koch braucht auch ein Sortiment an Rührschüsseln. Ich benutze Plastik-, Pyrexglas- und Metallschüsseln und bevorzuge jeweils die Eine oder die Andere, je nach Aufgabe. Meistens gibt es jedoch keinen Grund dafür, eine bestimmte Schüssel zu nehmen, außer vielleicht die Größe. Nur wenn Sie Eiklar mit der Hand schlagen, kann eine Kupferschüssel einige Vorteile bieten. Zum einen tragen die Kupferionen dazu bei, das Protein zu koagulieren und zum anderen hat Kupfer eine hervorragende Wärmeleitfähigkeit, die sich positiv bemerkbar macht, wenn man die Schüssel beim Schlagen im Arm hält, wobei das Eiklar erwärmt wird und dadurch das Denaturieren weniger anstrengend ist!

Unter den anderen unentbehrlichen Gegenständen befinden sich auch die Schneidbretter. Diese sollten aus einem Material bestehen (z. B. Holz oder Plastik), das wesentlich weniger hart ist als Ihre Messer. Wenn nicht, werden Ihre Messer sehr schnell stumpf.

Es wird viel über den Gebrauch von hölzernen Gegenständen gestritten. In Großbritannien ist die Verwendung von hölzernen Küchenutensilien im gewerblichen Küchenbereich im Allgemeinen nicht zugelassen, weil diese, so wird argumentiert, Bakterien beherbergen können und diese ein Gesundheitsrisiko darstellen. Es gibt jedoch mehrere Berichte, die darauf hindeuten, dass die in hölzernen Schneidbrettern anwesenden Enzyme die Bakterien abtöten, während Plastikbretter einen merklichen bakteriellen Befall haben. Ich persönlich habe hölzerne Löffel und sowohl Holz- als auch Plastikbretter viele Jahre lang benutzt und noch nie Probleme mit den hygienischen Verhältnissen gehabt.

Messer
Für mich sind die wichtigsten Werkzeuge in der Küche die Messer. Mit einem scharfen Messer lassen sich Fleisch und Gemüse schnell und sicher vorbereiten. Ich bevorzuge die schweren, rostfreien Stahlmesser, die vielleicht etwas schwerer zu schärfen sind und deren scharfe Klinge vielleicht nicht so lange hält. Aber sie haben gegenüber den vielleicht etwas besseren Kohlenstoffstahlmessern (unlegierter Stahl) einen großen Vorteil – Sie können sie in den Geschirrspüler stellen! Ich benutze drei verschiedene Größen – kleine Messer (mit einer Klinge, die etwa 10 cm lang ist) zur Vorbereitung von Gemüse und für Präzisionsarbeiten, ein mittelgroßes Kochmesser (mit einer etwa 16 cm langen Klinge) für allgemeine Hackarbeiten und zum Schneiden von Fleisch usw. und ein großes Messer (mit einer etwa 23 cm langen Klinge) für alle anderen, schwereren Arbeiten.

Je schwerer ein Messer ist, umso leichter ist es, gleichmäßige Scheiben zu schneiden. Deswegen benutze ich in der Regel das größte Messer, das für die entsprechende Tätigkeit geeignet ist.

Die wichtigste Überlegung bei der Verwendung eines Messers ist jedoch, dass es wirklich scharf sein sollte, damit der Kraftaufwand beim Schneiden der Lebensmittel möglichst gering wird. Wenn Sie sehr viel Kraft aufwenden müssen, besteht immer die Gefahr, dass das Messer abrutscht und Sie sich verletzen. Deswegen ist ein Messerschleifer eines der wichtigsten Werkzeuge in der Küche. Es gibt ein ganzes Sortiment verschiedener Messerschleifer und die meisten von ihnen sind gut brauchbar. Ich habe das große Glück, dass meine Lebensgefährtin eine begeisterte Holzdrechslerin ist und wir deswegen in unserem Keller eine Wasserschleifscheibe haben, die ich benutzen kann, um alle meine Messer zu schärfen. Den meisten Messern wird es dennoch ganz gut tun, wenn man ihre Schneiden vor jedem Gebrauch etwas auffrischt. Und an dieser Stelle kommt dann der Wetzstahl ins Spiel. Viele Leute besitzen einen Wetzstahl, der aus ihrer Schnitzwerkzeugsammlung stammt und nutzen ihn überhaupt nicht. Es erfordert vielleicht ein wenig Übung, um mit einem Wetzstahl zurechtzukommen, aber wenn man sich dann die Ergebnisse anschaut, ist es auf jeden Fall der Mühe wert. Wenn man einen Wetzstahl benutzt, sollte man nicht versuchen, irgendwelche ausgefallenen Bewegungen durchzuführen, sondern den Wetzstahl mit einer Hand senkrecht auf das Schneidbrett halten und dann das Messer zum Schärfen in einem Winkel von etwa 30° am Wetzstahl entlang fahren lassen. Wenn Sie das Messer am Wetzstahl hochziehen, drücken Sie es in Ihre Richtung und schleifen dadurch in jedem Durchgang das Messer auf seiner gesamten Länge. Ein paar Schleifbewegungen sollten ausreichen, damit Ihre Messer immer sehr scharf sind.

Saftpressen

Wenn Sie Früchte weiterverarbeiten, insbesondere bei Zitrusfrüchten, müssen Sie oft den Saft herauspressen und das Fruchtfleisch aus der Schale schaben. Ich besitze zwei verschiedene Arten von Saftpressen, eine herkömmliche Zitruspresse aus Glas mit einem gewölbten Mittelteil mit umlaufenden Rippen, bei der Sie die halbierten Früchte drehen müssen und dann noch eine wesentlich effizientere Maschine, eine handbetriebene Presse, mit der Sie aus jeder Frucht den gesamten Saft herauspressen können. Heute benutze ich nur noch diese Handpresse und die Zitruspresse aus Glas steht irgendwo im hinteren Teil eines Schrankes.

Thermometer

Da bei der Zubereitung von Lebensmitteln so viel vom Erhitzungsprozess abhängt, ist es für mich eigentlich schleierhaft, warum so wenige Köche regelmäßig ein Thermometer benutzen. Ich besitze sogar mehrere. Am brauchbarsten sind die »Marmeladenthermometer« aus Glas und die elektronischen Thermometer mit einer Sonde, die sich mehr oder weniger überall einsetzen lassen.

Das Thermometer ist für mich insbesondere dann ein unentbehrliches Hilfsmittel, wenn ich Vanillesoße herstelle, oder andere Gerichte, bei denen die

Eiproteine gerade anfangen sollen zu gerinnen, und bei denen eine Überhitzung zu einer unerwünschten, strukturellen Beschaffenheit führt. Auch beim Erhitzen von Fleisch, Kuchen, Soufflé und Schokolade ist ein Thermometer sehr hilfreich. Bei allen diesen Gerichten führt die Kenntnis der wirklich vorhandenen Temperatur in Inneren der Lebensmittel dazu, dass Sie immer wieder gleich gute Ergebnisse erzielen werden.

Elektrische Küchengeräte

Rührgeräte

Ich finde die elektrischen Rührgeräte beim Kuchenbacken besonders nützlich, nehme sie aber gelegentlich auch bei der Zubereitung von Soßen usw. Von den zwei Gerätetypen, die ich besitze, ist ein kleines Handrührgerät für die meisten Aufgaben vollkommen ausreichend. Ein großes Standrührgerät benutze ich eigentlich nur dann, wenn ich sehr große Kuchen usw. herstellen möchte. Das große Rührgerät wird mit einem ganzen Sortiment verschiedenster Zubehörteile geliefert und meistens ist auch ein sehr nützlicher Mixer dabei, den ich oft bei der Zubereitung von Saucen verwende. Bei mir ist auch ein Fleischwolf dabei, den ich allerdings kaum benutze, weil eine Küchenmaschine in der Regel viel besser ist.

Küchenmaschinen

Meine Küchenmaschine läuft fast jeden Tag und schneidet, schnetzelt, reibt oder hackt alles klein. Wenn ich Ihnen einen Rat geben kann, dann kaufen Sie sich die leistungsstärkste Küchenmaschine, die Ihr Geldbeutel hergibt. Küchenmaschinen müssen eine Menge Arbeit leisten und je leistungsstärker der Motor ist, umso einfacher ist es für die Schneidwerkzeuge, die Arbeit zu verrichten, die Sie von ihnen verlangen und umso länger wird die Maschine auch halten. So habe ich es geschafft in 20 Jahren nur 2 Küchenmaschinen zu verschleißen!

Geschirrspülmaschinen

Bevor ich selbst eine Geschirrspülmaschine hatte, dachte ich immer, dass sie nur unnötiger Luxus sei. Doch schon innerhalb der ersten Woche nach dem Kauf wurde mir klar, dass sie nun eines der wichtigsten Küchengeräte geworden ist. Wie mühelos sie mit all dem Chaos, das ich in der Küche anrichten kann, fertig wurde, war einfach großartig! Bevor ich selbst eine Geschirrspülmaschine besaß, hatte ich immer angenommen, dass sie nur zum Abwaschen von Tellern und Besteck nach einer Mahlzeit geeignet sei. Welche Überraschung! Geschirrspüler können Töpfe und alle anderen Küchenutensilien nicht nur waschen, sondern diese werden auch wirklich sauber! Sie wurde damit zum größten Nutzen für jeden Koch. Vergewissern Sie sich also, dass ein Geschirrspüler auf jeden Fall ein Programm besitzt, mit dem Sie auch die dreckigsten Töpfe waschen können.

Verschiedene Gefäßtypen zum Kochen, Braten und Backen

Heutzutage gibt es ein derartig verwirrendes Angebot von verschiedensten Töpfen und Pfannen auf dem Markt, dass es oftmals unmöglich erscheint, das Beste für einen bestimmten Zweck auszuwählen. Kochgefäße gibt es nicht nur in einer bunten Vielfalt mit verschiedenen Formen und Größen, sondern auch aus einem breiten Spektrum verschiedenster Materialien. Nachfolgend möchte ich die Vor- und Nachteile der verschiedenen Materialien, aus denen Töpfe und Pfannen bestehen, näher beschreiben und dann Vorschläge dafür machen, welche Formen sich am einfachsten gebrauchen lassen. Wie aber auch bei anderen Dingen in der Küche ist es entscheidend, dass Sie etwas finden, mit dem Sie gut arbeiten können. Deswegen ist es unerlässlich, dass Sie herumexperimentieren und aus Versuch und Irrtum lernen. Im Laufe der Jahre habe ich viele Pfannen, Töpfe und Backformen gekauft, die meisten von ihnen jedoch inzwischen ausrangiert – oder sie fristen ihr Dasein längst vergessen im hinteren Teil irgendeines Küchenschranks.

Bratpfannen und Töpfe

Wenn Sie sich Töpfe und Pfannen aussuchen, ist wahrscheinlich das wichtigste Merkmal das Material, aus dem sie bestehen. Fast alle Kochgefäße, die Sie auf die Herdplatte stellen, bestehen aus Metall. Die verschiedenen Metalle müssen die Wärme übertragen, allerdings tun sie dies mit unterschiedlicher Wirksamkeit. Kupfer ist ein sehr guter Wärmeleiter und es kommt im Topfboden zu einer sehr gleichmäßigen Temperaturverteilung, selbst wenn die Wärmequelle unter dem Topf nicht gleichmäßig heizt. Im Gegensatz dazu ist rostfreier Edelstahl ein sehr schlechter Wärmeleiter, sodass Edelstahltöpfe »heiße Stellen« haben können.

Die meisten qualitativ hochwertigen Edelstahltöpfe und -pfannen sind mehrlagig konstruiert worden, wobei die innere Schicht aus Kupfer und die äußeren Schichten aus Edelstahl bestehen. Auf diese Weise kombiniert man die gute thermische Leitfähigkeit von Kupfer mit dem leicht zu säubernden Edelstahl. Dies ist ein sehr guter Kompromiss (und auch ich bevorzuge diese Art von Pfannen und Töpfen), aber es gibt auch einige Nachteile. Wenn die Kupferschicht z. B. in die Seiten hineinragt, werden die Topfränder sehr heiß, weil das Kupfer die Wärme von der Herdplatte in die Innenwand des Topfes nach oben überträgt. Wenn sich Wasser im Topf befindet, bleibt die Temperatur der Edelstahlwände an den Stellen, wo sich Wasser befindet bei einer Temperatur von nicht mehr als 100 °C. Oberhalb der Wasserlinie fällt jedoch dieser Kühleffekt weg und die Temperatur kann weiter ansteigen. Wenn jetzt irgendwelche Lebensmittelbestandteile nach oben spritzen, können sie oberhalb dieser Flüssigkeitszone an den Topfwänden anbrennen.

Von den anderen, üblicherweise benutzten Metallen ist auch Aluminium zu nennen, das eine fast so gute Wärmeleitfähigkeit besitzt wie Kupfer, und Kohlenstoffstahl sowie Gusseisen, die beide eine mittelmäßige thermische Leitfähigkeit besitzen. Vor einigen Jahren gab es einen Trend zu Töpfen aus Pyrexglas, der sich allerdings nicht durchgesetzt hat. Pyrex kann zwar die große Wärmeentwicklung einer Kochplatte aushalten, ist aber ein sehr schlechter Wärmeleiter, sodass die Töpfe vielleicht sehr ansprechend aussehen, aber letztendlich für den ernsthaft ambitionierten Koch von keinem großen Nutzen sind.

Der nächste wichtige Gesichtspunkt bei Töpfen und Pfannen ist die Dicke der Bodenplatte. Es dürfte einleuchtend sein, dass Töpfe mit einem dicken Boden länger brauchen, bis sie sich erwärmen und dann auch länger heiß bleiben, was unter Umständen Probleme bereitet, wenn sie die Temperatur sehr schnell wechseln wollen, da eine genaue Temperaturkontrolle kaum möglich ist. Die dickeren Böden verteilen jedoch die Wärme von der Heizplatte sehr viel gleichmäßiger. Im Allgemeinen halten Töpfe und Pfannen mit einer dicken Bodenplatte auch wesentlich länger. Töpfe mit einem dünneren Boden verformen sich oft unter der Hitzeeinwirkung oder bekommen durch die allgemeine Abnutzung Beulen. Ich persönlich habe einen einzigen kleinen Topf mit einem dünnen Boden, während alle anderen Töpfe einen dicken Boden besitzen. Diese Zusammenstellung finde ich für alle meine Aufgaben vollkommen ausreichend.

Letztendlich sollte man auch noch die Formen und die Größen in Betracht ziehen. Ich finde es ganz nützlich, wenn man eine ganze Bandbreite von Töpfen und Pfannen in den verschiedensten Größen hat. Kleinere Bratpfannen sind besonders geeignet für Gerichte wie Spiegeleier oder Pfannkuchen, wenn Sie verhindern möchten, dass sich der jeweilige Inhalt zu sehr ausbreitet.

Kasserollen usw.
Wenn Sie eine Kasserolle im Backofen verwenden, ist das Material nicht so wichtig wie bei den Töpfen. Im Ofen wird die Außenseite der Kasserolle auf Ofentemperatur gehalten, während im Inneren eine Temperatur von 100 °C herrscht und das Wasser leicht vor sich hin kocht. Ein Material mit einer niedrigen Wärmeleitfähigkeit ist vielleicht etwas vorteilhafter, weil es die Temperaturdifferenz zwischen Innen- und Außenseite leichter aushält und der Inhalt nicht so schnell verkocht.

Die wichtigste Eigenschaft einer Kasserolle ist es, zu verhindern, dass die Flüssigkeit im Inneren zu schnell verdampft. Hauptsächlich verringert sich der Wassergehalt dadurch, dass Wasserdampf um den Deckel herum entweicht. Deswegen muss auch bei einer guten Kasserolle der Deckel sehr gut abschließen. Bei einigen Modellen schließt der Deckel in heißem Zustand nicht so gut wie in kaltem. Das kann daran liegen, dass die Wärmeausdehnung des Deckels nicht genau mit der Ausdehnung der Schüssel übereinstimmt. So etwas kann man jedoch nicht rein optisch erkennen. Wenn der Deckel jedoch schwer und flach ist und der Rand der Schüssel ebenfalls flach, dann sollte der Deckel allein durch sein Gewicht schon recht gut abdichten.

Es gibt jedoch auch noch eine andere Überlegung, warum dickwandige, schwere Kasserollen einige Vorzüge aufweisen, denn diese bleiben nach dem Herausnehmen aus dem Backofen weiterhin heiß und setzen den Garprozess fort, während andere Zutaten noch hinzugefügt werden. Ich persönlich bevorzuge gusseiserne Kasserollen, weil diese sowohl im Ofen als auch auf der Herdplatte verwendet werden können. Viele keramische Materialien sind jedoch ebenso geeignet.

Damit Lebensmittel an den Gefäßwandungen beim Erhitzen nicht anhaften: Antihaftbeschichtungen

Am ärgerlichsten beim Kochen im Haushalt ist es, wenn Lebensmittel im Topf oder in der Pfanne anhaften und dann anbrennen. Man kann sich dagegen jedoch mit einer Reihe verschiedener Verfahren schützen. Bei allen Methoden geht es um das gleiche Prinzip, nämlich eine chemische Reaktion zwischen dem Lebensmittel und der Oberfläche des Kochgefäßes zu verhindern.

Proteine sind bei hoher Temperatur recht reaktionsfreudig (über etwa 80 °C) und sie werden nicht nur miteinander zu Netzwerken reagieren (wie in einem gekochten Ei) sondern auch mit den Metallionen auf der Oberfläche von Kochtöpfen und Pfannen. Sie sollten auch daran denken, dass in der Glasur von Keramiktöpfen ebenfalls Metallionen vorkommen und in diesen, genauso wie in den Metalltöpfen, Lebensmittel hängen bleiben.

Wenn das Protein aus einem Lebensmittel an einer Oberfläche mit etwas Metall reagiert, dann wird es im wahrsten Sinne des Wortes an der Oberfläche »festgeklebt«. Sobald ein Stück Lebensmittel an dieser Oberfläche hängen bleibt, kann die Temperatur über 100 °C steigen, weil das Wasser inzwischen durch Verdampfen entwichen ist. Das Lebensmittel beginnt dann anzubrennen und es kommt so zu unangenehm bitteren Aromen.

Um also zu verhindern, dass Lebensmittel an der Oberfläche eines Topfes oder einer Pfanne hängen bleiben und anbrennen, müssen Sie dafür sorgen, dass keine Proteinmoleküle mit der Oberfläche reagieren können. Dies kann man auf zwei verschiedene Arten bewerkstelligen. Entweder Sie bringen eine chemisch reaktionsträge Schicht zwischen das Lebensmittel und die Metalloberfläche des Topfes bzw. der Pfanne oder Sie halten das Lebensmittel durch Rühren ständig in Bewegung, damit kein Stück lange genug mit der gleichen Oberfläche in Kontakt bleibt, um eine chemische Bindung ausbilden zu können.

In vielen Fällen reicht es während des Kochens, einfach zu rühren, um die oben genannten Probleme zu vermeiden. Dies ist jedoch nicht immer durchführbar. Z. B. könnte es sein, dass Sie im entscheidenden Moment ans Telefon gerufen werden! Deswegen muss es noch andere, alternative Möglichkeiten geben.

Wir kommen der Sache schon näher, wenn wir dafür sorgen, dass das gesamte Protein auf einer Oberfläche bereits reagiert hat, bevor wir aufhören zu rühren. Z. B. können Sie beim Anbraten von Fleisch die einzelnen Stücke so lange hin und her bewegen, bis sie gut gebräunt sind. Am gebräuchlichsten sind jedoch die Antihaftbeschichtungen.

Poly(tetra)fluorethylen: Teflon usw.
Die meisten nicht haftenden Pfannen und Töpfe haben einen Überzug mit dem inerten Polymer Poly(tetra)fluorethylen (PTFE), bekannt unter Handelsnamen wie Teflon usw. Die PTFE-Schicht kann mit Proteinen chemisch nicht reagieren und verhindert so, dass irgendetwas haften bleibt. PTFE-beschichtete Gefäße sind besonders nützlich beim Backen und Braten. Wenn Sie normalerweise einen Kuchen oder ein Brot backen, geben Sie den Teig einfach in die

Backform hinein und rühren natürlich überhaupt nicht. Im Brotteig oder in der Kuchenmischung gibt es aber jede Menge Proteinmoleküle (aus dem Mehl und ggf. aus den Eiern), die an der Oberfläche der Backform mit irgendeinem hervorstehenden Metallion reagieren können. Wenn Sie die Form nicht sorgfältig genug vorbereitet haben, die ganzen Metallionen also mit einer undurchlässigen Schicht abgedeckt haben, ist die Gefahr groß, dass der Kuchen oder das Brot an der Oberfläche anhaftet.

Selbst gemachte Antihaft-Pfannen und -Töpfe
Wie ich bereits erwähnt habe, besteht immer die Gefahr, dass ein Kuchen an den Seiten der Backform anhaftet. Teig bleibt an der Oberfläche hängen, weil sich zwischen Proteinmolekülen aus dem Ei und der Metalloberfläche der Backform chemische Bindungen ausbilden. Wenn Sie eine Berührung zwischen den Eiproteinen und dem Metall der Backform verhindern können, verringert sich die Wahrscheinlichkeit, dass sich solche Bindungen bilden. Wenn Sie die Form mit Butter einfetten und etwas Mehl darüber streuen, schaffen Sie eine Barriere, die verhindert, dass die Eiproteine die Metalloberfläche erreichen können.

Nicht alle Backformen sind gleich und einige neigen eher dazu, dass etwas hängen bleibt als andere. Die Wahrscheinlichkeit, dass etwas haften bleibt, wird aber geringer, wenn sich in der Metalloberfläche weniger reaktive Stellen befinden. Es ist vielleicht ein wenig überraschend, dass sich auf einer sehr sauberen Metalloberfläche sehr viele reaktive Stellen befinden. Die Anzahl dieser reaktiven Stellen lässt sich verringern, indem man sie mit irgendetwas anderem reagieren lässt. Dies kann man dadurch erreichen, indem man etwas Öl in der Pfanne oder im Topf bis zum Rauchpunkt erhitzt und sich dadurch eine Patina (Edelrost) bildet. Wenn Sie eine so behandelte Pfanne wie gewöhnlich abwaschen, entfernen Sie dabei die Patina und sie wird das nächste Mal wieder anhaften. Deswegen sollten Sie Metallgefäße mit einer Patina niemals mit Detergenzien oder Seifen reinigen, sondern nur trocken auswischen und einen dünnen Ölfilm zurücklassen. Sollten die Pfannen oder Töpfe doch einmal mit Detergenzienlösung gewaschen worden sein, dann müssen Sie noch einmal von vorne beginnen, um die Patina zu erzeugen. Es ist für viele Menschen gut zu wissen, dass man wirklich gute, nicht haftende Kochgefäße mit etwas Vorbereitung aus den billigsten Eisen- oder Stahltöpfen bzw. Pfannen machen kann. Dabei wird Ihnen wahrscheinlich noch mehr gefallen, dass Sie diese niemals abwaschen brauchen! Sie sparen also nicht nur Geld, sondern auch Zeit bei der Hausarbeit.

Öfen und Herde

Die wahrscheinlich wichtigsten Gegenstände in der Ausrüstung jeder Küche sind die Wärmequellen, der Backofen und der Herd (ich werde hier nicht auf die Mikrowellenöfen eingehen, die ich bereits in Kapitel 4 angesprochen habe). Ein Herd kann auf verschiedene Weisen erhitzt werden. Die Gebräuchlichsten arbeiten mit elektrischem Strom oder Gas, aber es gibt auch andere Wärmequellen, wie z. B. Halogenlicht oder die Induktionswärme. Jedes Verfahren hat seine Vor- und Nachteile.

Die Heizringe in den Elektroplatten haben die Eigenschaft, dass sie sich sehr langsam aufwärmen und abkühlen, wodurch die Wärmemenge, die einen Topf oder eine Pfanne erreicht, nur sehr schwer kontrolliert werden kann. Dadurch kommt es öfter mal zum Überkochen, Soßen brennen an usw. Im Allgemeinen lassen sich diese Herdplatten jedoch relativ gut sauber halten, insbesondere, wenn sich die Heizspiralen unter einer Keramikschicht befinden (Ceranfelder). Weiterhin ist zu bedenken, dass heutzutage alle Haushalte einen Stromanschluss haben, aber nicht jeder über einen Gasanschluss verfügt.

Ich selber komme allerdings mit Gasherden am besten zurecht. Die Wärmezufuhr ist unmittelbar zu regeln, indem man einfach die Gasmenge erhöht oder verringert. Auch Halogen- und Induktionsherde ermöglichen eine direkte und schnelle Kontrolle über die Heizquelle, sind aber wesentlich komplexer und die Gefahr, dass etwas schief geht, ist wesentlich größer. Ferner kann die Wärmeübertragung durch Induktion nur mit speziellen Töpfen und Pfannen erfolgen, die einen besonders schweren Boden haben.

Auch bei den Backöfen hat man die Qual der Wahl. Von der großen Palette angebotener Modelle sind wiederum Elektrizität und Gas die Hauptwärmequellen (obwohl es auch noch Backöfen gibt, die mit Öl oder festen Brennstoffen geheizt werden). In vielen moderneren Backöfen ist auch ein Ventilator eingebaut worden, der die heiße Luft zirkulieren lässt und im Inneren eine gleichmäßige Temperaturverteilung gewährleistet. Diese Umluftöfen heizen sich normalerweise wesentlich schneller auf als herkömmliche Backöfen ohne Ventilator und es kommt nicht zu unterschiedlichen Temperaturzonen (oben heiß und unten kälter) wie bei den traditionellen Modellen.

Viele Küchenchefs bevorzugen die herkömmlichen Backöfen, weil es dort verschiedene Temperaturzonen gibt und sich so eine ganze Reihe verschiedener Gerichte gleichzeitig garen lassen. Auch aus meiner eigenen Erfahrung kann ich sagen, dass die Heißluftöfen wahrscheinlich einfacher zu handhaben sind, aber letztendlich doch nicht so vielseitig zu gebrauchen sind wie die herkömmlichen Geräte. Wenn Sie sich nach einem Rezept richten, müssen Sie immer bedenken, dass Sie einen Heißluftofen auf eine etwas tiefere Temperatur setzen müssen, als einen normalen Backofen. Meistens werden von den Backofenherstellern dafür Umrechnungstabellen zur Verfügung gestellt.

Es ist allerdings nicht allein damit getan, die Ofentemperatur einzustellen. Ich habe mal ein Thermometer mitgenommen und die Temperatur in vielen verschiedenen Backöfen gemessen. Dabei stellte sich heraus, dass es oftmals sehr große Abweichungen zwischen der eingestellten Temperatur und der wirklich vorhandenen Temperatur im Backofen gab. Bei den meisten Backöfen im Haushalt scheint es so zu sein, dass sich die wirklich vorhandene Temperatur innerhalb einer Spanne von 15 °C bewegt, verglichen mit der eingestellten Temperatur. Ich habe jedoch auch Backöfen gesehen, bei denen die Abweichung wesentlich größer war. Wenn Sie Ihren eigenen Backofen in dieser Hinsicht kennen lernen wollen, gibt es nur eine Möglichkeit: Sie müssen die Temperatur im Inneren des Backofens messen und dann eine Kurve aufzeichnen, bei der die eingestellte Temperatur der gemessenen Temperatur gegenübergestellt wird.

Ich will an dieser Stelle noch kurz erwähnen, dass alle Rezepte in diesem Buch Temperaturangaben enthalten, die für einen gut geeichten, herkömmlichen Backofen gedacht sind. Sie sollten diese dann ggf. an Ihren eigenen Backofen anpassen.

Ein Experiment für zu Hause

Das nachfolgende Experiment darf nur unter Aufsicht eines verantwortungsvollen Erwachsenen durchgeführt werden. Es darf auch nur im Freien über einem kleinen, tragbaren Campinggaskocher durchgeführt werden. Halten Sie außerdem in Reichweite einen Eimer voll Wasser bereit, damit Sie in dem Falle, dass etwas Feuer fängt, dies sofort löschen bzw. den brennenden Gegenstand in das Wasser werfen können. Außerdem sollten Sie Schutzkleidung und Schutzbrille tragen, um irgendwelche Verletzungen zu vermeiden.

Wie man ein Ei auf einem Stück Papier garen kann

Es handelt sich hier um ein einfaches Experiment, mit dem man zeigen kann, wie ein Lebensmittel, das erhitzt wird, die Temperatur der Oberfläche eines Kochgefäßes auf einer Temperatur von etwa 100 °C (d.h. von kochendem Wasser) halten kann.

Sie benötigen einen kleinen Campinggaskocher, ein sauberes, weißes Blatt Papier der Größe A4, etwas Öl zum Braten, einen alten Kleiderbügel aus Metall, ein paar große Büroklammern, einen Metallspatel und ein Ei. Für den Fall, dass irgendetwas passieren sollte, muss in Reichweite eine Schüssel oder ein Eimer voll Wasser stehen!

Zuerst basteln Sie die Bratpfanne aus Papier. Biegen Sie dazu den Kleiderbügel zurecht und formen Sie ein Quadrat mit einer Seitenlänge von etwa 20 cm und einem kleinen Handgriff, damit Sie die Pfanne später halten können. Falten Sie das Papier dann so, dass ein rechteckiges Gefäß entsteht, wobei die Größe des Bodens genau in das Quadrat des Kleiderbügels passen muss. Befestigen Sie es dann mit den Büroklammern. Geben Sie dann etwas Öl auf das Papier (dies hilft zu verhindern, dass das Ei auf dem Papier anhaftet).

Zünden Sie als Nächstes den Gaskocher an und stellen Sie ihn auf kleine Flamme. Schlagen Sie jetzt das Ei auf und geben Sie es in die »Bratpfanne«. Halten Sie dann diese Bratpfanne einige Zentimeter über die Gasflamme. Achten Sie darauf, dass die Teile von dem Papier, die Sie über die Flamme halten, mit Ei bedeckt sind. Kommen Sie auf keinen Fall mit den Teilen des Papiers, die oben nicht mit Ei bedeckt sind, mit den Flammen in Berührung. Bewegen Sie die ganze Zeit über die Bratpfanne von rechts nach links und von vorne nach hinten. Das Ei fängt an zu garen und nach ein oder zwei Minuten sollte das Ei fertig sein. Sie können es dann mithilfe des Spatels auf einen Teller schieben. Essen sollten Sie das Ei jedoch nicht, weil möglicherweise einige Verunreinigungen aus dem verkohlten Papier in das Ei gelangt sind.

Sollte das Papier irgendwann Feuer fangen, tauchen Sie die gesamte Bratpfanne in die Schüssel mit Wasser, um das Feuer auszulöschen und sich vor irgendwelchen Verletzungen zu schützen.

Warum das Ei gebraten werden kann, ohne dass das Papier in Flammen aufgeht, liegt daran, dass sowohl Eiklar als auch Eigelb viel Wasser enthalten. Während das Ei erhitzt wird, erwärmt sich dieses Wasser schließlich bis auf 100 °C und wandelt sich dann in Wasserdampf um – die Temperatur bleibt bei 100 °C. Weil das Papier so dünn ist, wird die Temperatur nicht wesentlich über 100 °C ansteigen und das ist nicht heiß genug, um das Papier zu entflammen.

Sie werden wahrscheinlich dabei beobachten, dass das Papier am Rande des Eies etwas verkohlt. Dies ist der Bereich, wo am wenigsten Wasser vorhanden ist und an diesen Stellen steigt die Temperatur so weit an, dass das Papier anfängt zu oxidieren. Es ist deswegen sehr wichtig, dass Sie das Papier in ständiger Bewegung halten, damit solche Stellen niemals so heiß werden, dass sie Feuer fangen.

6
Fleisch und Geflügel

*Bräunungs-
reaktionen*

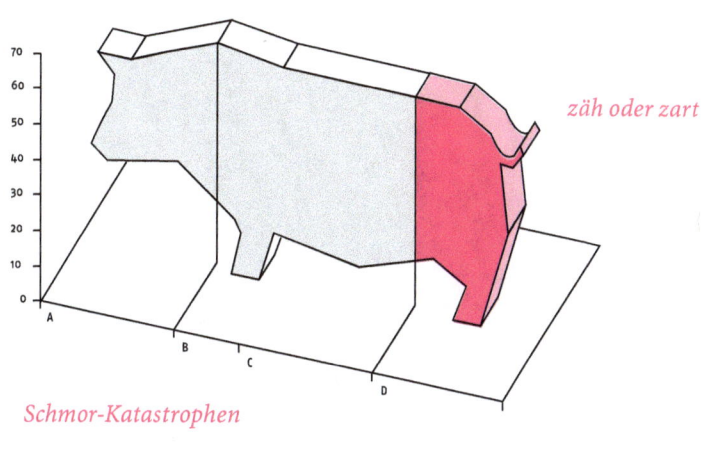

zäh oder zart

Schmor-Katastrophen

*grillen,
braten,
schmoren,
kochen*

Die Beschaffenheit und der Aufbau von Fleisch

Wenn Sie verstehen, welche naturwissenschaftlichen Gesetzmäßigkeiten sich hinter dem Erhitzen von Fleisch verbergen, können Sie Ihre eigenen Kochkünste wahrscheinlich am tief greifendsten und am unmittelbarsten verbessern. Zumindest war das bei mir der Fall. Fleisch wird auf so viele verschiedene Art und Weisen vorbereitet (von Knochen befreit, gehackt, durch den Fleischwolf gedreht usw.) und erhitzt (gegrillt, gebraten, geschmort usw.), dass es für mich doch recht erstaunlich ist, dass trotz dieser vielfältigen Zubereitungsprozesse diesen Verfahren die gleichen naturwissenschaftlichen Prinzipien zugrunde liegen.

Beim Erhitzen von Fleisch kommt es »nur« darauf an, die richtige strukturelle Beschaffenheit sowie das richtige Aroma zu erzielen. Wenn Sie einmal verstanden haben, wie durch das Erhitzen die Struktur von Fleisch beeinflusst und geändert werden kann, dann werden Sie sehr schnell in der Lage sein, die zugrunde liegenden Prozesse zu steuern und damit Fleisch so zubereiten können, das es immer zart ist. Wenn Sie erst einmal die komplexen chemischen Vorgänge beim Entstehen von Fleischaromen kennen gelernt haben, werden Sie sehr schnell erkennen, dass es beim Erhitzen einige einfache, aber entscheidende Schritte gibt, die für die Aromaentwicklung unabdingbar sind.

Bevor Sie die ablaufenden Änderungen beim Erhitzen von Fleisch in voller Tiefe verstehen können, benötigen Sie erst einmal einige Kenntnisse über die Struktur und die Zusammensetzung von rohem Fleisch, d.h. bevor es erhitzt wird. Wahrscheinlich sind Sie alle damit vertraut, dass Fleisch aus Muskeln besteht, die sich wiederum aus Bündeln von Proteinfasern zusammensetzen. Diese Proteine ziehen sich zusammen, wenn ein entsprechendes chemisches Signal sie erreicht hat und dadurch können die Muskeln arbeiten. Zwischen diesen Fasern mit den Faserbündeln befindet sich etwas Bindegewebe, das die Muskeln zusammenhält und mit den Knochen verbindet. Muskeln, wie etwa die Oberschenkelmuskeln, die die Beine bewegen, müssen eine größere Last tragen und enthalten dafür viel von diesem Bindegewebe. Das Bindegewebe muss also sehr stark und zäh sein (sonst könnte es die Belastung von den Muskeln auf die Knochen nicht übertragen!). Deswegen werden aus Muskeln, die viel Bindegewebe enthalten, zähe und knorpelige Fleischgerichte.

Das Bindegewebe kommt hauptsächlich in drei verschiedenen Arten vor: Kollagen, Reticulin und Elastin. Der Kollagengehalt ist am größten und eine Köchin oder ein Koch sollte darüber auch am meisten wissen. Wie wir schon in

Kapitel 2 sehr ausführlich gesehen haben, ist Kollagen ein sehr komplexes Molekül, das aus drei Strängen besteht, die ähnlich wie bei einem Seil umeinander gewunden sind. Durch die Anordnung dieser ineinander geschlungenen Helices erhält das Kollagen seine Festigkeit und Stärke. Diese drei Stränge können sich jedoch bei Temperaturen über 60 °C beim Erhitzen voneinander lösen und das Material verliert dadurch seine Stärke. Sobald das Kollagen in einzelne Stränge denaturiert geworden ist, entsteht daraus ein sehr weiches Material und wird jetzt als »Gelatine« bezeichnet. Wir alle kennen diese Gelatine als Grundlage von Gelee.

Das Kollagen findet man hauptsächlich um die Muskelfaserbündel herum und trägt dazu bei, diese zusammenzuhalten. Die Muskeln werden dann über die Sehnen (noch mehr Bindegewebe!) mit den Knochen verbunden. Aus Sicht des Kochs sind solche Fleischstücke dann zäh und knorpelig. Die Sehnen bestehen aus den Proteinen Reticulin und Elastin, die nur sehr schwer denaturiert und weichgekocht werden können und deswegen sehr lange Erhitzungszeiten bei Temperaturen von über 90 °C erfordern.

Wodurch wird Fleisch zäh oder zart?

Fleisch besteht aus Muskelfasern, Bindegewebe und Fett. Die Muskelfasern sind hauptsächlich aus zwei Proteinen, Myosin und Actin, aufgebaut. In einem lebenden Tier können diese Proteine ihre Form reversibel ändern, sodass sich ein Muskel als Antwort auf ein chemisches Signal zusammenzieht. Sie können sich eine Muskelfaser in etwa wie einen Kolben in einem Zylinder vorstellen. Wenn Luft aus dem Zylinder herausgesaugt wird, bewegt sich der Kolben hinein und das Ganze zieht sich zusammen. Sobald die Luft wieder einströmen kann, bewegt sich auch der Kolben wieder zurück. In den Muskelfasern erstrecken sich die Proteine längs der Fasern und können sich zu einem gewissen Grad aneinander vorbeibewegen. Durch die damit verursachte Kontraktion werden die Knochen, an denen sich die Muskeln befinden, bewegt.

Wenn solche Muskelfasern auf über 40 °C erhitzt werden, dann beginnen die Proteine zu denaturieren, d. h. es kommt zu einer irreversiblen Änderung ihrer Form (s. auch Kapitel 2 für eine genauere Beschreibung). In den Muskelproteinen, die sich längs der Muskelfasern erstrecken, verursacht diese Formänderung ein Zusammenknäueln der Proteine, wodurch sich der Muskel unweigerlich etwas zusammenzieht. Wie wir wahrscheinlich schon oft beim Erhitzen von Fleisch gesehen haben, kommt es bei einem Stück Fleisch zu einer Kontraktion des Muskels längs der Muskelfasern. Wenn nun die Proteinmoleküle denaturiert werden und der Muskel zu schrumpfen anfängt, dann wird das Fleisch fester. Wenn Sie Ihre Muskeln einmal anspannen, können Sie das Gleiche beobachten: Die Muskeln ziehen sich zusammen und werden recht hart (wie hart hängt davon ab, wie gut durchtrainiert Sie sind!). In der küchentechnischen Terminologie würden wir sagen, dass ein Stück Fleisch, dessen Muskeln sich so zusammenziehen, zäh ist.

Sie sehen also, dass Fleisch durch Erhitzen zäher wird. Wenn Fleisch gekocht oder gebraten wird, fließt immer mehr Wärme hinzu und weitere Proteine werden denaturiert. Die denaturierten Proteine wiederum ziehen sich zusammen und das Fleisch wird nach und nach immer zäher. Je länger Sie also irgendein Fleisch erhitzen, umso zäher werden die Muskelfasern.

Auf der anderen Seite haben wir das Bindegewebe, das die Muskeln mit den Knochen verbindet und die Muskelfaserbündel umgibt, und das ohne vorheriges Erhitzen zum Durchbeißen zu zäh (und zum größten Teil auch unverdaulich) ist. Nach längerem Erhitzen jedoch, bei Temperaturen über 60 °C, werden die Kollagen-Tripelhelices zerstört und das zähe Kollagen wird zu der weichen Gelatine. Man muss folglich einen Kompromiss finden zwischen dem Überhitzen der Muskelfasern (mit dem Resultat eines zähen Erzeugnisses) und einer

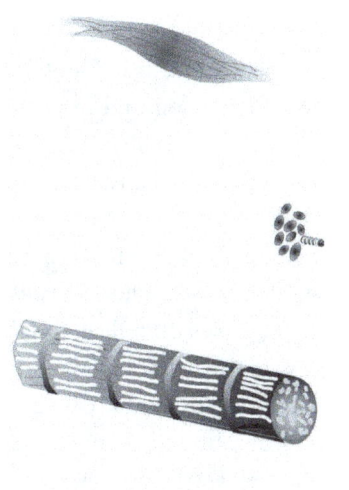

Abb. 6.1
Eine Reihe von Skizzen zur Illustration der Muskelstruktur. Oben sieht man einen Muskel, der aus Muskelfaserbündeln besteht (unterhalb eines ganzen Muskels). Unter den Muskelfaserbündeln ist eine einzelne Faser skizziert worden und darunter befindet sich eine schematische Darstellung von Actin- und Myosinproteinen, die sich aneinander vorbei schieben und die dadurch die Fasern und letztendlich den ganzen Muskel zusammenziehen.

Abb. 6.2
Muskeln ziehen sich im Körper zusammen, um die Knochen zu bewegen.

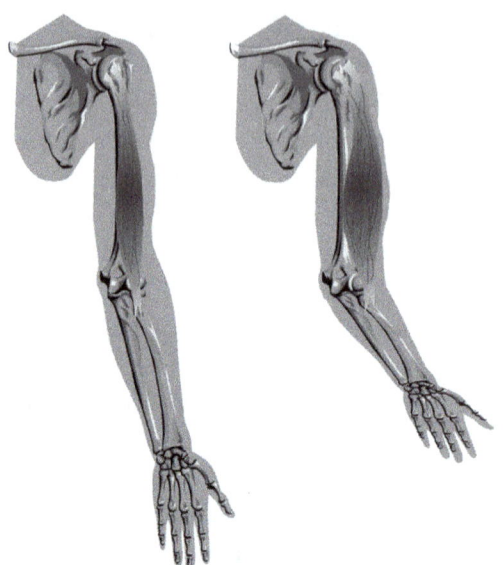

nicht ausreichenden Erhitzung, bei der das Kollagen nicht genug denaturiert wird und wodurch wir ebenfalls ein zähes Stück Fleisch erhalten werden.

Ein anderer wichtiger Bestandteil im Fleisch ist das Fett. Während tierische Fette in frischem Fleisch fest sind, fangen sie beim Erhitzen an zu schmelzen und werden in der Regel in das Koch- oder Bratgefäß herauslaufen. Diese Fette geben dem Fleisch einen großen Teil seines Aromas. Wie wir bereits in Kapitel 3 gesehen haben, stammt das Aroma nur von kleinen Molekülen und in noch nicht erhitztem Fleisch sind die Fette die einzigen kleinen Moleküle. Die Fette fungieren auch als eine Art Schmiermittel. Wo sich etwas Fett in der Nähe einer zähen Muskelfaser befindet, erscheint uns dieser beim Essen weniger zäh zu sein. Damit Fette eine derartige Wirkung entfalten können, ist es erforderlich, dass das Fett innig mit dem Fleisch vermischt worden ist (durchwachsenes Fleisch) und sich nicht von den Muskeln getrennt hat, wie es oftmals der Fall ist. Dies ist auch der Grund dafür, warum durchwachsene Steaks einen höheren Preis erzielen als solche, die nur etwas Fett auf der Außenseite zeigen. Vom gesundheitlichen Standpunkt aus gesehen sind diese durchwachsenen Steaks natürlich weniger wünschenswert, weil sie einen höheren Fettgehalt haben.

Bleibt als letzte Komponente im Fleisch nur noch das Wasser übrig. In der Tat ist Wasser die größte Einzelkomponente in den meisten Fleischsorten (ungefähr 60 % Wasser). Vielleicht glauben Sie, dass dieses Wasser beim Kochen und Braten nicht sehr wichtig ist. Das ist falsch. Es spielt sogar eine sehr große Rolle, weil es Geschmack und Beschaffenheit beeinflusst. Wenn Sie Fleisch schneiden, fließt etwas Wasser heraus und das Fleisch wird feucht. Der größte Teil des Wassers in einem Stück Fleisch bleibt jedoch eingeschlossen – technologisch spricht man von »gebundenem Wasser«, d.h. die Wassermoleküle werden von dem Fleischprotein festgehalten. Werden diese Proteine durch Erhitzen denaturiert, so wird etwas von diesem gebundenen Wasser freigesetzt. Sie können dies gut beobachten, wenn Sie Fleisch braten. Schon nach kurzer Zeit tritt beim Braten irgendeine Flüssigkeit (das meiste davon ist Wasser) aus dem Fleisch heraus und es fängt an zu spritzen, wenn diese Flüssigkeit im heißen Fett anfängt zu kochen. Wenn auf diese Weise erhebliche Mengen an Wasser verloren gehen, wird das gebratene Stück Fleisch später ziemlich trocken sein.

Die Zusammensetzung verschiedener Fleischsorten

	% Wasser	% Protein	% Fett
Rind	60	18	22
Schwein	42	12	45
Lamm	56	16	28
Pute	58	20	20
Huhn	65	30	5

Wenn Fleisch vor dem Braten tiefgefroren war, wurde dem Fleisch durch die Bildung von Eiskristallen das Wasser aus den Proteinen entzogen. Wenn das Fleisch dann wieder aufgetaut wird, kann dieses Wasser viel leichter wegfließen, d.h., die Freisetzung von gebundenem Wasser beim Tiefgefrieren ist auch der Grund dafür, warum das Fleisch oftmals trockener erscheint als Frischfleisch.

WODURCH ERHÄLT FLEISCH SEINE FÄRBUNG? | Viele Leute glauben, dass das Fleisch vom Blut in den Venen und Arterien rot gefärbt ist. Wenn man jedoch ein wenig darüber nachdenkt, wird sich schnell herausstellen, dass die Verhältnisse nicht so einfach sind. Denn wenn ein Tier geschlachtet wird, fließt das Blut aus den Venen und Arterien heraus –

die Farbe muss also noch irgendwo anders herkommen. Das Blut bekommt seine rote Färbung von einem speziellen Molekül, Hämoglobin, das die Aufgabe hat, Sauerstoff in unserem Körper über das Blut zu transportieren. Etwas von diesem Hämoglobin wird natürlich auch von den Muskeln absorbiert und trägt dadurch zu der roten Farbe von Fleisch bei. Es ist jedoch nicht genügend Hämoglobin in den Muskeln vorhanden, um das Fleisch so rot zu färben, wie es ist.

Der chemische Prozess, bei dem die Myosin- und Actinmoleküle in den Muskelfasern aneinander vorbeigleiten, verbraucht Sauerstoff. Wenn der Muskel jedoch sehr viel Arbeit leisten muss, kann es sein, dass er nicht genügend Sauerstoff aus dem Blut bekommt. Statt dessen wird dafür etwas Sauerstoff in speziellen Proteinen (Myoglobin) in den Muskeln gespeichert. Diese Myoglobinmoleküle ähneln dem Hämoglobin aus dem Blut und wie beim Hämoglobin hat das Myoglobin eine rote Färbung, wenn es Sauerstoff aufgenommen hat und nimmt einen purpurroten Farbton an, wenn der Sauerstoff abgegeben worden ist.

Bei den Tieren benötigen die verschiedenen Muskeln unterschiedliche Mengen an Myoglobin. Im Allgemeinen hängt dieser Myoglobingehalt davon ab, in welchem Ausmaß ein Muskel beansprucht wird. Oft gebrauchte Muskeln benötigen eine große Menge an Myoglobin und sind deswegen dunkel, während nur selten in Anspruch genommene Muskeln nur wenig Myoglobin brauchen und das Fleisch dieser Muskeln nur schwach gefärbt ist. So ist bei Puten, die viel herumstehen, aber so gut wie nie fliegen, das Fleisch der Füße dunkel gefärbt, während das Brustfleisch sehr hell ist.

Entsprechend haben Jagdvögel, die viel herumfliegen, dunkel gefärbtes Brustfleisch. Tatsächlich hat Wild eher dunkles Fleisch, weil die Tiere frei herumlaufen und sämtliche Muskeln gebrauchen, während Zuchttiere diese nur selten benutzen.

Es gibt noch ein weiteres Unterscheidungsmerkmal zwischen rotem und weißem Fleisch. Das Protein Myosin kommt im Muskel in zwei verschiedenen Arten vor (in verschiedenen Muskelfasertypen) und diese werden auf zwei verschiedenen chemischen Wegen mit Energie versorgt.

Die »langsamen« Fasern verbrennen Fette zur Energiegewinnung und die entsprechenden Muskeln benötigen Sauerstoff, um zu funktionieren. Die »schnellen« Fasern verbrennen dagegen Glykogen und benötigen überhaupt keinen Sauerstoff. Folglich brauchen Muskeln, die aus den »schnellen« Fasern bestehen, auch überhaupt kein Myoglobin und sind deswegen immer weiß. In der Praxis können jedoch die »schnellen« Fasern nicht sehr lange funktionieren und das Verhältnis von schnellen und langsamen Fasern hängt davon ab, in welchem Maße ein Muskel gebraucht wird. Z. B. gebrauchen wir unsere Bein- und Rückenmuskulatur die ganze Zeit über – nur um aufrecht zu stehen – und deswegen enthalten diese Muskeln auch fast ausschließlich »langsame« Fasern. Im Gegensatz dazu werden die Fische von dem Wasser, in dem sie schwimmen, getragen und sie benötigen keine Muskelkraft, wenn sie bewegungslos verharren. Daraus folgt, dass sie Muskeln besitzen können, die vorwiegend aus »schnellen« Fasern bestehen. Die unterschiedlichen Färbungen von Fischfleisch und Fleisch von Säugetieren hängen von den unterschiedlichen Muskelfasertypen ab.

Fleisch erhitzen – zäh oder zart?

Die verschiedenen Muskeln in den unterschiedlichen Teilen eines Tieres (z. B. bei einer Pute die Brust, die Beine, die Flügel usw.) haben unterschiedliche Anteile an Muskelfasern, Bindegewebe und Fetten. Auch die Muskelfaserart kann unterschiedlich sein, je nachdem, wie stark ein bestimmter Muskel beansprucht worden ist. Werden die Muskelproteine bei Temperaturen von über 40 °C erhitzt, fangen sie an zu denaturieren und bei Temperaturen über 50 °C gerinnen sie zu harten verknoteten Klumpen. Bei diesen beiden Prozessen wird der Muskelfaseranteil des Fleisches zäher. Doch erst bei noch höheren Temperaturen (über 60 °C) beginnt das Bindegewebe, das Kollagen, weich zu werden und sich in Gelatine zu verwandeln, wodurch das knorpelige Fleisch zarter wird. Man muss beim Erhitzen von Fleisch also immer einen Kompromiss eingehen und abwägen zwischen dem Erhalt der Zartheit der Muskelproteine und dem Weichwerden des Bindegewebes.

Als grobe Regel kann man sich merken, dass man Fleisch mit einem geringen Gehalt an Bindegewebe für kürzere Zeit und Fleisch mit einem hohen Gehalt an Bindegewebe länger erhitzen sollte.

Bei einer Pute z. B. befindet sich mehr Kollagen in den Flügeln und in den Füßen als im Brustbereich. Wenn wir also ein gleichmäßig gegartes Erzeugnis erhalten wollen, muss man versuchen, die Putenbrust weniger zu erhitzen als die anderen Teile. Das bedeutet, dass die Temperatur im Brustfleisch geringer sein sollte als in den Füßen und den Flügeln. Wir können die Brust vor einer zu großen Wärmezufuhr schützen, indem wir sie vor der Ofenwärme etwas abschirmen, z. B. mit etwas Backpapier oder Alufolie.

SCHLACHTEN UND ALTERN VON FLEISCH | Wie Tiere geschlachtet werden und wie ihr Fleisch nach dem Tod gelagert wird, hat einen sehr bedeutenden Einfluss auf die Beschaffenheit und das Aroma von Fleisch. Nur weil ein Tier jetzt tot ist, bedeutet das noch lange nicht, dass die verschiedenen chemischen Reaktionen, die zu Lebzeiten abliefen, sofort zum Erliegen kommen. In der Tat laufen noch viele chemische Vorgänge in den Muskeln ab und führen dann zur Totenstarre (rigor mortis). Nach dem Schlachten arbeiten die Muskeln noch weiter und verbrauchen den Sauerstoff, der in dem Myoglobin gespeichert wurde. Weil das Blut aber nicht mehr fließt, werden die Abfallprodukte nicht abtransportiert, sondern häufen sich in den Muskeln an. Das Wichtigste dieser Abfallprodukte ist die Milchsäure. Wir alle kennen den Muskelkater, bei dem ein Überschuss an Milchsäure in unseren Muskeln produziert worden ist. Er tritt dann auf, wenn wir ungewohnte Körperübungen machen und uns dann am nächsten Tag schmerzhaft steif fühlen. Diese Steifheit kommt von einem Überschuss an Milchsäure in den Muskeln, die ungewöhnlich viel arbeiten mussten und den gesamten Sauerstoff in dem Myoglobin verbraucht haben, um weiter arbeiten zu können. Weil so ungewöhnlich viel Milchsäure produziert worden ist, konnte sie nicht vollständig über das Blut abtransportiert werden und diese Milchsäure begann die Muskeln anzugreifen, wodurch wir uns am nächsten Tag dann so schlecht fühlten.

Der Zustand der Muskeln unmittelbar vor dem Schlachten ist sehr wichtig, weil dadurch die chemischen Reaktionen vorbestimmt werden, die nach dem Tod ablaufen. Sind die Muskeln direkt vor dem Schlachten angespannt oder wurden sie ungewöhnlich stark in Anspruch genommen, dann haben sie eine Menge des zur Verfügung stehenden Sauerstoffs verbraucht. Wäre das Tier dann noch am Leben, würde der meiste Teil der Milchsäure durch das Kreislaufsystem über das Blut abtransportiert werden. Nach dem Schlachten hat das Tier dann einen Sauerstoffmangel im Myoglobin, sodass nur wenig, wenn überhaupt, weitere Milchsäure gebildet wird und die Proteine beim Altern nur wenig abgebaut werden. Das führt dazu, dass das Fleisch sehr zäh sein wird und nur wenig Aroma hat. Wenn auf der anderen Seite die Tiere vor dem Schlachten ruhig gestellt werden, dann befindet sich ausreichend Sauerstoff im Myoglobin, damit die biochemischen Reaktionen zur Bildung von Milchsäure selbst nach dem Tod weiterhin ablaufen können. Diese Milchsäure wird durch das Blut nicht mehr abtransportiert (weil die Blutzirkulation nach dem Tode aufhört), sie reichert sich in den Muskeln an und es kommt zum Abbau von Muskelproteinen und Bindegewebe. Jetzt wird das Fleisch zarter und aromareicher sein.

Die Milchsäure ist ein entscheidender Faktor, weil sie die Umgebung der Muskelfasern sehr sauer macht und die Proteine und das Bindegewebe dadurch anfangen zu denaturieren. Die Proteine werden aber nicht nur denaturiert, sondern können auch zu kleineren Molekülen abgebaut werden, was letztendlich zur Aromabildung beiträgt. Der Abbau von Bindegewebe wird natürlich das Fleisch zarter machen, sodass die Produktion von Milchsäure sich sowohl auf die Aromabildung als auch auf die Beschaffenheit des Fleisches auswirkt. Weil der hohe Säuregehalt des Fleisches auch das Bakterienwachstum unterdrückt, kann das Fleisch vor dem Gebrauch gelagert oder abgehangen werden.

Das Altern von Fleisch verändert – die meisten würden sagen »verbessert« – das Aroma. Das Fleischaroma ändert sich nicht nur durch den Einfluss der Milchsäure, sondern auch durch enzymatische Aktivitäten, die dazu beitragen, dass die Proteine in kleinere, Aroma gebende Moleküle gespalten werden.

Fleisch erhitzen – wie viel Aroma?

Bei den Überlegungen, wie man Fleisch am besten erhitzt, muss man auch die Möglichkeiten einer Aromabildung in starkem Maße berücksichtigen. Wenn man Proteine zusammen mit Zucker auf Temperaturen von über 140 °C erhitzt, läuft eine Vielzahl verschiedener chemischer Reaktionen ab (die Maillard-Reaktionen – siehe auch Kapitel 3 für eine genauere Beschreibung). In diesem Zusammenhang werden unter dem Begriff Zucker auch größere Moleküle einbezogen, die aus kleineren Zuckern zusammengesetzt sind, wie z. B. Polysaccharide oder Stärke sowie andere Kohlenhydrate (siehe auch Kapitel 2). Bei diesen Reaktionen, die gleichzeitig auch das Fleisch bräunen, werden große Proteinmoleküle in kleinere Moleküle gespalten, die dann flüchtig sind und zu Aromastoffen werden. Das typische Fleischaroma wird in der Tat erst beim Erhitzen bei diesen hohen Temperaturen erzeugt.

Wenn wir das Fleisch also nicht erhitzen, können diese Maillard-Reaktionen nicht ablaufen und das Enderzeugnis wird nicht sehr ausgeprägt nach Fleisch schmecken. Wir müssen also zusehen, dass mindestens einige Bereiche des Fleisches diese hohen Temperaturen (reichlich über 100 °C) erreichen und auch lange genug bei diesen Temperaturen gehalten werden, damit die wünschenswerten Fleischaromen entstehen können und das Fleisch eine kräftige dunkelbraune Färbung bekommt.

Wenn wir jetzt berücksichtigen wollen, dass man die Muskelpartien mit wenig Bindegewebe möglichst nicht über 40 °C erhitzen sollte, während andere Teile mit viel Bindegewebe erst bei Temperaturen von über 70 °C zart werden und gleichzeitig einige Bereiche über 130 °C erhitzt werden müssen, kann man sehr schnell erkennen, dass das Erhitzen von Fleisch ein sehr komplexer und vielschichtiger Vorgang ist.

Es gibt jedoch einige relativ einfache Regeln, die man befolgen kann, um immer ein gutes, zartes und aromareiches Endprodukt zu bekommen.

Einige wichtige Punkte, die man beim Erhitzen von Fleisch berücksichtigen sollte

→ Achten Sie darauf, dass die Außenseite Ihres Fleischstückes solange bei einer hohen Temperatur erhitzt wird, bis es eine dunkelbraune Färbung aufweist. Es sollte also am Anfang eine sehr hohe Temperatur vorherrschen.

→ Erhitzen Sie Fleischstücke mit nur wenig Bindegewebe nur für eine sehr kurze Zeit, damit die Außenseite zwar braun, das Fleisch im Inneren jedoch nicht zäh wird. Dieses Fleisch sollte also gegrillt, gebraten oder geschmort werden.

→ Erhitzen Sie Fleisch mit viel Bindegewebe über einen sehr langen Zeitraum, damit das Bindegewebe denaturiert wird, die Bündel von koagulierten Muskelprotein auseinander fallen und das Fleisch damit zart wird. Mit knorpeligem Fleisch sollten Sie also Eintopfgerichte oder Suppen zubereiten.

Diese zentralen Punkte werden in den nachfolgenden Rezepten noch genauer unter die Lupe genommen – bei Steaks, gebratener Lammkeule und einem sehr reichhaltigen Rindereintopf.

Warum sind diese zentralen Punkte so wichtig?

Das Fleisch muss bei hohen Temperaturen erhitzt und gebräunt werden, weil die Hauptaromakomponenten durch die Maillard-Reaktionen gebildet werden, die wiederum nur bei Temperaturen über 130 °C ablaufen. Die Erhitzungszeit sollte so austariert werden, dass sie gerade lang genug ist, um das Bindegewebe im Fleisch zu zersetzen, ohne jedoch die Muskelproteine zu zäh werden zu lassen.

Der Einfluss von Hitze auf Fleisch

Temperatur	Farbe	Muskelproteine	An Protein gebundenes Wasser	Kollagen
40 °C	rot	denaturiert		
50 °C		beginnen sich zu verknäulen und zu schrumpfen	fängt an zu fließen	
60 °C	blassrot	die Gerinnung ist in vollem Gange		fängt an zu denaturieren
70 °C	grau	zum größten Teil geronnen	hört auf zu fließen	
80 °C	goldbraun	dicht aneinander gelagertes, zähes Fleisch		
90 °C				wandelt sich sehr schnell in Gelatine um
100 °C				

SCHMOR-KATASTROPHEN | Eine meiner Verwandten – wenn ich sagen würde welche, wäre mein Leben nichts mehr wert, aber vielleicht wird sie sich auch so wiedererkennen – würde nicht von sich behaupten, dass sie zu den weltbesten Köchinnen gehörte, aber wahrscheinlich auch nicht zu den schlechtesten. Aber an diesem denkwürdigen Tag, als eine ganze Reihe Familienmitglieder mit Anhang bei ihr zu Besuch war, schaffte sie es, den wahrscheinlich schrecklichsten Braten aller Zeiten zu servieren. Wir hatten alle schon eine ganze Weile auf das Mittagessen gewartet, was wiederum nicht sehr ungewöhnlich war, denn auch die Küchenorganisation gehörte nicht zu ihren herausragendsten Fähigkeiten, als schließlich Teller mit Bratkartoffeln, verschiedenen grünen Gemüsesorten und einigen Scheiben geschmorten Fleisches aufgetragen wurden. Das Fleisch hatte eine gleichmäßig graue Färbung und eine grobe Beschaffenheit. Ich war nicht in der

Lage, das Fleisch vom äußeren Erscheinungsbild her irgendwie zuzuordnen. Als unsere Gastgeberin einmal kurz in die Küche verschwand, fragte ich schnell die Anderen am Tisch, was wir hier eigentlich essen würden, aber keiner hatte auch nur die leiseste Ahnung. Schweinefleisch, Rindfleisch, Lamm und sogar Pute kamen als Vorschläge, aber weder Farbe noch Beschaffenheit erinnerte an irgendetwas, das wir schon einmal gegessen hatten.

Sie hatte das Fleisch sehr, sehr lange erhitzt – zu lange – und bei zu geringer Temperatur (damit der Backofen nicht schmutzig wird!), sodass im Endergebnis eine schmutzig graue Farbe entstand ohne den leisesten Bräunungston. Gleichzeitig wurden durch die lange Erhitzungszeit die Muskelproteine koaguliert, wodurch eine besonders grobe Struktur entstand, die eher für Eintopfgerichte typisch ist, die mehrere Stunden lang gekocht wurden. Bis heute kommen alle, die damals bei diesem Familientreffen anwesend waren, immer wieder darauf zu sprechen, um was es sich bei diesem Braten eigentlich gehandelt haben könnte. Es hatte sich jedoch niemand jemals getraut, die Köchin danach zu fragen, was genau sie damals zubereitet hatte und ich glaube, dass sie sich inzwischen auch nicht mehr daran erinnern würde, sodass der ganze Vorfall für immer eines der großen Geheimnisse im Leben bleiben wird.

Steaks braten

Wir werden den Abschnitt mit den Rezepten mit einigen Anmerkungen über das Braten von Steaks beginnen. Steaks sollten vom Muskelfleisch stammen, das nur sehr geringe Mengen an Bindegewebe enthält – wie ein Technologe es ausdrücken würde – oder in einfachen Worten ausgedrückt: Nehmen Sie zarte Fleischstückchen! Beim Erhitzen von Steaks geht es eigentlich darum, dass an der Oberfläche ausreichend chemische Reaktionen ablaufen, um das Aroma zu erzeugen, ohne jedoch im Inneren die Muskelproteine zu sehr zu denaturieren, was zu einem zähen Fleisch führen würde.

Die wichtigsten Punkte sind:
→ Entfernen Sie vor dem Erhitzen so viel Bindegewebe wie nur möglich
→ Braten Sie für kurze Zeit und bei sehr hohen Temperaturen
→ Achten Sie darauf, dass die Oberflächen des Steaks gut gebräunt sind

Sautéed Sirloin Steaks REZEPT

ZUTATEN (für 6 Personen)
- *1 kg Lendenstück vom Rind*
- *50 ml hoch qualitatives Öl*
- *frisch gemahlener Pfeffer*

ZUBEREITUNG

Fangen Sie damit an, die Steaks vorzubereiten. Schneiden Sie das Lendenstück in etwa 2 bis 3 cm dicke Scheiben und schneiden Sie dann 6 Steaks daraus (Sie können dies auch von Ihrem Fleischer machen lassen). Schneiden Sie als Nächstes das sichtbare Bindegewebe heraus. Denken Sie immer daran, dass Sie die Steaks nur für sehr kurze Zeit erhitzen werden und das Bindegewebe zäh und ungenießbar sein wird. Streuen Sie dann etwas Pfeffer über die Steaks. Manche Leute empfehlen auch, die Steaks etwas zu salzen, während ich es bevorzuge, kein Salz zu verwenden. Am besten probieren Sie beide Variationen einmal aus, um herauszufinden, was Ihnen am meisten zusagt.

Erhitzen Sie jetzt das Öl in einer Bratpfanne mit einer sehr dicken Bodenplatte, bis es fast anfängt zu rauchen. Geben Sie jetzt einige Steaks in die Pfanne (es ist nicht empfehlenswert zu viele Steaks auf einmal zu braten, weil die kalten Steaks die Temperatur in der Pfanne erniedrigen). Achten Sie auch darauf, dass die Steaks den Pfannenboden gut berühren, damit sie so schnell wie möglich und bei der höchstmöglichen Temperatur gebraten werden können. Braten Sie dann etwa 30 Sekunden lang die eine Seite an, drehen die Steaks um und braten weitere 30 Sekunden, bevor Sie sie wieder auf die erste Seite zurückdrehen. Dieses kurze Anbraten verhindert, dass die Steaks in der Pfanne anhaften. Braten Sie etwa 2 weitere Minuten lang, bis die Unterseite tiefbraun gefärbt ist, drehen die Steaks dann um und braten auch die andere Seite 2 Minuten lang. Stellen Sie die Steaks dann warm und braten die Übrigen in der gleichen Weise. Dabei werden Sie wahrscheinlich beobachten, dass die zuletzt gebratenen Steaks am schnellsten braun werden.

Über dieses Phänomen habe ich mit mehreren Lebensmittelwissenschaftlern gesprochen und sie haben mir dafür zwei verschiedene Erklärungen gegeben. Eine Antwort darauf ist, dass die Maillard-Reaktionen, die zur Bräunung und zur Aromabildung führen, mit einem chemischen Begriff ausgedrückt »autokatalytisch« ablaufen können. Das bedeutet, dass sich einige der Reaktionsprodukte (küchentechnisch ausgedrückt die braunen Stückchen) im Reaktionsgefäß (»Bratpfanne« für den Normalverbraucher!) angereichert haben und dadurch die Reaktion schneller ablaufen kann. Einfach ausgedrückt handelt es sich darum, dass das Bräunen in einer Pfanne dann schneller abläuft, wenn schon etwas Fleisch vorher darin angebraten worden ist. Eine andere Erklärung dafür ist, dass etwas von dem gebräunten Fleisch abfällt, im Fett verbleibt und das anschließend gebratene Fleisch damit überzogen wird.

Was auch immer der Grund dafür sein mag, Sie können sich die unterschiedlichen Bräunungszeiten zunutze machen und Ihren Gästen Steaks nach dem individuellen Geschmack servieren. Wenn Sie die Steaks also in drei Durchgängen zubereiten und in einem Backofen bei etwa 50 °C warm halten, bevor sie serviert werden, dann sind die zuerst gebratenen Steaks gut durch, das zweite Paar wird medium sein und die letzten beiden, die Sie dann direkt aus der Pfanne servieren können, sind dann halbgar (»nice and rare«). Aber auch wenn Sie Gäste haben, die halbgare Steaks bevorzugen, gibt es keinen Grund zur Panik, die Lösung ist sehr einfach. Schneiden Sie einfach ein kleines Stück Fleisch aus dem Lendenstück heraus (vorzugsweise ein Stück mit dem meisten Knorpel- oder Bindegewebe) und braten es bei sehr hoher Temperatur etwa 5 Minuten lang an, bis es fast angebrannt aussieht. Damit hat die Pfanne jetzt ausreichende Bräunungs- bzw. Reaktionsprodukte, um die Maillard-Reaktionen für die anderen Steaks zu katalysieren. Danach können Sie alle sechs Steaks in etwa jeweils 3 Minuten braten und alle werden halbgar sein.

Was alles beim Braten von Steaks schief laufen kann und wie man dies in Zukunft vermeiden kann

Problem	Grund	Lösung
Die Steaks sind zu zäh.	Die Steaks wurden zu lange erhitzt. Das Fleisch hatte eine zu schlechte Qualität (z. B. wurde das Tier einem zu großen Stress beim Schlachten ausgesetzt).	Braten Sie das nächste Mal nicht so lange. Für das vorliegende Steak nehmen Sie ein scharfes Steakmesser! Gehen Sie das nächste Mal zu einem anderen Fleischer. Nehmen Sie eher purpurrotes als rotes Fleisch (siehe auch Kasten über Schlachten und Altern) oder nehmen Sie ein »besseres« Stück.

↓

Problem	Grund	Lösung
Nur wenig Aroma.	Die Außenseite ist nicht ausreichend gebräunt.	Braten Sie länger und/oder bei einer höheren Temperatur.
Für Ihren Geschmack nicht gar genug.	Die Außenseite ist gut gebräunt, aber innen ist es immer noch purpurrot.	Sie können die Steaks etwas länger bei einer etwas geringeren Temperatur braten, bis das Innere blassrot wird und damit die Geschmackseigenschaft von gegartem Fleisch bekommt! Oder nehmen Sie dünnere Steaks. Was Sie jetzt noch machen können, ist das Steak einfach ein bisschen länger braten.
Zu gar.	Es dauerte sehr lange, bis die Außenflächen braun wurden; in der Zwischenzeit wurde das Innere zu gar.	Braten Sie bei einer höheren Temperatur oder nutzen Sie den autokatalytischen Effekt aus, indem Sie ein wenig Fleisch vorher in der Pfanne anbraten. Oder nehmen Sie dickere Steaks.

Rezeptvariationen

Ausgehend von dem Grundrezept für Steaks gibt es unendlich viele Möglichkeiten, Steaks in etwas abgewandelter Form zuzubereiten. Sie können z. B. ein anderes Fleischstück nehmen; vom Rind eignen sich am besten Filetsteaks, Lendensteaks, Rumpsteaks und T-Bone-Steaks. Sie können aber genauso gut auch Lamm- oder Schweinekoteletts in der gleichen Weise zubereiten oder Sie nehmen Steaks vom Wild.

Gegrillte Steaks

Beim Grillen können Sie die Steaks nicht im eigenen Saft braten und es kann daher nicht zu einem autokatalytischen Effekt kommen, um die Bräunungsreaktionen (Maillard-Reaktionen) zu beschleunigen. Das Rezept ist ansonsten identisch mit dem vorherigen mit einer einzigen Ausnahme, dass Sie etwas Öl oder geschmolzene Butter über die Steaks streichen, bevor Sie sie auf den Grill legen. Mithilfe dieses Öls wird die Wärme gleichmäßig über die Oberfläche des Fleisches verteilt. Die Garzeiten sind in etwa die gleichen, hängen jedoch auch von der Leistung Ihres Grills ab, sodass Sie ein wenig herumexperimentieren müssen.

Steaks mit einer Pilz-Weinbrand-Soße   REZEPT

In vielen Steakrezepten wird aus dem Bratensaft in der Pfanne eine einfache Soße hergestellt.

ZUTATEN (für 6 Personen)
- *1 kg Rindfleisch von der Lende*
- *50 ml qualitativ hochwertiges Öl*
- *frisch gemahlener Pfeffer*
- *200 g in Scheiben geschnittene Champignons*
- *200 ml Brühe (entweder von einem Brühwürfel oder wie in Kapitel 9 beschrieben oder aus dem Stew-Rezept weiter unten)*
- *20 ml Weinbrand*
- *100 ml Sahne*

ZUBEREITUNG

Bereiten Sie die Steaks genauso zu wie in dem Grundrezept weiter oben beschrieben, aber erhitzen Sie sie nicht so lange, weil sie später noch flambiert werden sollen. Stellen Sie die Steaks dann entweder in einen Ofen oder abgedeckt mit Aluminiumfolie warm. Geben Sie die Pilze in die Bratpfanne, in der die Steaks vorher angebraten wurden und erhitzen Sie sie auf mittlerer Stufe unter ständigem Rühren für etwa 2 bis 3 Minuten, bis sie gerade anfangen weich zu werden. Dabei werden die Champignons einen Großteil der braunen Farbe vom Bratensaft aus der Pfanne aufnehmen. Geben Sie dann etwa die Hälfte der Brühe hinzu und schaben Sie die Pfanne gut aus, damit alle braunen Bestandteile, die an der Pfanne anhaften, in die Sauce überführt werden und diese dadurch eine wunderschöne braune Färbung bekommt. Geben Sie dann die restliche Brühe hinzu und dicken Sie die Soße ggf. mit einem Teelöffel voll Speisestärke an, die Sie vorher in etwas kaltem Wasser suspendiert haben (siehe auch Kapitel 9 über die Funktionsweise der verschiedenen Andickungsverfahren). Lassen Sie die Soße kurz aufkochen, legen die Steaks hinein und geben dann den vorher in einem kleinen Glas vorgewärmten Weinbrand hinzu. Zünden Sie dann unmittelbar danach die Alkoholdämpfe, die aus der Pfanne emporsteigen, an. Sie können dies entweder mit einem Streichholz machen oder, wenn Sie einen Gasherd benutzen, halten Sie die Pfanne etwas schräg, damit die Gasflammen an der Seite der Pfanne die Weinbranddämpfe entzünden können. Schwenken Sie die Pfanne seitlich hin und her, bis die Flammen erlöschen. Zum Schluss wird noch die Sahne untergerührt und sofort serviert.

Geschmorte Lammkeule mit Knoblauch — REZEPT

Die Kombination von köstlichem Lammfleisch mit der Reichhaltigkeit einer Knoblauchsoße gehört zu meinen Lieblingsgerichten. Wenn Sie Angst haben, dass Sie nach dem Verzehr dieses Gerichtes tagelang nach Knoblauch riechen werden, so kann ich Sie beruhigen, denn obwohl in diesem Rezept jede Menge Knoblauch verwendet wird, scheint das Braten die durchdringenden Eigenschaften des Knoblauchs so zu verändern, dass er keine langen Nachwirkungen zeigt.

ZUTATEN (für 6 Personen)
- *1 Lammkeule (oder ein halbes Bein – vorzugsweise die Haxe, je nach dem, wie hungrig Sie sind)*
- *3–6 Knoblauchzehen (evtl. auch mehr – je nachdem, wie sehr Sie Knoblauch mögen!)*
- *50 g Butter*
- *1 l Brühe (entweder aus einem Brühwürfel oder wie in Kapitel 9 beschrieben zubereitet oder entsprechend des Stew-Rezeptes weiter unten)*

ZUBEREITUNG
Zuerst wird das Lamm zubereitet. Trocknen Sie die Oberfläche des Bratens mit Papiertüchern ab und schneiden Sie mit einem scharfen Messer einige Kerben, etwa 5 mm tief, hinein. Bereiten Sie als Nächstes die Knoblauchbutter zu, indem Sie den Knoblauch pressen und in die Butter einrühren. Geben Sie dann die Lammkeule in einen Bräter, der etwas größer sein sollte als die Keule, damit diese flach auf dem Boden liegen kann. Verteilen Sie etwa ⅔ der Knoblauchbutter über das Bratenstück. Die restliche Butter arbeiten Sie in die Einschnitte ein, die Sie vorher gemacht haben. Bringen Sie dann die Brühe zum Kochen und geben Sie etwa 200 ml in den Bräter. Dieser wird dann in einen auf 180 °C vorgeheizten Backofen gestellt und etwa 75 Minuten gegart.

Nach etwa 40 Minuten sollte die Brühe vollständig verdampft sein. Geben Sie jetzt zunächst keine weitere Brühe hinzu, sondern lassen Sie den Bratensaft und die geschmolzene Butter anbräunen.

Nehmen Sie nach etwa 75 Minuten den Braten aus dem Ofen und kratzen Sie den größten Teil des gerösteten Knoblauchs von dem Lamm in den Bräter hinein. Nehmen Sie die Lammkeule heraus und legen Sie sie auf eine geeignete Unterlage zur Seite. Geben Sie dann etwa die Hälfte der Brühe in den Bräter und kratzen am Boden entlang, damit der gebräunte Bratensaft und andere Ablagerungen in die Brühe gelangen. Geben Sie das Ganze danach in einen Topf und wiederholen die Prozedur mit der restlichen Brühe, bis Sie so gut wie alle braunen Bestandteile, die letztendlich das gewünschte Aroma in der Soße ergeben, entfernt haben. Kochen Sie die Soße jetzt kurz auf und geben Sie Pfeffer (und Salz) zur Geschmacksabrundung hinzu. Schließlich können Sie die Soße noch andicken. Dafür gibt es zwei verschiedene Möglichkeiten. Entweder Sie nehmen Speisestärke (etwa 1 Teelöffel voll), die Sie in kaltem Wasser suspendieren und in die Soße unterrühren. Oder Sie können für eine noch reichhaltigere Soße eine dunkle Mehlschwitze mit etwa 40 g Mehl und 50 g Butter in den Bräter geben und dann nach und nach die noch nicht angedickte Soße unter ständigem Rühren der Mehlschwitze hinzugeben. Bei der ersten Methode ist die Gefahr, dass sich Klümpchen bilden, nur sehr gering. Mit dem zweiten Verfahren können Sie jedoch ein noch reichhaltigeres Erzeugnis herstellen. Welches Verfahren Sie auch immer benutzen, genauere Angaben darüber, warum es jeweils funktioniert und was dabei schief gehen kann, finden Sie in Kapitel 9.

Zum Schluss wird das Fleisch geschnitten und mit Bratkartoffeln, grünem Gemüse und der Soße serviert.

Wichtige Punkte
- Geben Sie am Anfang nicht zu viel Brühe hinzu. Innerhalb der ersten 40 Minuten sollte die gesamte Flüssigkeit verdampft sein, damit anschließend Bräunungsreaktionen möglich sind, die einen großen Teil des Aromas ausmachen.
- Achten Sie darauf, dass Sie den Bräter sehr sorgfältig auskratzen und ablöschen
- Zu langes Garen sollte man möglichst vermeiden – lassen Sie das Lamm blassrosa

Was alles schief gehen kann und wie man sich behelfen kann

Problem	Ursache	Lösung
Noch nicht gar – das Lamm ist beim Zerlegen immer noch purpurrot.	Entweder war die Ofentemperatur zu niedrig oder die Garzeit war zu kurz.	Garen Sie beim nächsten Mal bei höheren Temperaturen oder über einen längeren Zeitraum. Jetzt können Sie sich damit behelfen, dass Sie das Fleisch in dünne Stücke vorschneiden und entweder in einem Mikrowellenherd durchgaren lassen oder schnell noch einmal in einer sehr heißen schweren Pfanne sautieren.
Das Fleisch ist zu lange erhitzt worden und zäh.	Entweder war die Ofentemperatur zu hoch oder die Garzeit zu lang.	Garen Sie beim nächsten Mal entweder bei einer tieferen Temperatur oder für einen kürzeren Zeitraum. Alles was Sie momentan machen können, ist das Fleisch in sehr dünne Scheiben vorzuschneiden, damit man es leichter kauen kann.
Die Soße hat nur eine blasse Färbung oder es fehlt jegliches Aroma.	Die Brühe ist beim Garen nicht verdampft.	Verwenden Sie beim nächsten Mal zu Beginn weniger Brühe oder verwenden Sie einen größeren Bräter, damit die Brühe nicht so hoch steht. Alles was Sie jetzt machen können, ist die Flüssigkeit auf dem Herd zu verkochen und den Knoblauch usw. anzubräunen, bevor Sie die Soße machen. Alternativ dazu können Sie auch eine dunkle Mehlschwitze (siehe Kapitel 9) zubereiten und damit die Sauce andicken.
	Der Knoblauch ist nicht ausreichend gebraten worden (er hat keine dunklere Färbung angenommen).	Verwenden Sie das nächste Mal einen heißeren Backofen. Jetzt können Sie den Knoblauch noch in einem dickwandigen Topf auf dem Herd bei einer sehr hohen Temperatur rösten.

DIE GARZEITEN BEI BRATEN | In Kapitel 4 wird genauestens beschrieben, wie Wärme in ein Lebensmittel gelangt und wie ein Produkt dabei gegart wird. Wir sollten uns an dieser Stelle noch einmal daran erinnern, dass man unter einer Garzeit eigentlich die Zeit versteht, die benötigt wird, um in der Mitte eines Bratens eine bestimmte Temperatur zu erreichen. Aus der physikalischen Beschreibung dieser Vorgänge können wir entnehmen, dass die benötigte Zeit für die Wärme, um in den Braten zu gelangen und um ihn in der Mitte bis zu einer bestimmten Temperatur aufzuheizen, hauptsächlich von der kürzesten Entfernung von der Außenseite bis zur Mitte abhängt. Tatsächlich hängt die Garzeit vom Quadrat dieser Entfernung ab.

Wenn Sie also wissen wollen, wie lange ein Braten gegart werden muss, brauchen Sie Informationen darüber, wie groß er ist. Wenn wir z. B. einen Rollbraten nehmen, sagen wir ein Lendenstück vom Rind, dann ist die kürzeste Entfernung von der Außenseite bis zum Mittelpunkt die Hälfte des Durchmessers dieser Rolle und die Garzeit hängt von dieser Entfernung ab. Stellen Sie sich jetzt vor, dass das gleiche Stück Fleisch vorher halbiert worden ist und wir zwei Rollen dieses Lendenstückes haben. Die Entfernung von der Außenseite bis zur Mitte hat sich dadurch nicht geändert, sodass die Garzeiten unverändert sein sollten.

Daran können Sie erkennen, dass eine in Kochbüchern oft angegebene Regel (z. B. 30 Minuten pro kg plus weitere 30 Minuten) nur bei einigen Braten funktionieren wird. Für viele Braten ist dies zwar eine relativ gute grobe Abschätzung (z. B. für Geflügel), weil diese in Bezug auf Größe und Gewicht nur wenig voneinander abweichen. Für andere Braten jedoch (z. B. Rinderrippe) kann dies eine sehr schlechte Schätzung sein. Ich habe deswegen eine einfache Tabelle angegeben, bei der die Größe eines Bratens in die oben angegebenen Gleichungen eingeflossen ist und die eine gute Richtlinie für Garzeiten wiedergibt.

Die Garzeiten in Minuten für verschiedene Braten auf der Basis der Größe anstelle des Gewichts bei einer Ofentemperatur von 180 °C

Kürzeste Entfernung durch einen Braten (cm)	Rind (halbgar) (min)	Rind und Lamm (gut durch) und Schwein (min)	Lamm (blassrot) (min)	Geflügel (gefüllt) (min)
5	25	30	25	35
7,5	50	75	60	80
10	90	130	105	140
12,5	140	210	170	230
15	200	300	240	320

Rezeptvariationen

Gebratener Truthahn   REZEPT

Das Braten von Geflügel kann eine große Herausforderung sein, weil die verschiedenen Muskelgruppen im Brustbereich, an den Flügeln und an den Beinen im Allgemeinen unterschiedliche Garzeiten und Gartemperaturen erfordern. Bei Zuchtgeflügel wird das Brustfleisch im Allgemeinen nur sehr wenig Bindegewebe enthalten (weil diese Vögel diese Muskeln nicht zum Fliegen verwenden!). Am besten ist es daher, dieses Brustfleisch nur für kurze Zeit bei hohen Temperaturen zu erhitzen, damit einerseits das Aroma durch die Maillard-Reaktionen entstehen kann, auf der anderen Seite aber die Koagulation der zarten Muskelfasern möglichst vermieden wird. Umgekehrt sieht es aus mit den Muskeln in den Beinen und Flügeln, die im Allgemeinen einen sehr hohen Gehalt an Bindegewebe haben und die am besten bei etwas tieferen Temperaturen für einen längeren Zeitraum erhitzt werden. Dem entsprechend wird es sich beim Garen eines ganzen Truthahns immer um einen Kompromiss zwischen den Anforderungen der verschiedenen Teile handeln. Es gibt dafür mehrere Vorgehensweisen, die Sie sich zur Hilfestellung aneignen können.

Die beste Methode wird von professionell arbeitenden Küchenchefs angewendet. Sie zerlegen das Geflügel einfach in verschiedene Teile und braten Brust, Beine und Flügel getrennt bei verschiedenen Temperaturen und unterschiedlich lange. Das Ganze läuft dann so ab, dass sie einen gut gebräunten, schön aussehenden Vogel an den Tisch bringen, ihn kurz herumzeigen und ihn dann in die Küche zurückbringen, um ihn zu zerlegen. In Wirklichkeit werden Sie das Fleisch aber von den einzeln gegarten Stücken abschneiden. Der ganze Vogel wird dann aufbewahrt, um ihn den nächsten Gästen zu zeigen.

Diese Vorgehensweise ist jedoch für die Köchin oder den Koch im Haushalt nicht immer die beste, sodass man nach anderen Möglichkeiten Ausschau halten muss. So können Sie z. B. die Brust mit Alufolie bedecken und damit schützen. Dadurch wird der Brustbereich nicht so heiß wie die Flügel und Beine und das Ausmaß der Muskelproteinkoagulation wird dadurch verringert. Gleichzeitig wird dann das Kollagen in den Beinen und Flügeln ausreichend hoch erhitzt und dabei denaturiert. Bei einer anderen, oft angewendeten Technik wird Geflügel über einem Topf mit Brühe gegart. Die Brühe kocht und hält das Geflügel außen feucht und begrenzt die Temperatur auf den Kochpunkt von Wasser (100 °C). Bei diesem Verfahren hat man den Vorteil, dass das Garen sehr langsam abläuft und das Kollagen in den Beinen und Flügeln denaturiert wird, ohne dass die Außenseite verbrennt. In einem unten stehenden Rezept habe ich beide Techniken miteinander kombiniert. In dem ersten Schritt werden die Brustbereiche mit Aluminiumfolie bedeckt und damit vor dem Dampf der Brühe geschützt. In dieser Phase werden Beine und Flügel durch den Dampf erhitzt und das Bindegewebe wird denaturiert, wodurch das Fleisch zarter wird. Die zweite Phase beginnt, wenn die Brühe verdampft ist. Sobald kein Wasser mehr vorhanden ist, beginnt die Gartemperatur zu steigen. Solange noch Wasser verdampft war, ist die Gartemperatur nie über 100 °C hinausgegangen, selbst wenn der Backofen auf eine höhere Temperatur eingestellt war. Der Wasserdampf, der aus der Brühe aufstieg und das Geflügel umgab, war 100 °C (oder leicht darüber) heiß. Sobald das ganze Wasser verdampft ist, wird der Aluminiumschutz entfernt und bei zunehmendem Temperaturanstieg werden die Maillard-Reaktionen an der Oberfläche des Truthahns ablaufen. Mit etwas Übung ist es so möglich, einen Truthahn zuzubereiten, bei dem alle Teile mehr oder weniger perfekt gegart sind.

ZUTATEN
- *Truthahn*
- *Butter*
- *Brühe (zubereitet aus den Innereien)*

FÜR DIE ESSKASTANIENFÜLLUNG
- *400 g Esskastanien (oder 250 g Esskastanienpüree)*
- *150 ml Milch*
- *100 g Brotkrume*
- *100 g Schinken, in kleine Stücke geschnitten und gebraten*
- *20 g frische Petersilie, klein gehackt*
- *Salz und Pfeffer zur Geschmacksabrundung*

ZUBEREITUNG

Säubern Sie am Anfang den Truthahn und bereiten Sie die Brühe zu. Zerhacken und brühen Sie die Innereien, geben dann einen guten Gemüsefond hinzu (siehe Kapitel 9) und lassen das Ganze wenigstens eine halbe Stunde lang vor sich hin kochen. Waschen Sie dann die Körperhöhle des Truthahns unter fließendem Wasser aus, bis das gesamte Blut entfernt worden ist. Waschen Sie danach die Außenhaut mit sauberem Wasser ab und trocknen Sie den Truthahn mit Papierhandtüchern innen und außen ab.

Bereiten Sie als Nächstes die Esskastanienfüllung zu. Dazu schälen Sie zunächst die Kastanien (siehe auch den Kasten für eine einfache Methode) und lassen sie für etwa 20 Minuten in der Milch leicht vor sich hin kochen. Pürieren Sie dann die Kastanien in der Milch und geben anschließend die Brotkrume, die gebratenen Schinkenstückchen sowie die Kräuter und Gewürze hinzu. Formen Sie dann aus dieser Mischung kleine Bällchen, die nachher in den Truthahn gestopft werden.

Legen Sie die Kastanienfüllung dann auf die Unterseite der Körperhöhlung des Truthahns mit einem Luftraum (zwischen Füllung und Brustkorb) von etwa 1 cm darüber, damit die heiße Luft im Inneren beim Garen zirkulieren kann.

Legen Sie den Truthahn dann in den Bräter und gießen etwa 200 ml der Brühe auf den Boden des Gefäßes. Streichen Sie etwas Butter über den Brustbereich des Truthahns und bedecken diesen anschließend mit etwas Aluminiumfolie. Schlagen Sie die Folie dabei etwas ein, damit sie auch wirklich nur den Brustbereich und nicht die Beine oder Flügel bedeckt. Vielleicht werden Sie es hilfreich finden, einen Fleischspieß zur Befestigung der Folie zu verwenden. Falls Sie einen nehmen, sollten Sie einen hölzernen und keinen aus Metall nehmen, weil ein Metallfleischspieß eine Menge Wärme in den Brustbereich übertragen würde und es damit zu einer zu starken Erhitzung käme.

Lassen Sie den Truthahn dann im Backofen bei etwa 170 °C bis 180 °C garen. Die ungefähren Garzeiten für Truthahn sind in einer Tabelle nachfolgend als ungefähre Richtlinie angegeben worden. Überprüfen Sie regelmäßig, dass die Brühe noch nicht verkocht ist und füllen Sie ggf. auf. Etwa 30 bis 40 Minuten vor Ende der Garzeit entfernen Sie die Folie, gießen die übrige Brühe ab und lassen die Temperatur steigen, damit der Truthahn gut gebräunt wird. Nach etwa 30 Minuten sollten Sie das Bein mit einem scharfen Messer anstechen, um zu testen, ob der Truthahn schon gar ist. Schauen Sie sich dabei die austretenden Flüssigkeiten genau an. Wenn der Truthahn ausreichend gegart ist, werden die austretenden Flüssigkeiten klar sein. Sollten sie noch blassrosa sein, muss der Truthahn noch eine Weile erhitzt werden. Ist der Truthahn dann gut gegart und auf der Außenseite schön braun, können Sie ihn aus dem Ofen herausnehmen. Lassen Sie ihn dann etwa 1 Stunde abkühlen, bevor Sie ihn zerlegen. Während des Abkühlens wird etwas von der Gelatine, die durch Denaturierung des Kollagens aus dem Bindegewebe entstanden ist, fest, wodurch auch das Fleisch insgesamt etwas fester wird und sich so leichter tranchieren lässt. Anmerkung: Die Garzeiten in einer Brühe sind kürzer als diejenigen in einem trockenen Ofen, weil der Wasserdampf aus der Brühe die Wärmeübertragung vom Ofen auf das Geflügelfleisch verbessert und dies deswegen schneller aufgeheizt wird.

Die Garzeiten von Truthahn auf der Grundlage des Truthahngewichtes

Das Gewicht des Truthahns (in kg)	Die Garzeit in einem trockenen Ofen (d. h. ohne Brühe) bei 180 °C (bzw. 160 °C im Heißluftherd)	Die Garzeiten in Brühe bei 180 °C (oder bei 160 °C im Heißluftherd)
4	3 Stunden 15 Minuten	2 Stunden 15 Minuten
4,5	3 Stunden 30 Minuten	2 Stunden 25 Minuten
5	3 Stunden 40 Minuten	2 Stunden 40 Minuten
5,5	4 Stunden	2 Stunden 50 Minuten
6	4 Stunden 15 Minuten	2 Stunden 55 Minuten
7	4 Stunden 40 Minuten	3 Stunden 15 Minuten
8	5 Stunden 15 Minuten	3 Stunden 40 Minuten

WIE MAN KASTANIEN SCHÄLEN KANN | Kastanien zu schälen, kann eine schwierige Angelegenheit sein, weil die Nüsse eine papierartige, innere Haut besitzen, die eng an den Samen gebunden ist und eine zähe gummiartige Nussschale, die schwierig zu schneiden oder zu reißen ist. Beim herkömmlichen Verfahren werden die Kastanien zum Schälen ein paar Minuten gekocht, wobei die äußere Schale weich genug wird, um sie zu zerschneiden. Die äußere Schale wird danach mit den Händen abgerissen und die Innenhaut von der Nuss abgestreift. Auch wenn diese Methode mit Sicherheit funktioniert, werden Sie sich dabei, wie ich aus eigener Erfahrung sagen kann, die Finger verbrennen. Deswegen werde ich Ihnen hier eine einfachere und sicherere Methode zum Schälen von Kastanien vorstellen, die auf der Anwendung von etwas Naturwissenschaft beruht. Wie ich bereits in Kapitel 4 beschrieben habe, wird Wasser durch Mikrowellen erhitzt. Weil sich nun in den Kastanien sowohl in der äußeren Schale als auch in der papierartigen, inneren Haut nur sehr wenig Wasser befindet, werden Mikrowellen durch die Haut hindurchgehen und das Wasser in der Nuss erhitzen. Sobald das Wasser erhitzt worden ist, wird etwas erzeugter Wasserdampf versuchen zu entweichen und er wird dabei die papierartige, innere Haut aufplatzen lassen. Wenn die Wärme dann in die äußeren Schalenschichten vordringt, werden diese weicher und zerreißbar. Wenn Sie also einen Mikrowellenofen besitzen, können Sie einfach und schmerzfrei die Kastanien schälen. Durchstechen Sie einfach die Enden der Kastanien, geben immer 10 gleichzeitig in den Mikrowellenherd und lassen ihn auf höchster Leistungsstufe etwa 1 Minute lang erhitzen. *Beachten Sie dabei: Das Einstechen ist sehr wichtig! Wenn Sie die Schale der Kastanien nicht durchstechen, besteht die Gefahr, dass sie im Mikrowellenherd explodieren.* Weil sich im Inneren der Nuss eine große Menge an Wasserdampf bildet, der nirgendwo nach außen entweichen kann, wird sich im Inneren ein so großer Druck aufbauen, dass sie explodiert! Wenn Sie die geeigneten Bedingungen herausgefunden haben (indem Sie die Erhitzungszeit und die Anzahl der Kastanien an Ihren eigenen Mikrowellenofen angepasst haben), können Sie die Kastanien einfach aus dem Ofen nehmen, zusammendrücken und die Nuss wird fein säuberlich herausflutschen.

Grundrezept für einen reichhaltigen Rindereintopf (Beef Stew)

REZEPT

Anhand dieses einfachen Gerichtes lassen sich mehrere verschiedene naturwissenschaftliche Prinzipien demonstrieren: wie man die Bräunungsreaktionen (Maillard-Reaktionen) dafür nutzt, um das Aroma zu bilden, wie man aus zähem Fleisch mit einer großen Menge Bindegewebe durch Kochen zartes Fleisch erhält und wie man mit einem Fond einem Eintopf (Stew) Reichhaltigkeit und Volumen geben kann. Von diesem Grundrezept gibt es jede Menge Abwandlungen, wie Ochsenschwanzsuppe, Gulaschsuppe, Boeuf Bourguignon usw. die am Ende dieses Kapitels erscheinen.

ZUTATEN (für 4 Personen)
- 1,5 l einer qualitativ hochwertigen Brühe aus
250 g Möhren (1 große Möhre)
250 g Porree (1 Porreestange)
250 g Pastinak (1 Pastinak von mittlerer Größe)
300 g Zwiebeln (2 mittelgroße Zwiebeln)
250 g Kartoffeln (2 mittelgroße Kartoffeln)
200 g Champignons
2 l Wasser
(siehe Kapitel 9 für eine genaue Beschreibung der Brühe)

FÜR DEN EINTOPF (Stew)
- 500 g Rindfleisch (Sie sollten kein hoch qualitatives mageres Fleisch nehmen, sondern ein Stück Suppenfleisch mit viel Bindegewebe usw.)
- 250 g Möhren
- 250 g Zwiebeln
- 1–2 Knoblauchzehen
- 200 g frische Petersilie
- 20 g frischer Rosmarin

8 KLÖSSE
- 150 g Rinderfett
- 300 g mit Backpulver versetztes Mehl
- etwa 20 ml Wasser

ZUBEREITUNG

Die Brühe

Fangen Sie mit der Brühe an. Dies wird etwa 1 Stunde in Anspruch nehmen; Sie können die Zubereitung aber auch schon lange Zeit vorher machen. Wenn Sie wollen, können Sie auch eine Fertigbrühe nehmen oder auch Brühwürfel, aber Sie erhalten nicht ein so volles Aroma im Enderzeugnis und außerdem müssen Sie den Eintopf zum Schluss noch andicken.

Waschen Sie das Gemüse und schneiden Sie es in 1 cm große Stücke. Geben Sie alles zusammen in einen Emaille- oder Edelstahltopf mit einer dicken Bodenplatte und stellen Sie die Hitze auf eine mittlere Stufe. Geben Sie weder Wasser noch Fett oder Öl hinzu. Geben Sie zuerst die Zwiebeln und den Porree in den Topf, gefolgt von den anderen Zutaten und ganz am Ende die Champignons. Lassen Sie den Topf fest verschlossen und rühren Sie von Zeit zu Zeit einmal durch, bis das Gemüse weich geworden ist und etwa auf die Hälfte des ursprünglichen Volumens zusammengeschrumpft ist. Lassen Sie das Gemüse jetzt nicht mehr aus den Augen, während es am Topfboden anfängt zu bräunen. Sobald eine Schicht gerade braun gewordenes Gemüse anfängt am Topfboden anzuhaften, schalten Sie die Hitze hoch bis sich eine tiefbraune, schokoladenartige Färbung gebildet hat. Geben Sie dann etwas kochendes Wasser hinzu, kratzen mit einem hölzernen Spachtel das gebräunte Gemüse vom Topfboden und geben ggf. etwas mehr Wasser hinzu. Geben Sie dann noch mehr Wasser hinzu, bis das Gemüse bedeckt ist, und dann noch einmal etwa halb soviel. Insgesamt sollte dies eine Menge von etwa 2 Liter Wasser ergeben. Kochen Sie dann das bedeckte Gemüse auf kleiner Flamme noch mindestens weitere 40 Minuten lang, gießen die Flüssigkeit ab und pressen die Mischung danach durch ein Sieb. Heben Sie die Flüssigkeit für den Eintopf auf und verwenden Sie ihn dort als Gemüsebrühe.

Das Bräunen von Fleisch – die Entwicklung von Aromen mit Hilfe von Maillard-Reaktionen

Schneiden Sie das Fleisch in etwa 1 bis 2 cm große Stücke und achten Sie darauf, dass das Fleisch in Längsrichtung der Faserung nicht dicker als 1 cm ist. Erhitzen Sie etwas Fett in einer dickbodigen Bratpfanne (vorzugsweise Rinderfett, irgendein anderes Fett oder Öl geht aber genauso gut). Sie sollten so viel Fett nehmen, dass die Pfanne mit einer Schicht von etwa 1 mm Dicke bedeckt ist (etwa 20 g sollten reichen). Sobald das Fett sehr heiß ist, geben

Sie die Fleischstücke hinzu, aber nur so viele, dass sie in der Pfanne eine einlagige Schicht bilden. Rühren Sie das Fleisch so lange, bis es gut gebräunt ist. Sie sollten die Oberflächen von allen Fleischstücken dunkelbraun werden lassen, bis sie glänzend aussehen, wie ein alter Mahagonitisch oder frisch gemahlener, gerösteter Kaffee. (Wenn Sie in Ihrer Küche einen Rauchdetektor installiert haben, ist es eine gute Idee, ihn an dieser Stelle auszuschalten oder die Batterie herauszunehmen. Ich deaktiviere meinen Detektor immer, wenn ich Fleisch auf diese Art und Weise erhitze!) Geben Sie das so gebräunte Fleisch dann in eine Kasserolle und wiederholen Sie den Vorgang, bis sämtliche Fleischstücke gebräunt sind.

Der nächste Schritt ist das Ablöschen der Pfanne, d. h. Sie sammeln alle Aromastoffe, die beim Bräunen des Fleisches entstanden sind, und sorgen dafür, dass sie alle im Eintopf landen. Sobald also das Fleisch fertig ist, schalten Sie die Herdplatte herunter und geben etwas von der Brühe in die Bratpfanne und kratzen in der Pfanne herum, um alle braunen Bestandteile, die sich in der Pfanne abgelagert haben, zu sammeln. Für den Geschmack des Gerichtes ist es sehr wichtig, dass Sie wirklich die Pfanne so sorgfältig ausschaben. Gießen Sie dann diese Brühe in die Kasserolle. Wiederholen Sie dies so lange, bis die Brühe, die Sie in die Bratpfanne geben, beim Herumschaben nicht dunkler wird.

Das Fleisch kochen – zart machen durch Denaturierung des Bindegewebes
Geben Sie jetzt den Rest der Brühe in die Kasserolle, die auf dieser Stufe weniger als zur Hälfte gefüllt sein sollte, setzen einen gut schließenden Deckel darauf und kochen den Eintopf entweder auf einer Herdplatte bei sehr niedriger Hitze oder im Ofen bei etwa 160 °C etwa 3–4 Stunden lang – bei sehr zähem Fleisch evtl. auch noch länger. Etwa jede halbe Stunde sollten Sie nachprüfen, dass die Kasserolle nicht trocken geworden ist (da ständig Wasser verdampft). Wenn der Flüssigkeitsspiegel absinken sollte, geben Sie etwas Wasser oder Brühe hinzu, damit alle Fleischstücke ständig von der Flüssigkeit bedeckt sind. Dieser Kochvorgang kann lange vorher durchgeführt werden und Sie können ihn auch über Nacht unterbrechen, wenn Sie möchten. Ich mache es gewöhnlich so, dass ich die Brühe zubereite und den Eintopf etwa 1 Stunde lang koche, die Kasserolle dann über Nacht in den Kühlschrank stelle, bevor ich dann am nächsten Tag mit der Zubereitung fortfahre.

Nach einer Kochzeit von etwa 3 Stunden sollten Sie einmal überprüfen, ob das Fleisch schon zart geworden ist. Dafür gibt es zwei verschiedene Vorgehensweisen. Entweder Sie nehmen ein Stück Fleisch aus dem Eintopf und versuchen, es zu essen oder Sie nehmen ein stumpfes Messer und probieren, ob sich das Fleisch leicht durchschneiden lässt. Wenn das Fleisch noch nicht zart genug ist, dann lassen Sie es einfach so lange kochen, bis es zart ist! Sie sollten jedoch vermeiden, das Fleisch länger als 4-5 Stunden zu kochen, weil es dann irgendwann zerfällt und ziemlich breiig wird. Am besten geht man so vor, dass man das Fleisch regelmäßig und häufig testet.

Dem Eintopf den letzten Schliff geben
Im nächsten Schritt werden Sie das Aroma so weit abrunden, dass Sie damit vollkommen zufrieden sind. Dabei sollten Sie zunächst sehr sorgfältig kosten und dann genau überlegen, was Sie noch hinzufügen wollen. Mein Vorschlag wäre, noch eine gepresste Knoblauchzehe, eine mittelgroße, geschnittene Zwiebel (die kurz sautiert worden ist, bis sie gerade anfängt, braun zu werden), eine große geschnittene Möhre, einen Teelöffel voll frisch gehackter Kräuter (vorzugsweise Petersilie und Rosmarin – nach Belieben aber auch andere) und etwas frisch gemahlener Pfeffer und Salz zur Geschmacksabrundung. Sie können auch etwas Portwein und Johannisbeergelee hinzufügen, um die Fülle etwas zu erhöhen. Zur Abrundung des Aromas geben Sie am besten zunächst etwa die Hälfte des Knoblauchs und der Zwiebeln hinzu, rühren das Ganze ein paar Minuten lang durch und probieren dann. Geben Sie dann nacheinander die anderen Zutaten hinzu, bis Sie schließlich mit dem Geschmack vollkommen zufrieden sind. Wenn Sie zum ersten Mal dieses Rezept nachkochen, ist es wahrscheinlich am besten, wenn Sie sich nach den angegebenen Zutaten und Mengen richten und erst danach anfangen, Ihre eigenen Wege zu gehen. Wenn Sie den Eintopf etwas andicken möchten, so können Sie das jetzt machen. Entweder nehmen Sie dazu in kaltem Wasser suspendierte Speisestärke oder Sie bereiten eine dunkle Mehlschwitze zu und nehmen diese. Egal, wofür Sie sich entscheiden, genaue Anweisungen finden Sie in dem Kapitel über Saucen (Kapitel 9).

Sind Sie dann mit dem Geschmack zufrieden, können Sie noch einige Klöße machen (siehe unten), die Sie dann dem Eintopf hinzufügen, diesen dann noch für weitere 20 Minuten kochen und anschließend servieren. Anmerkung: Weil die Klöße eine ganze Menge Wasser aufnehmen werden, müssen Sie auf jeden Fall darauf achten, dass ausreichend Flüssigkeit im Eintopf vorhanden ist. Ggf. müssen Sie noch so viel kochendes Wasser hinzufügen, dass sich über dem Fleisch eine wenigstens 1 cm hohe Flüssigkeitsschicht befindet, bevor Sie die Klöße hinzufügen.

Klöße
Mischen Sie das Backpulver enthaltende Mehl und das Rinderfett mit etwas Salz in einer Rührschüssel mit einem Fassungsvermögen von wenigstens 1 Liter zusammen. Geben Sie dann etwas Wasser hinzu (nicht mehr als 20 ml) und verrühren Sie die Zutaten. Geben Sie dann noch etwas Wasser hinzu und rühren das Ganze gut durch. Wiederholen Sie diesen Vorgang, bis die Mischung anfängt, zusammenzukleben. Sie sollte jedoch immer noch recht trocken sein. Formen Sie dann mit den Händen eine Kugel und kneten Sie sie behutsam zu einer festen Masse. Schließlich teilen Sie diese Masse in 8 gleiche Portionen auf und rollen diese zwischen den Händen zu weichen Bällchen.

Die wichtigsten Punkte in dem Rezept
- → Das Fleisch bräunen – erinnern Sie sich daran, dass Aromamoleküle kleine Moleküle sind. Durch das Erhitzen der großen Proteine auf Temperaturen über 140 °C werden diese zu kleineren Molekülen abgebaut, die dann aromaaktiv sind.
- → Ausgiebiges Ablöschen der Bratpfanne – die Aromastoffe werden hauptsächlich durch die Maillard-Reaktionen gebildet und viele dieser Reaktionsprodukte bleiben in der Pfanne zurück.
- → Andicken des Eintopfes – die selbst hergestellte Gemüsebrühe enthält Stärke, die den Eintopf leicht andickt. Die etwas angedickte Beschaffenheit führt dazu, dass die Flüssigkeit den Mund mit einem dünnen Film überzieht und damit dem Eintopf seine Vollmundigkeit gibt.
- → Schmecken Sie regelmäßig und häufig ab – schmecken Sie solange ab, bis das Aroma gerade richtig ist.

Warum das Rezept funktioniert
Die Brühe wird aus mehreren, Stärke enthaltenden Gemüsesorten hergestellt (Möhren, Pastinaks und Kartoffeln). Während des langen Kochens wird viel von dieser Stärke freigesetzt und wenn Sie dann schließlich am Ende das Gemüse durch ein Sieb drücken, gelangt noch mehr Stärke in die Brühe. Die

Stärke liegt in Form kleiner Stärkekörner vor, die bis zu einem Vielfachen ihres Volumens aufquellen können (Kartoffelstärkekörner können in heißem Wasser bis zum Hundertfachen ihres ursprünglichen Volumens aufquellen). Mithilfe dieser gequollenen Stärkekörner bekommt der Eintopf die angedickte Konsistenz.

Wenn Sie das Fleisch in kleine Stücke schneiden, wird es später leicht auseinander fallen und Sie haben im Mund den Eindruck, dass es sich um recht zartes Fleisch handelt, auch wenn die Muskelproteine koaguliert und zäh sind. Das Bindegewebe zwischen den Muskelproteinen wird zu einem sehr weichen Material abgebaut und die einzelnen Fasern können beim Kauen sehr leicht getrennt werden. Vorausgesetzt also, dass die Muskelfaserbündel nicht sehr lang sind, wird das Fleisch sehr zart erscheinen. Indem Sie das Fleisch also in kleine Stücke schneiden, stellen Sie sicher, dass die Faserbündel niemals länger sind als die Fleischstückchen dick.

Was alles schief gehen kann und wie man diese Missgeschicke beheben kann

Problem	Grund	Lösung
Nicht angedickt genug.	Es ist nicht genügend Stärke in der Brühe (wahrscheinlich haben Sie das Gemüse nicht gut genug durch das Sieb gedrückt).	Achten Sie beim nächsten Mal zuerst darauf, dass die Brühe dicker wird. Verwenden Sie entweder mehr Kartoffeln und Pastinaken oder drücken Sie noch mehr Gemüse durch das Sieb am Ende des Kochens. Jetzt können Sie sich damit behelfen, dass Sie eine dunkle Mehlschwitze machen mit dem Fett, das von dem Anbraten der Zwiebeln übrig geblieben ist.
	Es ist sehr wenig Gelatine im Fleisch.	Nehmen Sie nächstes Mal ein Stück Fleisch mit mehr Knorpel usw. Für dieses Mal können Sie sich damit behelfen, indem Sie eine dunkle Mehlschwitze aus dem Fett machen, das vom Anbraten der Zwiebeln übrig geblieben ist.

↓

Problem	Grund	Lösung
Zu dickflüssig.	Beim Kochen ist zu viel Wasser verdampft.	Achten Sie beim nächsten Mal darauf, dass Sie den Wasserstand öfter überprüfen oder einen Topf mit einem besser schließenden Deckel verwenden. Dieses Mal können Sie sich damit behelfen, indem Sie zunächst die Klöße herausnehmen und dann etwas kochendes Wasser hinzufügen, den Eintopf umrühren und das Ganze solange wiederholen, bis Sie eine geeignete Konsistenz erreicht haben.
	Zu viel Flüssigkeit wurde von den Klößen aufgenommen.	Geben Sie beim nächsten Mal etwas mehr Wasser hinzu, bevor Sie die Klöße hinzugeben. Versuchen Sie evtl. auch, die Klöße mit weniger Mehl und etwas mehr Fett herzustellen. Für dieses Mal können Sie sich damit behelfen, dass Sie zunächst die Klöße herausnehmen, etwas Wasser hinzufügen und den Eintopf durchrühren, bis er eine geeignete Konsistenz erreicht hat.
Das Fleisch ist zu zäh.	Es wurde nicht lange genug gekocht.	Weiterkochen!

Variationen des Grundrezeptes

Boeuf Bourguignon ist ein traditionelles Gericht, dass man aus hoch qualitativem Fleisch mit wenig Bindegewebe herstellt, das aber trotzdem für relativ lange Zeit gekocht wird. Es muss lange genug gekocht werden, damit das Kollagen, das die Muskelbündel zusammenhält, abgebaut wird, aber auch wiederum nicht so lange, wie es erforderlich wäre, wenn Elastin oder Reticulin in irgendwelchen Sehnen oder Knorpeln zu denaturieren wären. Die Kombination von einem hoch qualitativen Stück Fleisch mit einer langen Garzeit führt zu der charakteristischen, trockenen Beschaffenheit des Fleisches im Vergleich zu der eher fettartigen Struktur bei Verwendung von Fleisch mit viel Bindegewebe. Sie können für dieses Rezept natürlich auch irgendein anderes Stück Rindfleisch nehmen, sollten sich jedoch darüber im Klaren sein, dass bei einem Stück Rindfleisch mit viel Bindegewebe auch die Kochzeit entsprechend verlängert werden muss.

ZUTATEN
- *500 g Rinderfilet (Lendenstück)*
- *200 g Schinken – vorzugsweise nicht geräucherter Hinterschinken*
- *16 Schalotten*
- *2 Knoblauchzehen, gepresst*
- *Salz und Pfeffer zur Geschmacksabrundung*
- *1,5 l Brühe (zubereitet wie in dem Rezept über Rindfleischeintopf angegeben)*
- *0,5 l Rotwein – vorzugsweise Burgunder oder, wenn Sie diesen nicht zur Verfügung haben, irgendeinen Wein aus der Pinot-Noir-Traube*

ZUBEREITUNG
Bereiten Sie die Brühe so zu, wie in dem Rezept für den Rindfleischeintopf weiter oben beschrieben. Schneiden Sie dann den Schinken in etwa 2 cm große Quadrate und das Rindfleisch in Würfel mit einer Kantenlänge von etwa 1,5 cm. Braten Sie nacheinander das Rindfleisch in etwas Öl oder Fett bis es gut gebräunt ist und folgen Sie dabei den Anweisungen aus dem Grundrezept. Geben Sie dann das gut gebräunte Fleisch in einen großen Edelstahltopf – am besten einen, den Sie sowohl auf dem Herd als auch im Backofen verwenden können. Wenn das Rindfleisch fertig gebraten ist, nehmen Sie den Schinken, braten ihn genauso an und geben ihn anschließend zu dem Fleisch in den großen Topf. Als Nächstes löschen Sie die Bratpfanne mit etwas Wein ab. Geben Sie dann den restlichen Wein, die gepressten Knoblauchzehen und 1 l von der Brühe in den Topf mit dem Fleisch und kochen Sie das Ganze auf. Nach 1 oder 2 Minuten Kochzeit wird der Alkohol aus dem Wein verdampft sein. Verschließen Sie dann den Topf mit einem Deckel, schalten die Herdplatte herunter und lassen 10 Minuten lang leicht köcheln. Achten Sie dabei darauf, dass das Fleisch mit der Flüssigkeit gut bedeckt ist, geben Sie ggf. noch etwas Brühe hinzu und schmecken Sie die Flüssigkeit mit etwas Pfeffer und Salz ab. Wenn der Topf für den Backofen hitzebeständig genug ist, stellen Sie ihn in den Backofen bei 170 °C. An-

sonsten geben Sie das Fleisch und die Brühe in eine Kasserolle und stellen diese in den Backofen. Lassen Sie das Ganze etwa 1 Stunde lang kochen. In der Zwischenzeit schälen Sie die Schalotten und braten Sie mit etwas Öl oder Butter behutsam an, bis sie gerade anfangen, braun zu werden. Nach 20 Minuten sollten Sie den Flüssigkeitsstand in der Kasserolle überprüfen und ggf. etwas Brühe nachgießen (der Flüssigkeitsspiegel sollte so hoch sein, dass das Fleisch bedeckt ist). Etwa 20 Minuten bevor Sie das Gericht servieren möchten, geben Sie die Schalotten hinzu (insgesamt wird das Gericht etwa 1½–2 Stunden im Ofen bleiben). Traditionellerweise wird Boeuf Bourguignon mit Kartoffelbrei und frischem, grünem Gemüse der entsprechenden Jahreszeit serviert.

Ochsenschwanzsuppe REZEPT

ZUTATEN
- *1 Ochsenschwanz (etwa 800 g)*
- *2–3 l Brühe*
- *Salz und Pfeffer zur Geschmacksabrundung*
- *etwas Fett oder Öl für den Ochsenschwanz zum Braten*

Fragen Sie am besten Ihren Fleischer, ob er für Sie den Ochsenschwanz zerteilen und die größeren Stücke durch die Mitte der Knochen aufspalten kann. Wenn dies nicht möglich ist, sollten Sie versuchen, die Knochen so gut wie möglich zu zerhacken und den Schwanz in kleine, handhabbare Stücke zu schneiden. Den zerkleinerten Ochsenschwanz können Sie entweder braten (wie beim Rindfleischeintopf oder beim Boeuf Bourguignon) oder ihn schmoren, damit die Maillard-Reaktionen ablaufen können und sich die Aromastoffe bilden. Ich mache es am liebsten so, dass ich den Ochsenschwanz etwa 1 Stunde bei 200 °C schmore und ihn dann später brate. Wie auch immer Sie vorgehen werden, denken Sie auf jeden Fall daran, die Pfanne mit etwas Brühe abzulöschen. Sobald der Ochsenschwanz gebraten oder geschmort ist, geben Sie ihn zusammen mit der zum Ablöschen benutzten Brühe und etwa 2 Liter weiterer Brühe in einen großen Topf und bringen das Ganze zum Kochen. Sobald die Flüssigkeit anfängt zu kochen, schalten Sie die Herdplatte herunter und lassen das Ganze für wenigstens 3 Stunden (gut ist auch eine Garzeit von bis zu 6 Stunden) vor sich hin kochen. Während dieses Kochvorgangs wird sich das Fleisch größtenteils von den Knochen des Ochsenschwanzes ablösen und das Bindegewebe in den Knochen wird sich auflösen und die Suppe andicken.

Zum Schluss nehmen Sie die Knochen heraus (kratzen evtl. noch anhaftendes Fleisch ab), schmecken dann noch ein wenig ab und dicken ggf. die Suppe mit etwas Mehl oder Speisestärke, wie in Kapitel 9 (Saucen) beschrieben, an.

Einige Experimente, die man zu Hause durchführen kann

Hier werden einige Experimente vorgestellt, die Sie selbst einmal ausprobieren können und die die grundlegenden naturwissenschaftlichen Prinzipien veranschaulichen, die in diesem Kapitel behandelt worden sind. Ich habe immer den Eindruck, dass man viele Phänomene besser versteht, wenn man solche Experimente wirklich einmal selbst durchführt. Es ist auf jeden Fall besser, wenn Sie selbst diese Erfahrung gemacht haben, als wenn Sie nur immer versuchen alles zu glauben, was Sie lesen!

1. | Ein Experiment, das zeigt, wie Fleisch beim Erhitzen zäh wird

Nehmen Sie eine etwa 1 cm dicke Scheibe eines hoch qualitativen Steaks (Lende oder Rumpf), bearbeiten Sie es gut und schneiden es in ungefähr 10 gleich große Stücke. Erhitzen Sie dann diese Stücke entweder in einer Bratpfanne oder unter einem Grill unterschiedlich lange. Achten Sie dabei darauf, dass alle Stückchen so weit wie möglich genau gleich behandelt werden.

Nehmen Sie am Anfang ein Stück und braten es. Nach 2 Minuten geben Sie ein zweites Stück hinzu und nach weiteren 2 Minuten ein drittes usw., bis alle Stücke gebraten sind. Drehen Sie alle Stücke regelmäßig auf die andere Seite (z.B. jede Minute). Nachdem auch das letzte Stückchen 2 Minuten lang erhitzt worden ist, nehmen Sie alle Stücke heraus und überprüfen den Geschmack und die Zähheit. Merken Sie sich auf jeden Fall, wie lange jedes Stück erhitzt worden ist.

Um die Zähigkeit zu überprüfen, können Sie sowohl objektive als auch subjektive Kriterien heranziehen. So könnten Sie einen objektiven Test durchführen, indem Sie festhalten, wie weit ein stumpfes Messer unter leichtem Druck in die einzelnen Stücke einschneidet. Je tiefer der Einschnitt ist, umso zarter ist das Fleisch. Wenn man von jedem Stück einen Kauversuch durchführt, ist das natürlich eher ein recht subjektiver Test.

Notieren Sie sich die Ergebnisse zusammen mit Ihren Eindrücken über Farbe und Aroma der einzelnen Stücke. Sie werden dabei hoffentlich zu dem

Ergebnis gekommen sein, dass die Stückchen, die nur relativ kurze Zeit (sagen wir, so bis zu 8 Minuten) erhitzt worden sind, alle recht zart sind, während diejenigen mit längeren Erhitzungszeiten zunehmend zäher werden. Gleichzeitig werden Sie wahrscheinlich mit zunehmender Garzeit auch einen Anstieg der Aromaintensität feststellen. Wenn Sie dann Ihre persönliche, Ihnen am meisten zusagende Garzeit herausgefunden haben, können Sie in Zukunft jederzeit Ihr Lieblingssteak zubereiten.

Fleisch wird in zwei Schritten zäh. Im ersten Schritt werden Muskelproteine, die sich längs der Muskelfasern ausdehnen, beim Denaturieren in Knäule zusammengezogen. Durch die Kontraktion der Fasern sollten die Fleischstückchen in dieser Phase dünner werden – haben Sie dies auch beobachtet? In einem zweiten Schritt werden die jetzt denaturierten Muskelproteine zu einer klumpigen und knotigen Masse koaguliert. Während sich jetzt die Form der Fleischstückchen kaum noch ändern sollte, wird die Zähigkeit in dieser Phase noch viel stärker zunehmen.

2. | Ein Experiment, bei dem man beobachten kann, wie Kollagen in Gelatine umgewandelt wird

Für dieses Experiment benötigen Sie etwas Fleisch mit viel Bindegewebe (z. B. Ochsenschwanz oder Suppenfleisch von Rind), am besten immer noch über die Sehnen mit dem Knochen verbunden. Nachdem Sie das Fleisch und die Sehnen in kleine Stücke geschnitten haben, bedecken Sie sie mit Wasser, kochen das Ganze kurz auf und lassen es vor sich hin köcheln, wobei Sie darauf achten sollten, dass das Wasser nicht vollständig verdampft. Alle 30 Minuten entnehmen Sie dann jeweils etwa 50 ml des Kochwassers und füllen den Topf mit kochendem Wasser wieder auf. Geben Sie die entnommenen Wasserproben jeweils in ein eigenes Glas und stellen Sie sie in den Kühlschrank.

Sie werden dabei herausfinden, dass das Wasser, das Sie nach einer Kochzeit von etwa 2 Stunden entnommen haben, beim Abkühlen leicht angedickt ist, während das nach 3 Stunden Entnommene beim Abkühlen ein Gelee bildet. Beachten Sie dabei, dass diese Zeiten sehr unterschiedlich sein können, je nach Menge an Bindegewebe des Fleisches.

Sobald das Kollagen im Fleisch und in den Sehnen über 60 °C erhitzt wird, ändert sich seine 3-strängige Tripelhelix-Form in eine 1-strängige Form, die als Gelatine bekannt ist. Gelatine ist in Wasser löslich und ihre Konzentration steigt langsam an, wenn mehr und mehr Kollagen denaturiert. Beim Abkühlen lagern sich Gelatinemoleküle zusammen und bilden eine lose Struktur aus, die große Mengen Wasser binden kann (siehe Kapitel 2). Geringe Konzentrationen an Gelatine führen zu einer dickflüssigen Lösung, während hohe Konzentrationen ein Gelee bilden.

3. | Ein Experiment, das zeigt, wie die Bräunungsreaktionen von der Temperatur beeinflusst werden

Für dieses Experiment benötigen Sie mehrere kleine Stücke vom Steak. Wir werden diese bei verschiedenen Temperaturen erhitzen, bis das Innere hellrot ist und dann feststellen, wie viel Aroma sich gebildet hat. Da die Fleischstückchen bei festgelegten Temperaturen erhitzt werden sollen, müssen Sie den Backofen verwenden. Stellen Sie ein Backblech in den Ofen und lassen es aufheizen. Sobald es die Ofentemperatur erreicht hat, legen Sie ein Fleischstück auf das Blech und erhitzen es so lange, wie in der unten angegebenen Tabelle aufgeführt. Vergessen Sie nicht, das Fleischstück einmal umzudrehen und nehmen es dann heraus. Erhöhen Sie danach die Ofentemperatur auf die nächste Stufe und wiederholen Sie den Vorgang. Sie sollten bei diesen Experimenten herausfinden, dass das Fleisch nur sehr wenig Aroma enthält, wenn es bei Temperaturen unter 130 °C erhitzt wird. Die typischen Fleischaromen entstehen erst im Temperaturintervall von 140 °C bis 180 °C und werden dann immer intensiver. Wenn die Temperatur noch weiter erhöht wird, ändert sich das Aroma und Sie werden wahrscheinlich eher den Eindruck bekommen, dass es verbrannt schmeckt, nicht mehr so sehr nach gebratenem Fleisch.

Je nach Temperatur haben die Maillard-Reaktionen unterschiedliche Endprodukte. In gewissem Umfang spielt auch die Erhitzungszeit eine Rolle. Und nur in dem relativ kleinen Temperaturintervall von 140 °C bis 180 °C entstehen die für uns so wünschenswerten Aromastoffe.

Ofentemperatur	Erhitzungszeit
100 °C	12 min (6 min jede Seite)
120 °C	9,5 min (die Hälfte der Zeit auf jeder Seite)
140 °C	8 min (die Hälfte der Zeit auf jeder Seite)
160 °C	7 min (die Hälfte der Zeit auf jeder Seite)
180 °C	6 min (die Hälfte der Zeit auf jeder Seite)
200 °C	5,5 min (die Hälfte der Zeit auf jeder Seite)
220 °C	5 min (die Hälfte der Zeit auf jeder Seite)
240 °C	4 min (die Hälfte der Zeit auf jeder Seite)

7
Fisch

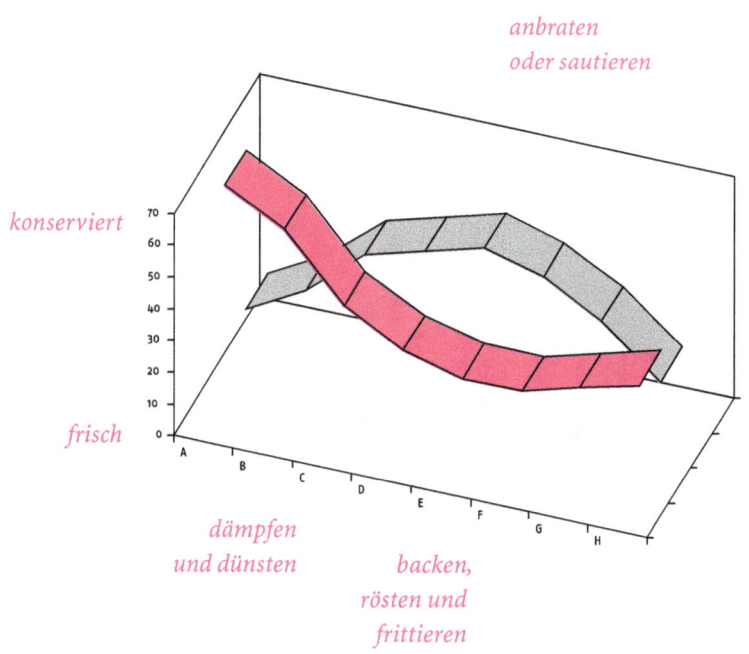

Einleitung

Weil das Wasser sie trägt, brauchen Fische anders als Landtiere ihr eigenes Gewicht nicht zu tragen. Wegen der Unterstützung durch das Wasser haben Fische auch eine andere Anordnung der Muskelproteine als die Säugetiere. Die Muskeln brauchen nicht so viel zu arbeiten und von ihnen wird auch nicht so ein großer Kraftaufwand verlangt. Folglich sind die Fischmuskeln im Allgemeinen schwächer als die von Säugetieren. Die Proteine in diesen Fischmuskeln sind deswegen nicht in langen Fasern längs des Muskels angeordnet, sondern werden in kurzen Bündeln zusammengefasst, die dann wiederum durch empfindliche Membranen miteinander verbunden sind.

Wegen des unterschiedlichen Aufbaus von Fleisch und Fischmuskelgewebe gibt es kein zähes Bindegewebe zwischen den Muskeln und den Gräten. Es ist also nicht notwendig, Fisch längere Zeit zu erhitzen, damit er zart wird. Es ist sogar so, dass Fisch fast überhaupt nicht erhitzt werden braucht. Die meisten von uns bevorzugen es, ihn etwas zu erhitzen, damit die Beschaffenheit etwas weicher wird. Falls der Fisch doch längere Zeit erhitzt wird, fällt er irgendwann auseinander, weil das Gewebe zwischen den Muskelfasern durch Wärme sehr leicht zerstört wird.

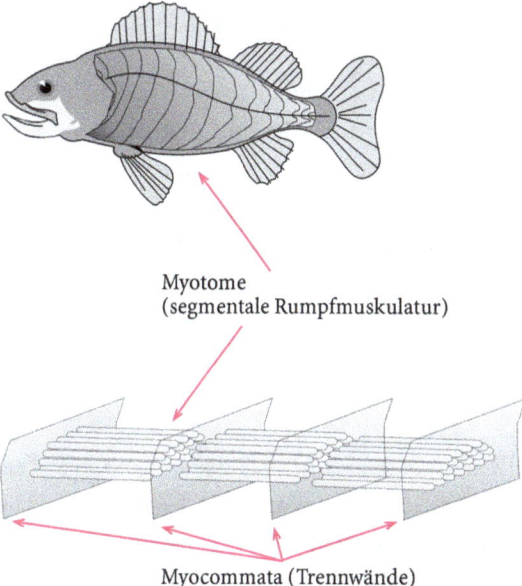

Abb. 7.1

Fischmuskeln unterscheiden sich von den Muskeln der Säugetiere. Die Fasern (Myotome) sind sehr kurz und werden durch empfindliche Membranen voneinander getrennt (Myocommata).

Myotome (segmentale Rumpfmuskulatur)

Myocommata (Trennwände)

DER GERUCH VON FISCH | Wir sind wahrscheinlich alle vertraut mit dem Geruch nach Fisch, aber die meisten werden kaum wissen, dass ein frisch gefangener Fisch überhaupt nicht riecht. Die charakteristischen, fischartigen Gerüche entstehen durch chemische Reaktionen im Fischfleisch erst einige Zeit nach dem Schlachten. Fische gehören zu den Kaltblütern, das bedeutet, dass sie ihre Körpertemperatur nicht selber regulieren, sondern dass alle Funktionen bei der Umgebungstemperatur ablaufen. Viele Fische leben in kalten Gewässern und so müssen die Enzyme, die für die Verwertung der Nahrung zuständig sind, auch bei niedrigen Temperaturen aktiv sein (manchmal bis 4 °C). Im Gegensatz dazu sind die Enzyme im Fleisch nur bei Körpertemperatur (in der Regel 36–38 °C) aktiv (nur sehr wenig bei tieferer Temperatur). Sobald ein Fisch tot ist, werden sich die Endprodukte einiger enzymatischer Reaktionen anreichern, weil das Kreislaufsystem nicht länger funktioniert. Durch diese »Abfallprodukte« bekommt der Fisch seinen charakteristischen Geruch.

Darüber hinaus entstehen Fehlaromen und Gerüche durch bakterielle Aktivitäten. Im Allgemeinen beginnen diese bakteriellen Zersetzungsprozesse erst am Ende der Totenstarre, normalerweise nach etwa 6 Stunden. Wenn der Fisch jedoch in Eis aufbewahrt wird, kann das Ende der Totenstarre bis zu einer Woche hinausgezögert werden und der Fisch bleibt so länger frisch. Das ist besonders dann von Bedeutung, wenn Fisch auf hoher See gefangen wird und erst über lange Wegstrecken transportiert werden muss, bevor er den Verbraucher erreicht.

Wenn Sie also Fisch kaufen, sollten Sie sich immer daran erinnern, dass ein Fisch umso frischer ist, je weniger stark er riecht. Und – einen Fisch sollten Sie immer so schnell wie möglich nach dem Fang verzehren. Denken Sie auch daran, dass durch die enzymatischen Reaktionen das Fischfleisch verdaut wird und dies nicht durch Kühlung, wie bei Fleisch, verzögert werden kann. Essen Sie also den Fisch, bevor seine eigenen Enzyme ihn aufessen!

Fisch garen

Die meisten Fische haben ein feines, delikates Aroma, das hauptsächlich aus dem Öl im Fischfleisch stammt. Obgleich es wie beim Fleisch möglich ist, mithilfe der Maillard-Reaktionen Aromen zu erzeugen, sind die dabei gebildeten Aromastoffe beim Fisch sehr intensiv und überdecken die fischeigenen, feinen

Aromakomponenten, sodass im Allgemeinen Fisch nur wenig, wenn überhaupt, und nur auf der Außenseite gebräunt wird.

Wenn man in der Praxis einen Fisch gart, muss man ihn einfach nur ein wenig erhitzen, um das Gewebe zwischen den Fasern zu denaturieren und heißes Fischfleisch hat auch eine angenehmere Verzehrstemperatur. Es gibt die verschiedensten Methoden, wie man Fisch garen kann und die meisten Verfahren werden in dem einen oder anderen Rezept verwendet. Die gebräuchlichsten Verfahren sind: das Dämpfen des ganzen Fisches (in einem speziellen Topf), den Fisch in etwas heißem Öl oder Butter sautieren oder braten, den Fisch (üblicherweise in einer Sauce) im Backofen backen oder den Fisch unter einem Grill garen. Das Frittieren ist im Haushaltsbereich nicht so weit verbreitet, gehört aber zu den Standardverfahren in Fischimbissläden.

WARUM IST FISCH WEISS? | Wie wir bereits im vorherigen Kapitel gesehen haben, kommt das Protein Myosin im Muskel in zwei verschiedenen Typen vor. Bei diesen verschiedenen Typen werden zur Energieversorgung verschiedene chemische Wege eingeschlagen.

Obwohl beide Typen in jedem Muskel vorkommen, kann man sie auch als zwei unterschiedliche Muskeltypen betrachten. Weil ihre Verhältnisse zueinander beträchtlich schwanken können, macht es Sinn, die beiden Typen einzeln zu untersuchen.

Die »langsamen« Fasern verbrennen Fette zur Energieversorgung und die entsprechenden Muskeln brauchen Sauerstoff, um zu funktionieren. Die »schnellen« Fasern verbrennen dagegen Glykogen und verbrauchen überhaupt keinen Sauerstoff. Daraus folgt, dass die Muskeln aus den »schnellen« Fasern überhaupt kein Myoglobin brauchen und immer weiß sind.

Ein wichtiger Unterschied zwischen den »schnellen« und den »langsamen« Fasern besteht darin, dass die langsamen Fasern für andauernde Arbeit ausgelegt sind, während die schnellen Fasern nur in Form von kurzen »Kraftakten« funktionieren.

Die Landtiere müssen alle ihr eigenes Gewicht tragen und haben deswegen jede Menge »langsame« Fasern in ihren Muskeln, die deswegen auch dunkel sind. Beim Fisch dagegen wird das Gewicht durch das Wasser getragen und sie haben deswegen im Allgemeinen keinen Bedarf an »langsamen« Fasern in ihren Muskeln.

> Einige Fische (beachtenswerter Weise die Haie) haben eine größere Dichte als das Wasser, in dem sie leben. Sie müssen sich also die ganze Zeit über schwimmend bewegen, um sich im Wasser zu halten. Diese Fische benötigen also »langsame« Fasern und haben deswegen auch dunkleres Fleisch als die meisten anderen Fische. Es gibt dann auch noch Arten, wie z. B. der Lachs, die Farbpigmente besitzen, wodurch das Fleisch eine Färbung bekommt.
>
> Auch die Struktur der Fischmuskeln unterscheidet sich ziemlich stark von denen der Landtiere. Die Fasern sind beim Fisch ziemlich kurz und neigen dazu, beim Erhitzen auseinander zu fallen, was es wiederum recht einfach macht, einen Fisch zu garen.

Wichtige Punkte, die man beachten sollte, wenn man Fisch gart
- Die Garzeit sollte so kurz wie möglich sein
- Nehmen Sie nur sehr frischen Fisch
- Fische haben ein sehr feines Aroma – nehmen Sie deswegen keine starken Aromen für eine Sauce

Warum diese Punkte so wichtig sind
Die Muskelproteine im Fisch sind sehr empfindlich und werden leicht denaturiert. Wenn Sie Fisch also längere Zeit garen, bekommen Sie eine sehr weiche Struktur und das Fleisch beginnt, auseinander zu fallen. Die natürlicherweise im Fisch vorkommenden Enzyme arbeiten auch noch bei recht tiefen Temperaturen, sodass der Abbau des Fischs durch seine eigenen Enzyme unmittelbar nach seinem Tod einsetzt und selbst bei sehr niedrigen Temperaturen fortgesetzt wird.

Verschiedene Methoden, um Fisch zu garen

Es gibt so viele verschiedene Möglichkeiten Fisch zu garen, wie es insgesamt Garmethoden gibt! Fisch zu garen, ist eine ziemlich einfache Angelegenheit und das einzige Problem dabei ist, dass es noch einfacher ist, den Fisch zu sehr zu garen! Die nachfolgend beschriebenen Verfahren sind allgemein gebräuchlich. Ich habe dabei eine Reihenfolge gewählt, bei der die Gefahr, den Fisch zu sehr zu garen, am Anfang nur sehr gering ist und bei den letzten Verfahren ein großes Problem darstellen kann.

Dämpfen und Dünsten

Gedämpfter Fisch wird ausschließlich in einer Wasserdampfatmosphäre gegart (normalerweise mit einem speziellen Fischkochtopf). Am Boden des Dampftopfes wird Wasser gekocht, um den Dampf zu erzeugen, während der Fisch sich auf einer perforierten Plattform oberhalb des Wasserspiegels befindet und so der Dampf ihn von allen Seiten erreichen kann. Beim Dünsten wird der Fisch teilweise in Wasser und teilweise in Dampf gegart. Üblicherweise wird der Fisch dabei auf einer Schicht Gemüse in einer Kasserolle oder einer Metallpfanne gebettet und man gibt dann Wasser oder Brühe dazu, damit das Gemüse bedeckt ist. Der Topf (mit einem gut schließenden Deckel darauf) wird dann entweder im Ofen oder auf der Herdplatte erhitzt.

Die verschiedensten Fische (und auch Meeresfrüchte) können gedämpft oder gedünstet werden – man erzielt damit meistens sehr gute Ergebnisse. Der Hauptvorteil beim Dämpfen besteht darin, dass die Temperatur 100 °C niemals übersteigt, sodass der Fisch nicht anbrennen kann und durch die ihn umgebende Wasserdampfatmosphäre immer saftig bleibt. Damit ist die Gefahr, einen ausgetrockneten Fisch zu servieren, nur sehr gering.

Weil die Gartemperatur nicht höher als 100 °C ist, laufen die Maillard-Reaktionen, die für die Entwicklung des Fleischaromas so wichtig sind, dabei nicht ab und das Aroma ist einfach das aus dem Fisch – hauptsächlich aus dem Fischöl.

Probleme, die auftauchen können, wenn Sie Fisch dämpfen

Problem	Grund	Lösung
Das Fleisch fällt beim Garen auseinander. Der Fisch fällt auseinander, wenn ich ihn aus dem Topf nehme.	Sie haben den Fisch zu lange gegart.	Garen Sie den Fisch beim nächsten Mal für eine kürzere Zeit. Sie können dies überprüfen, indem Sie den Fisch mit einem Löffel behutsam drücken. Sobald Sie den Fisch mit dem Löffel eindrücken können, ist dieser fertig – jedes längere Garen wird ihn auseinander fallen lassen.
Der Fisch ist zäh.	Sie haben den Fisch nicht lange genug gegart.	Garen Sie beim nächsten Mal etwas länger – siehe auch oben zum Testen, wann der Fisch gar ist.

Leicht anbraten oder sautieren

Die wahrscheinlich am häufigsten verwendete Methode, um Fisch zu garen, ist im Haushaltsbereich das Sautieren in Butter oder Öl. Dabei wird die Außenseite des Fisches heiß genug, damit die Maillard-Reaktionen ablaufen können und sich etwas neues Aroma bildet. Dabei muss man sehr vorsichtig vorgehen, damit die Maillard-Reaktionen nicht zu weit ablaufen, weil der Fisch sonst sehr schnell eine angebrannte Geschmacksnote bekommt, die beim Fleisch manchmal noch akzeptabel sein kann, beim Fisch jedoch zu intensiv ist.

Das Sautieren eignet sich sehr gut für Filet und kleine ganze Fische. Weil jedoch beim Filet die Gefahr des Anbrennens wesentlich größer ist, ist es allgemein üblich, die Filets mit etwas Mehl oder gemahlenen Nüssen usw. zu bedecken.

Im Allgemeinen ist es besser, wenn ein Fisch in hoch qualitativem Öl sautiert wird anstelle von Butter, weil das Butterfett bereits bei wesentlich geringeren Temperaturen oxidiert (verbrennt) als gesättigte Öle.

Die Gefahr, dass sich unerwünschte, angebrannt riechende Aromastoffe entwickeln, ist wesentlich größer, wenn man Butter zum Braten von Fisch nimmt.

Probleme, die auftauchen können, wenn Fisch sautiert wird

Problem	Grund	Lösung
Der Fisch fällt während (oder nach) dem Erhitzen auseinander.	Sie haben den Fisch zu lange erhitzt.	Erhitzen Sie das nächste Mal nur für eine kürzere Zeit. Schätzen Sie in etwa ab, wann der Fisch gar ist, indem Sie ihn behutsam drücken. Das Fischfleisch sollte sehr schnell wieder seine ursprüngliche Form annehmen. Wenn eine Druckstelle zurückbleibt, kann er sehr schnell zu gar werden.
Der Fisch hat einen angebrannten Geschmack.	Die Maillard-Reaktionen sind zu weit fortgeschritten. Entweder haben Sie zu lange erhitzt oder bei einer zu hohen Temperatur.	Garen Sie beim nächsten Mal bei einer tieferen Temperatur oder für einen kürzeren Zeitraum. Wenn das Fischfleisch saftig ist und nicht auseinander fällt, haben Sie wahrscheinlich eine zu hohe Temperatur genommen. Ist das Fleisch dagegen trocken und fällt auseinander, dann wurde es zu lange gebraten.

↓

Problem	Grund	Lösung
Der Fisch ist eher zäh als zart.	Sie haben den Fisch nicht lange genug erhitzt.	Braten Sie beim nächsten Mal den Fisch etwas länger. Wenn die Außenseite des Fisches gut gebräunt ist, dann nehmen Sie beim nächsten Mal eine tiefere Temperatur, jetzt können Sie sich damit behelfen, den Fisch noch etwas länger zu garen.
Der Fisch hat einen ranzigen Geschmack.	Entweder war das Öl, dass Sie verwendet haben zu alt und schon oxidiert oder der Fisch war nicht frisch.	Achten Sie beim nächsten Mal darauf, dass Sie frischen Fisch und gutes Öl verwenden.

Frittieren

Frittieren ist die traditionsreichste Methode, um in Großbritannien Fisch zuzubereiten. Es ist die Grundlage für das weltweit bekannte Gericht »Fish & Chips«. Die Grundidee dabei ist, den Fisch mit einer dicken, fast festen Teigschicht zu überziehen, die in heißem Öl sehr schnell gar wird und das saftige Fischfleisch nach außen hin abschließt. Wenn man Fisch so zubereitet, gart er im Wasserdampf seiner eigenen Säfte, wobei die Temperatur unter 100 °C bleibt und man ein zartes, saftiges Erzeugnis erhält.

Dennoch besteht immer die Gefahr, dass sich in der Teigschicht Risse bilden, durch die heißes Öl in den Fisch gelangen kann und im Gegenzug Wasserdampf aus den fischeigenen Säften entweichen kann, wodurch der Fisch ernsthaft überhitzt und vollständig austrocknen kann.

Beim Frittieren von Fisch ist der Teigmantel von größter Bedeutung. Der Teig, in den der Fisch (normalerweise Filet) gehüllt wird, muss relativ dickflüssig sein. Für eine ausreichend dickflüssige Teigmischung nehmen Sie ungefähr gleiche Gewichtsanteile an Flüssigkeit und Mehl. Damit der Teig beim Frittieren noch schneller fest wird, können Sie auch geschlagenes Ei unterrühren. Als Flüssigkeit können sie Milch, Wasser oder sogar Bier, je nach Geschmack, nehmen. Der Teig sollte dann etwa 1 Stunde stehen gelassen werden, damit er andickt, wobei die Stärke im Mehl die Flüssigkeit aufnimmt. Die Fischfilets sollten dann vollständig in den Teig eingetaucht werden und dann anschließend für einige Minuten auf einer leicht bemehlten Oberfläche liegen gelassen werden, damit der Teig etwas fest werden kann (etwas Wasser verdampft), bevor Sie den Fisch dann in das heiße Öl geben und frittieren.

Probleme, die auftauchen können, wenn Sie Fisch frittieren

Problem	Grund	Lösung
Der Teigmantel ist nicht knusprig.	Die Temperatur des Öls ist zu gering oder die Frittierzeit ist zu kurz.	Achten Sie darauf, dass das Öl die richtige Temperatur hat (180 °C) und geben Sie nicht zu viele Fischstückchen gleichzeitig in das heiße Öl (wenn Sie den Fisch in das Öl legen, fällt die Temperatur ab und wenn Sie viele Stückchen auf einmal hinzugeben, kann es zu einem erheblichen Temperaturabfall kommen).
Der Teigmantel ist nicht leicht und locker.	Der Teig war entweder zu fest oder der Fisch wurde nach dem Eintauchen und vor dem Frittieren zu lange liegen gelassen.	Bereiten Sie den Teig beim nächsten Mal mit etwas mehr Flüssigkeit zu.
Das Fischfleisch ist zu trocken.	Der Fisch wurde zu lange erhitzt, oder er war nicht vollständig in den Teigmantel gehüllt, oder der Teig ist vom Fisch abgefallen.	Vergewissern Sie sich, dass der Fisch vollständig mit dem Teig bedeckt ist, bevor Sie ihn in das heiße Öl legen. Verringern Sie die Frittierzeit.
Das Fleisch ist auseinander gefallen.	Der Fisch wurde zu lange erhitzt, oder er war nicht vollständig in den Teigmantel gehüllt, oder der Teig ist vom Fisch abgefallen.	Vergewissern Sie sich, dass der Fisch vollständig mit dem Teig bedeckt ist, bevor Sie ihn in das heiße Öl legen. Verringern Sie die Frittierzeit.
Der Fisch schmeckt ranzig.	Das Öl wurde durch wiederholten Gebrauch ranzig oder der Fisch war nicht mehr frisch.	Achten Sie darauf, dass Sie das Frittieröl regelmäßig und oft wechseln; achten Sie darauf, frischen Fisch zu kaufen.

↓

Problem	Grund	Lösung
Der Fisch fällt im heißen Öl auseinander.	Der Teig haftet nicht richtig am Fisch oder der Fisch war nicht vollständig bedeckt und zu lange frittiert worden.	Wenn der Teigmantel vom Fisch abfällt, dicken Sie den Teig stärker an und achten Sie darauf, dass der Fisch gut abgetrocknet ist, bevor Sie ihn überziehen. Verringern Sie die Frittierzeit.

Backen und Rösten

Wenn man Fisch bei hohen Temperaturen im Ofen zubereitet, kann es durch die ablaufenden Maillard-Reaktionen zu einer merklichen Aromaentwicklung kommen, darüber hinaus aber auch zu einem großen Flüssigkeitsverlust und damit zu einem sehr trocken schmeckenden Fisch. Es besteht auch immer die Gefahr, dass der Fisch im Backofen zu stark gegart wird und in einzelne Teile zerfällt.

In seinem Buch über Meeresfrüchte (»Fruits of the Sea«) macht Rick Stein eine sehr brauchbare Unterscheidung zwischen dem Backen und dem Rösten von Fisch. Beim Backen wird der Fisch in einem hohen Topf bei einer mittleren Ofentemperatur von etwa 180 °C erhitzt, manchmal zusammen mit einigen Gemüsesorten, sodass etwas Wasserdampf beim Erhitzen aus dem Fisch und dem Gemüse den Fisch umhüllt. Wenn man den Fisch also in einer Wasserdampfatmosphäre hält, lässt sich der Wasserverlust aus dem Fisch wesentlich verringern und man erhält ein saftiges Erzeugnis. Beim Rösten dagegen wird ein großes Stück Fisch oder der ganze Fisch auf einen Dreifuß über einen flachen Topf gelegt und der starken Hitze eines heißen Backofens (230 °C) ausgesetzt. Wenn das Erhitzen richtig durchgeführt wird, erhält der Fisch eine knusprige Außenhaut und ein saftiges und zartes Fleisch im Inneren – also eine sehr gute Kombination. Da jedoch die Gefahr, den Fisch zu überhitzen, sehr groß ist, erfordert dieses Verfahren sehr viel Erfahrung, um den richtigen Zeitpunkt zu finden, wann er fertig ist. Weil die Backöfen im Haushalt in Bezug auf die Temperatur sehr stark schwanken, ist es nicht möglich, genaue Erhitzungszeiten für gerösteten Fisch anzugeben. Sie müssen also einfach darauf achten, wann die Außenhaut knusprig wird und durch vorsichtiges Drücken des Fisches herausfinden, wann er anfängt trocken zu werden. Durch dieses Verfahren soll also die Außenhaut knusprig werden, während das Fleisch im Inneren überhaupt nicht austrocknet.

Probleme, die auftauchen können, wenn Sie Fisch backen oder rösten

Problem	Grund	Lösung
Der Fisch ist ziemlich trocken und/oder fällt auseinander.	Der Fisch wurde zu lange oder bei einer zu hohen Temperatur erhitzt.	Erhitzen Sie beim nächsten Mal den Fisch bei einer tieferen Temperatur und für einen kürzeren Zeitraum.
Der Fisch schmeckt angebrannt.	Die Außenseite ist zu stark gebräunt.	Entweder erhitzen Sie nicht so lange oder Sie schützen den Fisch davor, dass er braun wird, indem Sie ihn mit einem Stück Alufolie während eines Teils der Garzeit abdecken.

Grillen

Ein Stück Fisch zu grillen ist wahrscheinlich die schnellste und einfachste Methode, um ihn zu garen. Bei einem gut gegrillten Fisch werden durch die hohen Temperaturen an der Oberfläche mithilfe der Maillard-Reaktionen Aromastoffe erzeugt, aber durch die hohe Geschwindigkeit dieses Garverfahrens wird die Mitte nicht so heiß, dass die empfindliche Beschaffenheit des Fisches beschädigt wird.

Dennoch ist das Grillen auch die Methode, bei der die Gefahr am größten ist, ein gutes Stück Fisch zu vernichten. Im Idealfall haben Sie einen sehr leistungsstarken Grill und der Fisch wird nur für ein paar Minuten erhitzt. Wenn der Grill dagegen nicht so leistungsstark ist oder der Fisch mehr als 1 oder 2 Minuten unter dem Grill gelassen wird, dann führt die Denaturierung der Fischmuskelproteine dazu, dass sie sich verknäulen und Wasser abgeben, wodurch ein sehr trockenes und sehr zähes Produkt entsteht. Bei zunehmender Erhitzungszeit werden die Muskelproteine in immer tieferen Schichten denaturiert und immer mehr Wasser wird abgegeben. Viele Grillgeräte im Haushaltsbereich sind nicht sehr leistungsstark, sodass das Innere des Fisches schon zu gar geworden ist, wenn auf der Außenseite die Bräunung und die Aromaentwicklung stattgefunden haben.

Um wirklich erfolgreich Fisch grillen zu können, brauchen Sie einen sehr leistungsstarken Grill. Die meisten Gasherde haben einen gut geeigneten Grill, während sich Elektroherde für diesen Zweck nur unzureichend eignen. Es gibt noch eine Lösung, für die Sie eine ruhige Hand und etwas Selbstvertrauen benötigen. Es ist die extreme Hitze eines Flammenwerfers, um Ihren Fisch zu grillen. Legen Sie dazu den Fisch auf ein Backblech, zünden Sie den Flammenwerfer an und halten Sie die Flamme auf den Fisch, bis er gerade anfängt, braun zu werden, wobei Sie die Flamme die ganze Zeit über auf der Fischoberfläche hin und her wedeln. Achten Sie sehr sorgfältig darauf, dass Sie nicht an einer Stelle anhalten, weil sonst der Fisch anbrennen wird. Sobald der Fisch auf einer Seite braun geworden ist, legen Sie den Flammenwerfer zur Seite, drehen den Fisch um und wiederholen das Ganze auf der anderen Seite. Der ganze Vorgang sollte nicht länger als 1 bis 2 Minuten dauern.

Probleme beim Grillen von Fisch

Problem	Grund	Lösung
Die Außenseite ist nicht knusprig.	Der Grill ist nicht leistungsstark genug oder die Erhitzungszeit war zu kurz.	Wenn das Fischfleisch noch nicht trocken ist oder auseinander fällt, erhitzen Sie den Fisch einfach noch etwas länger. Ansonsten können Sie – wenn Ihr Grill nicht leistungsstark genug für diese Garmethode ist – ein etwas dickeres Stück Fisch nehmen. Oder nehmen Sie ganz einfach ein anderes Garverfahren!
Der Fisch fällt auseinander.	Der Fisch wurde zu lange erhitzt.	Versuchen Sie es mit einer kürzeren Garzeit oder nehmen Sie beim nächsten Mal ein dickeres Stück Fisch.
Der Fisch ist trocken.		Wenn dies bedeutet, dass die Außenseite nicht knusprig wird, dann ist ihr Grill nicht leistungsstark genug für dieses Verfahren.
Der Fisch schmeckt angebrannt.	Der Fisch wurde zu lange erhitzt oder der Grill war zu heiß.	Grillen Sie das nächste Mal für eine kürzere Zeit oder stellen Sie den Grill auf eine etwas kleinere Heizstufe.

»Fish and Chips« (Fisch mit Pommes frites) — REZEPT

ZUTATEN

- *Kabeljaufilets (etwa 120 g pro Stück)*
- *100 g Mehl*
- *80 ml Bier (vorzugsweise Guinness)*
- *5 ml Salz*
- *1 großes Ei*
- *150 g geschälte Kartoffeln, die in Stücke von etwa 5 cm Länge, 1 cm Höhe und 1 cm Breite geschnitten sind*

ZUBEREITUNG

Schlagen Sie das Ei und gießen Sie etwa die Hälfte des Biers dazu. Das Mehl und das Salz werden dann in einer Schüssel mit der Hälfte der Bier-Ei-Mischung verrührt. Schlagen Sie diese Mischung so lange, bis eine geschmeidige Paste daraus wird und geben Sie ggf. noch etwas mehr Flüssigkeit zu. Unter ständigem Schlagen fügen Sie dann die restliche Bier-Ei-Mischung hinzu. Dann gießen Sie solange Bier zum Teig, bis die Konsistenz einer dickflüssigen Sahne entspricht. Lassen Sie den Teig dann etwa für 1 Stunde stehen. Danach werden die Kabeljaufilets mit Küchenpapier getrocknet und nacheinander in die Schüssel mit dem Teig gelegt. Achten Sie darauf, dass die Kabeljaufilets jeweils vollständig vom Teig bedeckt sind. Wenn Sie das Filet aus dem Teig herausnehmen, legen Sie es auf ein bemehltes Brett, drehen es anschließend um, damit beide Seiten mit einer trockenen Mehlschicht bedeckt sind. Wiederholen Sie dies bei allen Filets.

Nachdem Sie die Kabeljaufilets noch einmal 5 Minuten lang liegen gelassen haben, geben Sie sie dann einzeln oder zwei gleichzeitig in eine Fritteuse bei 180 °C, lassen sie jeweils 5 Minuten frittieren und legen sie dann in einen warmen Backofen, bis sie serviert werden. Wenn Sie 2 Fritteusen besitzen, können Sie die Pommes frites zeitgleich mit dem Kabeljau frittieren. Wenn nicht, sollten Sie die Pommes frites vor dem Kabeljau im gleichen Öl frittieren. Geben Sie dazu die rohen Kartoffeln bei etwa 170 °C für etwa 6 Minuten in die Fritteuse und erhöhen Sie dann die Temperatur für weitere 6 Minuten auf 190 °C, bis die Pommes frites goldbraun sind. Nehmen Sie sie dann aus dem Öl und trocknen Sie sie auf Küchenpapier, bevor sie serviert werden. Falls notwendig, halten Sie sie im Backofen warm.

Forelle mit Mandeln — REZEPT

ZUTATEN
- *4 Regenbogenforellen*
- *150 g Mandelblättchen*
- *100 g Butter*
- *Saft einer Zitrone*

ZUBEREITUNG

Wenn Sie die Forellen nicht mit Köpfen servieren wollen, fragen Sie am besten im Fischgeschäft nach, ob sie dort die Forellen für Sie ausnehmen und die Köpfe entfernen können. Es gibt Leute, die es nicht mögen, wenn ein Forellenauge sie vom Teller aus anstarrt – mich stört das jedoch nicht! Waschen Sie die Forellen in sauberem Wasser und trocknen Sie sie auf Küchenpapier. Schmelzen Sie die Butter in einer Bratpfanne und heizen Sie sehr behutsam auf. Geben Sie dann die Forellen in die Pfanne und braten Sie jede Seite etwa 5 Minuten lang, bis die Haut gerade anfängt, goldbraun zu werden. Gießen Sie dann die überschüssige Butter ab, geben den Zitronensaft in die Bratpfanne und lassen ihn einige Sekunden lang verkochen, bevor Sie dann die Herdplatte ausschalten und servieren.

Sie sollten, wenn möglich, alle Forellen in 2 oder mehr Pfannen gleichzeitig braten. Sollte dies nicht möglich sein, dann müssen Sie die zuerst gebratenen Forellen warm halten, während Sie den Rest zubereiten. Sie sollten jedoch daran denken, dass beim Warmhalten der Garprozess weiterläuft, sodass Sie die ersten Forellen nicht ganz so lange braten sollten.

Seebarsch mit Himbeersauce — REZEPT

Ich weiß, dass ich am Anfang dieses Kapitels empfohlen habe, intensive Aromen bei Fischgerichten zu vermeiden. Aber hier haben wir jetzt einmal ein Rezept, dass eine kleine Menge Himbeeren verträgt, um einen doch recht krassen, aber geschmacksintensiven Kontrast zu einem relativ robusten Fisch, dem Barsch, zu geben. Wie bei allen Regeln gilt auch hier, dass Sie sie hin und wieder brechen sollten!

ZUTATEN
- *400 g Seebarsch*
- *200 g Himbeeren*
- *5 g Zucker*
- *1 Zitrone*
- *200 g Kartoffeln*
- *Öl und Butter zum Braten*
- *½ Teel. Speisestärke*
- *etwas kaltes Wasser*

ZUBEREITUNG

Die Kartoffelröstis werden aus den Kartoffeln hergestellt, indem Sie zunächst dünne Streifen schneiden (etwa 1 mm breit und 1 mm dick). Sie können dies mit einem scharfen Messer oder mit einem Zitronenschaber machen. Gut geeignet ist auch ein Kartoffelsparschäler, mit dem Sie zunächst breite Scheibchen abschneiden, die Sie dann anschließend mit dem Messer in dünne Streifen schneiden. Geben Sie dann etwas Öl in eine kleine Bratpfanne (am besten geeignet ist eine Pfanne mit 10 cm Durchmesser) und erhitzen Sie die Pfanne bis fast zum Rauchpunkt. Geben Sie dann eine Schicht Kartoffelstreifen in das heiße Fett und drücken Sie sie so fest herunter, dass sie aneinander haften bleiben. Drehen Sie den Rösti nach etwa 30 Sekunden um und lassen ihn auf der anderen Seite ebenfalls bräunen. Die Kartoffelröstis haben eine gitterartige Struktur, die aus den einzelnen Kartoffelstreifen besteht und die durch etwas Stärke, die beim Schneiden ausgetreten ist, zusammengehalten werden. Röstis sollten nicht mehr als 2 bis 3 mm hoch und auf beiden Seiten gut gebräunt sein. Es macht sich ganz gut, wenn Sie so viele Kartoffelröstis herstellen, wie Barschstückchen serviert werden.

Bereiten Sie als Nächstes die Himbeersauce zu. Waschen Sie die Zitrone, schneiden dann die Schale ganz dünn ab und pressen den Saft heraus. Als Nächstes werden die Himbeeren püriert und durch ein Sieb gedrückt, um die Kerne zu entfernen. Erhitzen Sie das Püree dann in einem Topf zusammen mit dem Zucker und etwa ¼ des Zitronensaftes, lassen das Ganze ein paar Minuten lang kochen und engen auf etwa ⅔ des ursprünglichen Volumens ein. Die Sauce wird dann mit ½ Teelöffel voll Speisestärke angedickt, die vorher in etwa 20 ml kaltem Wasser suspendiert wurde. Nehmen Sie die Sauce dann vom Herd und geben Sie evtl. noch etwas Zucker zur Geschmacksabrundung hinzu.

Zum Schluss wird der Barsch gebraten. Schneiden Sie ihn dazu in vier Stücke von der Größe eines Steaks und bräunen Sie die Stücke auf beiden Seiten in rauchheißer Butter in einer Bratpfanne. Anschließend geben Sie den Barsch zusammen mit dem Zitronensaft in ein feuerfestes Gefäß mit einem dicht schließenden Deckel und lassen noch einmal 5 Minuten lang leicht kochen. Zum Servieren legen Sie jeweils ein Stück Barsch auf einen Rösti in die Mitte eines großen Tellers und verteilen mit einem Löffel etwas von der Himbeersauce darüber. Verzieren Sie die Ränder der Teller mit der restlichen Himbeersauce und der Zitronenschale. Servieren Sie dazu frisches, grünes Gemüse nach Ihrer Wahl.

Taschenkrebs-Suppe — REZEPT

Mit diesem Rezept können Sie eine sehr gehaltvolle, angedickte Krebssuppe herstellen, die sich hervorragend als Vorspeise eignet. Weil Sie jedoch aus Geschmacksgründen eine ganze Menge Krebsfleisch benötigen, kann es ein ziemlich teures Gericht werden.

ZUTATEN (für 4 Personen)
- *1 großer Taschenkrebs oder 200 g Krebsfleisch*
- *1 große Möhre*
- *1 mittelgroße Zwiebel*
- *300 ml Fischfond*
- *100 ml trockenen Weißwein*
- *50 g Mehl*
- *160 g Butter*
- *50 ml Schlagsahne*
- *20 ml Tomatenpüree (etwa 1 Essl. voll)*
- *etwa 1 Teel. frisch gehackten Koriander (oder Petersilie)*

ZUBEREITUNG
Entfernen Sie den Rogen vom restlichen Krebsfleisch (wenn Sie Krebsfleisch verwenden und keinen Rogen haben, legen Sie etwa 75 g des Fleisches zur Seite). Wenn Sie mit der Zubereitung von Schalentieren nicht vertraut sind: Der Rogen ist die graugrüne Masse, die wie eine Anhäufung von kleinen, weichen Bällchen aussieht. Schneiden Sie dann die Möhre und die Zwiebel in etwa 5 mm große Stückchen, geben Sie sie in einen Topf mit einem

schweren Boden und lassen Sie sie ohne weitere Flüssigkeitszufuhr mit geschlossenem Deckel etwa 5 Minuten lang andünsten. Geben Sie dann den Rogen (oder das Fleisch, dass Sie zur Seite gelegt haben), das Tomatenpüree und den Fischfond dazu. Lassen Sie das Ganze mit geschlossenem Deckel für etwa 1 Stunde vor sich hin kochen und überprüfen Sie von Zeit zu Zeit, dass das Gemüse mit Flüssigkeit bedeckt ist. Geben Sie evtl. noch etwas Wasser hinzu. In der Zwischenzeit können Sie das restliche Krebsfleisch in der Hälfte der Butter sautieren.

Gießen Sie die Brühe dann in einen anderen Topf und drücken Sie die festen Bestandteile durch ein Sieb. Dabei sollten Sie versuchen, die Menge an festen Bestandteilen beim Sieben etwa zu halbieren. Weil der größte Teil des Aromas und die Beschaffenheit der Suppe von diesen pürierten festen Bestandteilen stammen, sollten Sie darauf achten, soviel wie möglich davon durch das Sieb zu pressen. Nehmen Sie dazu einen Löffel und drücken Sie die festen Bestandteile im Sieb zu einem feinen Püree, das dann schließlich hindurchgedrückt werden kann. Die Karotten und der Rogen sollten beide vollständig durch das Sieb passen. Übrig bleiben sollte nur etwas von der Zwiebel. Messen Sie anschließend die Flüssigkeitsmenge. Sollte das Volumen mehr als 500 ml betragen, dann sollten Sie sie auf etwa 450 ml reduzieren.

In dem Topf, in dem Sie das Krebsfleisch sautiert haben, machen Sie jetzt mit der restlichen Butter und dem Mehl eine weiche Mehlschwitze. Dazu lassen Sie einfach die Butter schmelzen, geben das Mehl hinzu und rühren bei geringer Wärmezufuhr etwa 2 Minuten lang, bis das Mehl eine goldgelbe Färbung angenommen hat. Nehmen Sie den Topf dann von der Herdplatte und rühren Sie nach und nach die Flüssigkeit unter, die Sie durch das Sieb gedrückt haben. Achten Sie darauf, dass die Beschaffenheit dieser Mischung sehr geschmeidig bleibt und dabei keine Klumpen entstehen. Überführen Sie die Mischung dann in einen Topf, geben das gegarte Krebsfleisch und den Weißwein hinzu, kochen kurz auf und lassen dann noch einmal für etwa weitere 3 Minuten leicht kochen. Jetzt sollten Sie eine sehr dickflüssige, hellrosafarbene Suppe vorliegen haben. Geben Sie der Suppe dann noch den letzten Schliff, indem Sie die Sahne unterrühren und servieren Sie sie in kleinen Kaffeetassen, über die Sie noch etwas klein gehackten Koriander gestreut haben.

Konservierter Fisch

Wie wir bereits gesehen haben, ist Fisch besonders anfällig gegenüber Verderb. Die Enzyme in den Fischkörpern bleiben selbst bei sehr tiefen Temperaturen noch aktiv, sodass Fische auch im Kühlschrank sehr schnell verderben. Natürlich sind die Fischhändler heutzutage mit modernen Kühltransportmethoden und sorgfältiger Lagerhaltung in der Lage, uns mit frischen Fischen zu versorgen, auch wenn diese weit weg auf hoher See gefangen werden.

Das war jedoch nicht immer der Fall. Es gab Zeiten, da hatte man keine Möglichkeit, den Fisch so zu kühlen, dass der Verderb verhindert werden konnte. So haben z. B. die Schiffe im 17. Jahrhundert in meiner Heimatstadt Bristol mit Kabeljau gehandelt. Die seefahrenden Fischer hatten jedoch keine Möglichkeit, den Kabeljau, der entweder auf hoher See um Island herum oder in den Küstengewässern vor Neufundland gefangen wurde, lange genug zu kühlen, um ihn nach Bristol zu bringen, ohne dass er dabei auf der Reise vergammelt wäre.

Lange Zeit standen Menschen vor ähnlichen Problemen und fanden schließlich mehrere Lösungen für dieses Problem. Überall auf der Welt wurden dann Jahrhunderte lang die verschiedensten Verfahren angewendet, um Fisch zu konservieren. Bei all diesen Konservierungstechniken steht die Tatsache im Mittelpunkt, dass bei einem ausreichend geringen Wassergehalt im Fisch die Enzyme aufhören, aktiv zu sein, selbst in einer warmen Umgebung. Darüber hinaus verhindert der geringe Wassergehalt, dass irgendwelche Mikroorganismen das Fischfleisch angreifen können, weil auch sie zum Überleben größere Mengen Wasser benötigen.

Für die Praxis bedeutet dies, dass mit einem Wassergehalt von unter 13 % jedes Lebensmittel fast unendlich lange haltbar gemacht werden kann.

Am gebräuchlichsten und mit ziemlicher Sicherheit auch die ursprünglichste Methode, um Fisch haltbar zu machen, ist, ihn zu trocknen. Rund um den Globus gibt es die verschiedensten Arten von getrocknetem Fisch, von denen viele als Delikatesse gehandelt werden. Fisch kann man auf viele verschiedene Weisen trocknen, angefangen davon, dass man ihn einfach in der Sonne liegen lässt, bis zu den eher komplexeren Verfahren, bei dem Fische filetiert auf einem Gestell über einem offenen Feuer getrocknet werden, wie dies auch die Menschen in Bristol beim Kabeljauhandel gemacht haben.

Ein zweites, sehr gebräuchliches Konservierungsverfahren und gleichzeitig eines, das wahrscheinlich ursprünglich bei der Handhabung von Fisch entdeckt wurde, ist das Salzen. Das Salz hat die Eigenschaft, dem Fisch die Feuchtigkeit zu entziehen und auch allen Mikroorganismen, die ihn zersetzen würden.

Dabei liegt die Vermutung nahe, dass irgendwann in ferner Vergangenheit ein Fischer einige seiner im Meer gefangenen Fische in Meerwasser aufbewahrt hatte und dann zufällig entdeckte, dass eine Schicht Salz (das Wasser war verdampft) den Fisch vor dem Verderb bewahrte. Heutzutage ist gesalzener Kabeljau z. B. in einigen Teilen Italiens eine wahre Delikatesse.

Es gibt jedoch ein Problem bei getrocknetem oder gesalzenem Fisch. Meistens muss der Wassergehalt wieder erhöht werden, damit man den Fisch überhaupt kauen kann und das überschüssige Salz muss entfernt werden, damit er wieder schmeckt. Es gibt natürlich auch Menschen, die getrockneten oder gesalzenen Fisch so essen, wie er ist und halten das auch noch für eine Spezialität. Ich kann dem nicht zustimmen.

Es gibt eine ganze Reihe verschiedene Verfahren, um getrockneten oder gesalzenen Fisch wieder herzustellen und viele davon sind mit rituellen Handlungen und geheimnisvollen Geschichten verbunden. Die dabei entstehenden Erzeugnisse sind im Allgemeinen entweder ziemlich breiig oder eher lederartig und für die meisten Gaumen auch zu salzig. Das wahrscheinlich krasseste Beispiel ist der norwegische »Lute Fisk« (dem unten stehenden Kasten können Sie eine genaue Beschreibung dieses Gerichtes entnehmen – für mich das abstoßendste aller mir bekannten Gerichte).

Es gibt dann noch ein Haltbarmachungsverfahren, mit dem man Fisch behandeln kann, der dann nicht nur ohne weiteres essbar ist, sondern im Allgemeinen auch ein ganz vorzügliches Aroma hat. Es handelt sich dabei um die vielen verschiedenen Arten von geräuchertem Fisch, die saftig bleiben, aber dennoch durch die Toxine aus dem Rauch vor enzymatischen Aktivitäten und bakteriellem Verderb geschützt werden. Das Räuchern als Haltbarmachungsverfahren wurde wahrscheinlich irgendwann entdeckt, als man Fisch über offenem Feuer trocknete. Man fand Gefallen an dem Aroma des geräucherten Fisches und führte weitere Experimente durch, um zu noch besseren Ergebnissen zu kommen.

> **MEIN SCHLIMMSTER ALBTRAUM – LUTE FISK!** | Es war in der Woche vor Weihnachten und mein Gastgeber meinte, dass wir unbedingt ein traditionelles norwegisches Weihnachtsgericht probieren müssten. Er reservierte also für uns beide einen Tisch in dem, wie er mir erzählte, besten norwegischen Restaurant in Oslo. Es wurde schnell klar, dass dieser Mann eine schöne Erinnerung an etwas hatte, das er unbedingt noch

einmal erleben wollte. Er erzählte mir, dass er seiner Frau nicht zumuten könne, sich die notwendige Zeit zu nehmen, um Lute Fisk zuzubereiten und dass er deswegen mehrere Jahre lang keinen mehr gegessen hatte. Er war außerordentlich froh darüber, dass er nun eine gute Ausrede hatte, um in einem Restaurant Lute Fisk essen zu können. Als ich erstaunt nachfragte, warum er nicht einfach jedes Jahr Lute Fisk essen ging, verfinsterte sich sein Gesicht und er murmelte etwas wegen der Ausgaben. Später schloss ich daraus, dass die Mahlzeit, die wir an diesem Abend aßen, wahrscheinlich weit mehr kostete, als jedes andere Gericht, dass ich jemals irgendwo auf der Welt gegessen hatte!

Wir sprachen über Weihnachtsbräuche in verschiedenen Teilen der Welt, über Naturwissenschaft und über Politik. Schließlich lenkte ich unser Gespräch wieder zurück auf das Gericht, das wir gleich probieren würden. Ich hatte niemals vorher von Lute Fisk gehört und deswegen war ich so naiv und fragte, um was für einen Fisch es sich denn handeln würde und erwartete eine einfache Antwort wie etwa »es ist ein Fisch, der nur in einigen tiefen Fjorden im Norden von Norwegen lebt« oder irgendeine andere Erklärung für den anscheinend so hohen Preis und die Seltenheit des Gerichtes. Ich war dann sehr erstaunt, als mein Gastgeber mir erzählte, dass es sich einfach um eine Art getrockneten Kabeljau handele. »Getrockneter Kabeljau?«, fragte ich mich, »warum so selten, warum eine Spezialität?« Als ich ihn gerade fragen wollte, wie er zubereitet wird, kam in just diesem Moment das Essen an unseren Tisch und ich sollte sehr bald mehr erfahren – mehr als irgendjemand wahrscheinlich über Lute Fisk zu erfahren wünscht.

Als die Kellnerin das Essen servierte, begann ich mich zu fragen, auf was ich mich da eingelassen hatte. Als dann eine große Schüssel mit einem dreckig grünen Brei mit der Beschaffenheit von schlecht gestampften Kartoffeln aufgetischt wurde, begann ich mich doch ein wenig zu beunruhigen. Als dann eine noch größere Schüssel folgte, die diesmal wirklich Kartoffelbrei enthielt, wurden meine Bedenken immer größer. Als dann eine riesige Schüssel mit heißem Schinkenfett und ein paar einsam herumschwimmenden Stücken von zerkleinertem und gebratenem Schinken ankam, wurde mir schließlich klar, dass selbst wenn dies die beste Mahlzeit im Leben meines Gastgebers sein würde, die Chancen dafür, dass das auch für mich zuträfe, äußerst gering sein würden.

Schließlich brachte die Kellnerin mit einer gewissen Feierlichkeit zwei übergroße Teller, hoch aufgehäuft mit Lute Fisk. Erst war ich verwirrt, wo war der Kabeljau? Mein Teller war bedeckt mit einem Haufen einer durchscheinend weißen, gelatinösen Masse. Erst nahm ich an, dass dies die Soße auf dem Fisch sei. Ich irrte mich jedoch gewaltig. Dieser wabbelige Haufen war der Kabeljau. Was haben sie nur diesem wahrscheinlich sehr guten Stück Kabeljau angetan, dass er jetzt in einem so bemitleidenswerten Zustand war, fragte ich mich.

Mein Gastgeber erklärte mir, dass das Verfahren sehr einfach sei. Im Sommer fangen sie zuerst den Kabeljau und legen ihn dann auf ein Gestell, damit er in der Sommersonne trocknet. Die getrockneten Fische werden dann aufgetürmt und gelagert, bis sie gebraucht werden (manchmal erst Jahre später). Es wird behauptet, je älter sie sind, umso besser. Zur Weihnachtszeit wird dann ein Stapel dieser getrockneten Stockfische aus dem Lager genommen, mit Hilfe von Lauge oder Ätznatron rehydratisiert, bevor sie dann erhitzt und als wunderbares Weihnachtsessen serviert werden.

Es ist schon viele Jahre her, als in Nord-Norwegen Fisch die Hauptnahrungsquelle war, meistens Kabeljau. Obwohl es ausreichend Kabeljau während der kurzen Sommermonate gab, waren sie im Winter, als die Fjorde zugefroren waren, kaum aufzuspüren und die Fischerei kam zum Erliegen. Um den Nahrungsmangel im Winter zu überbrücken, benötigten die Menschen ein Verfahren, um den in den Sommermonaten gefangenen Fisch bis zum Winter haltbar zu machen. Die erste und offensichtlich nahe liegendste Lösung war, den Fisch einfach in der Sonne zu trocknen. Dann aber musste der Fisch noch vor dem Verzehr rehydratisiert werden. Schon die Wikinger mussten herausgefunden haben, dass diese Rehydratation sehr schnell lief, wenn sie dem Wasser die Asche aus dem Holzfeuer zugaben.

Die Asche eines Holzfeuers enthält großen Mengen an Natrium- und Kaliumcarbonat (daher kommt auch der Name Pottasche für das leicht alkalisch reagierende Kaliumcarbonat). Für alkalische Lösungen (oder Laugen) gibt es viele Verwendungszwecke, der gebräuchlichste im Haushaltsbereich ist seine Verwendung als Abflussrohrreiniger. Die stark alkalisch reagierenden Verbindungen, wie z. B. Natriumhydroxid, sind sehr reaktive chemische Verbindungen. Wenn alkalische Substanzen mit Fetten oder Ölen reagieren, entstehen Fettsäuren, die die meisten von uns unter dem Begriff »Seifen« kennen. So haben schon die Römer eine Mischung aus Natrium- und Kaliumhydroxid (bzw. -carbonat) zur Herstellung von Seifen aus tierischen Fetten verwendet. Alkalische Verbindungen reagieren auch mit Proteinen, die zunächst denaturiert werden und damit ihre Form verlieren. Werden die Proteine jedoch längere Zeit einer Lauge ausgesetzt, werden sie zu kleineren Molekülen abgebaut.

Wenn ein getrockneter Kabeljau in einer alkalischen Lösung eingeweicht wird (heutzutage verwendet man normalerweise Natriumhydroxid in Wasser), läuft während der Rehydratisierung eine Vielzahl von Änderungen ab. So wird das Öl in der Haut und zwischen den Muskeln sehr schnell in seifenartige Fettsäuren verwandelt, wodurch das Enderzeugnis einen seifigen Geschmack bekommt (selbst wenn die meisten Fettsäuren in einem nachfolgenden Einweich- und Waschvorgang zum größten Teil entfernt worden sind). Auch die Muskelproteine werden denaturiert und verlieren ihre Festigkeit, ähnlich wie beim Erhitzen von Fisch. Wenn man einen Fisch für längere Zeit einer alkalischen Lösung aussetzt, hat dies ähnliche Auswirkungen wie längeres Erhitzen. Dabei wird das Bindegewebe, die empfindlichen Membranen zwischen den Muskeln, zerstört, was unter anderen Gegebenheiten zu einer völligen Zersetzung des gesamten Fisches führen würde. Es kommt jedoch zu weiteren chemischen Reaktionen, bei denen einige Moleküle aus dem Bindegewebe und einige der denaturierten Proteine beteiligt sind, und die ein sehr weiches Gelee entstehen lassen (ähnlich wie das Eigelb in weich gekochten Eiern). Dieses Gelee hält den Lute Fisk beim Einweichen in der alkalischen Lösung zusammen. Selbst die Gräten werden bei länger anhaltender Einwirkung weich und bekommen eine gallertartige Konsistenz. Während all diese verschiedenen chemischen Reaktionen ablaufen, ändert sich auch die Struktur des Fisches und er fängt an, sich in eine homogene, glibberige Masse zu verwandeln. Wie weit diese chemischen Vorgänge ablaufen, hängt natürlich von der Stärke der alkalischen Lösung, der Temperatur und auch von der Länge der Zeit ab, die der Fisch eingeweicht wird. Über die Kontrolle dieser Größen kann der Hersteller von Lute Fisk die Endbeschaffenheit und den Geschmack seines Erzeugnisses beeinflussen. Wenn der Fisch nach Meinung des Herstellers in der alkalischen Lösung ausreichend zersetzt ist, wird er herausgenommen und in frischem Wasser gspült, um die Lauge zu entfernen.

Alle diese chemischen Vorgänge gingen mir durch den Kopf, als ich auf meinen Teller mit Lute Fisk starrte und mich fragte, wie ich all dies hinter mich bringen würde, ohne meinen Gastgeber zu verletzen, ein mächtiger Mann an der Spitze eines großen Chemiebetriebes, von dem ich etwas Geld für meine laufenden Forschungsarbeiten erhoffte.

Von meinem Gastgeber lernte ich dann schnell, wie es ging: Einfach eine große Portion Lute Fisk mit Kartoffelbrei, dem grünem Zeug (das, wie sich herausstellte, nichts Exotisches war, sondern einfach nur Erbsenpüree) und dem Schinkenfett miteinander mischen, in sich hineinschlingen und das Ganze mit einem kräftigen Schluck Aquavit herunter spülen. Ich merkte sehr schnell, dass ich den leicht seifigen Geschmack von Lute Fisk gerade noch ertragen konnte – es war eher die seltsame, gallertartige Beschaffenheit, mit der ich zu kämpfen hatte. Die breiigen Kartoffeln und das Erbsmus hatten eine ähnlich weiche Beschaffenheit, was allerdings nicht viel half, aber überraschenderweise gab das etwas salzige Schinkenfett der Mischung genügend Gleitfähigkeit, um das Ganze ohne Würgen zu schlucken. Letztendlich war es aber nur der kräftige Schluck Aquavit nach jedem tapfer geschluckten Löffel voll, der mich weitermachen ließ, wenngleich ziemlich langsam. Mein Gastgeber hatte dann sehr bald seinen Teller leer gekratzt, während ich immer noch tapfer dagegen ankämpfte. Ich versuchte den Eindruck zu erwecken, dass ich immer so langsam äße, um auch wirklich jeden Moment dieses Ereignisses auszukosten. Ich glaube, ich habe meinen Gastgeber fast davon überzeugt, dass ich die Mahlzeit wirklich genoss – ich habe ihn auch nicht angelogen, ich sagte nur, dass ich niemals vorher irgendetwas Derartiges gegessen hätte!

Nach einem ungeheuren Kraftaufwand schaffte ich es schließlich, den Teller mit Lute Fisk und die meisten der Beilagen zu vertilgen. Nachdem ich den letzten Löffel voll heruntergespült hatte, kam unsere Kellnerin an den Tisch und nahm meinen Teller sowie den meines Gastgebers mit einer schwungvollen Bewegung weg. Meine Erleichterung darüber, dass endlich das Ende des Lute Fisks gekommen sei, war jedoch sehr kurzlebig. Denn kaum hatte sie die leeren Teller abgeräumt, als sie mit einem schwungvollen skandinavischen Akzent die Worte formulierte, die ich mein Leben lang nicht vergessen werde: »Darf ich Ihnen jetzt Ihren zweiten Teller Lute Fisk bringen?« Mein Gastgeber nahm das Angebot mit einer solchen Selbstverständlichkeit an, dass ich allen Mut aufbringen musste, um das Angebot abzulehnen. Die arme Kellnerin machte einen etwas geknickten Eindruck, aber ich erklärte ihr, dass ich vorher bereits ausgiebig gespeist hätte und einfach nichts mehr essen könne. Sofort danach wurde der zweite Teller für meinen Gastgeber aufgetragen und ich staunte, wie er in großen Zügen seine zweite Portion genussvoll vernichtete.

Zu diesem Zeitpunkt hatte ich inzwischen, ich weiß nicht mehr wie viel, Aquavit getrunken (hatte ich bereits erwähnt, dass die leere Flasche Aquavit immer wieder auf geheimnisvolle Weise durch eine neue ersetzt wurde?) und brauchte unbedingt einen Kaffee, bevor ich mich in die Kälte wagen konnte, um den Weg zurück in mein Hotel zu finden. Unsere Kellnerin schien ziemlich überrascht zu sein, dass ich Kaffee trinken konnte, obwohl ich so gut gesättigt war, aber sie brachte mir dann trotzdem den stärksten Kaffee, den ich jemals getrunken hatte. Als wir dann unseren Kaffee tranken, beschloss mein Gastgeber, seine wundervolle Mahlzeit mit einer dicken, qualmenden Zigarre abzuschließen. Die Kombination aus berauschendem Zigarrenrauch, starkem Kaffee und die Erinnerung an den gerade verzehrten Lute Fisk war fast unerträglich. Irgendwie schaffte ich es dann doch, das Essen in mir zu behalten und meinem gnädigen Gastgeber zuzuhören, der mir gerade mitteilte, dass dies der beste Lute Fisk war, den er jemals gegessen hatte und ich sollte mich glücklich schätzen, bei einer so guten Gelegenheit dieses norwegische Nationalgericht kennen gelernt zu haben.

Irgendwie, genau kann ich es nicht mehr sagen, schaffte ich es aus dem Restaurant zu entkommen, ohne meinen Gastgeber zu brüskieren und machte mich im eisigen Schneesturm auf den Rückweg zu meinem Hotel. Am nächsten Morgen sollte vor meiner Abreise noch eine Abschlusssitzung stattfinden. Ich kann mich nur daran erinnern, dass einer meiner norwegischen Kollegen lautstark an meiner Tür hämmerte und mir zurief, wo ich denn bliebe. Die Sitzung hatte bereits begonnen.

Räucherlachs-Soufflé

REZEPT

ZUTATEN (für 4 Portionen)
- *4 große Eier*
- *120 g Räucherlachsstücke (Menge pro Person)*
- *80 ml trockener Weißwein*
- *25 g Mehl*

ZUBEREITUNG
Ausführliche Anweisungen für die Herstellung von Soufflés finden Sie in Kapitel 12. Trennen Sie zuerst die Eier und schneiden Sie die Räucherlachsscheiben in kleine Stücke. Nehmen Sie dann einen elektrischen Mixer und

machen Sie aus dem Räucherlachs und dem Eigelb eine geschmeidige Paste oder pressen Sie alles zusammen durch ein feines Sieb. Fetten Sie dann vier 7 cm große Souffléförmchen ein und heizen Sie den Ofen auf 180 °C vor. Schlagen Sie das Eiklar zu einem sehr festen Eischnee und heben Sie diesen nach und nach unter die Räucherlachspaste. Anschließend füllen Sie diese Mischung in die Souffléformen und erhitzen sie im Ofen etwa 10 Minuten lang. Die Soufflés sollten dabei etwa 3 cm über die Oberkanten der Formen aufgehen. Servieren Sie die Soufflés sofort, bevor sie anfangen zusammenzufallen.

1. | **Ein Experiment zur Demonstration des Auftriebverhaltens von Fischen**
In diesem Experiment werden Sie einen kleinen kartesischen Taucher bauen. Dahinter verbirgt sich die Idee, eine einfache Vorrichtung zu bauen, die gerade so im Wasser schwebt und bei Ausübung von etwas externem Druck anfängt zu tauchen. Das Prinzip ist sehr einfach. Ein Teil des Tauchers enthält etwas Luft und wenn wir diese Luft zusammendrücken, verringert sich das Volumen bei gleich bleibendem Gesamtgewicht, wodurch sich die Dichte vergrößert.

Wenn ein Gegenstand eine geringere Dichte als Wasser hat, dann schwimmt er und wenn die Dichte größer ist, wird er untergehen. Ist die Dichte dagegen genau gleich, wird er unter Wasser »schweben«. Fische besitzen eine mit Luft gefüllte Schwimmblase, mit der sie ihr Auftriebsverhalten steuern können. Damit können sie selbst bestimmen, wie weit sie unter der Wasseroberfläche schwimmen wollen. Dazu ziehen sie bestimmte Muskeln zusammen, wodurch sich die Dichte der Luft in der Schwimmblase ändert.

Für Ihren eigenen kartesischen Taucher brauchen Sie ein kleines Stück Verpackungsmaterial aus aufgeschäumtem Polystyrol, irgendein formbares Material, um die äußere Form des Tauchers zu bilden, einige Metallstücke (z. B. ein paar Nägel) und etwas Knetmasse, um die Gesamtdichte einzustellen. Schneiden Sie zuerst aus dem plastischen Material die äußere Form Ihres Tauchers aus (z. B. die Form eines Pinguins) und falten Sie ihn dann, um eine Hohlform zu bilden. Der Taucher sollte klein genug sein, dass er in eine 2-Liter-Limonadenflasche passt. Befestigen Sie dann ein kleines Stück aufgeschäumtes Polystyrol an der Innenseite des Tauchers, am besten mit etwas wasserfestem Klebstoff. Lassen Sie den Taucher jetzt auf dem Wasser schwimmen und finden Sie heraus, wie viel Gewicht noch nötig ist, damit er gerade anfängt zu sinken.

Befestigen Sie dann mit etwas Knetmasse so viele Nägel im Inneren des Tauchers, dass er gerade noch schwimmt. Wenn Sie den Taucher jetzt in eine mit Wasser gefüllte Limonadenflasche geben (Schraubverschluss richtig fest zugedreht), dann wird er oben schwimmen. Wenn Sie jedoch die Flasche zusammendrücken, wird auch die Luft im Inneren des Polystyrols im Taucher zusammengedrückt und er sollte zu Boden sinken. Je nachdem, wie stark Sie die Flasche zusammendrücken, können Sie den Taucher auf jeder beliebigen Höhe im Inneren der Flasche positionieren.

Sollte der Taucher überhaupt nicht sinken, egal wie stark Sie die Flasche zusammendrücken, sollten Sie ihn herausnehmen und ihn etwas beschweren, bis es funktioniert.

8
Brot

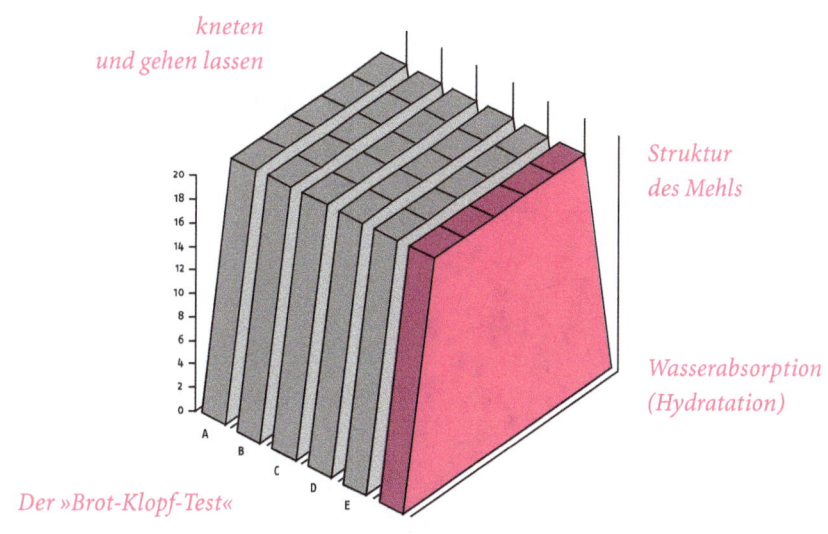

kneten und gehen lassen

Struktur des Mehls

Wasserabsorption (Hydratation)

Der »Brot-Klopf-Test«

Saccaromyces cerevisiae

Einleitung

Wenn ich irgendwo zu Besuch bin und mir der Duft von frisch gebackenem Brot entgegenströmt, fühle ich mich gleich wie zu Hause. Brot frisch aus dem Ofen ist für mich besser als alles andere, was es beim Bäcker gibt. Nur warum backen so wenige von uns das Brot selber? Es mag daran liegen, dass viele glauben, es sei schwierig, Brot selber zu backen. Doch diese Annahme ist falsch. Für die Herstellung von Brot benötigt man keine besonderen Vorkenntnisse, nur die richtigen Zutaten und etwas praktische Erfahrung. Es ist zwar richtig, dass der Brotteig eine Weile gehen muss, bevor er gebacken wird, sodass das Brotbacken eine etwas zeitaufwändigere Angelegenheit ist, dafür werden Sie aber mehr als belohnt.

In diesem Kapitel (und in den Kapiteln 10 und 11) werden wir uns mit den verschiedenen Aspekten beim Backen beschäftigen; in diesem Kapitel mit Brot, in Kapitel 10 mit Biskuitkuchen und in Kapitel 11 mit Feingebäck. Im Mittelpunkt dieser verschiedenen Backwaren stehen das Mehl und das jeweilige Verfahren, wie es behandelt wird. In Kapitel 2 bin ich bereits ausführlich auf die verschiedenen Moleküle im Mehl (Stärke und Proteine) eingegangen und habe dabei auch die innere Struktur von Mehl behandelt. In den Kapiteln über das Backen werden wir an einigen Stellen noch einmal die wichtigsten Punkte wiederholen.

Die Struktur des Mehls

Das Mehl besteht aus kleinen Stärkekörnern und jedes Stärkekorn setzt sich wiederum aus vielen »Stärkemolekülen« zusammen. Eine genaue Beschreibung dieser Moleküle, ihrer Struktur und ihrer Eigenschaften können Sie in Kapitel 2 finden. Es ist vielleicht ganz gut, wenn man sich an dieser Stelle in Erinnerung ruft, dass es zwei verschiedene »Stärkemoleküle« gibt, die Amylose (ein lineares Molekül) und Amylopektin (ein stark verzweigtes Molekül). Diese beiden Moleküle gehören zu den Polysacchariden, d. h. es handelt sich dabei um langkettige Moleküle aus miteinander verbundenen Zuckern. Dann sollten Sie sich noch daran erinnern, dass Stärkekörner auch Proteine enthalten, deren Gehalt jeweils davon abhängt, woher die Stärkekörner stammen. Die Mehltype (ob hart oder weich, für Brot oder Kuchen usw., siehe auch den Kasten) wird maßgeblich durch die Anordnung der verschiedenen Moleküle und ihr Verhältnis zueinander bestimmt und außerdem durch das Verhalten des Mehls beim Backen.

VERSCHIEDENE MEHLTYPEN | Wenn Sie sich in Geschäften einmal umschauen, werden Sie feststellen, dass es verschiedene Mehltypen gibt. Die Namen dafür sind je nach Land oft sehr unterschiedlich (selbst manchmal innerhalb eines Landes), sodass es zunächst an dieser Stelle schwierig ist, eine genaue Definition zu geben, die auch eine praktische Bedeutung hat.

Zunächst unterscheiden sich die Mehltypen nach der Art des Korns, aus dem sie gemahlen werden. Zur Herstellung von Mehl werden Getreidekörner zu einem feinen Pulver vermahlen. Bei einigen Mehlsorten wird die äußere Samenschale (die Spreu) der Getreidekörner entfernt, während sie beim Vollkornmehl erhalten bleibt. Die Samen, die üblicherweise zur Herstellung von Mehl verwendet werden, sind Weizen, Reis, Mais, Gerste und einige Bohnensorten wie Soja, Kichererbse oder andere Hülsenfrüchte. Auch wenn all diese verschiedenen Mehlsorten für die meisten Rezepte mit einigen Anpassungen brauchbar sind, wird in den meisten Fällen Weizenmehl genommen und wir werden uns im Folgenden deswegen auf Weizenmehl konzentrieren.

Der Weizen kommt in verschiedenen botanischen Sorten vor und selbst bei einer einzigen Sorte findet man verschiedene Anteile an Stärke und Protein im Getreidekorn, abhängig von den klimatischen Bedingungen und den Bodenverhältnissen, unter denen der Weizen gewachsen ist. Wie bei den Winzern mischen auch die Mehlhersteller, die Mühlen, verschiedene Mehlsorten zusammen, um ein gleichmäßiges Produkt zu erhalten. Vom technologischen Standpunkt aus betrachtet gibt es zwei verschiedene Handelstypen bei Mehl. Das einfache Mehl, das eigentlich für alle Zwecke geeignet ist, und ein so genanntes selbstbackendes Mehl, das schon Treibmittel, wie z. B. Backpulver, enthält, und damit schon eine fertige Mischung zum Backen darstellt. In Kapitel 10 werde ich noch genauer darauf eingehen, wie Backpulver eigentlich funktioniert. Vom Prinzip her haben die einfachen Mehle keine weiteren Zusätze, mit Ausnahme von einigen Additiven, die als Trockenmittel das Klumpen von Mehl verhindern sollen.

Wenn wir jetzt das einfache Weizenmehl nehmen, kann man auch hier verschiedene Typen voneinander unterscheiden. Diese werden durch einen unterschiedlichen Proteingehalt charakterisiert. Mehle mit einem hohen Proteingehalt (etwa über 12 %) eignen sich besonders gut zum Brotbacken und werden oft auch als Brotmehle oder harte Mehle bezeichnet. Mehle mit einem geringen Proteingehalt (so um 8 bis 10 %) werden als Kuchenmehle oder weiche Mehle bezeichnet.

Im Allgemeinen brauchen Sie beim Backen für normale Anforderungen ein Mehl mit einem mittleren Proteingehalt von etwa 7 bis 10 Gewichtsprozenten. Nur für Feingebäck ist es im Allgemeinen besser, ein Mehl mit einem Proteingehalt im unteren Bereich dieser Spannbreite zu nehmen (weil dadurch die Bildung von Gluten minimiert werden kann). Bei Brot hingegen ist die Glutenbildung erwünscht und sogar notwendig, sodass Sie einen höheren Proteingehalt, d. h. über 10 %, benötigen und damit auf besondere Mehle zurückgreifen müssen. Sie sollten auch darauf achten, dass einige Mehlsorten als Vollkornmehl, braunes Mehl usw. angeboten werden. Die letztgenannten Mehlsorten enthalten noch etwas von der Spreu, den äußeren Schichten des Weizenkorns (Kleie), und besitzen deswegen eine dunklere Farbe und haben später beim Backen auch ein sehr ausgeprägtes Aroma. Die meisten Bäcker bevorzugen diese Vollkornmehle zur Herstellung von Brot und auch die Kunden neigen eher zum Kauf von frischem Graubrot anstelle von Weißbrot. Weil der Spreuanteil den Gesamtproteingehalt erhöht – ohne jedoch zur Glutenbildung beizutragen – sollten Sie bei den Vollkornmehlen immer genau darauf achten, wie hoch der Proteinanteil ist. Für die Herstellung von Brot mit Vollkornweizenmehl benötigen Sie einen höheren Proteinanteil (etwa 13 % oder höher), damit das Brot wirklich gut gelingt.

Das wichtigste Merkmal des Mehls im Hinblick auf die Herstellung von Brot ist das Vermögen, beim Kneten des angefeuchteten Teiges Glutenschichten zu bilden. Die Proteine auf der Außenseite der Stärkekörner absorbieren sehr schnell Feuchtigkeit und werden sehr zäh und klebrig, sobald Wasser dem Mehl hinzugefügt wird. Der Vorgang der Wasserabsorption wird auch als Hydratation bezeichnet. Diese hydratisierten Proteinmoleküle kleben dann schließlich zusammen und verbinden auf diese Weise die Stärkekörner miteinander. Werden diese miteinander verbundenen Stärkekörner jetzt auseinander bewegt, werden die Proteine zwischen ihnen gestreckt. Durch dieses Strecken ändern die Proteine ihre Form und es kommt unter ihnen zu einer andersartigen Wechselwirkung. Durch diese neue Interaktion zwischen den Proteinen der Stärkemoleküle kommt es zu der Bildung von Gluten. Dabei ist Gluten selbst kein Protein und kommt auch natürlicherweise nicht vor, sondern wird gebildet, wenn zwei verschiedene Proteinmoleküle (Gliadin und Glutenin) miteinander in Wechselwirkung treten und – insbesondere beim

Kneten eines wasserhaltigen Teiges – einen Proteinkomplex, ein »Superprotein«, bilden.

Bei der Bildung von Gluten entstehen dünne Schichten eines hoch elastischen Materials, das sich wie Gummiluftballons verhält. Im Brot werden diese »Ballons« aus Glutenschichten durch Kohlendioxidgas aufgeblasen. Das Gas wird von der Hefe beim Gehenlassen des Brotes erzeugt und führt schließlich dazu, dass das Brot aufgeht. Um ein exzellentes Brot herzustellen, müssen die Glutenschichten fest genug sein, damit sie vom Kohlendioxid nicht aufgerissen werden und es müssen genug vorhanden sein, damit sich das Gas in sehr vielen kleinen Bläschen fängt. Durch zu große Blasen würden im fertigen Brotlaib Löcher entstehen.

WAS IST EIGENTLICH HEFE? | Eine Lehrbuchdefinition könnte so lauten: »Hefe ist ein einzelliger Mikroorganismus, der zu den Pilzen gehört und der Zucker in Kohlendioxid und Alkohol metabolisiert«. Für den praktischen Gebrauch ist es jedoch nicht notwendig, eine so detaillierte wissenschaftliche Vorstellung von der Hefe zu haben. Es reicht, wenn Sie wissen, dass Hefezellen sehr kleine lebende Organismen sind, die als Nahrung meistens Zucker verwerten und die in der Regel Kohlendioxid und Alkohol ausscheiden. Die etwa 160 verschiedenen Hefearten werden für verschiedene Zwecke eingesetzt. Beim Backen bevorzugt man Hefen, die wenig Alkohol produzieren, während man bei der Weinherstellung oder in der Brauindustrie eher solche Arten nimmt, die einerseits große Mengen Alkohol produzieren und andererseits auch in diesen alkoholhaltigen Umgebungen überleben können.

Die Bedingungen, unter denen eine Fermentation abläuft, haben große Auswirkungen sowohl auf die Fermentationsrate als auch auf die Fermentationsprodukte. So wandelt z. B. die Hefeart, die fast immer beim Backen zum Einsatz kommt (Saccharomyces cerevisiae), Zucker entweder in Alkohol und Kohlendioxid um oder in einer sauerstoffreichen Umgebung zu Kohlendioxid und Wasser. Dabei wird meistens Glukose verwertet (siehe auch Kapitel 2 mit einer Beschreibung der verschiedenen Zuckerarten und wo sie jeweils vorkommen). Wenn Sie also diese Hefe zur Bier- oder Weinherstellung verwenden, ist es wichtig, den Sauerstoff auszuschließen. Wenn Sie jedoch Brot backen, kann es sogar sehr hilfreich sein, wenn Sauerstoff vorhanden ist, damit die Hefe große Mengen an Kohlendioxid erzeugt.

Die im Fermentationsmedium (beim Brot also im Teig) vorhandenen Zuckerarten haben einen großen Einfluss auf den Verlauf der Fermentation. Von den vielen verschiedenen Zuckern wird von den meistens verwendeten Hefearten die Glukose besonders bevorzugt. Wenn Sie einem Teig Haushaltszucker hinzufügen, handelt es sich um Saccharose, die eine andere Struktur hat als Glukose und erst mithilfe der Hefe in Glukose umgewandelt werden muss, bevor diese dann den Zucker verwerten und zu Kohlendioxid umwandeln kann. Für die Umwandlung von Saccharose in Glukose und Fructose produziert die Hefe ein Enzym, die Saccharase. Die Hefe kann aber darüber hinaus noch andere Enzyme bilden, die die Stärkemoleküle zu Maltose abbaut, ebenfalls ein Zucker, der zu Kohlendioxid und Alkohol vergoren werden kann.

Auch die Temperatur spielt bei der Fermentation eine große Rolle. So wandelt Saccharomyces cerevisiae Glukose selbst bei Temperaturen unter 5 °C in Kohlendioxid um. Wenn die Temperatur auf etwa 38 °C erhöht wird, dann steigt die Bildungsrate von Kohlendioxidgas exponentiell an. Bei Temperaturen über 40 °C stirbt die Hefe jedoch langsam ab (bei 43 °C werden nach einer Stunde die meisten Hefezellen abgestorben sein) und deswegen wird auch weniger Kohlendioxid produziert. Eine »richtige, optimale Temperatur« für die Fermentation gibt es nicht. So läuft die Fermentierung bei Temperaturen unter 20 °C recht langsam ab und die Hefe benötigt eine große Menge an Glukose. Bei dieser Temperatur ist jedoch die Aktivität des Enzyms Saccharase, die Saccharose in Glukose umwandelt, sehr gering, sodass die gesamte Fermentation sehr langsam abläuft. Bei Temperaturen über 30 °C wiederum können auch andere Mikroorganismen wachsen und dies führt im Teig zur Bildung von hefeartigen Aromastoffen oder gar zu Fehlaromen. Wenn man nach den Erfahrungen der meisten Bäcker vorgeht, ist eine Fermentationstemperatur um 25 °C am besten geeignet.

Bei der Herstellung von Feingebäck (siehe Kapitel 11) werden Sie erfahren, dass es dabei am besten ist, die Bildung von Gluten so weit wie möglich zu unterdrücken. Eine Möglichkeit die Glutenbildung zu minimieren, kann man dadurch erreichen, dass man die Stärkekörner mit einem dünnen Fettfilm überzieht, bevor das Wasser hinzugegeben wird. Dadurch werden die Proteine rund um die Stärkekörner isoliert, das Wasser kann nicht in sie hineindringen und sie können nicht quellen und miteinander wechselwirken, das heißt, der erste

Schritt bei der Bildung von Gluten wird verhindert oder zumindest in großem Maße unterdrückt. Bei der Herstellung von Feingebäck bedient man sich eines Verfahrens, bei dem man das Fett in das Mehl einarbeitet, bevor irgendwelche anderen Flüssigkeiten hinzugegeben werden. Das bedeutet also, dass bei der Herstellung von Brot, bei dem die Bildung von Gluten erwünscht ist, das Fett nicht in das Mehl eingearbeitet, sondern zusammen mit den Flüssigkeiten untergemischt werden sollte.

Einige wichtige Punkte, die man bei der Brotherstellung beachten sollte
→ Verwenden Sie ein klebereiweißreiches Mehl (das heißt eines mit einem hohen Proteingehalt)
→ Arbeiten Sie das Fett nicht zu stark ein, damit es die Hydratation der Stärkeproteine nicht behindert
→ Kneten Sie den Teig intensiv durch
→ Lassen Sie den Teig ausreichend lange aufgehen
→ Schlagen Sie den aufgegangenen Teig noch einmal zusammen und lassen ihn danach noch ein weiteres Mal gehen, bevor er schließlich gebacken wird

Warum sind diese Punkte so wichtig?
Brot geht deswegen auf, weil sich im Teig kleine Bläschen bilden, gefüllt mit dem Kohlendioxid aus den Stoffwechselvorgängen der Hefe. Damit diese Bläschen stark genug sind und nicht platzen, müssen Sie aus den Proteinen gummiartige Glutenschichten erzeugen. Dafür brauchen Sie ein klebereiweißreiches Mehl. Das Kneten wiederum ist deswegen notwendig, weil dadurch die Proteinmoleküle gedehnt werden und so die Bildung von Gluten begünstigt wird.

Brot — GRUNDREZEPT

ZUTATEN
- 750 g klebereiweißreiches weißes Mehl (geeignet zum Brotbacken)
- 20 g Schweineschmalz (oder anderes Fett, wenn Sie Butter verwenden, nehmen Sie 30 g)
- 2 Teel. Salz (20 g)
- 1½ Teel. Zucker (10 g)
- 420 ml lauwarmes Wasser

- *Hefe – entweder 15 g frische Hefe, vermischt mit einem Teel. Zucker oder eine Packung Trockenhefe, die gemäß den Anweisungen auf der Packung reaktiviert wird oder ein Päckchen Trockenbackhefe*

ZUBEREITUNG

Geben Sie alle trockenen Zutaten in eine Schüssel, vermischen Sie sie und arbeiten Sie das Fett ein, bis die Mischung eine gleichmäßige Beschaffenheit aufweist. Fügen Sie dann die Hefe und den Großteil des Wassers hinzu. Nehmen Sie einen Holzlöffel und vermischen Sie die Zutaten, bis sie zäh und klebrig werden. Geben Sie so lange Wasser hinzu, bis Sie einen festen, aber immer noch zähen Teig vorliegen haben. Die Festigkeit des Teiges ist sehr wichtig, denn ist die Mischung zu trocken und der Teig zu fest, wird das Brot nicht richtig aufgehen. Ein zu nasser Teig wird auf der anderen Seite ein Brot ergeben, dass zu stark aufgeht und letztendlich eine zu grobe Beschaffenheit haben wird. Die richtige Konsistenz des Teiges werden Sie im Laufe der Zeit mit zunehmender Erfahrung erkennen. Es gibt auch nicht »die« richtige Konsistenz bei den Teigen – jeder wird eine etwas andere Beschaffenheit für das Brot bevorzugen. Mit etwas Übung und Experimentierfreude werden Sie aber sehr schnell herausfinden, welches die beste Konsistenz für Ihren eigenen Geschmack sein wird. Am Ende dieses Kapitels werde ich einige einfache Experimente vorstellen, mit deren Hilfe Sie zu Hause die für Sie richtige Konsistenz herausfinden können.

Im nächsten Schritt werden Sie den Teig auf einer leicht bemehlten Arbeitsplatte durchkneten. Das Kneten ist eines der wichtigsten Arbeitsschritte beim Brotbacken. Sie können einen Teig kaum zu viel kneten. Es ist schon möglich, sehr ansprechende Brote herzustellen, die vorher nur wenig geknetet worden sind. In Experimenten wurde aber immer wieder gezeigt, dass die Qualität des Enderzeugnisses umso besser wurde, je mehr der Teig geknetet worden ist. Auch dafür habe ich am Ende dieses Kapitels ein einfaches Experiment eingefügt, mit dem Sie zu Hause einmal ausprobieren können, welches Produkt Ihnen bei unterschiedlich langem Kneten am besten gefällt.

Beim Kneten des Teiges werden Sie feststellen, dass er immer weniger klebrig wird, eine festere Konsistenz annimmt und elastischer wird. Sie sollten so lange kneten, wie Ihre Kräfte reichen – und das kann ganz schön harte Arbeit sein! Ich habe herausgefunden, dass ich einen Teig mindestens 3 Minuten kneten muss, um ein ansprechendes Erzeugnis zu erhalten, aber dass ich die besten Ergebnisse dann erziele, wenn ich etwa 20 Minuten lang knete. Es wird also an Ihnen liegen, wieviel Zeit und Kraft Sie in das Kneten investieren wollen.

Geben Sie den Teig nach dem Kneten in eine Schüssel, bedecken Sie ihn mit Klarsichtfolie oder einem Küchentuch, damit er nicht austrocknet und lassen Sie ihn an einem warmen Ort aufgehen. Die optimale Temperatur sollte so etwa bei 20 °C bis 25 °C liegen (sie sollte über 15 °C und unter 30 °C sein). Wenn der Teig nach ca. 1 Stunde etwa doppelt so groß geworden ist, nehmen Sie ihn aus der Schüssel, bearbeiten ihn mit der Faust und schlagen ihn so lange, bis er seine ursprüngliche Größe wieder erreicht hat und kneten ihn dann noch einmal durch.

Wenn Sie eine Backform nehmen, formen Sie den Teig jetzt aus, damit er hineinpasst. Die Mengen in dem Rezept reichen aus für eine große Form (etwa 400 × 100 mm) oder 2 kleine Formen (etwa 200 × 100 mm). Bedecken Sie den Teig in der Form und lassen ihn noch einmal gehen, bis er etwa das doppelte Volumen erreicht hat. Heizen Sie den Ofen auf etwa 250 °C vor und backen Sie den Teig für etwa 25 Minuten. Machen Sie danach den Brot-Klopf-Test – ein Brot, das hohl klingt, sollte gar sein. Nehmen Sie dann das Brot aus dem Ofen und entfernen Sie es aus der Backform. Wenn Sie die Backform auf den Kopf stellen und einen kurzen, heftigen Schlag auf die Rückseite geben, sollte das Brot leicht herauskommen. Stellen Sie dann das gebackene Brot zum Abkühlen auf einen Kuchenrost, bevor Sie es servieren.

VERSCHIEDENE HANDELSÜBLICHE HEFEFORMEN | Es gibt 3 verschiedene Typen von Hefe, die im Handel sind bzw. waren. Zunächst einmal die frische Hefe, bei der es sich im Grunde genommen nur um einen Würfel zusammengepresster Hefe handelt (meistens versetzt mit etwas Speisestärke, damit sie trocken bleibt). Der Wassergehalt der frischen Hefe beträgt etwa 70 %, wobei sich der größte Teil des Wassers in den Hefezellen befindet. Die frische Hefe muss allerdings im Kühlschrank aufbewahrt werden, weil sie sonst sehr schnell schlecht wird. Sobald Sie dem zerkrümelten Hefewürfel Zucker hinzufügen, beginnt die Fermentation des Zuckers fast augenblicklich und dabei entsteht etwas Wasser, das den ganzen Block in eine Blasen werfende Flüssigkeit verwandelt. Diese Mixtur kann jetzt für jedes Rezept, in dem Hefe benötigt wird, verwendet werden.

Getrocknete oder aktiv getrocknete Hefe ist heutzutage mehr oder weniger aus den Regalen verschwunden. Bei dieser Hefeform wurde das meiste Wasser aus den Hefezellen entfernt, wodurch jegliche Gärungsaktivität unterdrückt werden konnte. Gibt man den getrockneten Hefekörnchen warmes Wasser hinzu, absorbieren viele Hefezellen ausreichend Wasser, regenerieren sich und fangen an zu gären. Dennoch wird im Laufe der Trocknung ein Großteil der Zellen völlig zerstört und kann nicht wieder reaktiviert werden. Bei Verwendung dieser Hefe müssen Sie zuerst etwas warmes Wasser zu den getrockneten Körnchen hinzufügen, dann etwas Zucker und dann müssen Sie solange warten, bis eine heftige Gärung einsetzt, bevor Sie die Mischung dem Teig zugeben können.

Der dritte Typ Hefe ist eine Erfindung, die noch nicht allzu lange zurückliegt. Im Rahmen des technischen Fortschritts in der Mikrobiologie wurden bessere Trocknungsmethoden für Hefe entdeckt, sodass es heute möglich ist, Hefezellen bis auf einen Wassergehalt von etwa 20 % herunterzutrocknen und diese dann in einer speziellen Emulsion, die bei der Rehydratation der Hefezelle Nährstoffe liefert, einzukapseln. Diese Form der Hefe wird als Trockenbackhefe bezeichnet und erfordert keine spezielle Behandlung, um die Hefezellen zu reaktivieren und kann einfach zusammen mit den anderen trockenen Zutaten dem Mehl hinzugefügt werden. Diese Trockenbackhefe ist sehr einfach zu handhaben und führt mit großer Sicherheit zum Erfolg.

Warum das Rezept funktioniert
Die Zutaten
Mehl
Es ist wichtig, dass Sie die richtige Mehltype verwenden, insbesondere muss der Proteingehalt hoch genug sein, damit sich beim Kneten ausreichend Glutenschichten bilden können (siehe Kasten).

Zucker
Der Zucker dient vornehmlich als Nahrung für die Hefe. Auch im Mehl gibt es einige Zucker, die von der Hefe verwertet werden können, sodass der zugesetzte Zucker eigentlich nur als »Initialzündung« für die Hefe dient, damit sie zum Aufgehen des Teiges möglichst schnell anfängt, Kohlendioxid zu bilden.

Salz

Durch Zugabe von Salz lässt sich das Verhalten der Hefe modifizieren und steuern. Geben Sie zu viel Salz hinzu, wird die Hefe absterben, bevor sie überhaupt eine Chance gehabt hat, das Brot aufgehen zu lassen. Ist zu wenig Salz vorhanden und wird der Teig sehr lange gehen gelassen, wird sich die Hefe stark vermehren und dem Brot einen stark hefigen Geschmack verleihen. Wie ich jedoch in dem Kasten über Brot ohne Salz später in diesem Kapitel noch genauer ausführen werde, habe ich jedoch noch nie festgestellt, dass der Geschmack von Brot sehr darunter leidet, wenn überhaupt kein Salz hinzugegeben worden ist.

Fett

Das Fett wird deswegen hinzugegeben, um den Prozess des Altbackenwerdens beim Brot zu verlangsamen. Im Grunde genommen ist das Altbackenwerden ein Vorgang, bei dem sich die Stärkemoleküle neu anordnen und bei dem das Wasser sehr fest an die Stärke gebunden wird. Eine ausführliche Beschreibung können Sie in dem Kasten über das Altbackenwerden nachlesen. Die Zugabe von Fett verlangsamt die Prozesse, in deren Verlauf das Wasser sich mit der Stärke verbindet, und trägt dazu bei, das gebackene Brot länger frisch zu halten.

WARUM BROT ALTBACKEN WIRD | Das Mehl besteht aus kleinen Stärkekörnern, in denen die Moleküle (insbesondere die linearen Amylosemoleküle) in kleinen Kristallen angeordnet sind. Diese Kristalle werden während des Wachstums der Pflanzen gebildet, wenn die Stärkemoleküle synthetisiert werden. Wenn wir jetzt die Stärke erhitzen, ändert sich die Struktur, d. h. alle Kristalle schmelzen und werden zerstört. Nach dem Abkühlen können sich die Moleküle in den Stärkekörnern wieder zu neuen Kristallen formen. Die ursprüngliche Anordnung aber, die sich während des Pflanzenwachstums gebildet hat, kann nicht wieder entstehen und es bildet sich eine andere kristalline Form aus. Bevor die Stärkemoleküle in dieser neuen Kristallform jedoch auskristallisieren können, müssen sie viel Wasser anlagern. Das, was wir letztendlich als Altbackenwerden wahrnehmen, ist diese Rekristallisation. Je mehr Stärkekristalle wachsen, um so mehr des »freien« Wassers aus dem Brot wird gebunden und es scheint auszutrocknen. Die Geschwindigkeit der Kristallisation kann verlangsamt werden, indem man Fett hinzugibt und damit verhindert, dass die Wassermoleküle von den Stärkemolekülen absorbiert werden.

Weil Brot, das kein Fett enthält, sehr schnell altbacken wird, haben die Franzosen zweimal pro Tag frisches Brot gekauft. Das Fehlen von Fett ist auch in großem Maße für das typische Aroma der Baguettes verantwortlich. Heutzutage beschweren sich die Franzosen oft darüber, dass das Brot nicht mehr so gut sei wie früher. Das liegt in großem Maße daran, dass die Bäcker heutzutage eine ganze Reihe anderer Mittel (nicht auf Fettbasis) gegen das Altbackenwerden verwenden und die Franzosen nicht gewohnt sind, frisches Brot zu haben! An dieser Stelle sei noch kurz erwähnt, dass die Geschwindigkeit der Kristallisation von Stärke bei etwa 4 °C am größten ist und dass Brot deswegen bei Lagerung im Kühlschrank am schnellsten altbacken wird.

Die einzelnen Arbeitsschritte
Das Kneten
Durch das Kneten wird aus den Proteinen, die die Stärkekörner umgeben, Gluten gebildet. Das Gluten bildet Schichten aus, die gummiartige Eigenschaften aufweisen. Wenn sich in diesen Schichten dann Kohlendioxidbläschen bilden und sich ausdehnen, werden die Blasen durch fortwährende Bildung von Gas (aus der Hefe) wie kleine Ballons aufgeblasen. Sind die Glutenschichten zu schwach (zu wenig geknetet), werden die Blasen sehr leicht platzen und das Brot wird nicht richtig aufgehen.

KANN MAN TEIG ZU LANGE KNETEN? | Im Allgemeinen werden Ihnen alle Köche oder Bäcker sagen, dass man Brotteig mit der Hand niemals zu lange kneten kann. In der Praxis wird umso mehr Gluten gebildet, je mehr Sie einen Teig durchkneten. Bei hohem Glutengehalt wird der Teig fester und die Bläschen können nicht mehr so leicht vom Kohlendioxid der Hefe aufgeblasen werden. Deswegen hat ein sehr stark durchgeknetetes Brot eine sehr viel feinere Textur und geht nicht so stark auf wie ein nur wenig durchgeknetetes Brot. Es gibt jedoch keine festen Regeln dafür, wie stark der Teig durchgeknetet werden soll. Es ist einfach eine individuelle Angelegenheit.

Wenn Sie allerdings zum Kneten des Teiges ein Rührgerät nehmen, dann ist es schon möglich, den Teig zu stark zu bearbeiten und ihn dadurch unbrauchbar zu machen. Zwischen den Gliadin- und Gluteninproteinen, aus denen das Gluten besteht, gibt es verschiedenartige Bindungen (ionische Bindungen und Wasserstoffbrückenbindungen sind beide daran beteiligt). Wenn Sie einen Teig haben, der sehr stark und fest ist und sich viele Bindungen gebildet haben, werden Sie durch weiteres Kneten irgendwann anfangen, diese Bindungen wieder aufzubrechen. Das führt schließlich dazu, dass das Wasser aus dem Glutenkomplex freigesetzt wird und sich der Teig in einen weichen, unelastischen Mischmasch verwandelt. Die Gefahr, dass dieses passiert, ist wegen des erforderlichen großen Kraftaufwandes normalerweise nur sehr gering, und nur das Kneten des Teiges mit einer kraftvollen Maschine und über einen längeren Zeitraum wird zu solchen Problemen führen.

Den Teig gehen lassen
Beim Gehenlassen des Teiges ist die Hefe aktiv und bildet CO_2-Gas, das die Glutenballons aufbläst. Je mehr von diesen kleinen Bläschen vorhanden sind und je größer sie werden, desto stärker geht das Brot auf und umso leichter und lockerer wird das Endprodukt. Weil die Hefe bei Temperaturen so um 20 °C bis 25 °C optimale Arbeit leistet, ist es am besten (und am schnellsten) den Teig beim Aufgehen warm zu halten. Auch beim Aufgehen wird der Teig gestreckt, sodass er sich quasi selbst »knetet« und dabei noch mehr Gluten gebildet wird. Bei tieferen Temperaturen geht der Teig langsamer auf, wobei sich die Hefe dabei etwas anders verhält und sich neue Aromastoffe bilden. Diese Aromabildung ist manchmal erwünscht und so lassen einige Bäcker die Teige über Nacht in einem Kühlschrank gehen, damit sich diese Aromastoffe im Brot bilden können.

Den Teig schlagen und nochmals gehen lassen
Der Teig wird deswegen geschlagen und noch einmal gehen gelassen, damit sich mehr und kleinere Bläschen im fertigen Brot bilden und damit eine feinere, aber doch leicht und lockere Struktur entsteht. Wenn durch dieses Schlagen eine Blase zusammengedrückt wird, entstehen oft mehrere kleinere Bläschen. Wenn beim zweiten Aufgehen dann wieder CO_2-Gas erzeugt wird, werden diese kleinen Bläschen dann nochmals aufgeblasen.

BROTBACKMASCHINEN | Manchmal ist es schon verrückt, was sich Hersteller so alles einfallen lassen. Die technologische Entwicklung geht inzwischen so weit, dass es Maschinen gibt, die von den Zutaten ausgehend von ganz allein einen fertigen Brotlaib herstellen können! Dabei sind diese Maschinen eigentlich ganz simpel aufgebaut. Sie bestehen aus einer entnehmbaren Backform mit einer innen angebrachten Knetvorrichtung, einem Motor, der den Knethaken antreibt und außen an der Backform eine Heizung. Alle Zutaten werden in die Backform gegeben und von der Maschine mithilfe einer Hin- und Herbewegung vermischt. Mithilfe der Heizvorrichtung rund um die Backform wird der Teig dann auf etwa 25 °C erwärmt. Anschließend knetet der Rührer den Teig etwa 10 Minuten lang durch. Während der Teig geht, wird die Temperatur auf 25 °C gehalten. Nach dieser vorprogrammierten Zeit zum Gehenlassen wird die Rührvorrichtung hin und her bewegt und so das Herunterschlagen des Teiges simuliert. Es schließt sich dann noch der zweite Knetvorgang an. Nachdem der Teig ein zweites Mal gehen gelassen wurde, schaltet sich die Heizungseinheit auf eine sehr viel höhere Temperatur ein und das Brot wird gebacken. Der Apparat schaltet sich dann auch von selbst aus und das Brot ist fertig und kann herausgenommen werden. Diese Backmaschinen können so programmiert werden, dass sie zu einem bestimmten Zeitpunkt mit der Teigzubereitung anfangen und das Brot genau zur gewünschten Zeit fertig ist. Obwohl all das fast zu fantastisch erscheint, um wahr zu sein, gibt es doch einige Haken bei der Sache. Erstens wird das Brot bei einer tieferen Temperatur als normalerweise im Ofen gebacken und man erhält dadurch einen weicheren Brotlaib. Zweitens befindet sich beim Backen sehr viel mehr Wasserdampf in unmittelbarer Umgebung des Brotlaibes, weil die Maschine eben viel kleiner ist und dies führt zu einer Beschaffenheit, die eher an die weichen geschnittenen Brote aus dem Supermarkt erinnert. Drittens kann es dann zu Problemen kommen, wenn man nur auf die maschineneigenen Programme angewiesen ist. Während Sie das Rezept selber Ihrem Geschmack entsprechend abwandeln können, sind Sie auf die vorprogrammierten »Gehzeiten« angewiesen und müssen im Allgemeinen mehr Zucker hinzugeben als in anderen Rezepten, was zu einem süßer schmeckenden Brot führt – süßer als die Meisten bevorzugen würden. Dennoch ist das Brot, das von diesen Backmaschinen hergestellt wird, vollkommen akzeptabel und es nimmt Ihnen die ganze schwere Arbeit ab, die mit dem Kneten des Teiges verbunden ist. Diese Brotbackmaschinen können innerhalb von 2 Stunden etwa 750 g Brot herstellen.

Was beim Brotbacken alles schief gehen kann und wie man es in Zukunft besser machen kann

Problem	Grund	Lösung
Der Teig geht nicht auf.	Sie haben vergessen, den Teig zu kneten oder die Hefe arbeitet nicht richtig.	Vergewissern Sie sich, dass der Teig durchgeknetet ist. Fangen Sie entweder noch einmal an oder geben Sie etwas mehr aktive Hefe hinzu. Wenn Sie getrocknete Hefe verwendet haben, werfen Sie die gesamte Packung weg und kaufen Sie eine neue Packung. Wenn Sie frische Hefe verwenden, sollten Sie sich vorher vergewissern, dass die Hefe-Zucker-Mischung Blasen geworfen hat, bevor Sie den Teig untermischen.
Das Brot hat eine krümelige Struktur.	Glutenschichten konnten sich nicht ausbilden. Entweder ungenügend geknetet oder nicht genügend Protein im Mehl.	Kneten Sie das nächste Mal länger. Verwenden Sie ein kleberhaltiges Mehl (mit einem Proteingehalt von mindestens 12,5 g pro 100 g).
Das Brot ist sehr grob.	Die Bläschen im Teig wurden zu groß. Entweder waren die Glutenschichten nicht fest genug, weil der Teig nicht ausreichend geknetet wurde, oder der Teig war zu weich, oder der Teig wurde zu lange gehen gelassen.	Kneten Sie das nächste Mal länger. Verwenden Sie beim nächsten Mal weniger Wasser (oder mehr Mehl). Der Teig sollte beim Aufgehen nicht mehr als auf ein vierfaches seines Volumens aufgehen.
Das Brot hat eine sehr dichte Beschaffenheit.	Die Bläschen im Teig waren zu klein. Entweder war der Teig zu fest oder der Teig wurde nicht lange genug gehen gelassen.	Geben Sie beim nächsten Mal mehr Wasser dazu, lassen sie den Teig länger gehen.

↓

Problem	Grund	Lösung
Die Struktur ist im unteren Teil sehr dicht und oben in Ordnung.	Dieses Problem tritt dann auf, wenn der Teig nur einmal gehen gelassen wurde oder wenn die Zeit zum Gehenlassen zu kurz war.	Lassen Sie den Teig zweimal gehen und schlagen Sie den Teig dazwischen auf. Lassen Sie den Teig bei jedem Aufgehen mindestens verdoppeln.

BROT OHNE SALZ | In meiner Jugend lebten wir im Norden von London und zu dieser Zeit war es noch üblich, dass das Brot täglich vom Bäcker geliefert wurde. Eines Tages schmeckte das Brot so abscheulich, dass wir es einfach nicht essen konnten und wir behalfen uns damit, etwas altbackenes Brot aufzutoasten.

Am nächsten Tag kam der Bäcker vorbei, entschuldigte sich bei uns und erzählte, dass ein Lehrling vergessen hätte, Salz in die Teigmischung zu geben.

So habe ich also seit meiner frühesten Jugend »gewusst«, dass Salz beim Brotbacken unentbehrlich ist. Vor kurzem jedoch, als ich mich mit dem Gedanken trug, in diesem Buch etwas über Brot zu schreiben, entschloss ich mich dazu, ein kleines Experiment durchzuführen, um festzustellen, wie viel Salz im Brot wirklich notwendig ist. So machte ich Brote mit weniger und weniger Salz im Teig und wartete auf den Punkt, an dem das Brot so abscheulich schmecken würde, dass ich es nicht mehr würde essen können – wie damals das Brot, dass vor vielen Jahren in mein Elternhaus geliefert worden war.

Zu meiner Überraschung musste ich feststellen, dass das Brot, selbst wenn ich überhaupt kein Salz an den Teig gab, vollkommen in Ordnung war. So musste ich also heute, mehr als 30 Jahre nach diesem Ereignis, erkennen, dass der Bäcker mit seiner Geschichte über das Salz etwas anderes verbergen wollte.

So habe ich über diese Angelegenheit noch einmal intensiv nachgedacht und ich glaube zu wissen, was damals wirklich geschah: Jemand hat wahrscheinlich anstatt des Salzes etwas anderes hinzugefügt. In einer Bäckerei standen wahrscheinlich jede Menge weiße Pulver herum, die mit dem Salz hätten verwechselt werden können. Etwas, dass das Brot so scheußlich schmecken ließ, dass niemand davon essen konnte, kommt einer Art Seifenpulver sehr nahe. So vermute ich, dass irgendein verärgerter Angestellter wahrscheinlich absichtlich eine Ladung Teig verdorben hatte, indem er das Salz mit dem Seifenpulver vertauschte. Auf jeden Fall ist das inzwischen schon so lange her, dass ich in dieser Angelegenheit mit Sicherheit nichts mehr unternehmen werde.

Variationen des Grundrezeptes

Vollkornbrot   REZEPT

ZUTATEN
- 750 g klebereiweißhaltiges Vollkornmehl (evtl. Mehl mit einem Zusatz von einigen Malzkörnern)
- 20 g Schweineschmalz (oder anderes Fett, wenn Sie Butter nehmen 30 g)
- 2 Teel. Salz (20 g)
- 450 ml lauwarmes Wasser
- Hefe – entweder 15 g frische Hefe, vermischt mit einem Teel. Zucker oder eine Packung Trockenhefe, die gemäß den Anweisungen auf der Packung reaktiviert wird oder ein Päckchen Trockenbackhefe
(Anmerkung: In diesem Rezept wird kein zusätzlicher Zucker benötigt, weil in dem Mehl ausreichend Zucker vorhanden ist, um die Hefe »anzufüttern«. Sie können aber etwa Zucker hinzufügen, wenn Sie ein etwas süßer schmeckendes Brot zubereiten wollen.)

ZUBEREITUNG
Geben Sie alle trockenen Zutaten in eine Schüssel, vermischen diese und arbeiten das Fett ein, bis die Mischung eine gleichmäßige Beschaffenheit aufweist. Geben Sie dann die Hefe und den größten Teil des Wassers hinzu. Nehmen Sie einen Holzlöffel und vermischen Sie die Zutaten, bis eine zähe Masse entsteht. Geben Sie so viel Wasser hinzu, dass sich ein fester, aber immer noch leicht zäher Teig bildet. Wie schon in dem Rezept über Weißbrot erwähnt, ist die Festigkeit des Teiges ein entscheidendes Kriterium für das Gelingen des Rezeptes.

Kneten Sie den Teig etwa 5 bis 10 Minuten lang auf einer bemehlten Arbeitsplatte und stellen ihn dann abgedeckt mit Klarsichtfolie oder einem Küchentuch (um das Austrocknen zu verhindern) an einen warmen Ort.

Wenn der Teig nach ca. einer Stunde sich etwa verdoppelt hat, schlagen Sie ihn auf die Originalgröße zurecht und kneten ihn noch einmal für einige Minuten.

Formen Sie den Teig soweit, dass er in die Backform passt und lassen ihn noch einmal gehen. Heizen Sie den Ofen auf etwa 250 °C vor und backen Sie den Teig etwa 20 Minuten lang. Wenn Sie auf die Kruste klopfen und der Brotlaib hohl klingt, ist er fertig gebacken. Nehmen Sie dann das Brot aus dem Ofen und aus der Backform. Wenn Sie die Backform auf den Kopf stellen und ihr einen kurzen, heftigen Schlag auf die Unterseite geben, sollte das Brot leicht herauskommen. Stellen Sie das fertig gebackene Brot dann auf ein Kuchengitter und lassen Sie es vor dem Servieren etwas abkühlen.

Brote und Brötchen in verschiedenen Formen

Nehmen Sie die Zutaten und folgen Sie den Anweisungen für Weißbrot oder Vollkornbrot. Nach dem ersten Aufgehen kneten Sie den Teig wie gewohnt durch und teilen ihn dann in einzelne Stücke, etwa halb so groß, wie die Brötchen später einmal sein sollen. Empfehlenswert ist es auch, diese Teigstückchen zu wiegen, damit die Brötchen später mehr oder weniger die gleiche Größe haben. Für kleine Abendbrötchen nehmen Sie etwa 50 bis 100 g, während Sie für Brötchen als Beilage für eine Mittagsmahlzeit am besten eine Menge von 150 bis 200 g nehmen.

Rollen Sie die einzelnen Teigstückchen zwischen Ihren Händen, formen dann kleine Bälle und legen diese auf ein Backblech mit genügend Platz dazwischen, damit sie sich beim Aufgehen ausdehnen können. Lassen Sie sie für etwa 1 Stunde aufgehen und backen Sie sie dann für 10 bis 15 Minuten im Ofen. Wenn Sie eine besonders knusprige Oberfläche haben wollen, können Sie die Brötchen vor dem Backen mit etwas Salzwasser bestreichen. Das Wasser verdampft dann und zurück bleibt eine dünne Salzschicht auf der Oberfläche der Brötchen. Weil Salz stark hygroskopisch ist (es nimmt leicht und gerne Wasser auf) bleibt die Oberfläche trocken und man erhält eine gute Kruste.

Die Endform der Brötchen hängt davon ab, wie Sie sie vor dem letzten Aufgehen formen. Kleine Bällchen werden Brötchen ergeben, die mehr oder weniger rund sind. Solche Brötchen eignen sich sehr gut als Beilage zu einer Mahlzeit. Wenn Sie die ballförmigen Teigstücke vor dem zweiten Aufgehen flach drücken, bekommen Sie flachere Brötchen, die sich sehr gut für eine Füllung mit Käse usw. eignen.

Auch die Zutaten können Sie variieren und z. B. süße Brötchen herstellen oder eine weichere Beschaffenheit der fertigen Brote erlangen. Für Brote mit einem etwas süßeren Geschmack geben Sie bis zu 50 g zusätzlichen Zucker dazu und für eine weichere Struktur fügen Sie etwas Trockenmilchpulver hinzu (bis zu 50 g).

Indisches Naan-Brot — REZEPT

Naan ist ein traditionelles indisches Brot, das sehr oft in indischen Restaurants serviert wird. Naan wird in einem indischen Lehmofen (Tandoor) gebacken. Es ist nicht einfach, das Backen in solch einem Ofen in der häuslichen Küche nachzuahmen. Man kann jedoch mithilfe einer Kombination aus Backen im Ofen bei der höchsten Temperatur und anschließendem Rösten unter einem sehr heißen Grill eine akzeptable Version herstellen. Wenn Sie einen Holzkohle- oder einen Gasflammengrill besitzen, können Sie auch diesen verwenden, meistens sogar mit noch größerem Erfolg.

ZUTATEN
- *300 g Arta- oder Chapatimehl (wenn Sie dieses nicht bekommen, können sie auch jedes andere kleberreiche Mehl verwenden. Sie werden jedoch nicht das gleiche authentische Aroma bekommen)*
- *30 ml Pflanzenöl*
- *½ Teel. Salz (5 g)*
- *1 Teel. Zucker (10 g)*
- *100 ml einfachen Rührjoghurt*
- *100 ml Milch*
- *Hefe – entweder 10 g frische Hefe, vermischt mit einem Teel. Zucker oder eine Packung Trockenhefe, die gemäß den Anweisungen auf der Packung reaktiviert wird oder ein Päckchen Trockenbackhefe*

ZUBEREITUNG
Erwärmen Sie die Milch und den Joghurt auf Körpertemperatur, geben Sie dann alle anderen Zutaten zusammen in eine Schüssel und vermischen Sie alles zu einem weichen Teig. Kneten Sie diesen Teig mindestens 5 Minuten durch und stellen ihn dann zum Aufgehen für etwa 1 Stunde an einen

warmen Ort. Heizen Sie Ihren Ofen auf die höchste Temperatur vor und schieben Sie ein schweres Backblech in den Ofen. Schlagen Sie den aufgegangenen Teig auf, teilen ihn in vier gleiche Teile und formen Sie mithilfe des Nudelholzes eine ovale Form. Lassen Sie sie noch einmal für 10 bis 15 Minuten gehen und streichen Sie die Stücke dann leicht mit geschmolzener Butter ein. Schalten Sie jetzt Ihren Grill auf volle Heizstufe ein. Geben Sie das Naan auf das heiße Backblech im Ofen und backen Sie es 3 bis 5 Minuten. Dabei sollte das Naan aufpuffen. Nehmen Sie dann das Backblech aus dem Ofen und stellen Sie es unter den heißen Grill, so dicht wie möglich an die Heizstäbe, bis nach etwa 3 Minuten die Oberfläche des Naans gut gebräunt, fast angebrannt ist. Halten Sie das Naan eingewickelt in einem Küchentuch warm und servieren Sie es zusammen mit der Mahlzeit.

Brote, die nicht aufgehen (ungesäuerte Brote)

Es gibt eine Vielzahl von Brotarten überall auf der Welt, die absichtlich nicht aufgehen sollen (Brote ohne Treibmittel oder Sauerteig). Die wahrscheinlich am bekanntesten sind die indischen Chapatis und die mexikanischen Tortillas. Obwohl beide aus sehr verschiedenen Kulturkreisen kommen, haben sie doch einiges gemeinsam. Die Grundzutaten sind sehr ähnlich, beide bestehen einfach aus Mehl und Wasser. Für Chapatis nimmt man Weizenmehl, während die Tortillas traditionellerweise mit Maismehl hergestellt werden. In beiden Fällen vermischt man das Mehl mit so viel Wasser, bis ein weicher Teig entsteht, der dann durchgeknetet, ein paar Minuten ruhen gelassen und dann noch einmal geknetet wird. Anschließend wird der Teig zu dünnen Fladen geformt. Die »Profis« machen dies mit der Hand, indem Sie den Teig von Hand zu Hand schleudern, während er sich dabei dreht. Wenn Sie nicht gerade jahrelang diese Technik einüben wollen, ist es für Sie wahrscheinlich viel einfacher, den Teig in dünne Blätter auszurollen, wenngleich diese dann nicht so dünn werden als wenn man sie per Hand herumwirbelt. Die Brote werden dann direkt auf einer schweren heißen Platte gebacken, typischerweise nur für eine sehr kurze Zeit, etwa 30 Sekunden lang auf jeder Seite. Beim Backen der Chapatis oder der Tortillas puffen diese auf und sie bekommen einige schwarze Punkte, an denen der Teig auf der heißen Platte etwas angebrannt ist. Der größte Unterschied zwischen Chapatis und Tortillas ist das unterschiedliche Mehl und die andere Backtemperatur. Chapatis werden aus Weizenvollkornmehl hergestellt und werden meistens auf einer mittelmäßig heißen Eisenplatte erhitzt, alternativ in einer schweren Eisenpfanne auf mittlerer Heizstufe und dann traditionell zum Schluss noch einmal direkt für ein paar Sekunden auf heiße Holzkohle gelegt. Tortillas werden aus gelbem Maismehl hergestellt und werden normalerweise bei sehr hoher Temperatur auf einer Eisenplatte oder alternativ in einer Bratpfanne hier bei maximaler Temperatur gegart.

Pizza — REZEPT

Pizzen lassen sich zu Hause relativ leicht selber herstellen. Der Grundteig ist genau der gleiche wie für Weißbrot, nur das Mehl sollte einen höheren Hartweizenanteil enthalten. Dieses Mehl bekommen Sie in Spezialitätenläden und es wird oft als Pasta- oder Pizzamehl vermarktet. Gehen Sie nach den Anweisungen im Rezept für Weißbrot vor, aber nehmen Sie, wie unten angegeben, kleinere Mengen.

ZUTATEN
- *225 g kleberhaltiges weißes Mehl (oder Mehl für Brot)*
- *5 g Schweineschmalz (oder anderes Fett, wenn Sie Butter nehmen, dann nehmen Sie 10 g)*
- *½ Teel. Salz (5 g)*
- *½ Teel. Zucker (5 g)*
- *125 ml lauwarmes Wasser*
- *Hefe – entweder 15 g frische Hefe, vermischt mit einem Teel. Zucker oder eine Packung Trockenhefe, die gemäß den Anweisungen auf der Packung reaktiviert wird oder ein Päckchen Trockenbackhefe*

ZUBEREITUNG
Bereiten Sie einen Teig zu wie beim Weißbrot beschrieben. Lassen Sie ihn etwa 1 Stunde gehen und rollen Sie ihn dann zu runden Pizzateigen aus. Die Mengen in dem oben genannten Rezept reichen für 2 große Pizzen mit einem Durchmesser von etwa 25 cm. Wenn Sie zu den Leuten gehören, die einen etwas dickeren Teig für ihre Pizza bevorzugen, sollten Sie entweder mehr Teig anrühren oder kleinere Pizzen herstellen. Heizen Sie den Ofen auf höchster Temperatur vor und belegen Sie die Pizzen mit den gewünschten Auflagen. Als unterste Schicht sollten Sie die Pizzaböden mit einer

Mischung aus Tomatenpüree, warmem Wasser und Oregano bestreichen. Diese Mischung sollte recht breiig sein und etwa 1 Teil Wasser auf 2 Teile Püree enthalten. Oregano wird aus Geschmacksgründen dazugegeben. Gießen Sie einfach etwas von dieser Mischung in die Mitte der Pizzaböden und verteilen Sie den Brei dann spiralförmig mit der Rückseite einer Suppenkelle. Kurz vor dem Rand sollten Sie stoppen. Streuen Sie dann etwas geriebenen Käse über das Tomatenpüree – eine Mischung aus Cheddar und Mozzarella ist dafür hervorragend geeignet. Legen Sie dann die anderen Auflagen darüber, z. B. Pilze, Schinken, Paprika usw. und anschließend eine 2. Lage Käse. Geben Sie noch etwas Oregano darüber, ein wenig schwarzen Pfeffer und einige Sprenkel Olivenöl. Stellen Sie die Pizzen in den Ofen und backen Sie sie für 15 bis 20 Minuten, bis der Käse geschmolzen und die Kruste an den Rändern braun geworden ist. Nehmen Sie einen Bratenwender, um die Pizzen auf die Teller zu befördern und servieren Sie.

Einige Experimente für zu Hause

1. | Ein Experiment zur Demonstration, wie viel Gluten beim Kneten im Teig gebildet wird

Das Gluten selbst ist so gut wie unlöslich im Wasser. Bereiten Sie einen Teig aus Mehl und Wasser zu, wiegen ihn, legen ihn in ein Sieb und lassen Wasser aus dem Wasserhahn darüber laufen. Am Anfang wird sich eine Menge Teig im Wasser lösen und durch das Sieb weggeschwemmt werden. Nach einer Weile werden Sie jedoch eine halbfeste, klebrig-zähe Masse im Sieb zurückbehalten, die Sie zum Schluss kurz auspressen, um das restliche Wasser zu entfernen. Wiegen Sie diesen Rückstand und stellen Sie fest, welcher Mengenanteil sich in Gluten verwandelt hat. Wiederholen Sie dieses Experiment mit unterschiedlichen Knetzeiten und halten Sie jeweils fest, inwieweit sich der Anteil an Gluten vergrößert, wenn Sie die Knetzeit verlängern.

2. | Ein Experiment, um die ideale Konsistenz von Brotteig zu bestimmen

Es gibt Köche, die bevorzugen sehr weiche Teige und Köchinnen, die backen ein Brot lieber mit einem sehr festen Teig – oder umgekehrt. Für die Durchführung dieses Experimentes brauchen Sie mehrere verschiedene Teige, denen Sie ansteigend jeweils eine größere Menge Wasser zusetzen. Verwenden Sie dazu das oben erwähnte Brotgrundrezept mit den nachfolgend angegebenen Zutaten.

- *750 g kleberhaltiges weißes Mehl (oder Mehl für Brot)*
- *20 g Schweineschmalz (oder anderes Fett, wenn Sie Butter nehmen, dann brauchen Sie 30 g)*
- *2 Teel. Salz (20 g)*
- *1½ Teel. Zucker (15 g)*
- *350 ml lauwarmes Wasser*
- *Hefe – entweder 15 g frische Hefe, vermischt mit einem Teel. Zucker oder eine Packung Trockenhefe, die gemäß den Anweisungen auf der Packung reaktiviert wird oder ein Päckchen Trockenbackhefe*

Zuerst vermischen Sie alle Zutaten und teilen die Masse in 8 gleiche Teile. Zum ersten Teigstück geben Sie kein zusätzliches Wasser hinzu, zum nächsten 10 ml, dann 20 ml usw., bis Sie zum letzten Stück kommen, dem Sie 70 ml Wasser hinzugeben. Kneten Sie dann alle Teigstücke gleich lange.

Als Nächstes werden Sie die Elastizität der Teige messen. Rollen Sie jeweils ein Teigstück aus, bis es 5 mm dick ist und schneiden Sie einen 1 cm breiten und 10 cm langen Streifen daraus. Ziehen Sie dann diesen Streifen bis er 15 cm lang ist (beobachten Sie dabei, wie stark Sie ziehen müssen) und lassen ihn dann für etwa 10 Minuten ruhen, damit er sich wieder entspannen kann und messen Sie danach noch einmal die Länge. Je stärker der Teig gestreckt bleibt, desto weniger elastisch ist er.

Als Nächstes messen Sie die Festigkeit der Teige. Formen Sie aus jedem Stück Teig einen kleinen Ball von etwa 1 cm Durchmesser. Stellen Sie dann auf jeden Teigball jeweils ein Gewicht von 200 g und beobachten Sie dabei, wie weit der Teig zusammengedrückt wird. Je stärker er zusammengedrückt wird, umso weniger fest ist der Teig.

Formen Sie schließlich kleine Brötchen aus dem Teig und backen Sie sie. Notieren Sie sich dabei die Reihenfolge, damit Sie später noch wissen, welches Brötchen von welchem Teig stammt. Verkosten Sie dann die Brötchen und finden Sie heraus, welches Ihnen am besten gefällt. Jetzt können Sie in dem Grundrezept die Menge an Flüssigkeit so ändern, wie es Ihnen am besten gefällt.

3. | **Ein Experiment zur Demonstration, wie lange Brotteig geknetet werden muss**

Stellen Sie noch einmal 8 Teigstücke mit dem gleichen Rezept her, nur nehmen Sie diesmal die gleiche Menge Wasser für jeden Teig. Kneten Sie jetzt jedes Teigstück unterschiedlich lange und notieren Sie sich, wie elastisch und wie fest sie werden (damit Sie beim nächsten Mal die gleiche Konsistenz erhalten). Backen Sie dann aus den Teigen kleine Brötchen und wählen Sie dasjenige, das Ihnen am besten zusagt, und entscheiden Sie dann, wie lange Sie Ihren Brotteig in Zukunft kneten werden.

9
Saucen

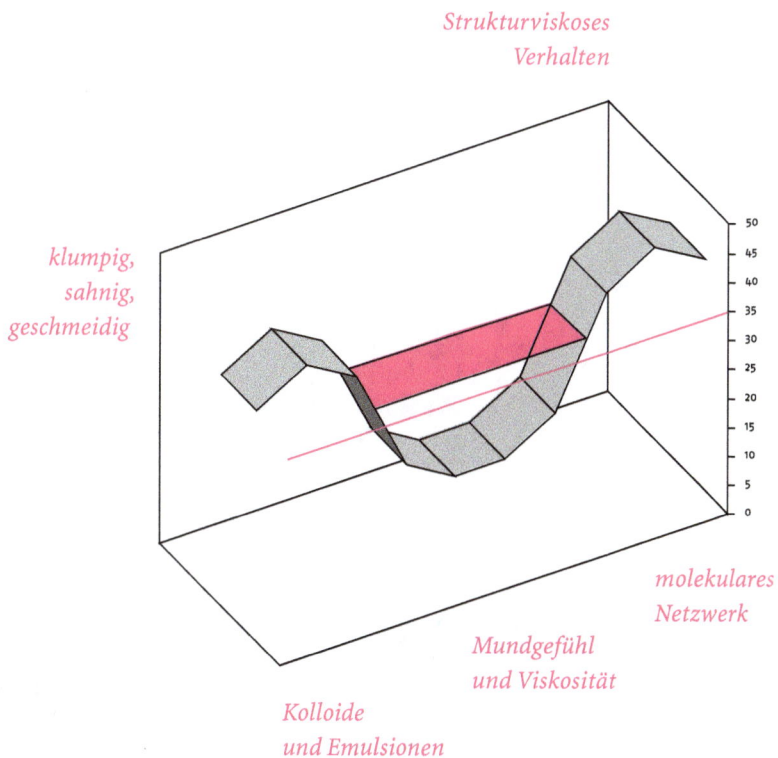

Strukturviskoses Verhalten

*klumpig,
sahnig,
geschmeidig*

molekulares Netzwerk

Mundgefühl und Viskosität

Kolloide und Emulsionen

Einleitung

Für viele Gerichte sind Saucen einfach unverzichtbar. Dabei reicht das Spektrum von einer einfachen Vinaigrette zu einem Salat bis zu einer komplexen, gehaltvollen mexikanischen Sauce, der »Mole«. Saucen tragen nicht nur wesentlich zum Aroma bei, sondern bringen auch die Beschaffenheit von fast allen zubereiteten und warm gegessenen Lebensmitteln besser zur Geltung.

Im Wesentlichen wird eine Sauce in zwei Schritten hergestellt. Zunächst bekommt sie das gewünschte Aroma und dann muss die Sauce noch die richtige Konsistenz sowie ein optimales Mundgefühl erhalten. Die Aromastoffe können aus den verschiedensten Quellen kommen. Nehmen wir z. B. eine Bratensauce. Hier stammen die Aromen aus den Maillard-Reaktionen, die während des Bratens ablaufen. In anderen Saucen wird die Aromakomponente mit einer Zutat zugegeben, z. B. in der Käsesauce für »Chicken-Parmesan« (Parmesan-Hähnchen).

In diesem Kapitel werden wir uns schwerpunktmäßig auf die Verfahren zum Andicken von Saucen konzentrieren und uns nur am Rande mit der Aromatisierung dieser Saucen beschäftigen. Nur bei der Herstellung von Brühen und Fonds werde ich auf die evtl. auftretenden Probleme bei der Aromabildung eingehen. Die meisten pikanten Saucen haben als Grundlage einen Fond oder eine Brühe und wir werden uns deswegen etwas ausführlicher damit beschäftigen.

Dickungsmittel und die dabei ablaufenden Mechanismen

Wir besitzen inzwischen schon recht gute Kenntnisse über die verschiedenen, auf molekularer Ebene ablaufenden Prozesse beim Andicken von Saucen. Darunter gibt es einige, die sehr weit in fortgeschrittene Bereiche der Physik und der Chemie vordringen und deswegen für den Laien rätselhaft erscheinen werden. Am schwierigsten ist dabei zu verstehen, wodurch eigentlich eine Sauce (oder irgendeine andere Flüssigkeit) dickflüssig oder dünnflüssig wird. Zunächst taucht auch das Problem der Terminologie auf, mit der wir die Beschaffenheit einer Sauce beschreiben. Wenn man den Begriff »dick« oder »dickflüssig« auf eine Sauce anwendet, berührt man dabei eine Reihe von verschiedenen Eigenschaften, die wiederum von verschiedenen Wirkungsmechanismen auf molekularer Ebene beeinflusst werden. Die erste Eigenschaft wird durch den Begriff der Viskosität beschrieben. Die Viskosität einer Flüssigkeit wird definiert als der Quotient aus der Geschwindigkeit, mit der die Flüssigkeit durch eine Röhre hindurchfließt und dem Druck, der auf die Flüssigkeit ausgeübt wird, damit sie fließt. Eine dickflüssige Sauce muss deswegen mit einem hohen Druck durch eine kleine Röhre gedrückt werden und hat deswegen eine hohe Viskosität. Eine ausführlichere Beschreibung der Viskosität und wie man sie steuern kann, finden Sie in dem Kasten weiter unten. Bei Saucen können die Verhältnisse jedoch noch wesentlich komplizierter sein. Oft ist es wünschenswert, dass sich eine Sauce, die am Tisch serviert wird, leicht gießen lässt. Sie soll jedoch meistens nur einige Teile eines Gerichtes bedecken und nicht über den ganzen Teller laufen. D. h. also mit anderen Worten, dass sich die Viskosität der Sauce beim Gießen ändern soll. Wir möchten also erreichen, dass die Sauce beim Gießen eine geringe Viskosität hat und später auf dem Teller eine hohe Viskosität. Flüssigkeiten, die solche Eigenschaften besitzen, werden als »thixotrop« bezeichnet. Manchmal sagt man auch, dass sich eine derartige Flüssigkeit »strukturviskos« verhält. Im Allgemeinen verhalten sich Lösungen mit sehr langen Molekülen, gelöst in einer Flüssigkeit mit geringer Viskosität, wie z. B. Wasser, strukturviskos.

Es gibt in der Küche zwei Methoden, um Saucen anzudicken. Bei der Ersten werden Stärkekörner in heißem Wasser gequollen und bei der Zweiten verbinden sich Proteine zu einem riesigen Netzwerk, dass dann Wasser einlagert und ein Gel bildet. Beide Methoden sind für Saucen aller Art üblich, sowohl für süße als auch für pikante. Es lohnt sich, zuerst etwas über die naturwissenschaftlichen Gesetzmäßigkeiten, die jeder Methode zugrunde liegen, zu lernen, bevor wir dann anschließend die Zubereitungsmethoden der einzelnen Saucen genauer betrachten. So werden wir im folgenden Abschnitt lernen, wie heißes Wasser (was im Übrigen der Hauptbestandteil aller Saucen ist) mithilfe der verschiedenen, beim Kochen üblichen Methoden angedickt werden kann.

DICKFLÜSSIGKEIT UND VISKOSITÄT | Wenn die meisten Menschen von der Dickflüssigkeit einer Sauce reden, würde sich ein Wissenschaftler auf ihre Viskosität beziehen. Die Viskosität einer Flüssigkeit ist eine messbare Eigenschaft und beschreibt, wie schnell eine Flüssigkeit unter Einwirkung eines bestimmten Druckes fließt. Stellen Sie sich einen Tank mit einer Flüssigkeit auf dem Dachboden Ihres Hauses vor und wie diese Flüssigkeit dann hinunter fließt, durch mehrere Röhren, um schließlich Ihre

Badewanne zu füllen. Der Kopf der Flüssigkeitssäule über der Badewanne ist verantwortlich für den Druck, mit dem die Flüssigkeit durch die Röhren gepresst wird. Je höher jetzt die Viskosität der Flüssigkeit ist, umso länger wird es dauern, um die Badewanne zu füllen. Der Druck wird angegeben durch das Produkt aus der Dichte der Flüssigkeit, der Höhe des Tanks über dem Bad und einer Konstanten g, auch Erdbeschleunigung genannt.

Eine dickflüssige Sauce ist also eine viskose Sauce. Um zu verstehen, wie man eine dickflüssige Sauce herstellen kann, ist es ganz gut zu wissen, warum einige Flüssigkeiten viskoser sind als andere. Wenn eine Flüssigkeit fließt, müssen sich die Moleküle dieser Flüssigkeit aneinander vorbeischieben und es ist schwieriger ein großes Molekül aus dem Weg zu schieben. Es ist ebenfalls schwieriger, an einem ungleichmäßig geformten Molekül vorbeizugleiten. Deswegen haben im Allgemeinen Flüssigkeiten mit größeren oder ungleichmäßig geformten Molekülen eine höhere Viskosität.

Weil Saucen natürlich hauptsächlich aus Wasser bestehen, müssen wir herausfinden, wie man das Wasser viskoser machen kann, wenn wir eine Sauce andicken wollen. Zunächst können wir die Viskosität des Wassers und damit auch die Dickflüssigkeit der Sauce erhöhen, wenn wir große Moleküle darin auflösen. Je größer die Moleküle sind, desto weniger brauchen wir von ihnen, damit die Sauce viskos wird. Man kann aber auch die Viskosität von Wasser durch Zusatz von kleinen Molekülen, wie z. B. Zucker, erhöhen. So wird wahrscheinlich jedem in der Küche schon einmal aufgefallen sein – auch wenn man es vielleicht nicht bewusst zugeordnet hat –, dass sehr konzentrierte Zuckerlösungen sehr viskos sind. Denken Sie nur an goldenen Sirup, Zuckerrübensirup und Honig, alles konzentrierte Zuckerlösungen, die sehr viskos bzw. dickflüssig sind. Wenn man Zucker als Dickungsmittel verwenden möchte, gibt es nur ein Problem. Sie müssten so viel Zucker zusetzen, um einen ausreichenden Dickungseffekt zu erzielen, dass die Sauce über alle Maßen süß wäre. Auch andere kleine Moleküle eignen sich kaum, denn wie Sie bereits in Kapitel 3 erfahren haben, sind kleine Moleküle normalerweise leicht flüchtig und, wenn sie in den Nasengängen gelangen, Träger von Aromen, sodass jede Sauce, die allein durch den Zusatz einer großen Menge kleiner Moleküle angedickt würde, ein sehr starkes, ungewöhnliches und überbetontes Aroma hätte.

Was wir also brauchen, um einen Dickungseffekt zu erzielen, ohne gleichzeitig einen zu starken Aromaeffekt einzubringen, sind sehr große Moleküle, die wegen dieser Größe eine Sauce schon in sehr kleinen Mengen andicken können. Und weil sie sehr groß sind, tragen sie auch nicht zum Aroma bei. Wie wir schon wissen, gibt es zwei Hauptgruppen großer Moleküle, die man in Lebensmitteln verwendet, Stärke und Proteine. So ist es auch nicht überraschend, dass beide in einer Vielzahl verschiedener Saucen als Dickungsmittel verwendet werden. Es gibt dabei aber noch einige Feinheiten, die erwähnenswert sind. Die Stärke liegt in Form von Stärkekörnchen vor und diese Körner quellen in heißem Wasser. Und jetzt ist es wichtig zu wissen, dass es die gequollenen Körner selber sind und nicht die Stärke in den Körnchen, die die Sauce andicken. Im Vergleich zu Stärke sind viele Proteine wesentlich kleiner als die Stärkemoleküle. Man kann Sie aber durch Erhitzen in größere Moleküle »umwandeln«, wobei die Proteine miteinander reagieren und ein »Netzwerk«-Molekül bilden, das mehrere 100-mal größer als ein einzelnes Protein sein kann. Solche großen Molekülaggregate können im Vergleich zu den einzelnen Proteinen einen mehr als 1.000fach größeren Einfluss auf die Viskosität haben.

Saucen auf Stärkebasis

Wie wir bereits im vorherigen Kapitel und in Kapitel 2 gesehen haben, kommt die Stärke in Form von kleinen Körnchen in vielen Gemüsearten und -samen vor. Diese Stärkekörner bestehen hauptsächlich aus zwei Molekülen: Amylose und Amylopektin. Es handelt sich dabei um langkettige Moleküle, die aus kleinen, miteinander verbundenen Zuckermolekülen bestehen. In der Amylose sind die Zucker so miteinander verbunden, dass sie eine lineare Kette bilden, während im Amylopektin die Zucker in einer etwas komplexeren Art und Weise miteinander verknüpft sind und dadurch verzweigte Moleküle entstehen (siehe auch Kapitel 2 mit einer genaueren Beschreibung dieser Moleküle). Obgleich diese langen Stärkemoleküle aus Zuckermolekülen aufgebaut sind, schmecken sie überhaupt nicht süß. Die Sensoren für Süße auf unserer Zunge reagieren nicht auf diese großen Moleküle.

Die Amylose und das Amylopektin aus der Stärke beginnen beim Erhitzen auf über 70 °C sich im Wasser zu lösen und die Körnchen absorbieren große Mengen Wasser. Wenn jetzt noch mehr Wasser in die Körnchen eindringt, dann dehnen sie sich aus. In Extremfällen können sie sich bis auf das Hundertfache ihres ursprünglichen Volumens ausdehnen. Diese vergrößerten Körnchen erhöhen die Viskosität der Lösung und tragen damit zum größten Teil zum Dickwerden bei.

Um einmal zu sehen, wie es zu diesem Anstieg der Viskosität kommt, können Sie ein einfaches Experiment durchführen. Nehmen Sie dazu eine Waschschüssel, 10 bis 15 Ballons und etwas Wasser. Die Ballons dienen als vergrößertes Modell für die Stärkekörner. Geben Sie am Anfang nur etwas Wasser in jeden Ballon, sodass diese immer noch ziemlich schlaff sind. Das sollen die Stärkekörner vor dem Quellen sein. Geben Sie jetzt alle Ballons in die Waschschüssel und geben Sie noch Wasser hinzu. Wenn Sie jetzt das Wasser in der Waschschüssel durchrühren, können Sie Ihre Hände ganz leicht durch das Wasser hin und her bewegen. Man könnte also sagen, dass die Flüssigkeit eine niedrigere Viskosität hat oder eine Sauce entsprechend sehr dünnflüssig ist. Geben Sie dann so viel Wasser in die Ballons, dass sie etwa fünfmal so groß sind wie am Anfang. Legen Sie danach die Ballons wieder in die Waschschüssel, füllen diese mit Wasser auf und versuchen erneut, darin herumzurühren. Jetzt ist es wesentlich schwieriger, die »Ballon-Wasser-Mischung« zu rühren, denn Sie müssen die Ballons verformen, um sich zwischen ihnen hindurch bewegen zu können. Man könnte jetzt also sagen, dass Sie in der Schüssel eine Flüssigkeit mit einer hohen Viskosität haben (oder eine dickflüssige Sauce).

Das Quellen der Stärkekörner ist jedoch noch nicht das Ende der Geschichte, denn es ist möglich, dass in einer Sauce einige Stärkemoleküle aus den Stärkekörnern herausplatzen. Das passiert dann, wenn sich die Stärkekörner weit genug ausgedehnt haben, d. h. bei ausreichend hoher Temperatur. Diese freigesetzte Stärke trägt dann zum allgemeinen Dickwerden bei. Aber es bildet sich dabei auch eine Art verworrenes Netzwerk aus langen Molekülen, das die gesamte Sauce durchzieht und damit der Sauce eine Eigenschaft gibt, die wir als strukturviskoses Verhalten bezeichnen. Die Sauce kann dann leicht gegossen werden, während sie nachher auf dem Teller erstarrt und nicht mehr so leicht wegfließt.

Stärke wird meistens in Form von Speisestärke oder Weizenmehl zur Andickung von Bratensaucen genommen. Auch Vanillesoße oder Vanillepudding wird sehr häufig mit Stärke angedickt. Trotzdem sind die besten Vanillesoßen immer noch diejenigen, die mit Eiproteinen angedickt wurden. Das kann jedoch eine sehr zeitaufwendige und auch kostspielige Angelegenheit sein, weswegen die meisten handelsüblichen Vanillesoßen (und alle Vanillepuddingpulver) als Verdickungsmittel Speisestärke enthalten.

MR. BIRDS VANILLESOSSE | Mr. Bird war Apotheker und hatte eine Frau, die Vanillesoße über alles liebte, aber leider unter einer Ei-Allergie litt. Zu dieser Zeit nahm man für Vanillesoße ausschließlich Eigelb als Dickungsmittel und um seiner Frau trotzdem den Genuss von Vanillesoße zu ermöglichen, erfand Mr. Bird ein neues Rezept unter Verwendung von Speisestärke. Das war eigentlich relativ einfach: Milch, Zucker und Speisestärke wurden unter Zusatz von geschmacksgebenden Bestandteilen (Vanille usw.) und färbenden Zutaten (Amaretto usw.) zusammen erhitzt bis das Ganze anfing dick zu werden. Die Vanillesoße, die man so erhielt, unterschied sich nicht wesentlich von der traditionellen Vanillesoße auf Eibasis. Mister Bird stellte das Rezept dann zusammen und verkaufte die notwendigen Zutaten in seiner Apotheke. Bereits kurze Zeit später wurde seine einfach zuzubereitende und billige Vanillesoße zu einem großen Erfolg und er gründete eine Firma, die das Produkt als Pulver herstellte und schon bald in aller Welt als »Birds Vanillesoße« verkaufte. Solche Produkte gibt es auch heute noch in der mehr oder weniger ursprünglichen Form in allen Supermärkten überall auf der Welt zu kaufen.

Mit Proteinen angedickte Saucen

Wie wir schon in Kapitel 2 gesehen haben, sind Proteine längliche Moleküle, die aus miteinander verknüpften, linearen Ketten von Aminosäuren bestehen. Die Proteine haben in der Natur genau festgelegte Strukturen, wodurch ihre biologische Funktion bestimmt wird. Wenn diese Proteine allerdings erhitzt werden, ändert sich ihre äußere Form – ein Prozess, der als Denaturierung bezeichnet wird (siehe auch Kapitel 2). Sind die Proteine erst einmal denaturiert, neigen sie dazu, sich auszudehnen und strecken sich in das sie umgebende Wasser aus. Wird die Temperatur noch weiter erhöht, treffen einzelne Proteine aufeinander und bilden durch eine Reaktion zwischen benachbarten Molekülen Brücken aus, wodurch ein großes molekulares Netzwerk entsteht (das letztendlich eine Sauce andickt).

Eine mit Eiern hergestellte Vanillesoße ist ein gutes Beispiel für eine mit Proteinen angedickte Sauce. Bei einer Temperatur von etwa 40 °C werden die Proteine im Eigelb zuerst denaturiert, reagieren dann bei Temperaturen von über 70 °C miteinander und bilden ein Netzwerk aus. Wenn dieses Netzwerk zu stark ist, wird die Vanillesoße zu dickflüssig und es bilden sich irgendwann Klümpchen. Im Extremfall wird sich das Ganze in Rührei verwandeln! Als grobe Richtlinie sollten Sie darauf achten, dass die Temperatur bei der Herstellung von Vanillesoße 80 °C nicht überschreitet.

STRUKTURELLE BESCHAFFENHEIT UND MUNDGEFÜHL

Während die strukturelle Beschaffenheit einer Sauce hauptsächlich durch die Viskosität bzw. Dickflüssigkeit bestimmt wird, gibt es noch eine Reihe weiterer Faktoren, die von größter Wichtigkeit sind. Diese Faktoren werden von den Lebensmitteltechnologen oft unter der Überschrift »Mundgefühl« zusammengefasst, ein Begriff, der das zu beschreiben versucht, was wir an Sinneseindrücken bei dem Verzehr von Lebensmitteln wahrnehmen. Der Begriff »Mundgefühl« schließt damit alle Merkmale der strukturellen Beschaffenheit eines Lebensmittels ein, aber auch einige Aspekte bei der Aromenwahrnehmung (z. B. wie lange ein Aroma als Geschmack im Mund wahrgenommen wird). Bei Saucen werden Sie wahrscheinlich an Eigenschaften interessiert sein, die man als »geschmeidig«, »klumpig«, »sahnig«, »sauer« oder »scharf« beschreiben kann, aber auch daran, wie lange sich die Struktur und die Beschaffenheit sowie das Aroma halten. Die verschiedenen Merkmale lassen sich nur schwer voneinander trennen und es ist schwierig, nur einen einzelnen Aspekt davon zu betrachten, und zu untersuchen, inwieweit er die Beschaffenheit einer Sauce beeinflusst.

    Es gibt jedoch einige einfache Regeln. Nehmen wir z. B. den sahnigen Geschmackseindruck. Der Mund wird von stark sahnehaltigen Lebensmitteln mit einer dünnen Schicht überzogen und durch die langsame Löslichkeit hält dieser Geschmackseindruck einige Zeit an. So kann man festhalten, dass ein sahniges Geschmacksempfinden durch das Zusammenwirken von Viskosität (Dickflüssigkeit) und der schwereren Löslichkeit der Fette in der Sauce hervorgerufen wird. Weiter oben wurde bereits der Einfluss der Viskosität ausführlicher dargestellt, sodass wir uns hier darauf konzentrieren werden, die Sahnigkeit einer Sauce durch das Einbinden von unlöslichen fettigen Substanzen zu verbessern. Dieses sahnige Gefühl lässt sich am einfachsten durch die Zugabe von etwas (fetthaltiger) Sahne erreichen. Das Fett in der Sahne ist sehr schlecht im Mund löslich und kann aufgrund seiner Dickflüssigkeit das Innere im Mund leicht mit einem Film überziehen. Deswegen wird in vielen Rezepten als letzter Schliff einer cremigen Sauce noch etwas Sahne hinzugegeben.

Es gibt aber auch sahnig schmeckende Saucen, die überhaupt keine Sahne enthalten. So gibt es Verfahren, bei denen kleine, unlösliche Fetttröpfchen (oder andere Substanzen wie z. B. behandelte Stärkekörner, die nicht mehr aufquellen) in eine Sauce eingearbeitet werden. Wissenschaftlich ausgedrückt ist eine Suspension von Fetttröpfchen in einer anderen Flüssigkeit ein Kolloid und es gibt in der physikalischen Chemie einen ganzen Bereich, der sich mit dem Studium von Kolloiden beschäftigt. Im Wesentlichen brauchen Sie zur Herstellung eines Kolloides sehr fein verteilte Fetttröpfchen, die mit oberflächenaktiven Molekülen umgeben sind und in einem wasserhaltigen Medium stabilisiert werden. Oberflächenaktive Moleküle besitzen ein Ende, mit dem sie sich bevorzugt in einer fetthaltigen Umgebung aufhalten (sie werden sich also nicht so gerne im Wasser der wasserhaltigen Sauce aufhalten). Sie haben dann noch ein anderes Ende, mit dem sie sich lieber im wässrigen Medium aufhalten und nicht so sehr in den Fetttröpfchen. Es gibt viele Beispiele für derartige Moleküle, die man zur Herstellung von kolloidalen Saucen verwenden kann – die wahrscheinlich Wichtigsten sind die Lipide aus dem Eigelb.

Wenn man einer Mischung aus Öl und Wasser Eigelb hinzusetzt und das Ganze dann sehr heftig rührt, entsteht eine ziemlich stabile kolloidale Suspension von Öltröpfchen in Wasser und Sie erhalten – vorausgesetzt, Sie haben heftig genug gerührt – eine dickflüssige und sahnige Sauce. Die wahrscheinlich besten Beispiele für solche Saucen sind die verschiedensten Arten von Mayonnaise.

Fonds (oder Brühen)

Als Grundlage für die meisten pikanten Saucen nimmt man einen Fond oder eine Brühe, durch die die Sauce das grundlegende Aroma erhält. Als vor vielen Jahren die Köche noch viel Zeit hatten, wurden die Fonds in der Regel lange im Voraus hergestellt und meistens dann, wenn die Zutaten verfügbar waren, manchmal auch aus übrig gebliebenen Zutaten und Speiseresten. Heutzutage haben die meisten Köche zu wenig Zeit, um Fonds herzustellen, die nicht unmittelbar weiterverwendet werden. Es ist auch üblich geworden, Fertigfonds und Brühwürfel zu verwenden. Obgleich man mit diesen Fertigfonds recht gute Ergebnisse erzielen kann, geht doch nichts über eine Sauce aus einem selbst hergestellten Fond. Warum selbst gemachte Fonds ein besseres Aroma besitzen, liegt wahrscheinlich auch daran, dass man keine Konservierungsstoffe zusetzen muss. Wenn Sie sich einmal die Zutatenliste von einem Fertigfond (oder von anderen handelsüblichen flüssigen Brühen) ansehen, werden Sie schnell feststellen, dass die zuerst aufgeführte Zutat (d. h. diejenige, von der am meisten enthalten ist) Salz ist. Das Salz wird jedoch nicht aus geschmacklichen Gründen hinzugegeben und deshalb ist es manchmal erforderlich, diese Unmenge an Salz durch Zugabe anderer Bestandteile zu überdecken. Das Salz dient hier hauptsächlich als Konservierungsstoff und wenn genug Salz vorhanden ist, können Bakterien und Schimmelpilze nicht wachsen und die Brühe oder der Fond hat eine lange Haltbarkeit.

Wenn Sie sich dazu entschließen, Ihre eigenen Fonds zuzubereiten, gibt es zwei verschiedene Möglichkeiten, wie Sie die Haltbarkeit verlängern können (wenigstens für einige Wochen). Erstens können Sie die Flüssigkeit durch Einkochen konzentrieren, bis eine dickflüssige dunkle Paste daraus wird, die Sie dann später wieder verdünnen können. Solche Pasten kann man sehr gut im Kühlschrank für eine oder zwei Wochen aufbewahren. Sie sollten sie jedoch noch einmal aufkochen, bevor Sie sie dann verwenden. Die zweite Möglichkeit zum Haltbarmachen von Fonds ist das Einfrieren. Wenn Sie wenig Platz im Gefrierschrank haben, können Sie die Fonds natürlich vorher auch noch konzentrieren. Ich kenne auch Leute, die die konzentrierten Fonds in Eiswürfelförmchen einfrieren.

Für einen wirklich guten Fond ist es entscheidend, dass Sie so viele Aromastoffe wie nur möglich aus den Grundzutaten erzeugen und diese dann extrahieren. So müssen Sie bei der Herstellung von Fleischfonds dafür sorgen, dass die Maillard-Reaktionen (Bräunungsreaktionen) ablaufen können, bei denen viele aromatragende Moleküle (siehe auch Kapitel 2, 4 und 6) gebildet werden, die dem Fond ein intensives Fleischaroma geben. Beim Gemüsefond dagegen werden wir versuchen, den typischen Charakter der Gemüse so weit wie möglich zu erhalten. Egal, was für einen Fond Sie zubereiten – Sie sollten auch an die Farbe denken. Für helle Saucen benötigen Sie einen klaren Fond, während für dunkle Saucen manchmal ein dunklerer Fond besser sein kann. In den nachfolgenden Rezepten wird die Herstellung von grundlegenden Fleisch- und Gemüsefonds beschrieben.

Gemüsefond — GRUNDREZEPT

Wichtige Punkte, die man bei der Herstellung von Gemüsefond beachten sollte

→ Geben Sie auf jeden Fall immer einige Zwiebeln und Möhren den Zutaten bei. Wenn Zwiebeln gekocht werden, entstehen geschmacksverstärkende Verbindungen, Moleküle, die sich in etwa wie Natriumglutamat verhalten und die andere vorhandene Aromastoffe durch die Umami-Geschmacksempfindung stärker hervorheben (siehe auch Kapitel 3). Mit den Möhren erhalten Sie eine schöne Färbung und diese tragen außerdem zur Dickflüssigkeit einer Sauce bei.

→ Bevor Sie eine Flüssigkeit hinzugeben, sollten Sie das Gemüse kurz anbraten, damit es weich wird und Aromastoffe freigesetzt werden.

→ Die Farbe der späteren Sauce können Sie durch mehr oder weniger starkes Bräunen des Gemüses beeinflussen.

ZUTATEN (für etwa 1,5 l Fond)
- *250 g Möhren (1 große Möhre)*
- *300 g Zwiebeln (2 mittelgroße Zwiebeln)*
- *200 g Pilze*
- *250 g Porree (1 Porreestange) optional*
- *250 g Pastinak (1 mittelgroße Pastinak) optional*
- *2 l Wasser*

Geben Sie für eine stark angedickte Sauce außerdem hinzu:
- *250 g Kartoffeln (2 mittelgroße Kartoffeln)*

Anmerkung: Sie können auch je nach Belieben andere Gemüsesorten verwenden und auch die einzelnen Anteile je nach Bedarf variieren.

ZUBEREITUNG

Waschen Sie das Gemüse und zerkleinern Sie es in etwa 1 cm große Stücke. Geben Sie die Zutaten nach und nach in einen Emaille- oder Edelstahltopf, der eine möglichst starke Bodenplatte haben sollte und erhitzen Sie auf mittlerer Stufe. Fügen Sie weder Wasser noch Öl hinzu. Geben Sie zunächst die Zwiebeln und den Porree hinein, gefolgt von den andern Zutaten und ganz zum Schluss die Pilze. Verschließen Sie den Topf mit einem Deckel und rühren Sie das Gemüse ab und zu durch, bis es weich geworden und auf etwa die Hälfte des ursprünglichen Volumens zusammengeschrumpft ist.

Jetzt beginnt das Gemüse am Topfboden langsam zu bräunen und Sie sollten es nicht mehr aus den Augen lassen. Je nachdem, wie stark gebräunt Ihr Fond nachher sein soll, lassen Sie das Gemüse entsprechend bräunen.

Lassen Sie für eine dickflüssige dunkle Sauce eine bereits angebräunte Schicht Gemüse am Boden des Topfes anhaften und drehen dann die Herdplatte voll auf, bis sich eine dunkle schokoladenbraune Farbe gebildet hat. Geben Sie dann etwas kochendes Wasser hinzu. Nehmen Sie jetzt einen hölzernen Spachtel, kratzen das gebräunte Gemüse vom Topfboden ab, geben noch etwas mehr Wasser hinzu, bis das Gemüse bedeckt ist, und dann noch einmal etwa halb so viel Wasser, bis die Gesamtmenge an Wasser etwa 2 l beträgt. Kochen Sie dann das bedeckte Gemüse auf kleiner Flamme noch mindestens weitere 40 Minuten lang, gießen die Flüssigkeit dann ab und pürieren die Mischung durch ein Sieb. Nachdem Sie das Gemüse durch das Sieb gedrückt haben, sollte am Ende nur etwa 1 kleine Tasse voll fester Bestandteile übrig bleiben.

Zur Herstellung einer dünnen dunklen Sauce gehen Sie genau so wie oben beschrieben vor, mit der Ausnahme, dass Sie das Gemüse nicht durch ein Sieb drücken, sondern stattdessen nach dem Kochen nur das Kochwasser aufbewahren.

Geben Sie für eine dickflüssige helle Sauce kochendes Wasser hinzu, sobald das Gemüse anfängt zu brodeln und lassen es wenigstens 1 Stunde lang vor sich hin kochen. Wenn das Gemüse dann weich ist und anfängt auseinander zu fallen, können Sie es abgießen und die Mischung durch ein Sieb pressen. Nachdem Sie das Gemüse durch das Sieb gedrückt haben, sollte am Ende nur etwa 1 kleine Tasse voll fester Bestandteile übrig bleiben.

Bei einer dünnflüssigen hellen Sauce gehen Sie wie oben beschrieben vor, nur dass Sie das Gemüse nicht durch das Sieb pressen und stattdessen nach dem Kochen die Kochflüssigkeit aufbewahren.

Den Fond konzentrieren
Wenn Sie entweder ein stärkeres Aroma haben möchten oder wenn Sie den Fond für eine spätere Verwendung aufbewahren möchten, können Sie ihn ganz einfach konzentrieren, indem Sie ihn bei mittlerer Hitze kochen lassen, bis das ursprüngliche Volumen von etwa 1,5 l sich auf etwa 100 ml verringert hat. Der so eingeengte Fond hält sich einige Wochen lang im Kühlschrank, tiefgefroren sogar mehrere Monate. Wenn Sie bei einem Fond wie oben beschrieben die Flüssigkeitsmenge derart reduzieren, wird sich

natürlich auch das Aroma ändern. Beim Kochen des Fonds werden die verschiedenen Aromamoleküle verdampfen, jedoch unterschiedlich schnell, sodass die relativen Anteile dieser Substanzen sich beim Einengen ändern und es damit zu Änderungen im Aroma kommt.

Was alles bei der Herstellung von Gemüsefonds schief gehen kann und wie man dies in Zukunft vermeiden kann

Problem	Grund	Lösung
Der Fond schmeckt bitter.	Das Gemüse ist angebrannt und nicht nur gebräunt worden.	Hier gibt es keine Lösung. Sie können trotzdem versuchen, den bitteren Geschmack mit etwas Zucker zu überdecken. Lassen Sie beim nächsten Mal das Gemüse während des Anbratens nicht anbrennen.
Der Fond ist nicht dunkel genug.	Das Gemüse wurde am Anfang nicht lange genug angebraten.	Sie können entweder den Fond einengen, um die Farbe zu vertiefen oder Sie geben etwas »Farbe« hinzu, indem Sie etwas gut gebräuntes, gebratenes Gemüse (Zwiebeln, Möhren) in etwas Wasser einweichen und dann zum Färben hinzugeben.
Der Fond ist nicht klar.	Sie haben aus dem Gemüse zu viel Stärke entfernt.	Wenn Sie einen klaren Fond benötigen, sollten Sie das Gemüse auf keinen Fall durch ein Sieb pressen und auf jeden Fall vermeiden, dass Stärke aus dem Gemüse austritt. Nehmen Sie auch für die Zutaten keine Kartoffeln. Es kann sein, dass Sie den Fond später noch klären können (siehe dazu auch den entsprechenden Abschnitt bei den Fleischfonds später in diesem Kapitel).
Der Fond hat nur wenig Geschmack.	Entweder haben Sie nicht genug Gemüse genommen oder das Gemüse wurde nicht lange genug angebraten.	Engen Sie den Fond ein, um die Intensität des Aromas zu erhöhen. Nehmen Sie das nächste Mal mehr Gemüse, und/oder braten Sie es längere Zeit an.

Fleischbrühe/Fleischfond GRUNDREZEPT

Wichtige Punkte

→ Bräunen Sie das Fleisch und die Knochen ausgiebig, bevor Sie Wasser hinzufügen

→ Wenn irgendwie machbar, sollten Sie statt der einzelnen Gemüsesorten wie unten beschrieben einen vorher zubereiteten Gemüsefond verwenden

ZUTATEN (für etwa 1,5 l Fond)
- *150 g klein geschnittene Fleischstücke und alle verfügbaren Knochen und entweder 2 l eines Gemüsefonds (siehe oben) oder*
- *250 g Möhren (1 große Möhre)*
- *300 g Zwiebeln (2 mittelgroße Zwiebeln)*
- *200 g Pilze*
- *250 g Porree (1 Porreestange) optional*
- *250 g Pastinak (1 mittelgroße Pastinak) optional*

ZUBEREITUNG

Schneiden Sie das Fleisch in kleine Stücke. Je kleiner die Stücke sind, umso größer wird die Oberfläche, an der die Maillard-Reaktionen stattfinden können, durch die sich die Aromastoffe bilden. Auch der spätere Fond wird dadurch ein reichhaltigeres Aroma bekommen.

Wenn Sie anstelle einer fertigen Gemüsebrühe frisches Gemüse nehmen, dann schneiden Sie dies in kleine Stücke und braten es wie beim Gemüsefondrezept oben beschrieben für 20 Minuten an. (Parallel dazu wird das Fleisch gebräunt.) Geben Sie dann etwa 3 l kochendes Wasser zum Gemüse hinzu und lassen es für etwa weitere 30 Minuten ohne Topfdeckel vor sich hin kochen und gießen es schließlich ab.

Der wichtigste Schritt bei der Herstellung des Fonds ist das Bräunen der Fleischstücke. Das Aroma entsteht durch den Abbau von großen Proteinmolekülen zu kleineren, flüchtigen aromaaktiven Molekülen mithilfe der Maillard-Reaktionen (siehe auch die Kapitel 3, 4 und 6 mit Details zu diesen Reaktionen). Weil die Maillard-Reaktionen bei Raumtemperatur nur sehr langsam ablaufen, erhalten Sie das beste Aroma, wenn Sie die Fleischstücke bei einer Temperatur von über 140 °C anbraten. Sie sollten dabei jedoch Temperaturen von 250 °C und höher vermeiden, weil dann die Maillard-Reaktionen zu anderen Verbindungen führen, die den Lebensmitteln einen bitteren und verbrannten Geschmack verleihen. Das Bräunen selber können

Sie entweder auf der Herdplatte in einer Bratpfanne bei mittlerer Hitze oder im Backofen bei einer Temperatur von etwa 200 °C durchführen.

Wenn Sie das Bräunen im Backofen durchführen, sollten Sie die Fleischstückchen in einer Lage großzügig verteilt in eine Backform legen und sie wenigstens 1 Stunde lang rösten, bis das Fleisch gut gebräunt ist. Wenn es möglich ist, sollten Sie die Fleischstückchen während des Backens einmal umdrehen.

Nehmen Sie eine Bratpfanne, sollten Sie nur wenig Öl oder Fett nehmen und immer nur so viel Fleisch in die Pfanne legen, dass sie nur etwa halb voll ist. Erhitzen Sie dann das Fleisch bei mittlerer Hitze unter ständigem Wenden, bis es gut gebräunt ist, d. h. eine dunkle, schokoladenbraune Färbung mit einem leichten Glanz aufweist.

Wenn Sie auch noch Knochen zur Verfügung haben, dann hacken oder spalten Sie diese in kleine Stücke und bräunen Sie sie zusammen mit dem Fleisch. Durch das Aufbrechen der Knochen wird das Knochenmark verfügbar und man bekommt so ein noch wesentlich besseres Aroma.

Egal, welche Methode Sie zum Bräunen des Fleisches genommen haben, die restlichen Schritte sind jeweils gleich. Nehmen Sie das Fleisch (und evtl. Knochen) aus der Pfanne, in der es erhitzt worden ist, und gießen Sie evtl. herausgetretenes Fett ab. Erhitzen Sie etwas von der Gemüsebrühe und geben Sie sie in die Pfanne, die auf die Herdplatte bei mittlerer Hitze erwärmt wird. Lassen Sie die Brühe dann darin aufkochen und kratzen Sie vom Boden der Pfanne alle Reaktionsprodukte ab, die noch daran anhaften. Gießen Sie die Brühe dann in einen Topf und wiederholen Sie das Ganze so lange, bis die Pfanne fast sauber ist. Man bezeichnet dieses Auswaschen der Bräunungsprodukte aus der heißen Pfanne zur Herstellung eines Fonds oder einer Sauce auch als Ablöschen. Geben Sie dann den Rest der Gemüsebrühe zusammen mit den Fleischstücken und den Knochen in einen Topf und lassen das Ganze für wenigstens 1 Stunde vor sich hin kochen. Je länger Sie kochen, desto mehr Aromastoffe werden dabei von dem Fleisch extrahiert. Es gibt sogar Rezepte, die das Kochen über mehrere Tage empfehlen! Das Extrahieren erschöpft sich jedoch nach etwa 1 Stunde und weiteres Kochen bringt nur wenig mehr, es sei denn, Sie kochen wirklich mehrere Tage lang.

Während der Fond vor sich hin kocht, wird sich etwas Schaum an der Oberfläche bilden. Dieser Schaum wird von Teilen des Bindegewebes aus dem Fleisch und auch durch die Abbauprodukte der Knochen verursacht. Wenn man ihn nicht entfernt, wird der Fond trübe werden. Um einen klaren

Fond zu erhalten, müssen Sie also den Schaum von der Oberfläche abschöpfen und Sie sollten sich darauf einstellen, dass dies etwa jede Viertelstunde einmal nötig ist.

Schließlich gießen Sie den Fond von den Fleischstückchen und den Knochen ab. Sie können ihn sofort verwenden oder, wenn Sie ihn länger aufbewahren wollen, Sie engen ihn ein, wie ich dies bei Gemüsefond beschrieben habe.

Eine Anmerkung zur Klärung von Fonds
Viele Saucen haben ein viel besseres äußeres Erscheinungsbild, wenn sie durchsichtig oder wenigstens durchscheinend sind. Wenn Sie eine derartige Sauce herstellen wollen, ist es unbedingt notwendig, dass die Fondgrundlage selbst vollkommen klar ist. Während die meisten Gemüsefonds relativ klar sind (es sei denn, Sie drücken das Gemüse am Ende noch durch ein Sieb und fügen es dem Fond hinzu), sind Fleischfonds oft recht trübe. Die Trübung besteht aus kleinen Zusammenlagerungen von Molekülen (etwa in der Größenordnung von einem tausendstel Millimeter), die sich aus den denaturierten Proteinen des Bindegewebes bilden. (Durch die langen Kochzeiten wird das Bindegewebe langsam herausgelöst.)

Die herkömmliche Weise, eine Trübung in einem Fond zu verhindern, ist das ständige Abschöpfen der Oberfläche während des Kochens. Das funktioniert deswegen so gut, weil die Proteinaggregate an die Oberfläche wandern und dort eine schaumähnliche Schicht bilden. Wenn Sie diese abschöpfen, sobald sie an die Oberfläche kommen, so wird der Fond später klar bleiben.

Es gibt aber auch noch andere, alternative Methoden. So können Sie den Fond zunächst zubereiten ohne den Schaum abzuschöpfen und die kleinen Molekülaggregate dann später – wenn Sie Zeit haben – entfernen. Zum Entfernen gibt es hauptsächlich zwei gebräuchliche Verfahren: die Filtration und der Zusatz von einem Klärmittel. Diejenigen von Ihnen, die Zugriff auf Laborgeräte haben, können einfach einen Glasfilter (Glasfritte) nehmen, die einfach zu handhaben ist und mit der nach einer Filtration der Fond bemerkenswert klar wird. Wenn Sie keine derartige Filterausrüstung haben, können Sie auf die traditionellen Schönungsverfahren zurückgreifen, die bei der Klärung von Wein oder Bier angewendet werden. Geben Sie einfach das Klärmittel zu dem Fond und lassen ihn eine Weile stehen. Durch das Klärmittel lagern sich die kleinen Aggregate aneinander und bilden wesentlich größere Teilchen. Diese Partikel sinken dann zu Boden und Sie können einen klaren Fond abgießen. Sie können entweder handelsübliche Klärmittel, wie z. B. Agar-Agar, in irgendeinem Weinausrüstungsgeschäft (oder in einem Geschäft mit Zubehör zum Bierbrauen) kaufen oder Sie nehmen ganz einfach Eiklar. Vermengen Sie das Klärmittel einfach mit einer kleinen Menge des kalten Fonds und füllen Sie dies zusammen mit dem restlichen Fond in eine große Flasche (z. B. eine Weinflasche). Stellen Sie die Flasche in aufrechter Position an einen kühlen Ort (idealerweise in den Kühlschrank oder in den Keller), bis nach etwa einem Tag das Klärmittel seine Wirkung entfaltet hat und Sie im oberen Teil der Flasche einen klaren Fond haben. Saugen Sie dann (oder dekantieren Sie) den klaren Fond ab und zurück bleibt ein trüber Bodensatz.

Was alles bei der Herstellung von Fleischfonds schief gehen kann und wie man dies in Zukunft vermeiden kann

Problem	Grund	Lösung
Der Fond schmeckt bitter.	Das Fleisch wurde bei einer zu hohen Temperatur gebräunt.	Es gibt keine wirkliche Lösung dieses Problems. Der bittere Geschmack kann jedoch mit etwas Zucker übertüncht werden. Bräunen Sie das Fleisch das nächste Mal bei einer tieferen Temperatur im Ofen oder bei geringerer Hitzezufuhr auf dem Herd.
Der Fond ist nicht dunkel genug gefärbt.	Die Fleischstückchen wurden nicht genügend gebräunt. Sie haben nicht genug Fleischstückchen verwendet. Die Fleischstückchen oder die Knochen wurden nicht in ausreichend kleine Stückchen geschnitten.	Sie können entweder den Fond einengen, um die Farbe zu vertiefen oder Sie geben etwas »Farbe« hinzu, indem Sie etwas gut gebräuntes, gebratenes Gemüse (Zwiebeln, Möhren) oder Fleischstückchen in etwas Wasser einweichen und dann dem etwas zu hellen Fond zum Färben hinzugeben. Bräunen Sie das nächste Mal die Fleischstückchen stärker durch. Nehmen Sie das nächste Mal mehr Fleischstückchen und Knochen. Schneiden Sie beim nächsten Mal die Fleischstückchen und Knochen in kleinere Stücke.

↓

Problem	Grund	Lösung
Der Fond ist nicht klar.	Der Schaum, der beim Kochen an die Oberfläche kommt, wurde nicht abgeschöpft.	Manchmal gelingt es, den Fond durch Zusatz von etwas Eiklar und anschließendem Stehenlassen über Nacht an einem kühlen Platz zu klären. Das Eiklar führt dazu, dass sich die Proteinrückstände, die den Fond trüben, zusammenlagern und zu Boden sinken. Sie müssen dabei den Fond sehr sorgfältig abgießen, damit er nicht erneut trüb wird.
Der Fond hat zu wenig Aroma.	Es wurde zu wenig gebräunt – entweder, weil zu wenig Fleisch und Knochen vorhanden waren oder weil nicht lange genug erhitzt wurde, um eine Bräunung zu ermöglichen.	Reduzieren Sie den Fond, um das Aroma zu intensivieren. Nehmen Sie das nächste Mal mehr Fleischstücke, schneiden Sie sie kleiner und bräunen Sie sie länger bei einer höheren Temperatur.

Rezepte

Saucen auf Stärkebasis
Grundlegende Prinzipien und einige wichtige Regeln

Die wahrscheinlich einfachste und gebräuchlichste Methode, um Saucen anzudicken, ist die Verwendung von Stärke. Und das wahrscheinlich am häufigsten auftretende Problem ist das Verkleben von Stärkekörnern, schon bevor sie Wasser absorbieren, sich ausdehnen und die Sauce andicken können. Wenn sich auf diese Weise viele Stärkekörner zusammenlagern, entstehen in der Sauce Klümpchen. Die Stärkekörner in der Mitte solcher Klumpen werden vom Wasser nicht mehr erreicht und können deswegen nicht aufquellen.

Will man eine wirklich exzellente Sauce zubereiten, so muss man diese Zusammenballung von Stärkekörnern auf jeden Fall vermeiden, und zwar bevor sie aufquellen und die Sauce andicken. Die Stärkekörner können miteinander verkleben, wenn etwas von dem Protein (oder von der Stärke), das sich in und auf den Körnchen befindet, mit dem Wasser in Berührung kommt. Dadurch werden die Stärkekörner rundum von einer klebrigen Oberfläche überzogen.

Wenn dann zwei solcher klebrigen Körnchen zusammentreffen, werden die gebundenen Proteinmoleküle miteinander in Wechselwirkung treten und sich miteinander verbinden. Sobald sich weitere Körnchen an dieses anfängliche Paar anlagern, können sehr schnell große Aggregate entstehen. Die Stärkekörner im Inneren dieser Aggregate werden dann nicht von Wasser benetzt, weil sie von anderen Stärkekörnern umgeben sind, und nur die Stärkekörner am Rande dieser Aggregate werden beim Erhitzen Wasser absorbieren und quellen. Diese Aggregate sind dann die Klumpen in einer klumpigen Sauce. Am Einfachsten kann man das Verkleben der Stärkekörner verhindern (und damit die Klumpen in der Sauce), wenn man die Stärkekörner sehr gut dispergiert (fein verteilt), bevor sie erhitzt werden und anfangen zu quellen. Durch die feine Verteilung der Stärkekörner wird verhindert, dass sie aufeinander treffen und irgendwelche Aggregate bilden können, sodass beim anschließenden Erhitzen sämtliche Körnchen von Wasser benetzt werden und beim Quellen die Sauce gleichmäßig angedickt wird.

Man kann die Stärkekörner auf verschiedene Arten fein verteilen. Bei den zwei gängigsten Methoden werden die Stärkekörner entweder in kaltem Wasser oder in heißem Fett bzw. Öl dispergiert. In beiden Fällen wird die gebildete Suspension von Stärkekörnern (in Fett oder in Wasser) dann der Sauce hinzugefügt und die Mischung wird dann beim Erhitzen solange gerührt, bis die Stärkekörner gequollen sind und die Sauce angedickt ist.

In den unten angegebenen Grundrezepten für helle oder dunkle Saucen wird das Andicken mit in Fett dispergiertem Mehl (Mehlschwitze) durchgeführt. Bei Bratensaucen macht man es sich oft noch einfacher und nimmt als Dickungsmittel in kaltem Wasser fein verteilte Speisestärke. Natürlich ist die Einteilung in Saucen, bei denen man in Fett dispergiertes Weizenmehl nimmt, und in Bratensaucen, bei denen man in Wasser dispergierte Speisestärke verwendet, recht willkürlich und beide Methoden lassen sich ohne weiteres austauschen. Oft wird die Meinung vertreten, dass man mit einer Mehlschwitze ein besseres Aroma und ein optimales Mundgefühl erhält. Auf der anderen Seite wenden viele Köchinnen und Köche fast ausschließlich die »idiotensichere« Methode mit Speisestärke an, weil sie sich an das Mehlschwitze-Verfahren nicht so recht herantrauen.

Warum man überhaupt verschiedene Zubereitungstechniken bei Weizenmehl und Speisestärke anwendet, liegt am Proteingehalt der beiden Stärken. Weizenmehl enthält wesentlich mehr Protein als Speisestärke und neigt deswegen in stärkerem Maße zur Bildung von unerwünschten Klumpen. In der

Speisestärke werden die Stärkekörner von so wenig Protein umhüllt, sodass sie erst bei relativ hohen Temperaturen klebrig werden. Deswegen soll Speisestärke auch in kaltem Wasser dispergiert und die fein verteilte Suspension dann einer heißen Sauce direkt zugegeben werden. In der heißen Sauce absorbieren die dispergierten Speisestärkekörnchen sehr schnell Wasser und die Sauce dickt fast augenblicklich an. Der wesentlich größere Proteingehalt in Weizenmehl führt auf der anderen Seite dazu, dass schon kaltes Wasser absorbiert wird. Die Stärkekörner werden dann schnell klebrig und verkleben bereits in kaltem Wasser zu Klumpen. Weil die Dispersion von Weizenmehl in kaltem Wasser nicht optimal ist, wird hier die etwas aufwendigere Mehlschwitze bevorzugt, bei der die Stärkekörner in geschmolzenem Fett fein verteilt werden.

Helle Saucen — GRUNDREZEPT

Die wichtigsten Punkte
→ Vergewissern Sie sich, dass das Mehl in der geschmolzenen Butter gut verteilt ist
→ Verwenden Sie einen nur leicht gefärbten Fond
→ Nehmen Sie die Butter, sobald sie geschmolzen ist, vom Herd, damit das Mehl nicht gebräunt wird

ZUTATEN
- *100 g Mehl*
- *100 g Butter*
- *1 l leicht gefärbter Fond (oder eine andere Flüssigkeit, wie z. B. Milch usw.)*
- *Salz, Pfeffer und andere geschmacksgebende Bestandteile, je nach Bedarf*

ZUBEREITUNG
Kochen Sie den Fond oder eine andere Flüssigkeit auf. Schmelzen Sie in einem weiteren Topf, der groß genug ist, um die gesamte Sauce aufzunehmen, die Butter und lassen Sie sie für einige Minuten vor sich hinbrutzeln, ohne dass sie jedoch anfängt zu bräunen. Der Topf sollte eine dicke Bodenplatte haben, damit er die Hitze hält. Wenn Sie einen dünnwandigen Topf nehmen, ist es möglich, dass er zu schnell auskühlt, wenn Sie das Mehl hinzugeben und dadurch die Butter wieder fest wird. Nehmen Sie den Topf dann von der Herdplatte und geben Sie das Mehl auf einmal dazu. Schlagen Sie das Mehl in die geschmolzene Butter ein und machen Sie eine weiche

Mehlschwitze. Diese Mehlschwitze sollte eine sehr geschmeidige, sahnige Konsistenz haben.

Geben Sie etwas (etwa 100 ml) Fond zu der Mehlschwitze und schlagen Sie sie kräftig unter. Der Fond sollte augenblicklich dick werden und die Mehlschwitze sollte eine geschmeidige Paste bleiben. Geben Sie dann noch etwas von dem Fond hinzu und schlagen Sie ihn ein. Wiederholen Sie das Ganze bis die Sauce anfängt, flüssig zu werden und gießen Sie dann langsam den Rest des Fonds unter ständigem Rühren ein. Nachdem Sie die gesamte Menge des Fonds hinzugefügt haben, stellen Sie den Topf wieder auf die Herdplatte und bringen das Ganze zum Kochen, während Sie die ganze Zeit über rühren, um die Stärkekörner am Zusammenkleben zu hindern. Lassen Sie die Sauce dann 2 oder 3 Minuten lang kochen und anschließend noch für etwa 10 Minuten auf kleinerer Flamme vor sich hin köcheln. Dieses Kochen ist deswegen wichtig, damit die Sauce den mehligen Geschmack verliert und sich die Stärke noch gleichmäßiger in der Sauce verteilt. Geben Sie zum Schluss Gewürze und alle anderen geschmacksgebenden Zutaten hinzu, die Sie für ein bestimmtes Gericht benötigen.

Was alles bei der Herstellung einer weißen Sauce schief gehen kann und wie man dies in Zukunft vermeiden kann

Problem	Grund	Lösung
Die Sauce ist zu dickflüssig.	Es wurde zu viel Stärke verwendet, um die Sauce anzudicken.	Geben Sie noch mehr Fond hinzu. Wenn Sie etwa die Hälfte des vorgesehenen Fonds der Mehlschwitze hinzugegeben haben, sollte die Sauce anfangen, dünnflüssig zu werden. Sollte in diesem Stadium die Konsistenz eher noch an eine Paste erinnern, können Sie zunächst einmal die Hälfte davon entfernen, bevor Sie weiteren Fond hinzugeben und so sicherstellen, dass die Sauce letztendlich nicht zu dickflüssig wird.

↓

Problem	Grund	Lösung
Die Sauce ist zu dünnflüssig.	Es wurde nicht genug Stärke verwendet, um die Sauce anzudicken. Die Sauce wurde zu lange erhitzt.	Sie könnten noch etwas Mehlschwitze zubereiten und die gesamte Herstellungsprozedur noch einmal wiederholen. Es kann jedoch sein, wenn eine Sauce auf Stärkebasis sich abgekühlt hat und anschließend nochmals erhitzt wird (oder eine kalte Flüssigkeit zugegeben wird) nachdem sie schon angedickt wurde, dass sie dünnflüssig wird. Das liegt daran, dass sich die Stärkemoleküle bei höheren Temperaturen zersetzen und so ihre Fähigkeit zum Andicken verlieren. Sollte dies einmal vorkommen, bleibt Ihnen nichts anderes übrig als noch einmal von vorne anzufangen.
Die Sauce ist klumpig.	Die Stärkekörnchen wurden in der Mehlschwitze nicht stark genug voneinander getrennt.	Schlagen Sie beim nächsten Mal die Mehlschwitze stärker. Im vorliegenden Fall können Sie die Sauce vielleicht noch retten, indem Sie sie durch ein Sieb pressen und dann noch einmal vorsichtig erhitzen.
Die Sauce ist zu dunkel.	Die Stärke wurde erhitzt, bevor der Fond hinzugegeben wurde oder ein zu dunkler Fond wurde hinzugegeben.	Vergewissern Sie sich, dass der Fond klar und nur leicht gefärbt ist. Nehmen Sie den Topf, in dem Sie die Mehlschwitze machen, vom Herd, sobald das Fett geschmolzen ist und bevor Sie das Mehl hinzugeben.

Eine Rezeptvariation
»Chicken-Parmesan« (Parmesan-Hähnchen) REZEPT

ZUTATEN
- *4 Hähnchenbrustfilets*
- *2 Zitronen*
- *100 g Butter*
- *500 ml Milch*
- *50 ml Sahne*
- *200 g geriebenen Parmesankäse (vorzugsweise frisch gerieben vom Stück)*
- *30 g Mehl*
- *1 kleine Zwiebel*
- *1 Lorbeerblatt*
- *5 Pfefferkörner*
- *1 etwa 2 cm großes Stück Muskatblüte*

ZUBEREITUNG
Nehmen Sie, wenn möglich, eine feuerfeste Schüssel, die sowohl auf dem Herd als auch im Backofen benutzt werden kann und die einen gut schließenden Deckel hat. Wenn Sie kein entsprechendes Gefäß haben, ist das auch kein Problem. Braten Sie in diesem Fall die Hähnchen vorher in der Bratpfanne und überführen Sie sie dann in eine feuerfeste Form mit einem gut schließenden Deckel zum anschließenden Backen im Ofen. Achten Sie dabei aber unbedingt darauf, dass alle gebräunten Säfte aus der Bratpfanne in die feuerfeste Form überführt werden, damit kein Aroma verloren geht.

Schneiden Sie einen Teil der Zitronenschale in dünne Streifen (verwenden Sie am Besten einen Zitronenschaber dafür) und pressen Sie die Zitronen aus. Lassen Sie die Hähnchenbrust in 50 g Butter gut durchbräunen und geben Sie den Zitronensaft dazu. Verschließen Sie die feuerfeste Form und stellen Sie sie für 20 Minuten in einen Ofen, der auf mittlerer Heizstufe eine Temperatur von etwa 160 bis 180 °C haben sollte.

Bereiten Sie inzwischen die Sauce zu. Lassen Sie die geschälten und in Scheiben geschnittenen Zwiebeln, die Pfefferkörner und den Muskat in der Milch (verwenden Sie einen guten Topf mit einem schweren Boden) für etwa 5 Minuten kochen und gießen Sie die Flüssigkeit dann in eine andere Schüssel und entfernen Sie die Zwiebel und die Gewürze. Lassen Sie die restlichen 50 g Butter in einem Topf schmelzen, nehmen diesen dann von der Herdplatte und geben das Mehl hinzu. Schlagen Sie das Ganze zu einem geschmeidigen Brei. Geben Sie zur Mehlschwitze etwas von der Milch (etwa 50 ml) und schlagen Sie sie heftig unter. Die Milch sollte augenblicklich andicken und die Mehlschwitze sollte weiterhin die Konsistenz eines geschmeidigen Breies haben, aber jetzt etwas weniger fest. Geben Sie dann noch etwas von der Milch hinzu und schlagen Sie sie unter. Wiederholen Sie das Ganze, bis die Sauce gerade anfängt, dünnflüssig zu werden und gießen Sie dann den Rest der Milch unter ständigem Rühren langsam hinzu.

Nachdem Sie die gesamte Milch hinzugegeben haben, stellen Sie den Topf wieder auf die Herdplatte und bringen das Ganze unter ständigem Rühren schnell zum Kochen, damit die Stärkekörner nicht zusammenkleben. Lassen Sie die Sauce für etwa 2 bis 3 Minuten kochen, geben dann etwa ¾ des geriebenen Parmesankäses hinzu und lassen das Ganze dann noch einmal für etwa 10 Minuten leicht köcheln, während in der Zwischenzeit das Hähnchen noch gart.

Nehmen Sie die Hähnchenbruststücke aus dem Ofen, gießen die Flüssigkeit ab und mischen sie unter die Sauce. Kochen Sie die Sauce noch einmal kurz auf, schalten die Herdplatte dann aus und rühren danach die Sahne unter. Gießen Sie dann die Sauce über die Hähnchenbrustfilets und bestreuen Sie sie mit dem restlichen Parmesankäse. Stellen Sie dann das Gefäß mit der Hähnchenbrust, der Sauce und dem Parmesankäse unter einen heißen Grill bis der Käse anfängt, braun zu werden. Zusammen mit Nudeln serviert, haben Sie ein einfaches, aber wohlschmeckendes Gericht.

Dunkle Sauce — GRUNDREZEPT

Wichtige Punkte
- → Achten Sie darauf, dass das Mehl in dem geschmolzenen Fett gut und fein verteilt ist
- → Verwenden Sie einen dunkel gefärbten Fond
- → Achten Sie darauf, dass das Mehl gut gebräunt ist, bevor Sie es dem Fond hinzugeben

ZUTATEN
- *100 g Mehl*
- *100 g Bratenfett oder ein anderes Fett*
- *1 l dunkel gefärbter Fond (Fleisch- oder Gemüsefond, je nachdem, was Sie bevorzugen)*
- *1 Dose Tomaten (optional)*
- *Salz, Pfeffer und andere geschmacksgebende Bestandteile, je nach Bedarf*

ZUBEREITUNG

Bringen Sie den Fond zum Kochen. Schmelzen Sie das Fett in einem anderen Topf, der groß genug ist, um später die ganze Sauce aufnehmen zu können und lassen Sie es sehr heiß werden. Der Topf sollte einen sehr dickwandigen Boden haben, damit er sich bei den sehr hohen Temperaturen nicht verformt. Schalten Sie die Herdplatte dann aus, geben das Mehl hinzu und erhitzen das Ganze unter ständigem Rühren, bis die Mischung eine dunkelbraune Färbung angenommen hat. Geben Sie dann etwas von dem Fond (etwa 100 ml) hinzu und rühren ihn gut unter. Sobald Sie den Fond hinzugeben, wird er heftig aufkochen und es kommt zu einer starken Wasserdampfentwicklung. Seien Sie also darauf gefasst, dass es sehr heiß wird und nehmen Sie einen hölzernen Löffel mit einem langen Griff, damit Sie sich nicht verbrühen. Der Fond wird dickflüssig und noch farbintensiver werden. Geben Sie dann noch etwas mehr von dem Fond hinzu und schlagen Sie ihn unter. Wiederholen Sie das Ganze, bis die Sauce anfängt, halb flüssig zu werden und geben Sie dann unter ständigem Rühren den Rest des Fonds hinzu. Schalten Sie die Kochplatte dann wieder ein und kochen Sie das Ganze unter ständigem Rühren auf, damit die Stärkekörner nicht miteinander verkleben. Lassen Sie die Sauce dann für etwa 2 bis 3 Minuten aufkochen, schalten die Herdplatte herunter und lassen noch einmal für etwa 10 Minuten vor sich hin köcheln. Durch dieses Kochen verliert die Sauce jeden mehligen Geschmack und die Stärke kann sich noch gleichmäßiger in der Sauce verteilen. Geben Sie zum Schluss die Gewürze und alle anderen geschmacksgebenden Bestandteile (einschließlich der Tomaten, wenn vorgesehen) hinzu, damit die Sauce auch zu dem entsprechenden Gericht passt.

Was alles schief gehen kann, wenn man eine dunkle Sauce zubereitet und wie man dies in Zukunft vermeiden kann

Problem	Grund	Lösung
Die Sauce ist zu dickflüssig.	Es wurde zu viel Stärke verwendet, um die Sauce anzudicken.	Wie bei der hellen Sauce beschrieben.
Die Sauce ist zu dünnflüssig.	Es wurde nicht genug Stärke verwendet, um die Sauce anzudicken.	Wie bei der hellen Sauce beschrieben.
	Die Sauce hat zu lange gekocht.	Wie bei der hellen Sauce beschrieben.
Die Sauce ist klumpig.	Die Stärkekörnchen wurden in der Mehlschwitze nicht stark genug voneinander getrennt.	Wie bei der hellen Sauce beschrieben.
Die Sauce ist nicht dunkel genug gefärbt.	Der zugrunde liegende Fond war nicht dunkel genug oder das Mehl wurde nicht ausreichend gebräunt, als Sie die Mehlschwitze zubereiteten.	Achten Sie beim nächsten Mal darauf, dass das Mehl im heißen Fett gut gebräunt wird, bevor Sie irgendeinen Fond zur Mehlschwitze hinzugeben.

Bratensauce

Es gibt mehrere Möglichkeiten, wie Sie zu einem Braten eine entsprechende Sauce herstellen können. Die grundlegenden Schritte sind aber dennoch immer die gleichen. Nur bei der Art und Weise, wie die Bratensauce angedickt wird, gibt es Unterschiede. Die Grundlage aller Bratensaucen ist der Bratensaft, der aus dem Fleisch beim Braten heraustritt und in dem sich nach Ablauf der Maillard-Reaktionen die intensiven Fleischaromen befinden. Der wichtigste Schritt bei der Herstellung einer Bratensauce ist dann auch, die Aroma tragenden Bestandteile in die Sauce zu überführen. Wenn Sie als Dickungsmittel Mehl nehmen, können Sie die Mehlschwitze mit dem Bratenfett aus der Bratpfanne machen, ansonsten sind die anderen Schritte genau die gleichen wie bei einer dunklen Sauce. Nehmen Sie also den Braten heraus, legen ihn auf eine geeignete Warmhalteplatte, geben das Mehl in den Topf und bereiten unter ständigem Rühren eine dünne Mehlschwitze zu. Wenn Sie das Mehl bräunen, entstehen weitere Aromastoffe und Sie haben außerdem in der fertigen Bratensauce eine wunderbare, tiefbraune Färbung. Geben Sie der fertigen Mehlschwitze den vorher erhitzten Fond portionsweise unter ständigem Rühren hinzu und schmecken Sie am Ende mit Pfeffer und Salz ab.

Viel einfacher ist es natürlich, wenn Sie die Bratensauce mit Speisestärke andicken. Das geht wesentlich schneller und die Gefahr, dass sich Klumpen ausbilden, ist minimal. Die Sauce wird jedoch im Allgemeinen nicht so tiefbraun gefärbt sein und auch eine weniger gehaltvolle Konsistenz haben.

Wichtige Punkte
→ Achten Sie darauf, dass das Fleisch gut gebräunt ist
→ Kratzen Sie auf jeden Fall alle gebräunten Rückstände des Bratensaftes aus und überführen Sie sie in die Sauce
→ Verwenden Sie den besten erhältlichen Fond

KNOBLAUCHSAUCE | Es ist schon viele, viele Jahre her, als ich zum ersten Mal ein Gericht mit Knoblauch zubereitete. Ich war gerade dabei, eine Sauce zu einigen Steaks zu machen, und weil ich diese Sauce noch nie vorher ausprobiert hatte, habe ich alle Anweisungen in dem Rezept sehr sorgfältig befolgt. Bei irgendeinem Schritt bei der Herstellung der Sauce sollte dann Knoblauch zerkleinert und zugegeben werden. Ich hatte wohl vorher schon Gerichte mit Knoblauch in Restaurants gegessen, aber vorher noch nie etwas mit Knoblauch gemacht. So musste ich erst einmal losziehen und nicht nur den Knoblauch, sondern auch eine Knoblauchpresse kaufen. Glücklicherweise – obwohl bei der Knoblauchpresse keine Bedienungsanleitung war – ließ sie sich ganz einfach handhaben.

Als die Sauce nun auf dem Herd stand, zog ein Knoblauchgeruch durch unser ganzes Haus und ich hatte schon Sorge, dass mein Vater etwas dagegen haben könnte, denn er war zu dieser Zeit ein strenger Verfechter der traditionellen englischen Küche und betrachtete Knoblauch als ein sehr exotisches Gemüse. Aber – wer nicht wagt, der nicht gewinnt – ich fuhr trotzdem mit der Zubereitung der Sauce fort.

Beim Essen mussten wir beide zugeben, dass die Sauce sehr stark gewürzt war, so sehr, dass keiner von uns den Teller aufaß. Die ganze Angelegenheit machte mich dann doch sehr nachdenklich, insbesondere, weil der Knoblauchgeruch noch Tage später das ganze Haus durchzog und ich kam schließlich zu dem Schluss, dass ich beim Kochen wohl irgendetwas falsch gemacht haben musste. Erst Wochen später dämmerte mir, dass wahrscheinlich das Problem bei der Definition von Knoblauch lag. Weil ich es eben nicht besser wusste, hatte ich angenommen, dass man die ganze Knoblauchknolle, die man im Supermarkt kaufen konnte, nehmen sollte. Als ich dann einen etwas älteren und erfahreneren Kollegen bei der Arbeit einmal fragte, wurde mir klar, dass ich nur eine Knoblauchzehe und nicht die gesamte Knolle hätte nehmen müssen.

Es war also kein Wunder, dass die Sauce mit einer ganzen Knoblauchknolle darin so stark nach Knoblauch schmeckte. Dabei war der Geschmack der Sauce gar nicht so schlecht, nur eben einfach zu intensiv. Diese Erfahrung hat meine Vorliebe für Knoblauch aber in keiner Weise geschmälert.

Bratensaucen — GRUNDREZEPT

ZUTATEN
- *1 l Fond (vorzugsweise einen Fleischfond mit einer dunkelbraunen Färbung)*
- *Bratensaft und alle Rückstände von einem Braten*
- *Salz und Pfeffer zur Geschmacksabrundung*
- *50 g Mehl oder Speisestärke zum Andicken*
- *30 ml kaltes Wasser*

ZUBEREITUNG

Gießen Sie zuerst das Fett aus dem Brattopf ab und nehmen dann etwa die Hälfte des heiß gemachten Fonds und löschen ab. Geben Sie dann diesen Fond in einen geeigneten Topf, spülen den Brattopf mit dem restlichen Fond noch einmal aus und gießen alles in den Topf. Geben Sie in einer anderen Schüssel 30 ml kaltes Wasser zu der Speisestärke und rühren Sie, bis eine dicke Paste entsteht. Geben Sie dann noch etwas kaltes Wasser hinzu, damit die Paste dünnflüssiger wird. Stellen Sie jetzt den Topf auf den Herd und fügen Salz und Pfeffer zum Abschmecken dazu. Geben Sie die Speisestärkemischung dazu, sobald der Fond gerade anfängt zu kochen. Wenn Sie die Speisestärke hinzugeben, sollten Sie die ganze Zeit über rühren und das Ganze für etwa 1 Minute aufkochen. Sobald die kalte Speisestärkemixtur auf über 70 °C erhitzt wird, beginnt die Sauce anzudicken. Deswegen ist es entscheidend, dass Sie kräftig rühren, um eine gleichmäßige feine Verteilung der Speisestärke zu gewährleisten.

Saucen auf der Grundlage von Proteinen
Wenn Proteine einmal denaturiert sind, bilden sie untereinander Quervernetzungen aus und es kommt sehr schnell zur Bildung von großen Netzwerken, mit denen eine Sauce ganz einfach angedickt werden kann. Denken Sie z. B. an die Proteine in Eiern. Sobald sie erhitzt werden, fangen sie an zu gerinnen und es bilden sich große Aggregate, die dann schließlich fest werden. Wenn sich die gleichen Aggregate von Anfang an in einem stärker verdünnten Medium bilden, können sie als Dickungsmittel fungieren. In fast allen Saucen auf Proteinbasis werden als Dickungsmittel hauptsächlich Eiproteine genommen. Das lässt sich wahrscheinlich damit erklären, dass Eier immer und überall verfügbar sind. Es gibt aber auch Fleischfonds, die erhebliche Mengen an denaturierten Proteinen (insbesondere Kollagen) enthalten. Kollagen (u. a.) wirkt ebenfalls als Dickungsmittel, obgleich es auf eine andere Art koaguliert und beim Abkühlen der Flüssigkeit eher Gele als dauerhafte Netzwerke bildet. In dem Rezept für Ochsenschwanzsuppe in Kapitel 6 wird die Suppe hauptsächlich durch die denaturierten Proteine aus dem Fleisch und den Knochen angedickt.

Grundlegende Prinzipien und wichtige Regeln
→ Wenn Sie Eiproteine verwenden, müssen Sie sehr darauf achten, dass die Sauce nicht überhitzt wird. Es kann nämlich sein, dass sich dabei zu viele Quervernetzungen bilden und die Sauce klumpig wird (sie wird dann eher einem Rührei ähneln als einer geschmackvollen Sauce!). Überwachen Sie deswegen die Temperatur am besten mit einem Thermometer.
→ Verwenden Sie, wenn möglich, einen Doppelkochtopf oder einen Puddingtopf (Wasserbadtopf).
→ Um das Überhitzen am Boden oder an den Seiten des Topfes zu verhindern, sollten Sie die Sauce ununterbrochen rühren.

Es gibt viele verschiedene Saucen auf Proteinbasis. Für mich jedoch sind die süßen Saucen am interessantesten und dazu gehört auch die Vanillesoße.

Vanillesoße aus Ei — REZEPT

ZUTATEN

- *4 Eigelb*
- *500 ml Milch*
- *100 g Zucker*
- *1 Vanilleschote*

ZUBEREITUNG

Trennen Sie die 4 Eier und nehmen Sie nur die Eidotter (aus dem Eiklar könnten Sie z. B. ein Soufflé machen, das sehr gut zur Vanillesoße passt – siehe auch Kapitel 12). Schlagen Sie die Eigelbe und die Milch zusammen in einer Schüssel und rühren Sie den Zucker unter. Schneiden Sie die Vanilleschote in kleinste Stückchen und geben diese zu den Eiern, der Milch und dem Zucker. Lassen Sie die zusammengemischten Zutaten für etwa 1 Stunde stehen, damit sich das Vanillearoma in der Mischung ausbreiten kann. Wenn Sie dann soweit sind, um die Vanillesoße zuzubereiten, stellen Sie den Doppeltopf auf den Herd und sobald das Wasser in dem unteren Topf kocht, schalten Sie die Herdplatte aus und gießen die Vanillesoßenvormischung in den oberen Topf. Achten Sie darauf, dass Sie fortwährend rühren, sobald die Vanillesoßenmischung vom aufsteigenden Wasserdampf erhitzt wird. Sofern Sie ein geeignetes Thermometer besitzen, sollten Sie dieses verwenden und die Temperatur der Vanillesoße überwachen. Erhitzen Sie dann die Vanillesoße bis zu einer Temperatur von 78 °C, nehmen Sie sie dann von der Herdplatte und servieren Sie sie sofort. Wenn Sie kein Thermometer zur Verfügung haben, können Sie auch in etwa abschätzen, wann die Vanillesoße fertig ist, indem Sie den Dickungsverlauf beobachten. Wenn Sie einen Löffel aus der Vanillesoße ziehen, wird die Mischung am Anfang sehr schnell abfließen. Sobald die Vanillesoße anfängt dick zu werden, wird die Rückseite des Löffels mit einem Film überzogen, d. h. es bleibt eine dünne Schicht auf dem Löffel zurück, die nicht abfließen kann. Sobald Sie diesen Punkt erreicht haben, ist die Vanillesoße fertig zum Servieren.

Rezeptvariationen
Eiscreme REZEPT

ZUTATEN
- *4 Eigelb*
- *500 ml Milch*
- *120 g Zucker*
- *1 Vanilleschote*
- *300 g frische Früchte (Erdbeeren, Bananen usw.)*
  oder andere geschmacksgebende Bestandteile ihrer Wahl
- *500 ml Schlagsahne*

ZUBEREITUNG
Stellen Sie eine Vanillesoße auf Eibasis, wie oben beschrieben, her und lassen Sie sie abkühlen. Pürieren Sie dann die Früchte und geben Sie diese zusammen mit der Schlagsahne zu der Vanillesoße. Jetzt brauchen Sie die Mischung nur noch gefrieren lassen und fertig ist die Eiscreme. Zum Gefrieren gibt es mehrere verschiedene Methoden.

Tiefgefrieren im Gefrierschrank
Am Einfachsten ist es, die Mischung in einem geeigneten Gefäß in den Gefrierschrank zu stellen. Sie müssen allerdings die Eismasse alle 10 bis 20 Minuten herausnehmen und gut durchrühren, damit es zu einer gleichmäßigen Temperaturverteilung kommt und alle evtl. gebildeten größeren Eiskristalle wieder zerdrückt werden.

Tiefgefrieren mit einer »Tiefkühlmischung«
Bei dieser wesentlich schnelleren Methode, bei der Sie keinen Gefrierschrank benötigen, nehmen Sie eine Tiefkühlmischung, um die Eiscreme gefrieren zu lassen. Sie können diese Tiefkühlmischung herstellen, indem Sie etwa 1 kg Eis zerstoßen und ihm etwa 200 g Salz, gelöst in 300 ml Wasser, hinzugeben. Am besten nehmen Sie eine Abwaschschüssel aus Plastik und rühren das Ganze mit einem hölzernen Löffel durch. Die Temperatur wird dann sehr schnell auf etwa minus 12 °C absinken – kalt genug, um die Eiscreme gefrieren zu lassen. Geben Sie jetzt die Eiscrememassse in eine Backform aus Metall und lassen Sie diese auf der Gefriermischung in der Plastikschüssel schwimmen. Achten Sie darauf, dass nicht aus Versehen etwas von der salzigen Gefriermischung in die Eiscreme gelangt. Rühren Sie die Eiscrememasse in regelmäßigen Abständen

durch (alle paar Minuten) und kratzen Sie vom Boden und von den Seiten das sich zuerst gebildete Eis wieder ab. Durch das Abkratzen können Sie verhindern, dass sich sehr große Eiskristalle in der Eiscreme bilden und Sie erhalten eine geschmeidige Beschaffenheit. In etwa 20 bis 30 Minuten sollte das Eis dann fertig sein.

Tiefgefrieren mit einer Eismaschine
Es gibt zwei verschiedene Arten von Eismaschinen auf dem Markt. Der eine Typ besitzt eine integrierte Tiefkühleinheit und das andere Modell besteht unter anderem aus einem doppelwandigen Gefäß mit einer darin eingeschlossenen Flüssigkeit, die tiefgefroren wird, indem man das Gefäß über Nacht in einen Gefrierschrank stellt. Diese Flüssigkeit schmilzt dann und entzieht beim Gefrieren der Eiscrememasse die Wärme.

Die Funktionsweise ist ansonsten bei beiden Maschinen die gleiche. Die Eiscremevormischung wird in ein Gefäß gegeben und ein elektrisches Rührwerk kratzt das Eis von den Seiten wieder ab und verhindert dadurch, dass sich größere Kristalle bilden. Im Allgemeinen können diese Maschinen etwa 1 Liter Eiscreme in 20 Minuten fertig stellen.

HERSTELLUNG VON EISCREME MIT FLÜSSIGEM STICKSTOFF ALS KÜHLMITTEL | Die schnellste Methode, um Eiscreme herzustellen und eine, die ich bei Dinnerpartys benutze, setzt voraus, dass man irgendwo flüssigen Stickstoff herbekommt. Flüssiger Stickstoff wird im industriellen Maßstab hergestellt und Sie werden wahrscheinlich schon einmal einen Tanklastwagen gesehen haben, der damit durch die Lande fährt. Flüssiger Stickstoff wird in vielen Bereich eingesetzt. Zu den Abnehmern gehören z. B. alle wissenschaftlichen Laboratorien, und auch viele Lebensmittel verarbeitende Betriebe verwenden zu den verschiedensten Zwecken große Mengen an flüssigem Stickstoff. Weiterhin wird Stickstoff in Geräten mit supraleitenden Magneten, wie z. B. Ganzkörperscannern, oder zur Erzeugung von Hochvakuum eingesetzt. Mit reinstem Stickstoff lässt sich bei der Verpackung von verderblichen Lebensmitteln auch eine inerte Atmosphäre erzeugen. Vielfach dient Stickstoff auch nur einfach als Kühlmittel. Auch wenn flüssiger Stickstoff im industriellen Bereich an vielen Stellen zu bekommen ist, benötigen Sie spezielle Gefäße zum Transport und zur Aufbewahrung (aber selbst in dem bestgeeignetsten Gefäß wird er langsam verdampfen) und die Hersteller sind nur bereit, Mengen ab etwa 100 l auszuliefern.

Wenn Sie irgendwie an flüssigen Stickstoff herankommen können und eine geeignete Vakuumflasche besitzen (eine normale Thermosflasche tut es übrigens auch), dann können Sie »Flüssiggas-Eiscreme« selber herstellen. Die Methode selbst ist sehr einfach. Bereiten Sie zunächst eine Eiscrememasse Ihrer Wahl zu und geben Sie diese Mischung in eine große Metallschüssel (verwenden Sie keine Plastik- oder Glasschüssel, weil die Gefahr besteht, dass durch den Kälteschock beim Hinzufügen des sehr kalten flüssigen Stickstoffs das Gefäß springen kann). Die Schüssel sollte ausreichend groß sein und die Eiscrememasse weniger als ¼ des gesamten Volumens einnehmen (wenn Sie eine zu kleine Schüssel verwenden, kann die Mischung überfließen und Sie bekommen eine große Manscherei, wenn Sie flüssigen Stickstoff hinzugeben). Wenn Sie soweit sind und das Eis serviert werden soll, stellen Sie die Schüssel mit der Eiscrememasse auf einen geeigneten Tisch. Denken Sie daran, irgendeine Isolierung zwischen Schüssel und Tisch zu stellen, z. B. eine Keramikplatte oder einen Korkuntersetzer, damit der Tisch nicht beschädigt wird, wenn die Schüssel kalt wird.

Weil flüssiger Stickstoff immer mal spritzen kann, sollten Sie auf jeden Fall Ihre Augen schützen – am Besten tragen Sie eine geeignete Schutzbrille. Gießen Sie dann den flüssigen Stickstoff hinzu (die Menge an flüssigem Stickstoff sollte etwa ¼ des Volumens der Eiscrememischung betragen). Der Stickstoff wird dann anfangen zu »kochen« und weiße Nebel werden aus der Schüssel emporsteigen. Sie sollten die Masse dann ganz vorsichtig umrühren, damit der Stickstoff sich verteilen kann und die Mischung gleichmäßig gefriert. Achten Sie auf jeden Fall darauf, dass Sie mit einem Löffel rühren, der einen langen, gut isolierten Griff hat – am besten eignet sich ein Holzlöffel. Wie lange es dauern wird, bis die Mischung gefroren ist, hängt davon ab, wie viel Eiscreme Sie zubereiten. Ein Liter einer Eismischung sollte in etwa 30 Sekunden gefroren sein, bei größeren Mengen kann es etwas länger dauern. Wenn der ganze flüssige Stickstoff verdampft ist und die Mischung noch nicht vollständig gefroren ist, sollten Sie noch etwas mehr flüssigen Stickstoff hinzugeben und den Rührvorgang wiederholen. Ist das Eis in der Schüssel schon geschmolzen, bevor es ganz aufgegessen ist, können Sie es ganz einfach mit etwas flüssigem Stickstoff erneut gefrieren lassen.

Vinaigretten und Mayonnaisen

Bei den Vinaigretten und Mayonnaisen handelt es sich im Grunde genommen um Saucen, in denen sehr kleine Öltröpfchen in einem wässrigen Medium suspendiert sind. Solche Systeme bezeichnet man in der Fachsprache als Emulsion oder als Kolloid. Es gibt in der physikalischen Chemie einen Bereich, der sich mit Untersuchungen zur Bildung und zur Stabilität von Kolloiden beschäftigt. Viele Jahre lang wurde ein großer Teil dieser Arbeiten durchgeführt, um Kolloide in Lebensmitteln und insbesondere in Vinaigretten und Mayonnaisen zu verstehen und technologisch zu verbessern. Trotz dieser langjährigen Bemühungen und wesentlicher Fortschritte beim Verständnis der grundlegenden Prinzipien, die dabei eine Rolle spielen, ist die Herstellung einer »perfekten Mayonnaise« in der Küche immer noch eher eine Kunst als eine Wissenschaft.

Warum das so schwierig ist, liegt hauptsächlich daran, dass die einzelnen Zutaten nicht standardisiert vorliegen. Im industriellen Maßstab dagegen können der Säuregehalt und die Viskosität der einzelnen Bestandteile, wie z. B. der Eier, genau eingestellt und überwacht werden. Zu Hause jedoch können wir diese Messungen nicht so leicht durchführen und wir müssen uns hauptsächlich auf unsere Erfahrungen verlassen.

Ich werde hier nur zwei allgemein gültige Rezepte für eine einfache Mayonnaise und eine Vinaigrette angeben. Auch wenn Sie sich nach diesen Rezepten richten, müssen Sie trotzdem noch viel herumprobieren, weil Erfolg oder Misserfolg in sehr starkem Maße von der Temperatur und dem Säuregehalt der einzelnen Zutaten abhängen.

Wenn Sie sich nach diesen Rezepten richten, dann hängt die Stabilität der Kolloide in großem Maße von den seifenähnlichen Molekülen ab, die sich auf der Oberfläche der Öltröpfchen befinden und eine Trennung der Phasen verhindern (siehe auch den Kasten mit einer ausführlicheren Beschreibung). In einer Mayonnaise stammen diese Moleküle aus dem Eigelb und es handelt sich dabei sowohl um Lipide als auch denaturierte Proteine (in Kapitel 2 finden Sie eine genauere Erklärung darüber, wie diese Moleküle in der Lage sind, Kolloide zu stabilisieren). In einer Vinaigrette erfolgt die Stabilisierung durch die gemahlenen Senfkörner. Allerdings sind die dabei beteiligten Moleküle nicht so wirksam und die Mischung ist wesentlich weniger stabil. Es kann also ohne weiteres sein, dass man eine Vinaigrette, die man nicht sofort verwendet, öfter durchmischen muss.

KOLLOIDE UND EMULSIONEN | Bei einem Kolloid werden zwei Flüssigkeiten miteinander vermengt, die eigentlich nicht ineinander löslich sind. Dabei bildet eine der Flüssigkeiten kleine Tröpfchen (die unbeständige Phase), die von der anderen Flüssigkeit (der kontinuierlichen Phase) umgeben ist. Im Allgemeinen werden die Tröpfchen von der Flüssigkeit gebildet, die in geringerer Menge vorkommt. Bei den meisten Kolloiden sind die Flüssigkeiten Öl und Wasser. Wenn man einfach etwas Wasser und etwas Öl zusammenmischt, werden sich sehr schnell zwei Schichten ausbilden und das Öl wird auf der Oberfläche des Wassers schwimmen. In einem Kolloid müssen deswegen die Tröpfchen über eine lange Zeit stabilisiert werden. Zur Herstellung eines stabilen Kolloids wird deswegen eine oberflächenaktive Substanz hinzugefügt. Diese oberflächenaktive Substanz ist ein Molekül, das sich mit dem einen Ende bevorzugt in Öl und mit dem anderen Ende bevorzugt im Wasser aufhält. In einem Öl-Wasser-Kolloid sitzen diese Moleküle an der Grenzfläche zwischen den Öltröpfchen und dem sie umgebenden Wasser. Das Wasser »sieht« also nur die Enden des Moleküls, die das Wasser mögen und »sieht« nichts vom Öl. Entsprechend »sieht« das Öl nur die Enden des Moleküls, die Öl mögen und »sieht« deswegen nichts vom Wasser. Die einfachsten dieser oberflächenaktiven Moleküle sind die Seifen, mit denen wir Fett abwaschen.

In Lebensmitteln sind die oberflächenaktiven Moleküle oft Proteine oder Teile von Proteinen und es besteht immer die Gefahr, dass diese zerstört werden oder dass sich ihre Aktivität bereits durch kleine Änderungen in der Temperatur oder im Säuregehalt des sie umgebenden Wassers maßgeblich ändert.

Die Stabilität von Kolloiden ist sehr anfällig und schon kleine Störungen können das empfindliche Gleichgewicht beeinträchtigen und dazu führen, dass die Öltropfen das sie umgebende Wasser »sehen«. Sobald das Öl aber das Wasser »bemerkt«, wird es sich sehr schnell vom Wasser trennen, zuerst in größeren Tropfen und dann in einer separaten Schicht auf der Oberfläche des Wassers.

Eine einfache Mayonnaise — REZEPT

ZUTATEN
- *1 Eigelb*
- *50 ml irgendeinen geschmackvollen Essig*
- *50 ml trockenen Weißwein*
- *80 ml Olivenöl oder irgendein anderes qualitativ hochwertiges Öl*
- *etwas Salz und Pfeffer zur Geschmacksabrundung*

ZUBEREITUNG

Vermischen Sie alle Zutaten mit Ausnahme des Öls in einer Schüssel (oder – falls verfügbar – in einem Mixer). Während Sie mit einem Rührgerät auf höchster Stufe schlagen, lassen Sie das Öl langsam hineintropfen (wenn Sie einen Mixer benutzen, geben Sie das Öl einfach langsam durch den Deckel). Innerhalb weniger Minuten wird die Mischung fast weiß und relativ fest – sie ist schon fertig und kann verwendet werden. Möchten Sie die Mayonnaise längere Zeit aufbewahren, so müssen Sie sie im Kühlschrank lagern, damit keine Bakterien in diesem nährhaltigen Medium wachsen können. Durch das Abkühlen der Mayonnaise können sich die Phasen jedoch wieder trennen. Sollte dies einmal geschehen, können Sie die Mayonnaise meistens retten, indem Sie sie nach dem Aufwärmen noch einmal kräftig aufschlagen.

Eine einfache Vinaigrette — REZEPT

In diesem Rezept wird Zitronen- und Limettensaft anstelle von Essig verwendet, um den für einen Salatdressing typischen Charakter zu erhalten. Zu Hause kann ich sowieso keinen Essig nehmen, weil meine Lebensgefährtin eine Allergie gegen Essigsäure hat, und so habe ich im Laufe der Jahre viele interessante Ersatzzutaten gefunden. Das Aroma dieses Dressings ist vielleicht etwas ungewöhnlich, aber es gibt dem Salat eine frische und scharfe Note. Wenn Sie wollen, können Sie natürlich auch Essig anstelle von Zitronen- und Limettensaft nehmen, um ein eher traditionelles Dressing herzustellen (nehmen Sie dann aber einen edlen Weinessig).

ZUTATEN
- Saft einer Zitrone und einer Limette (insgesamt etwa 100 ml)
- 60 ml Öl – ich verwende gewöhnlich Sesamöl, aber jedes andere hoch qualitative Öl ist ebenso gut geeignet
- ¼ Tl gemahlene Senfkörner
- ¼ Tl gemahlene, geröstete Kreuzkümmelsamen
- gemahlener Pfeffer zur Geschmacksabrundung

ZUBEREITUNG
Geben Sie alle Gewürze zu dem Zitrussaft in eine Schüssel und fügen Sie dann unter kräftigem Rühren langsam das Öl hinzu. Schlagen Sie so lange, bis die Mischung dick und trüb wird. Das Dressing ist jetzt gebrauchsfertig und kann zu jedem Salat genommen werden.

Fondues

Fondues sind eigentlich nur einfache Saucen, hergestellt aus geschmolzenem Käse, etwas Wein und anderen, geschmacksgebenden Bestandteilen. Man taucht dann Brot oder andere Lebensmittel in das heiße Fondue hinein und die mit einer Käsesauce überzogenen Lebensmittel werden sofort gegessen. Es gibt aber auch heute immer noch eine Menge Geheimniskrämerei darum, wie man am besten ein Fondue zubereitet und viele verschiedene Bräuche, wie man ein Fondue isst. Dabei gibt es eigentlich nur eine richtige Regel, die zu beachten ist: Wenn es Ihnen gefällt, ist das Fondue gerade richtig. Ein Fondue, ähnlich einer Mayonnaise, ist eine Art Kolloid. Die Verhältnisse sind bei dem Fondue jedoch etwas komplexer, weil es drei verschiedene Teile (oder Phasen) im Vergleich zu den zwei Bestandteilen (oder Phasen) in einer Mayonnaise gibt. Wir haben diese zwei Phasen, aus denen eine Mayonnaise besteht, bereits kennen gelernt. Die Fettphase besteht aus vielen sehr kleinen Öltröpfchen, die in der wässrigen Phase fein verteilt sind. Die wässrige Phase besteht hauptsächlich aus Wasser, einigen Säuren und anderen darin gelösten, geschmacksgebenden Bestandteilen. Das Kolloid oder die Emulsion wird durch spezielle oberflächenaktive Moleküle an der Grenzfläche zwischen den Öltröpfchen und dem Wasser stabilisiert.

Bei einem Fondue sind die Verhältnisse sehr ähnlich. Wir haben es jedoch hier mit zwei Phasen zu tun, die in kleinen Tröpfchen in der wässrigen Phase fein verteilt sind. Und diese dritte Phase, ihre Neigung, sich am Boden des

Topfes in einer klebrigen Masse abzusetzen, ist verantwortlich für all die Probleme, die bei der Zubereitung von Fondues manchmal auftauchen.

Sowohl die Fettphase als auch die zusätzliche Tröpfchenphase stammen aus dem Käse, der zur Herstellung von Fondue verwendet wird. Wenn der Käse schmilzt, werden Fette freigesetzt und bilden im Fondue kleine Tropfen. In den meisten Käsesorten gibt es genügend oberflächenaktive Moleküle (diese stammen aus der Milch, aus der der Käse ursprünglich gemacht wurde), die diese geschmolzenen Fetttröpfchen stabilisieren und sie im Fondue ohne Schwierigkeiten in einer feinen Verteilung halten können. Alles, was Sie machen müssen, ist etwas rühren.

Die dritte Phase stammt aus den Proteinen im Käse. Bei der Käseherstellung bildet das Protein (Casein) eine komplexe Struktur – Proteine treten mit dem Calcium in Wechselwirkung und es entsteht eine poröse, schwammartige Struktur, in der das Fett sich einlagern kann. Wenn der Käse jetzt im Fonduetopf erhitzt wird, schmilzt das Fett und schwimmt aus diesem Proteinkomplex heraus und es bleibt das aus Proteinen und Calcium bestehende Aggregat zurück. Diese Aggregate müssen im Fondue fein verteilt werden und bilden dann die zweite Tröpfchenphase.

Wenn die Proteine im Käse schon stärker abgebaut sind (bei der Reifung von Käse), werden sie recht gut löslich sein und es wird kaum Schwierigkeiten beim Fondue geben. In den meisten Käsesorten sind diese Proteinkomplexe jedoch recht unlöslich und neigen dazu, größere Aggregate zu bilden, die sich dann am Boden des Fondues absetzen, anbrennen und einen unansehnlichen Matsch bilden.

Der wichtigste Punkt bei der Zubereitung eines hervorragenden Fondues ist also, darauf zu achten, dass sich die Proteinkomplexe in kleinere Aggregate aufteilen und diese dann im Fondue fein verteilt bleiben, sich also nicht absondern und zu Boden sinken. Warum man nicht jedes Mal gleich gute Ergebnisse erzielt, liegt hauptsächlich an den Zutaten, die sich von Mal zu Mal unterscheiden. Es gibt keine zwei Käse, die exakt identisch sind und das Ausmaß, in dem die Proteine geronnen oder abgebaut sind, können sowohl mit der Käsesorte als auch mit dem Alter des Käses variieren. Auch der Säuregehalt des Weines, den Sie für das Fondue nehmen, kann einen entscheidenden Einfluss auf den Abbau der Proteine haben. Je mehr Säure ein Wein enthält, desto stärker wird der Abbau der Proteine unterstützt. Auch das Vorhandensein von kleinen Mengen an Citrat (z. B. aus dem Zitronensaft) kann einen großen Einfluss auf das Gerinnungsverhalten von Proteinen haben.

Es gibt eine Reihe nützlicher Tricks, die Ihnen helfen können, jederzeit ein perfektes Fondue zuzubereiten. So können Sie den Säuregehalt erhöhen, indem Sie etwas Zitronensäure (aus Zitronen oder vorzugsweise Natriumcitrat aus dem Reformhaus) hinzugeben, um den Abbau der Proteinkomplexe zu unterstützen und sie zu stabilisieren. Wenn Sie mehrere Weine zur Auswahl haben, sollten Sie den trockensten nehmen (d. h. den säurehaltigsten), der dazu beiträgt, die Gesamtsäure zu erhöhen. Ein anderer, bemerkenswert wirksamer Trick – bei dem sich allerdings die Puristen die Nase rümpfen – ist die Zugabe von etwas Speisestärke zusammen mit dem Wein. Durch die Speisestärke wird die wässrige Phase angedickt (die Viskosität wird erhöht) und zwar in einem solchen Ausmaß, dass die Trennung der Casein-(Eiweiß-)Komplexe sehr stark verringert wird. Während auf der einen Seite die wässrige Phase angedickt wird, hat die Stärke darüber hinaus einen stabilisierenden Einfluss auf die Emulgierung des Fettes.

> **DIE BESCHAFFENHEIT VON KÄSE** | Käse selber hat eine recht komplexe Struktur, die zum größten Teil noch von Beschaffenheit der Milch herrührt. Einige der Milchproteine (man unterscheidet vier verschiedene Proteine, die alle zusammen unter dem Begriff Casein zusammengefasst werden) bilden kleine Aggregate, die man als Mizellen bezeichnet. Jede Mizelle hat etwa einen Durchmesser von 1/10.000 mm. Bei der Käseherstellung verbinden sich diese Mizellen miteinander und bilden größere Aggregate, die dem Käse seine feste Struktur geben. Die Proteine in diesen Aggregaten werden durch starke gegenseitige Wechselwirkungen mit Calcium- und Phosphorionen miteinander verbunden. In der Milch werden die Mizellen außen mit einem Protein (κ-Casein) bedeckt, das hydrophil (wasserfreundlich) ist und das die Stabilität der Mizellen in dem sie umgebenden Wasser garantiert. Bei der Herstellung von Käse werden die hydrophilen Teile dieser κ-Casein-Moleküle durch ein Enzym mit dem Namen Rennin abgelöst, wodurch die Mizellen instabil werden und Aggregate bilden, die sich in Form einer losen Struktur zusammenlagern (durch den ganzen Käse hindurch).
>
> Die zusammengeballten Caseinproteine bilden Gele, die große Mengen Wasser aufnehmen können. Die Gele selbst haben eine recht poröse Struktur und können außer dem Wasser auch die Fettkügelchen aus der Milch aufnehmen. Je stärker die Proteine in dieser Gelphase quer vernetzt sind, und zwar durch eine Wechselwirkung mit den Calciumionen, umso fester wird der Käse schließlich werden.

Wichtige Punkte bei der Zubereitung von Fondues
- → Nehmen Sie wenigstens 1 Knoblauchzehe für das Fondue (der Schwefel im Knoblauch kann dazu beitragen, dass sich die Proteinaggregate auflösen)
- → Nehmen Sie den trockensten Wein, den Sie haben
- → Geben Sie etwas Speisestärke dazu, damit sich das Protein aus dem Käse nicht absetzt
- → Geben Sie ggf. etwas Natriumcitrat hinzu (etwa 2 Gewichtsprozent bezogen auf den Käse)

Fondue — GRUNDREZEPT

ZUTATEN
- 400 g Käse (nehmen Sie am besten einige verschiedene Käsesorten – mit einer Mischung aus Gruyere, Cheddar und Parmesan erhalten Sie eine gute strukturelle Beschaffenheit)
- 180 ml trockener Weißwein
- 1 oder 2 Knoblauchzehen
- 20 ml Kirschwasser
- 8 g Natriumcitrat (wenn Sie welches haben); ansonsten nehmen Sie Zitronensaft
- 10 g Speisestärke

ZUBEREITUNG
Reiben Sie den Käse und suspendieren Sie die Speisestärke in etwa 20 ml Wein. Schneiden Sie die Knoblauchzehen in der Mitte durch und reiben Sie den Fonduetopf damit aus. Pressen Sie den Rest der Knoblauchzehen durch eine Presse oder zerstoßen Sie sie und geben Sie die Stückchen zum geriebenen Käse hinzu. Geben Sie dann alle Zutaten in den Topf und erhitzen Sie vorsichtig unter ständigem Rühren. Wenn der ganze Käse geschmolzen ist, erhitzen Sie die Mischung (unter ständigem Rühren) noch einige Minuten lang, damit das Fondue andickt. Tragen Sie es sofort auf und servieren Sie einen trockenen Weißwein dazu. Zum Eintauchen eignen sich hervorragend Brot, Wurst, Sellerie usw.

Einige Experimente, die man in der Küche durchführen kann

Einer der wichtigsten Aspekte bei der erfolgreichen Herstellung von Saucen ist die Stabilisierung von Emulsionen, d. h. zu wissen, wie man am besten ein Kolloid herstellt. Es folgen hier einige Versuche, die Sie einmal selbst ausprobieren können und die Ihnen zeigen werden, was man so alles machen kann. Achten Sie darauf, dass einige der verwendeten Zutaten ungenießbar sind und Sie deswegen die Erzeugnisse nicht essen dürfen! Sie sollen nur eine ungefähre Vorstellung davon bekommen, welche strukturelle Beschaffenheiten damit erzeugt werden können.

1. | Eine Öl-in-Wasser-Emulsion

Nehmen Sie eine Flasche mit einem Schraubverschluss und füllen Sie sie mit gleichen Anteilen Wasser und Öl (bei diesem Experiment können Sie irgendein Öl nehmen – billiges Speiseöl oder Motoröl, es spielt keine Rolle, denn Sie werden das Ergebnis nicht essen!).

Schütteln Sie dann die Flasche kräftig durch und stellen Sie sie auf einen Tisch. Dabei können Sie beobachten, dass das Öl beim Schütteln kleine Tropfen bildet, die sich, sobald Sie die Flasche auf dem Tisch stehen lassen, sehr schnell vereinigen und an die Oberfläche aufsteigen. Notieren Sie, wie lange es dauert, bis sich die Mischung in eine Ölschicht auf der Oberfläche und eine Wasserschicht trennt.

Öffnen Sie jetzt die Flasche und geben Sie erst einmal ganz wenig Spülmittel dazu. Schütteln Sie die Flasche erneut und lassen Sie sie stehen. Diesmal sollten die Tropfen sehr viel stabiler sein und es wird lange dauern, bis sie sich trennen. Wenn Sie Glück haben, kann es sogar sein, dass sich die Phasen nicht mehr vollständig trennen. Was Sie dabei beobachten können, ist die Wirkung der oberflächenaktiven Substanzen aus dem Spülmittel. Das eine Ende dieser Moleküle hält sich am liebsten in Öl auf, während das andere Ende bevorzugt im Wasser verweilt. Die oberflächenaktiven Moleküle stabilisieren also die Grenzfläche zwischen den Öltropfen und dem Wasser. Weil aber die Dichte der Öltropfen geringer ist als die des Wassers, werden sie langsam zur Oberfläche wandern. Vielleicht werden Sie beobachten, dass ein paar Öltropfen am Boden zurückbleiben und einige kleine Wassertröpfchen in dem Öl auf der Oberfläche eingeschlossen sind. Dennoch wird sich nach einem Zeitraum von etwa einer Stunde die Mischung in zwei klar abgegrenzte Schichten trennen.

Nehmen Sie jetzt die Mischung, die sich wieder getrennt hat, geben noch etwas mehr Spülmittel dazu und schlagen Sie sie einige Minuten lang so stark wie möglich mit einem elektrischen Mixer. Die Mischung sollte jetzt relativ weiß und beachtlich dickflüssig werden. Dies liegt daran, dass durch die heftige Einwirkung des Mixers das Öl in sehr kleine Tröpfchen zerteilt wurde (die weiße Farbe deutet darauf hin, dass die Tröpfchen einen Durchmesser in der Größenordnung der Wellenlänge von Licht haben – etwa 1/1.000 mm). Wenn Sie jetzt diese Mischung in der Flasche stehen lassen, sollte es wesentlich länger dauern bevor sich die Phasen trennen – wenn überhaupt.

Die fein verteilten Öltröpfchen, die im Mixer erzeugt wurden, sind so klein, dass sie die Brown'sche Molekularbewegung aufweisen. Dies sind zufällige Molekularbewegungen, die dadurch entstehen, dass die Wassermoleküle mit den Tropfen zusammenstoßen. Die Brown'sche Bewegung verhindert auch, dass die Tropfen sehr schnell an die Oberfläche aufsteigen. Auch durch die Erhöhung der Viskosität dieser Emulsion – verursacht durch die Wechselwirkung von benachbarten kleinen Öltröpfchen – wird eine Trennung verlangsamt.

Nachdem Sie jetzt gesehen haben, dass man mit einer 50:50 Mischung von Öl und Wasser dickflüssige und von der Stabilität her sehr unterschiedliche Emulsionen herstellen kann, könnten Sie das Gleiche jetzt auch noch einmal mit anderen Mischungsverhältnissen ausprobieren (vielleicht 75% Öl und 25% Wasser) und dabei beobachten, was passiert.

Schließlich können Sie versuchen, die bei der Durchführung der Experimente gewonnenen Erkenntnisse auch auf die Herstellung von Saucen anzuwenden. Sie müssen natürlich jetzt noch eine oberflächenaktive Substanz finden, die Sie anstelle des Spülmittels verwenden. Gut geeignete oberflächenaktive Verbindungen kommen auch in verschiedenen Lebensmitteln vor, z.B. im Eigelb (alle Zellen enthalten bestimmte Mengen an Lipiden, d.h. natürlich vorkommende, oberflächenaktive Moleküle). Im Allgemeinen enthalten Samen größere Mengen an oberflächenaktiven Substanzen als die meisten anderen Lebensmittel. So enthält z.B. gemahlener Senf reichlich oberflächenaktive Substanzen und kann zur Stabilisierung einer ganzen Reihe von Saucen verwendet werden. Wenn Sie ein bisschen selber herumprobieren, werden Sie sehr schnell eine ganze Reihe von brauchbaren Verdickungsmitteln und Stabilisatoren für Ihre eigenen Saucen finden.

10
Biskuitkuchen

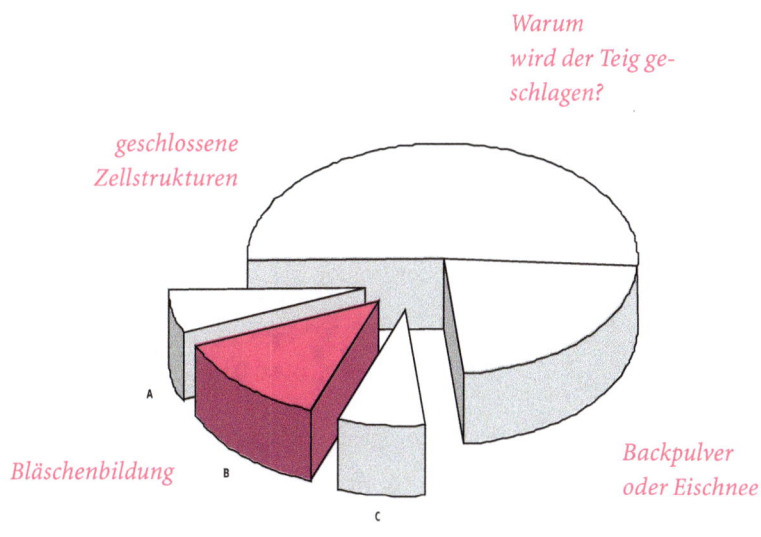

Warum wird der Teig geschlagen?

geschlossene Zellstrukturen

Bläschenbildung

Die richtige Konsistenz

Backpulver oder Eischnee

Grundprinzipien

Jede Köchin und jeder Koch hat in seinem Leben wahrscheinlich schon viele Biskuitteige und Biskuitkuchen hergestellt. Ich jedenfalls gehöre dazu. Wenn ich an die vielen Kuchen zurückdenke, die ich im Laufe der Jahre gemacht habe, so erinnere ich mich auch an so manche »Katastrophe«. Kuchen, die nicht aufgegangen sind, verbrannte Kuchen, nach dem Backen zusammengefallene Kuchen, zähe Kuchen und viele, viele andere – zu viele, um alle aufzählen zu können. Heute aber, nachdem ich gelernt habe, eine gute Schaummasse herzustellen, gibt es nur noch selten die ein oder andere Panne. In diesem Kapitel werde ich Ihnen zeigen, wie einfach es ist, einen perfekten Biskuitboden herzustellen, wenn man die zugrunde liegenden, naturwissenschaftlichen Prinzipien erst einmal verstanden hat. Dann wird Ihnen fast immer ein Biskuit gelingen.

Was zeichnet einen Biskuit eigentlich aus? Ein guter Biskuitkuchen ist etwas feucht und ansonsten locker und leicht – er zergeht im Mund. So locker wird der Kuchen allerdings nur, wenn er hauptsächlich aus Luft besteht, d.h. aus unzähligen kleinen, mit Luft gefüllten Bläschen. Das Gefühl, dass der Kuchen »im Munde zergeht«, kommt daher, dass die dünnwandigen Bläschen sich im Mund schnell auflösen. Der Biskuit muss aber nicht nur leicht und locker sein und eine feinporige Struktur haben, sondern er muss auch das Gewicht einer Füllung (z.B. Früchte und Sahne) tragen können, ohne zusammenzufallen. Woraus sollen die Wände der Bläschen also bestehen? Sie benötigen ein Material, das eine gewisse Stärke aufweist, aber dennoch im Mund leicht löslich ist. Deswegen brauchen Sie zur Herstellung eines guten Biskuits nicht nur eine Schaummasse mit vielen kleinen Bläschen, sondern die Wände zwischen den Blasen müssen noch verstärkt werden und dazu nimmt man Mehl. Weiterhin werden einem Biskuit noch geschmacksgebende Komponenten und Mittel gegen das Altbackenwerden zugesetzt.

Die wichtigste Frage ist jetzt, wie wir die vielen Bläschen in den Biskuit bekommen und wie wir sie klein halten können. Dafür gibt es traditionell drei verschiedene Verfahren. Bei der ersten und ältesten Methode nimmt man Hefe, einen Mikroorganismus, der zum Leben Zucker benötigt und ihn in Alkohol umwandelt (und außerdem Kohlendioxidgas als Nebenprodukt erzeugt). Wenn Sie Hefe verwenden, lässt sich die Bläschengröße dadurch beeinflussen, dass man einen festen Teig knetet (wie dies funktioniert ist eine andere Geschichte und wird in Kapitel 8 beim Brotbacken näher beschrieben). Es ist jedoch sehr schwierig, sehr kleine Bläschen zu erzeugen und die Hefe selber bringt Aromastoffe ein, die nicht immer erwünscht sind. Deshalb wird diese Methode zur Erzeugung von Bläschen in Biskuitkuchen nur noch selten angewendet und kann im Allgemeinen nicht empfohlen werden.

Bei der zweiten Methode wird ein Backtreibmittel verwendet (Backpulver) und dem Mehl hinzugefügt (oder Sie verwenden eine fertige Backmischung, dem das Backpulver bereits zugesetzt ist). Das Backpulver besteht aus verschiedenen chemischen Verbindungen, die beim Erhitzen in der Anwesenheit von Wasser miteinander reagieren und dabei Kohlendioxidgas in Form von kleinen Bläschen entstehen lassen. Wie auch bei dem Biskuit mit der Hefe besteht die Hauptschwierigkeit darin, die Bläschen möglichst klein zu halten. Eine Lösung besteht darin, einen festen Teig aus Butter, Mehl, Eiern und etwas Wasser herzustellen. Wenn man diese Mischung dann in den Ofen stellt, wird das Kohlendioxid nur sehr langsam freigesetzt und es verteilt sich auch recht gleichmäßig. Die Teigmasse wird also schon garen, wenn die Bläschen noch klein sind, d.h. bevor sie anfangen zu platzen. Wenn dann weiteres Kohlendioxid freigesetzt wird, dehnen sich die Bläschen entweder aus, bis der gasbildende Vorrat erschöpft ist oder der Teig ist inzwischen so fest, dass die Bläschen sich schließen und jedes weitere Gas bis zur Oberfläche entweicht. Es ist sehr schwierig, beides zu kontrollieren, sowohl die Geschwindigkeit, mit der die Teigmasse gart als auch die Geschwindigkeit, mit der das Kohlendioxid freigesetzt wird. So bedarf es schon einiger Erfahrung, um durchgängig gute Ergebnisse zu erzielen.

Bei der dritten Technik werden zuerst die Bläschen erzeugt, dann wird das Mehl hinzugefügt, um die Bläschenwände zu stärken, und anschließend wird der Kuchen gebacken. Die Bläschen entstehen, wenn man Eier (entweder getrennte Eier oder ganze Eier) solange schlägt, bis sich ein stabiler Schaum gebildet hat (auch Mousse genannt). (Warum geschlagene Eier einen stabilen Schaum bilden, ist wiederum eine andere Geschichte, siehe Kapitel 12.) Nachdem man die Eier zu einem festen, stabilen Schaum geschlagen hat, wird das Mehl untergehoben und die Masse erhält auf diese Weise eine gewisse Stabilität oder »Körper«. Man fügt dann noch etwas Butter hinzu, füllt die Masse in eine Backform und schiebt das Ganze in den Ofen. Bei dieser Vorgehensweise können Sie beim Schlagen die Größe der Bläschen beeinflussen und die dabei entstandenen, sehr kleinen Bläschen behalten während des gesamten Backvorgangs ihre Form.

In diesem Kapitel werde ich detailliert beschreiben, wie die letzten beiden Techniken funktionieren (Biskuit mit Backpulver und Biskuit aus Eischnee).

Außerdem schlage ich Ihnen einige Rezepte zum selber ausprobieren vor und auch ein paar Experimente dürfen am Schluss nicht fehlen.

Ein Grundrezept für Biskuit mit Backpulver

Bei dieser am häufigsten verwendeten Methode wird ein Treibmittel verwendet, um Bläschen im Biskuit zu erzeugen. Dabei wird durch chemische Reaktionen beim Backen ein Gas freigesetzt. Es gibt auch Backmischungen, die entsprechende Treibmittel bereits enthalten. Die Grundmischung für einen Biskuitteig enthält Mehl (mit Zusatz eines Treibmittels), Zucker, Eier und etwas Fett. Die Zutaten werden zunächst miteinander verrührt, bis ein fester, pastenartiger Teig entsteht.

Die beim Backen ablaufenden Prozesse sind sehr komplex, wobei sich die Struktur der Teigmischung ständig ändert und auch die Geschwindigkeit der Freisetzung von Kohlendioxidgas variiert. Es laufen also mehrere Prozesse gleichzeitig ab. Wenn das Backpulver feucht wird, entsteht etwas Kohlendioxid; sobald die Temperatur aber über 50 °C steigt, nimmt die Geschwindigkeit der Kohlendioxidproduktion rapide zu. Schon bei der Zugabe von Eiern und der anderen flüssigen Zutaten zu der Mischung aus Mehl, Zucker und Fett wird aus dem Backpulver etwas Kohlendioxid freigesetzt. Dieses Kohlendioxid bildet jetzt in der Teigmischung sehr kleine Bläschen, die stabil bleiben, sofern sie klein genug sind und die Teigmischung ausreichend fest ist.

Sobald der Kuchen im Backofen ist, wird noch mehr Kohlendioxid freigesetzt und die kleinen Bläschen, die schon beim Mischen entstanden sind, werden größer und es kommen neue Bläschen hinzu. Wenn die Temperatur anfängt zu steigen, wird die Teigmischung breiiger und in dieser Phase können sich die Bläschen leicht ausdehnen und Richtung Oberfläche wandern. Wenn die Bläschen zu groß werden oder die Teigmischung zu flüssig wird, werden die Bläschen bis zur Oberfläche gelangen und platzen, und das Kohlendioxid geht an die Atmosphäre verloren. Wenn auf diese Weise zu viel Kohlendioxid entweicht, kann der Kuchen nicht genügend aufgehen. Wenn später die Temperatur 60 °C übersteigt, beginnen die Eiproteine sich zu vernetzen (siehe auch Kapitel 2 für mehr Informationen) und die Teigmischung wird fester. Durch das Festwerden des Teiges werden auch die Bläschen wieder stabilisiert. Wird jetzt noch mehr Kohlendioxid freigesetzt, dehnen sich diese Bläschen weiter aus. Aber auch hier – wie bei Luftballons – ist die Aufnahmekapazität von Gas irgendwann begrenzt und danach werden sie platzen.

In welchem Umfang ein Kuchen aufgehen wird, hängt damit von mehreren, miteinander konkurrierenden Prozessen ab. Dazu gehört auch die Geschwindigkeit, mit der aus dem Backpulver (über einen großen Temperaturbereich hinweg) Kohlendioxid freigesetzt wird und ferner die Gesamtmenge an Kohlendioxid, die aus dem Backpulver erzeugt werden kann. Schließlich müssen wir noch die Geschwindigkeit, mit der der Kuchen im Ofen aufgeheizt wird, betrachten und auch die Geschwindigkeit berücksichtigen, mit der die Eiproteine sich vernetzen und die Teigmischung gefestigt wird. All diese Vorgänge beeinflussen das Aufgehen des Teiges. Wenn man so viele verschiedene Variablen hat, ist es kaum möglich, genaue Anweisungen zu geben, die jedes Mal zum Erfolg führen. Schon Fragestellungen mit weit geringerer Komplexität sind für manch einen Chemiker rätselhaft geblieben. So ist es für mich auf der anderen Seite rätselhaft, warum so viele Menschen glauben, dass dies die sicherste Methode sei, einen Biskuit herzustellen!

Die wichtigsten Punkte, die man beachten sollte, wenn man Biskuit mit Backpulver herstellt
- → Vergewissern Sie sich immer, dass der Ofen auf die erforderliche Backtemperatur vorgeheizt ist
- → Achten Sie darauf, dass die Backform mit Butter eingefettet ist und mit Mehl bestäubt wurde, damit der Kuchen an den Seiten und am Boden nicht anhaftet
- → Lassen Sie die fertige Teigmischung nicht für längere Zeit stehen

Warum sind diese Regeln so wichtig?
Wenn Sie ein Rezept entdeckt haben, mit dem sie erfolgreich einen Kuchen backen können, ist es immer gut, wenn Sie die Rezeptanweisungen jedes Mal genauestens befolgen. Es ist offensichtlich, dass beim Herstellen eines Biskuits mit Backpulver als Treibmittel die Ofentemperatur einen entscheidenden Einfluss auf das Backverhalten hat. Auch die Geschwindigkeit, mit der der Biskuit die Temperatur erreicht, bei der die Eiproteine anfangen zu koagulieren, hat große Auswirkungen beim Aufgehen des Kuchens. Demzufolge ist die Wahrscheinlichkeit, dass der Kuchen durch das Entweichen von Kohlendioxid zusammenfällt, umso geringer, je schneller die Eiproteine anfangen zu gerinnen. Also sollte der Biskuitkuchen in einen heißen Backofen gestellt werden. In einem anfangs kalten Ofen würde es wesentlich länger dauern, bis die Proteine anfangen zu koagulieren, und die Gefahr, dass der Kuchen zusammenfällt,

wäre wesentlich größer. Deswegen ist es auch nicht empfehlenswert, die fertige Teigmischung längere Zeit herumstehen zu lassen, weil das Kohlendioxid sofort nach Zugabe der flüssigen Bestandteile anfängt zu entweichen. All die kleinen Bläschen, die beim Zusammenmischen entstanden sind, werden größer und größer und wandern bis nach oben, wo dann schließlich das Kohlendioxid ganz entweicht. Die Backform wird vorsichtshalber eingefettet und mit Mehl oder Paniermehl ausgestäubt, damit der Kuchen nicht anhaftet und aus der Backform sauber herauskommt.

ZUTATEN
- *100 g Mehl*
- *5 ml Backpulver (bei normalem Mehl)*
- *100 g ungesalzene Butter oder ein anderes Fett (wenn Sie eine Küchenmaschine verwenden reichen 80 g)*
- *2 Eier*
- *100 g Puderzucker*
- *bis zu 15 ml zusätzliche Flüssigkeit (Milch oder Wasser)*

ZUBEREITUNG
Heizen Sie den Ofen auf 180 °C vor. Vermischen Sie dann Zucker, Mehl, Backpulver und Butter mit einem Löffel oder Messer und bearbeiten Sie die Mischung (entweder mit der Hand oder in einer Küchenmaschine) bis Sie eine krümelige Struktur mit kleinen Bröseln von etwa 1 bis 3 mm Größe vorliegen haben. Geben Sie dann unter ständigem Rühren die geschlagenen Eier hinzu. Sobald Sie die Eier hinzugefügt haben, sollte eine recht steife und halb elastische Masse entstehen (unter halb elastisch verstehe ich hier, dass der Teig nach dem Dehnen, wenn Sie ihn loslassen, nicht seine Form behält, sondern sich etwas zurückzieht). Wenn Sie das Gefühl haben, dass Sie diesen Punkt erreicht haben, dann geben Sie keine weitere Flüssigkeit mehr hinzu und schlagen die Masse noch etwa 1 Minute lang weiter. Um zum Schluss die richtige Konsistenz zu erhalten, geben Sie noch etwas Flüssigkeit hinzu. Es ist sehr schwierig, in Worte zu fassen, wie die richtige Konsistenz bei dieser Art Teig sein soll. Die optimale Konsistenz variiert eventuell schon von Mehl zu Mehl und auch das Alter der Eier spielt eine große Rolle. Wenn Sie z. B. ein klebereiweißreiches Mehl mit einem hohen Proteinanteil verwenden, sollte die Teigbeschaffenheit etwas breiiger sein. Ist die Teigmasse zu fest, wird der Kuchen nicht richtig aufgehen. Ist der Teig auf der anderen

Seite zu flüssig, dann wird er zwar in der Anfangsphase beim Backen aufgehen, er wird jedoch wieder zusammenfallen, noch bevor er fertig gebacken ist. Um Ihnen eine ungefähre Vorstellung zu geben, würde ich sagen, dass die Teigmasse gerade an einem Löffel kleben bleiben sollte, wenn dieser umgedreht wird. Am Ende dieses Kapitels folgen noch ein paar einfache Experimente, mit denen Sie selbst herausfinden können, welches die beste Konsistenz für Ihre Zutaten ist.

Geben Sie die Teigmischung mit der »gerade richtigen Konsistenz« dann in eine eingefettete und mit Mehl bestäubte Backform (die angegebene Menge reicht für eine runde Form mit einem Durchmesser von ca. 20 cm) und backen Sie sie für etwa 20 Minuten bei etwa 200 °C. Nehmen Sie dann ein Messer, stechen in den Biskuit hinein und prüfen Sie, ob der Teig gut ist. Wenn nicht, lassen Sie ihn noch einmal für ein paar Minuten backen und testen erneut. Ist der Kuchen dann schließlich fertig, nehmen Sie ihn aus dem Ofen und lassen ihn aus einer Höhe von etwa 30 cm auf eine harte Unterlage fallen (um zu verhindern, dass er später zusammenfällt) und lassen ihn erst einmal abkühlen, bevor Sie ihn aus der Backform nehmen.

Wie man verhindern kann, dass der Kuchen nach dem Backen zusammenfällt

Die Bläschen in einem frisch gebackenen Biskuit sind alle nach außen hin dicht abgeschlossen, sodass der Boden weder Luft aufnehmen noch abgeben kann. Sie können sich dies etwa so vorstellen, dass der Biskuit aus vielen kleinen »Ballons« besteht, die alle aneinander kleben. Wenn der Kuchen dann abkühlt, fängt auch der Wasserdampf in den Bläschen an zu kondensieren und es wird Wasser daraus. Stellen Sie sich all die kleinen Bläschen vor, die jetzt schrumpfen und kleiner und kleiner werden. Natürlich wird der Kuchen jetzt anfangen zusammenzufallen. An den Rändern ist der Biskuit meistens fester (stärker erhitzt worden) und er wird zusätzlich noch von der Backform unterstützt, sodass er dort wahrscheinlich nicht weit zusammenfällt. Wenn Sie jetzt nicht dafür sorgen, dass sich die Struktur in irgendeiner Weise ändert und Luft in die Bläschen eindringen kann (die den kondensierten Wasserdampf ersetzt), wird der Kuchen unweigerlich in der Mitte zusammenfallen. Wenn man den Kuchen aber aus einer Höhe von etwa 30 cm auf eine harte Oberfläche fallen lässt, geht eine Erschütterungswelle durch den Kuchen, wodurch viele Bläschenwände brechen und die ursprünglich geschlossene Zellstruktur wird in

Abb. 10.1
Oben links: ein frisch gebackener Kuchen.
Oben rechts: der gleiche Kuchen, nachdem er fallen gelassen wurde. Achten Sie auf die Bläschen, die geplatzt sind und jetzt das Eindringen von Luft ermöglichen.
Unten rechts: Wenn die Bläschen nicht geplatzt sind, wird sich die Luft (der Wasserdampf ist auch nicht mehr da) beim Abkühlen zusammenziehen und der Kuchen fällt in der Mitte zusammen.

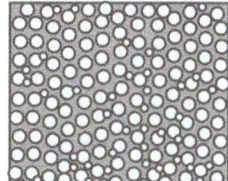
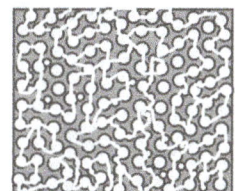

eine offene Porenstruktur verwandelt. Jetzt kann die Luft in die aufgebrochenen Bläschen eindringen und der Kuchen wird nicht mehr zusammenfallen.

»FALLENGELASSENE KUCHEN« | Vor einiger Zeit habe ich mal einen Experimentalvortrag über die Technologie der Kuchenherstellung im Weiterbildungsbereich der Universität gegeben. Nach der Veranstaltung sollten die Zuhörer einen Fragebogen ausfüllen. Die Fachbereichsleitung wollte eine Rückmeldung darüber haben, wie gut (oder wie schlecht) diese Veranstaltung angekommen sei. Davon sollte auch abhängen, ob man mich noch ein zweites Mal einladen würde.

Eine der Fragen lautete: »Was hat Ihnen an der Veranstaltung am besten gefallen?« Einer der Studenten gab als Antwort an: »Als er den Kuchen fallen ließ!« Ein paar Wochen später bekam ich einen sehr netten Brief vom Fachbereichsleiter, der mir sehr für den Vortrag dankte und außerdem sein Mitgefühl ausdrückte für das scheinbare Unglück, weil mir doch der Kuchen heruntergefallen sei. Und er ließ sich noch darüber aus, dass es ein Jammer sei, dass sich die Leute immer am meisten darüber amüsieren, wenn bei einer Experimentalvorlesung irgendetwas schief läuft. Darüber, dass er nicht erkannt hatte, dass ich den Kuchen absichtlich hatte fallen lassen, wird er bis heute immer noch von denen aufgezogen, die von seinem Fehler bei der Einschätzung der Situation wussten.

Warum das Rezept funktioniert
Der Sinn und Zweck der Zutaten

Backpulver (in einer Backmischung bereits enthalten)
Das Backpulver ist ein Treibmittel, ohne das der Kuchen nicht aufgehen würde. Es ist als Zutat also unentbehrlich. Ohne Backpulver kann der Kuchen nicht aufgehen, siehe auch den Kasten mit Einzelheiten über die Funktionsweise von Backpulver.

> BACKPULVER | Das Backpulver ist eine Mischung aus verschiedenen chemischen Verbindungen – Natriumbicarbonat und Salzen – unter Zusatz von etwas Stärke, damit die Mischung trocken bleibt. In der Regel werden zwei unterschiedliche Salze hinzugefügt, z. B. Weinstein und Aluminiumnatriumsulfat. Wenn man diese Salze in Wasser auflöst, werden sie zu Säuren. Diese Säuren reagieren dann mit dem Natriumbicarbonat zu einem Natriumsalz und Kohlendioxid. Die Funktionsweise dieser Reaktionen können Sie zu Hause an einem einfachen Experiment nachvollziehen. Wenn Sie etwas Natriumbicarbonat (einige Teelöffel voll) in eine Schüssel geben und die gleiche Menge einer Säure hinzufügen (z. B. Zitronensaft oder Essig), werden Sie feststellen, dass die Mischung anfängt, zu zischen und bei dieser Reaktion Kohlendioxid gebildet wird. Einen ähnlichen Effekt können Sie beobachten, wenn Sie Leitungswasser hinzufügen. In diesem Fall benötigen Sie keine Säuren, weil der Weinstein aus dem Backpulver beim Lösen in Wasser zu Weinsäure wird.
>
> Dieser »Chemiecocktail« im Backpulver wurde deswegen gewählt, damit die chemischen Reaktionen, die das Kohlendioxid freisetzen, über einen breiten Temperaturbereich stattfinden können. Bei Raumtemperatur reagiert zwar die Weinsäure (aus dem Weinstein) mit Natriumbicarbonat, eine Reaktion mit Aluminiumnatriumsulfat findet jedoch erst bei höheren Temperaturen statt. Beim Anstieg der Temperatur beim Backprozess laufen beide Reaktionen schneller ab. Man muss vorher darauf achten, ob andere Säuren aus der Teigmischung mit dem Natriumbicarbonat schon bei Raumtemperatur reagieren können. Es kann also ohne weiteres sein, dass das Natriumbicarbonat schon aufgebraucht ist, bevor die Teigmischung überhaupt in den Backofen geschoben wird. Um solche Schwierigkeiten zu umgehen, wird oft in Rezepten verlangt, dass man bei sauren, geschmacksgebenden Bestandteilen (wie z. B. Zitronensaft)

noch zusätzliches Natriumbicarbonat hinzufügen soll. Damit wird dann gewährleistet, dass auch bei hohen Temperaturen während des Backens noch genügend Kohlendioxid gebildet wird.

Mehl
Das Mehl wird zusammen mit den Flüssigkeiten benötigt, um den Teig herzustellen, der dann bearbeitet oder geschlagen wird, um etwas Gluten zu erzeugen. Durch dieses Gluten (eine Zusammenlagerung von zwei Proteinen, die in Weizen vorkommen) bekommt der Teig seine elastischen Eigenschaften, wodurch sich die mit Kohlendioxidgas gefüllten Bläschen bilden können, die sich dann während des Backens ausdehnen. Dieser Vorgang ist vergleichbar mit dem Aufblasen von Luftballons. Es ist wichtig, dass der Teig eine ausreichende Elastizität hat, damit er sich wie das Gummi in den Luftballons verhält und nicht aufreißt, wenn die Bläschen mit dem Kohlendioxid aus dem Backpulver aufgebläht werden.

Butter
Die Butter wird aus zwei Gründen hinzugegeben. Erstens dient sie als Mittel gegen das Altbackenwerden (wie und warum Fette das Altbackenwerden verzögern, können Sie in einem Kasten über das Altbackenwerden in Kapitel 8 nachlesen). Zweitens soll die Butter – und das ist der wichtigste Aspekt – die einzelnen Stärkekörner im Mehl voneinander getrennt halten, damit beim Hinzufügen von Flüssigkeiten keine Klümpchen entstehen. Dieser Vorgang ist direkt vergleichbar mit der Verwendung von Fetten bei der Herstellung von mit Stärke angedickten Soßen (siehe Kapitel 9).

Eier
Die Eier stellen das Protein zur Verfügung, das während des Backens gerinnt und dem Kuchen zum Schluss seine Festigkeit gibt.

Zucker
In diesem Rezept wird der Zucker hauptsächlich aus Geschmacksgründen genommen. Obgleich Sie einen Kuchen mit einer sehr guten strukturellen Beschaffenheit auch ohne jeglichen Zusatz von Zucker herstellen können, ist der Zusatz manchmal notwendig, um die etwas zu flüssige Konsistenz auszugleichen. Und im Allgemeinen entspricht ein gesüßter Kuchen auch eher dem Geschmacksempfinden der meisten Menschen.

Sinn und Zweck der Anweisungen

Warum wird das Mehl und das Fett zusammen zu kleinen Krümeln zusammengemischt?

Die Stärkekörner im Weizenmehl enthalten eine Menge Protein und viel Stärke. Wenn eine Flüssigkeit hinzugegeben wird, absorbieren die Proteinmoleküle an der Oberfläche der Körner etwas Wasser und die Stärkekörnchen werden klebrig und zäh. Die Stärkekörner müssen deswegen auf irgendeine Weise voneinander getrennt gehalten werden, wenn man das Wasser hinzugibt, weil sich sonst Klumpen bilden. Dabei kleben die äußeren Stärkekörner zusammen und verhindern, dass die Feuchtigkeit ins Innere eindringen kann. Wenn man jetzt stattdessen das Mehl mit dem Fett innig vermischt, werden die Stärkekörner mit einem dünnen Fettfilm überzogen, der die Absorptionsrate von Wasser verringert und damit verhindert, dass die Stärkekörner zusammenkleben und sich in der Teigmischung irgendwelche Klumpen bilden können. Wenn das Fett nicht eingearbeitet wird, kann es sein, dass die Teigmischung nicht gleichmäßig wird und letztendlich der Kuchen dann eine unschöne Struktur bekommt. Beachten Sie auch, dass bei Verwendung einer Küchenmaschine, weniger Fett benötigt wird, um die Stärkekörner mit einem ausreichenden Überzug zu versehen, als wenn Sie dies per Hand machen. Die Küchenmaschine ist zwar effizienter beim Rühren, es wird dabei jedoch auch viel Gluten gebildet, sobald man eine flüssige Zutat hinzufügt. Deswegen muss die Teigmischung dann eventuell eine flüssigere Konsistenz haben, als wenn man sie per Hand zubereitet.

Warum wird der Teig geschlagen?

Ein wichtiger Bestandteil in dem Teig ist das Gluten, das durch das Strecken der Proteine in den Stärkekörnern des Mehls gebildet wird. Wenn zwei Stärkekörner zusammenkleben, lagern sich die Proteinmoleküle an ihrer Oberfläche zusammen und werden gestreckt, sobald der Teig geschlagen wird. Der Prozess der Aneinanderlagerung und des Streckens führt dazu, dass die Proteinmoleküle so genannte Glutenschichten bilden. Diese Glutenschichten verhalten sich vergleichsweise wie Gummi. Sie geben dem Teig seine Elastizität und halten die Blasen, die sich bilden, fest und lassen sie nicht entweichen. Wenn im Gegensatz dazu in einem Biskuit die Bläschen durch rein physikalische Vorgänge erzeugt werden (z. B. im Genueser-Biskuit), ist die Bildung von Gluten nicht notwendig, ja wird sogar ganz vermieden, indem man das Mehl am Ende vorsichtig unterhebt.

Warum ist es so wichtig, dass der Teig die richtige Konsistenz hat, bevor man ihn in den Ofen schiebt?
Um im Biskuitkuchen eine gleichmäßige Verteilung der Bläschen zu erreichen, ist es notwendig, dass sich beim Backen im Teig immer neue Bläschen bilden. Es müssen dabei diejenigen ersetzt werden, die nach oben gewandert sind und damit nicht mehr zur Verfügung stehen. Das Backpulver wurde im Laufe der Jahre so verfeinert, dass es beim Backen mehr oder weniger kontinuierlich Kohlendioxid freisetzt und so die ganze Zeit neue Bläschen gebildet werden. Sobald der Innendruck in diesen Bläschen ansteigt, dehnen sie sich aus. Die Glutenschichten haben dabei die gleiche Funktion wie das Gummi in den Luftballons.

Wenn wir den Kuchen als Modell betrachten, dann ist die Viskosität und die Festigkeit in einem frühen Backstadium so gering, dass die meisten der Bläschen zur Oberfläche wandern und entweichen. Im Laufe des Backvorgangs erhöhen sich dann die Viskosität und die Festigkeit des Teiges – die Bläschen bleiben gefangen. Schließlich wird die Mischung so fest, dass bei gegebenem Kohlendioxiddruck keine neuen Bläschen mehr gebildet werden können. Um einen Kuchen mit einer guten, feinporigen Struktur herzustellen, sollte die Konsistenz der Teigmischung so sein, dass es über die gesamte Backzeit hinweg ein Gleichgewicht gibt zwischen den neu freigesetzten Bläschen und denen, die an der Oberfläche verschwinden.

In der Praxis kann es vorkommen, dass die Viskosität und die Festigkeit der Teigmischung entweder zu hoch oder zu gering sind, und damit die Gefahr besteht, dass das Backpulver bereits verbraucht ist, bevor die Backzeit zu Ende ist. Ist die Teigmischung zu flüssig, kann das Gasbildungspotenzial des Backpulvers bereits erschöpft sein, lange, bevor die Masse fest genug ist, um Kohlendioxidbläschen festhalten zu können. Man erhält dann einen sehr flachen Kuchen. Wenn auf der anderen Seite die Teigmischung am Anfang zu fest ist, kann es sein, dass der Kohlendioxiddruck nicht ausreicht, um die Bläschen aufzublähen und man erhält wiederum einen zu flachen Kuchen.

Problemlösungsvorschläge bei Biskuits, hergestellt mit Treibmittel
Leider gibt es keine Möglichkeit missglückte Biskuits zu retten, wenn sie einmal gebacken wurden. Die nachfolgende Auflistung kann Ihnen deswegen nur aufzeigen, was Sie das nächste Mal besser machen können.

Problem	Grund und Erklärung	Abhilfe
Der Kuchen geht nicht auf.	Zu wenig oder nicht mehr aktives Backpulver. Das ganze Backpulver hat schon reagiert, bevor der Kuchen anfing zu backen. Die Teigmischung war so matschig, dass die Kohlendioxid-Bläschen durch den Teig hindurchgewandert sind.	Überprüfen Sie das Mindesthaltbarkeitsdatum von Backmischung und Backpulver. Überprüfen Sie auch noch einmal die notwendige Menge Backpulver, die im Rezept verlangt wird. Die Teigmischung wurde evtl. zu lange stehen gelassen oder sie war evtl. zu sauer. Sie dürfen eine stark wasserhaltige Teigmischung nicht lange stehen lassen, bevor sie in den Ofen kommt. Wenn die Mischung sehr sauer ist (sauer schmeckt), geben Sie etwas zusätzliches Backpulver hinzu. Es wurde zu viel Flüssigkeit der Teigmischung hinzugegeben. Nehmen Sie das nächste Mal weniger.
Der Kuchen geht zu stark auf und der Teig fließt über die Backform.	Die Teigmischung ist zu weich. Es wurde zu viel Backpulver verwendet.	Es wurde zu viel Flüssigkeit in der Teigmischung verwendet. Nehmen Sie das nächste Mal weniger.
Der Kuchen fällt zusammen, sobald er aus dem Ofen herausgenommen wird.	Die Proteine sind nicht ausreichend geronnen, d.h., der Kuchen wurde nicht lang genug gebacken oder bei einer nicht genügend hohen Temperatur.	Backen Sie das nächste Mal länger oder bei einer höheren Temperatur.
Der Kuchen fällt in der Mitte zusammen.	Der Kuchen ist an der Außenseite gar geworden aber nicht in der Mitte – die Backzeit war zu kurz, die Backtemperatur zu hoch.	Verlängern Sie die Backzeit und verringern Sie die Ofentemperatur.

↓

Problem	Grund und Erklärung	Abhilfe
Die Oberseite ist gut gebräunt aber innen ist der Teig noch roh.	Der Kuchen wurde bei einer zu hohen Temperatur gebacken.	Backen Sie das nächste Mal in einem etwas kühleren Ofen.
Der Kuchen trocknet sehr schnell aus oder wird sehr schnell altbacken.	Die Backtemperatur ist zu hoch gewesen, der Kuchen wurde zu lange gebacken oder es ist kein Fett im Rezept.	Vergewissern Sie sich, dass in dem Rezept etwas Fett verlangt wird. Backen Sie ggf. etwas kürzer oder in einem etwas kühleren Ofen.

Einige Abweichungen, die Ihnen in Rezepten aus Kochbüchern begegnen werden

Unterschiedliche Mengenverhältnisse

In vielen Rezepten wird weniger Butter und weniger Zucker angegeben als oben vorgeschlagen. In der Tat kann die Menge an Zucker und Fett auf die Hälfte reduziert werden, wenn man sich die große Bandbreite verschiedenster Kuchen ansieht, die es gibt. Der Kuchen wird einfach gehaltvoller, wenn man mehr Fett und mehr Zucker nimmt. In vielen Fällen sind die Anteile an Fett und Zucker gleich, dies ist aber keineswegs notwendig. Probieren Sie einmal verschiedene Variationen des Grundrezeptes aus und stellen Sie dann fest, welcher Kuchen Ihnen am Besten gefällt.

Verwendung verschiedener Fette

In vielen Rezepturen wird Butter durch andere Fette ersetzt – oft billigere und manchmal auch gesündere. Der Kuchen hat dann ein etwas anderes Aroma, aber ansonsten wird der Unterschied mit einem anderen Fett nur unmerklich sein. Achten Sie jedoch darauf, dass bei Verwendung von fettreduziertem Streichfett der Fettanteil natürlich (wie der Name schon sagt) geringer ist und das Erzeugnis eine Menge Wasser enthält. Sie müssen dann also wesentlich mehr hinzufügen als sonst, um die gewünschte Struktur im fertigen Kuchen zu bekommen.

Victoria-Sandwich-Methode

In den Rezepten für Victoria-Sandwiches (und bei vielen anderen Biskuits) gehen Sie oft so vor, dass Sie zunächst die Butter und den Zucker cremig schlagen, dann die Eier hinzugeben und schließlich das Mehl unterheben. Bei solch einer Vorgehensweise entsteht weniger Gluten als in dem oben genannten Grundrezept, weil die Wahrscheinlichkeit, dass dabei die Proteinmoleküle gestreckt werden und sich die Mehlkörnchen zusammen lagern, sehr gering ist. Wenn jedoch weniger Gluten vorhanden ist, wird der Teig weniger elastisch werden und die Gefahr, dass die Bläschen beim Backen entweichen, ist wesentlich größer. Bei diesem Verfahren ist es also wesentlich schwieriger, die »gerade richtige Konsistenz« des Teiges abzupassen. Weil das Gluten aber letztendlich den Kuchen etwas zäh macht, kann dieses Verfahren auch einige Vorteile mit sich bringen und der Biskuit nach diesem Rezept hat unter Umständen eine wesentlich bessere Beschaffenheit.

»Alles-zusammenrühren«-Methoden

Es gibt Rezepte, in denen vorgeschlagen wird, dass man alle Zutaten in eine Schüssel gibt und dann alles mit einem Handrührgerät vermischt. Bei einer derartigen Methode muss das Handrührgerät allerdings so stark sein, dass sich im Mehl keine Klumpen bilden. Auch wenn dieses Verfahren im Prinzip funktioniert, werden Sie vielleicht davor zurückschrecken, das Rührgerät auf höchster Stufe zu benutzen und in der fertigen Teigmischung werden sich dann immer noch einige Klumpen befinden. Darüber hinaus ist es sehr schwierig, eine zu flüssige Teigmischung später fester zu machen, sodass es bei dieser Methode vorteilhafter ist, nicht alle flüssigen Bestandteile von vornherein hinzuzugeben, sondern erst dann, wenn Sie abschätzen können, wie fest der Teig sein wird. Obwohl man mit dieser Methode sicherlich etwas Zeit einsparen kann, so braucht man doch viel Erfahrung dafür.

Weitere Zutaten – Salz, Weinstein, noch mehr Backpulver, geschmacksgebende Bestandteile usw.

Bei einem Blick in ein Backbuch wird man schnell feststellen, dass es viele Varianten des Biskuitgrundrezeptes gibt. Weitere Zusätze sind allerdings im Allgemeinen nicht notwendig, mit Ausnahme von geschmacksgebenden Zutaten. Ich gebe z. B. Salz aus Geschmacksgründen hinzu. Wenn Sie bislang noch keinen Biskuit ohne Salz hergestellt haben, sollten Sie dies einmal ausprobieren. Wahrscheinlich werden Sie positiv überrascht sein!

In den meisten Fällen dürfte es auch nicht notwendig sein, noch mehr Backpulver, Weinstein (Weinsäure) oder Natriumbicarbonat (Backsoda) über die im Rezept angegebene oder in einer Backmischung vorhandene Menge hinaus zuzugeben (etwa 5 ml pro 100 g Mehl). Wenn jedoch aus Geschmacksgründen eine Säure hinzugefügt wird, z. B. Zitronensaft oder irgendeine andere Frucht, dann kann es sein, dass etwas mehr Natriumbicarbonat notwendig ist (oder wenn kein Natriumbicarbonat zur Verfügung steht, etwas mehr Backpulver). Es ist auch immer sinnvoll, sich einmal zu fragen, ob all die Zutaten in einem bestimmten Rezept wirklich notwendig sind. Wenn Sie den Hauptzweck der Zutaten jeweils kennen, können Sie selbst entscheiden, ob sie einen entscheidenden Einfluss auf das Ergebnis haben werden und ob Sie sie weglassen können. Ich glaube, es ganz gut, etwas herumzuexperimentieren und die Rezepte so anzupassen, dass sie für Ihre Bedürfnisse optimal werden.

Einige Variationsvorschläge

Schokoladenkuchen und andere Kuchen in verschiedenen Geschmacksrichtungen

Es gibt unendlich viele Möglichkeiten einen Biskuit in einer bestimmten Geschmacksrichtung herzustellen. Am einfachsten ist es, die geschmacksgebenden Zutaten unter das Mehl zu mischen. Einen Schokoladenkuchen kann man z. B. herstellten, indem man ¼ des Mehls durch Kakaopulver ersetzt. Es können auch noch andere, Aroma gebende Komponenten hinzugefügt werden, z. B. Zimt oder andere Gewürze, allerdings eher sparsam. Am besten gibt man eine kleine Menge von etwa 2,5 ml dem Mehl hinzu. Früchtekuchen erhält man, wenn man einen Teil der Flüssigkeit durch Fruchtsaft ersetzt oder einige Tropfen eines ätherischen Öls hinzufügt.

Früchtekuchen

Das Biskuitgrundrezept eignet sich hervorragend dafür, Trockenfrüchte mit zu verarbeiten und so einen lockeren Fruchtkuchen herzustellen. Die Früchte werden einfach untergerührt, kurz bevor der Kuchen in die Backform kommt. Insbesondere bei einem Kirschkuchen mit kandierten Kirschen, ist es empfehlenswert, eine etwas festere Teigmischung zuzubereiten als sonst üblich, damit die Früchte beim Backen nicht nach unten sinken. Wenn bei Ihnen die Kirschen dennoch zu Boden sinken, können Sie sich beim nächsten Mal auch damit behelfen, dass Sie zunächst einen Großteil der Teigmischung in die Backform füllen, dann die Kirschen mit dem restlichen Teig vermischen und die Kirsch-Teig-Mischung schließlich über den anderen Teig geben. Während des Backens werden die Kirschen zwar auch etwas heruntersinken, aber nicht ganz bis zum Boden.

Gedämpfte Puddinge
Mit dem Biskuitgrundrezept können Sie auch ganz einfach gedämpfte Puddinge herstellen, z. B. einen Siruppudding. Die Backtemperatur ist dabei wesentlich geringer (100 °C) und die Backzeit erheblich länger. Weil die Teigmischung dabei nicht so heiß wird, verflüssigt sich der Teig auch nicht so stark beim Erhitzen. Am besten gleichen Sie dies dadurch aus, dass die Teigmasse von vornherein nicht so fest wird, entweder, indem Sie noch ein Ei hinzugeben oder etwas mehr Milch. Ich würde vorschlagen, dass Sie etwa 10 ml flüssige Zutaten zusätzlich hinzugeben - verglichen mit dem Rezept für einen Kuchen, der im Ofen gebacken wird. Zur Herstellung eines gedämpften Siruppuddings nehmen Sie eine 500-ml-Rührschüssel und fetten diese ein. Nehmen Sie aber nur eine Pyrex- oder Polypropylenschüssel und auf keinen Fall eine Polyethylenschüssel, weil diese schmelzen kann! (Wenn Sie sich nicht ganz sicher sind, gießen Sie etwas kochendes Wasser in die Schüssel und beobachten Sie, ob diese weich wird. Sollte dies der Fall sein, halten Sie sie sofort unter kaltes Wasser und lassen Sie einige Minuten lang kaltes Wasser darüber laufen. Verwenden Sie diese Schüssel nicht für gedämpfte Puddinge.) Geben Sie dann etwa 50 ml Sirup in den Schüsselboden und gießen Sie anschließend die Biskuitmischung dazu. Verschließen Sie die Schüssel mit einem Deckel oder decken Sie sie mit Aluminiumfolie zu, stellen sie dann in einen Dampfkochtopf und lassen sie für 1 bis 1½ Stunden garen. Danach nehmen Sie sie heraus und servieren den Pudding heiß.

Grundrezept für Genueser Biskuit
Für Genueser Biskuitkuchen nimmt man kein Treibmittel wie Backpulver, sondern die Bläschen des Eischnees, die man dem Teig hinzufügt und stellt das Ganze dann in den Ofen. Traditionellerweise verwendet man hierfür ganze Eier, man kann aber auch nur das Eiklar nehmen. Die anderen Zutaten werden dann vorsichtig zu der steifen Schaummasse hinzugegeben, vorsichtig deswegen, damit die sorgfältig erzeugten kleinen Bläschen nicht platzen. Dann wird der Kuchen gebacken. Der Kuchen geht dann beim Backen auf, weil sich die Luft in den Bläschen ausdehnt und außerdem Wasserdampf entsteht. Dieses Verfahren zur Herstellung von Biskuit ist wesentlich einfacher zu verstehen und auch zu steuern, weil all die kleinen Bläschen im fertigen Kuchen aus den geschlagenen Eiern stammen und eben schon da sind, bevor der Kuchen in den Ofen kommt. Es gibt also keine komplizierten chemischen Reaktionen in irgendwelchen Backtreibmitteln. Der Genueser Biskuit wird also nur deswegen

aufgehen, weil sich beim Erhitzen die Luft in den Bläschen ausdehnt und sich Wasserdampf bildet.

Man fängt mit einer Zucker-Ei-Mischung an, die zu einem sehr festen Schaum mit sehr kleinen Bläschen geschlagen wird. Das Mehl und die geschmolzene Butter werden dann sehr vorsichtig hinzugefügt, damit die vorher sorgfältig erzeugten Bläschen nicht platzen. Diese Mischung wird dann im Ofen erhitzt, damit die Eiproteine sich vernetzen und gerinnen und den Kuchen verfestigen. Weil dabei weniger konkurrierende Prozesse ablaufen, ist es wesentlich einfacher, den gesamten Vorgang zu verstehen und irgendwelchen Missgeschicken auf die Spur zu kommen. Mit dieser Methode können Sie also jederzeit einen makellosen Biskuit herstellen.

Einige wichtige Punkte, die Sie bei der Herstellung von Genueser Biskuit beachten sollten
- → Heizen Sie den Ofen auf die Backtemperatur vor
- → Fetten Sie die Backform ein und stäuben Sie sie mit Mehl aus
- → Schlagen Sie die Eier und den Zucker zusammen zu einem sehr festen Schaum
- → Geben Sie die geschmolzene Butter (oder irgendein anderes Fett oder Öl) zuletzt hinzu und stellen Sie den Kuchen danach unmittelbar in den Ofen

Warum sind diese Punkte so wichtig?
Die besten Biskuitkuchen erhalten Sie dann, wenn der Teig beim Backen viele und auch sehr kleine Bläschen enthält. Weil die Bläschen in diesem Kuchen nur durch das Schlagen der Ei-Zucker-Mischung entstehen, sollten Sie darauf achten, dass auch wirklich sehr viele und sehr kleine Bläschen entstehen. Weil Eischäume fester sind, wenn sie kleine Bläschen enthalten, können Sie die Beschaffenheit des fertigen Kuchens in etwa aus der Steifheit des Schaums beim Schlagen der Eier abschätzen. Steifere Schäume werden also zu feinporigeren Kuchen führen.

Wie Sie noch später in diesem Kapitel sehen werden, kommt es durch die Zugabe von Fetten bei diesem Rezept eventuell zu Problemen. Das Fett wird hinzugegeben, um das Altbackenwerden zu verlangsamen, aber es führt auch dazu, dass die vorher mit großer Mühe hergestellten Bläschen anfangen zu platzen. Je schneller Sie also die Kuchenmischung nach Zugabe der Fette backen, umso besser. Um es noch einmal zu sagen, Sie sollten die fertige Teigmischung sofort in den Ofen schieben, sobald sie fertig ist.

Wie bei allen Kuchen besteht immer die Gefahr, dass der Teig am Rand der Backform anhaftet. Weil ein gut gelungener Biskuit sehr weich ist, insbesondere wenn er noch heiß ist, ist es ratsam, die Backform einzufetten und mit Mehl zu bestäuben, damit er auch wirklich leicht und unbeschädigt herauskommt.

Genueser Biskuit   REZEPT

ZUTATEN
- *100 g Mehl*
- *100 g Zucker*
- *4 Eier*
- *50 g ungesalzene Butter*

ZUBEREITUNG

Heizen Sie den Ofen auf etwa 200 °C vor und fetten und bemehlen Sie eine ca. 20 cm große runde Backform. Schmelzen Sie dann die Butter in einem Topf. Schlagen Sie danach die Eier mit dem Zucker zusammen mit einem Rührgerät so lange, bis sich das Volumen in etwa versechsfacht hat und die Mischung steif und sehr blass ist. Heben sie dann das Mehl darunter. Zum Schluss geben Sie noch die geschmolzene Butter hinzu, heben diese unter, gießen die Mischung sofort in die vorbereitete Backform und schieben alles zusammen in den vorgeheizten Backofen. Prüfen Sie nach etwa 25 Minuten mit einem scharfen Messer, ob der Kuchen fertig ist. Sollte er noch nicht durch sein, lassen Sie ihn weiter backen und machen alle 5 Minuten einen Test. Nehmen Sie ihn dann aus dem Ofen und lassen Sie ihn (immer noch in der Backform) aus einer Höhe von etwa 30 cm auf eine harte Oberfläche fallen. Lassen Sie den Kuchen dann etwa 30 Minuten abkühlen und nehmen Sie ihn aus der Backform. Jetzt fehlen nur noch die Verzierungen.

Wenn Sie die Ei-Zucker-Mischung schlagen, werden Sie beobachten, dass sich das Volumen langsam vergrößert. Zuerst nur wenig, aber nach etwa 10 Minuten wird sich das anfängliche Volumen etwa versechsfacht haben. Achten Sie einmal darauf, dass am Anfang große Blasen entstehen, die dann immer kleiner werden, je mehr Sie schlagen und schließlich so klein werden, dass man sie nicht mehr mit dem bloßen Auge erkennen kann. Achten Sie auch darauf, dass sich die Farbe der Mischung im Laufe des Schlagens ändert – von einem satten Gelb zu einem blassen strohgelb. In der Tat sollte die Mischung zum Schluss fast weiß sein. Wie lange dies alles dauert, hängt von vielen Faktoren ab: von der Temperatur der Mischung, von der Größe und dem Alter der Eier, der Form der Rührschüssel, der Bauweise und der Geschwindigkeit des Schneebesens und sogar von der Art und Weise, wie Sie Rührgerät und Schüssel halten!

Problemlösungsvorschläge bei Biskuit, die ohne Treibmittel hergestellt werden
Leider gibt es keine Möglichkeit missglückte Biskuits zu retten, wenn sie einmal gebacken wurden. Die nachfolgende Auflistung kann Ihnen deswegen nur aufzeigen, was Sie das nächste Mal besser machen können.

Problem	Grund und Erklärung	Abhilfe
Der Kuchen fällt im Ofen zusammen.	Die Bläschen im Schaum fallen zusammen, bevor die Eiproteine beim Backen gerinnen. Mögliche Gründe dafür sind: Durch das Fett sind die Bläschen geplatzt, der Schaum war von Anfang an nicht fest genug.	Die Teigmischung wurde zu lange stehen gelassen, nachdem das Fett hinzugefügt wurde und bevor das Ganze in den Ofen kam. Oder der Ofen wurde nicht voll aufgeheizt, bevor der Kuchen eingeschoben wurde. Achten Sie darauf, dass der Kuchen sofort in den heißen Ofen geschoben wird, nachdem das Fett der Mischung hinzugefügt wurde. Die Mischung muss sehr steif (eher wie eine Meringue-Mischung) sein, bevor das Mehl und das Fett hinzugegeben werden. Achten Sie darauf, dass Sie beim nächsten Mal lange genug schlagen oder versuchen Sie es damit, dass Sie über einer Schüssel mit heißem Wasser schlagen.
Der Kuchen geht nicht auf.	Die Teigmischung ist so fest, dass die Bläschen sich nicht ausdehnen können.	Die Teigmischung, die in die Backform eingefüllt wird, sollte von der Konsistenz her noch gerade gießbar sein. Wenn zu viel Mehl zugefügt wurde, kann es sein, dass die Teigmischung zu fest wurde. Nehmen Sie nächstes Mal weniger Mehl.

Problem	Grund und Erklärung	Abhilfe
Der Kuchen geht zu weit auf und fließt über den Rand der Backform.	Es wurde zu viel Teigmischung in die Backform gegeben. Die Teigmischung war nicht fest genug.	Nehmen Sie beim nächsten Mal eine größere Backform oder weniger Teigmischung. Schlagen Sie die Eier länger oder geben Sie etwas mehr Mehl hinzu, damit beim nächsten Mal die Teigmischung etwas fester wird.
Der Kuchen fällt zusammen, sobald er aus dem Ofen genommen wird.	Die Eiproteine sind während des Backens nicht geronnen. Die Backzeit ist zu kurz oder die Ofentemperatur ist zu niedrig.	Backen Sie den Kuchen bei einer höheren Ofentemperatur mit einer längeren Backzeit.
Der Kuchen fällt in der Mitte zusammen.	An der Außenseite ist der Kuchen ausreichend gebacken, im Inneren jedoch nicht, weil der Ofen zu heiß war. Der Kuchen wurde nicht auf eine harte Oberfläche fallen gelassen, nachdem er aus dem Ofen genommen wurde.	Backen Sie das nächste Mal bei einer tieferen Temperatur. Sie sollten nicht vergessen, den Kuchen wie im Rezept beschrieben fallen zu lassen, wenn Sie ihn aus dem Ofen nehmen.
Die Oberseite ist gut gebräunt, aber innen ist er noch nicht gar.	Der Kuchen wurde bei einer zu hohen Temperatur gebacken.	Nehmen Sie nächstes Mal eine tiefere Ofentemperatur.
Der Kuchen trocknet aus oder wird sehr schnell altbacken.	Es wurde in der Teigmischung zu wenig Fett verarbeitet oder das Fett wurde nicht gleichmäßig untergerührt.	Vergewissern Sie sich, dass Sie genügend Fett nehmen und dass es gut untergemischt wird.

Wie funktioniert das Basisrezept?
Der Sinn und Zweck der einzelnen Zutaten

Eier

Die Bläschen werden dadurch erzeugt, dass man die Ei-Zucker-Mischung schlägt und einen Schaum erzeugt. Warum geschlagene Eier einen Schaum stabilisieren können, liegt daran, dass durch das Schlagen die Form der Eiproteine verändert wird, ein Vorgang, den man auch als Denaturierung bezeichnet. Die jetzt denaturierten Proteine verhalten sich eher wie Seifenmoleküle und können Schäume bilden wie in einem Schaumbad (siehe auch Kapitel 2 für nähere Angaben). Im Prinzip könnte man jedes Protein nehmen, aber die Proteine in Eiern sind am leichtesten verfügbar und für diesen Zweck sehr gut geeignet.

Zucker

Durch den Zucker wird die Viskosität, also die »Dickflüssigkeit« der Eimasse erhöht, sodass die Geschwindigkeit beim Schlagen mit einem Rührgerät ausreicht, um die Proteine zu denaturieren. Bevor es elektrische Rührgeräte gab, musste man die Eier gleichzeitig erhitzen und schlagen. Dadurch war es einfacher, sie zu denaturieren und die Schlaggeschwindigkeit eines Handschneebesens reichte aus. Ohne den Zuckerzusatz wäre es selbst mit einem elektrischen Rührgerät nicht möglich, den Schaum steif genug zu schlagen, ohne die Eimasse gleichzeitig zu erhitzen.

Mehl

Aus dem Mehl kommt die Stärke, die man auch als »Verstärkungsmittel« bezeichnen könnte. Durch sie wird die Eischaummasse gestärkt und steif. Ohne diese Stärke wäre die Eischaummasse nach dem Backen nicht stark genug, um einen Kuchenbelag zu tragen, und wir hätten eher ein Soufflé als einen Biskuit. Während des Backens kommt es auch zu einer Quervernetzung von Proteinen und der Stärke. Anstatt von Mehl könnte man auch jede feine Speisestärke nehmen, aber auch z. B. gemahlene Mandeln, um einen sehr gehaltvollen Biskuitboden herzustellen.

Butter

Die Butter dient hauptsächlich als Mittel gegen das Altbackenwerden (siehe auch Kapitel 8, dort finden Sie eine detailliertere Beschreibung darüber, wie und warum dies funktioniert). Sie ist nicht unbedingt notwendig, trägt aber zum Aroma bei und führt zu einer reichhaltigeren bzw. gehaltvolleren strukturellen Beschaffenheit. Es ist sicherlich möglich, auch ohne Zusatz von Butter oder irgendeinem anderen Fett einen vollkommen akzeptablen Biskuit zu backen, aber dieser würde sehr schnell altbacken werden – ohne Fett bereits nach ein bis zwei Stunden.

Der Sinn und Zweck der Anweisungen

Warum soll man den Ofen auf etwa 200 °C vorheizen und die Butter zuerst schmelzen lassen?
Diese Vorbereitungen sollte man am besten schon gemacht haben, wenn man mit der Zubereitung der Schaummasse beginnt. Die geschlagene Eimasse ist zwar relativ stabil und es wäre ohne weiteres möglich (aber nicht unbedingt empfehlenswert) sie für einige Zeit (etwa ½ bis 1 Stunde) stehen zu lassen, bevor man das Mehl und die Butter hinzugibt. Nach dem Hinzufügen der Butter wird der Schaum aber sofort anfangen zusammenzufallen – viele Bläschen vereinigen sich und bilden größere. Die Vorgänge beim Zusammenfallen des Schaums sind direkt vergleichbar mit dem Verschwinden der Bläschen beim Abwasch, sobald Sie fettiges oder öliges Geschirr hineinstellen.

Wenn die Butter schon geschmolzen ist, kann man die Zeit beim Vermischen der Zutaten auf ein Minimum reduzieren und damit das Zusammenstürzen des Schaums vermeiden. Nach Zugabe der Butter sollte der Kuchen dann auch sofort in den Ofen geschoben werden. Deswegen ist es am besten, alle Vorbereitungen schon getroffen zu haben, bevor man mit der Zubereitung des Kuchens anfängt.

Warum soll man die Ei-Zucker-Mischung so lange schlagen, bis sich das Volumen in etwa versechsfacht hat und die Mischung steif und sehr blass aussieht?
Der Kuchen wird später leicht und locker, wenn man die Eier zu einer schaumigen Masse mit vielen kleinen Bläschen schlägt. Dies ist also der wichtigste Schritt bei der Herstellung des Biskuitteiges. Ich kann es schlecht in Worte fassen, wie steif genau die Mischung geschlagen werden sollte, oder anders formuliert, wann man mit dem Schlagen aufhören kann. Aus meiner Erfahrung kann ich sagen, dass das Schlagen etwa 8 bis 15 Minuten lang dauert. Es ist mir auch noch nie gelungen, zu lange zu schlagen. Ich fürchte, dass die optimale »Schlagzeit« zu den Dingen gehört, die von sehr vielen Faktoren abhängt: u. a. von den vorhandenen Küchenutensilien, von dem Alter und der Größe der Eier, und es dabei letztendlich auch eine Menge Erfahrung eine Rolle spielt.

Warum wird das Mehl untergehoben?
Durch den Begriff »unterheben« soll zum Ausdruck kommen, dass Sie das Mehl sehr vorsichtig hinzufügen sollen und keine der vorher so sorgfältig erzeugten Bläschen zerstören sollen. Aus meiner eigenen Erfahrung kann ich jedoch sagen, dass der Teig doch nicht so anfällig und empfindlich ist. So habe ich z. B. Kuchen hergestellt, bei denen ich das Mehl mit einem elektrischen Rührgerät auf unterster Stufe untergemischt habe. Ich würde diese Vorgehensweise zunächst jedoch nicht empfehlen, bevor Sie nicht mit dem gesamten Herstellungsprozess vertraut sind und Ihnen der Biskuit jedes Mal gelingt. Denn wenn die Eischaummasse nicht genügend lange geschlagen wird, dann kann die etwas rauere Handhabung dazu führen, dass sich die Bläschen doch erheblich vergrößern und sich dies dann später in einer unerwünschten, gröberen Struktur im Kuchen auswirkt.

Warum soll die Butter erst am Schluss zugegeben werden und warum soll der Teig sofort in den Ofen?
Wie schon oben erwähnt, beginnt die Schaummasse nach der Zugabe von Fett, wie z. B. Butter, zusammenzufallen. Es ist deswegen entscheidend, dass der Kuchen schon anfängt zu backen, bevor das Zusammenfallen ernsthafte Ausmaße annimmt.

Einige weitere Fragen
Warum wird die Ei-Zucker-Mischung so blass?
Die Farbe, die die Ei-Zucker-Mischung während des Schlagens annimmt, können Sie als Anhaltspunkt für die Größe der Bläschen nehmen. In dem Maße, in dem die Mischung blasser wird, werden also auch die Bläschen immer kleiner. Wenn wir etwas als blau bezeichnen, meinen wir eigentlich damit, dass eine Fläche nur den blauen Anteil des Lichtes, mit dem es angestrahlt wird, reflektiert und alle anderen Farben absorbiert. Wenn etwas weiß ist, wird das gesamte Licht reflektiert. Wenn Licht auf Teilchen fällt, die in etwa die Größe der Wellenlänge von Licht haben (etwa 1/2.000 mm), dann wird das Licht von diesen Teilchen in allen Richtungen reflektiert und das Objekt erscheint weiß. Je mehr Teilchen in der Größenordnung der Lichtwellenlänge vorhanden sind, um so weißer wird ein Gegenstand erscheinen.

In unserer Kuchenteigmischung haben die Wände der Bläschen im Schaum in etwa die Größe der Wellenlänge von Licht und streuen daher das Licht. Beim

Schlagen der Eier ändert sich die Farbe von Gelb zu Weiß, weil die Größe der Bläschen ständig abnimmt und sich die Anzahl der Bläschen erhöht.

Wie stabil ist die Ei-Zucker-Mischung nach dem Schlagen?
Bevor wir das Mehl hinzugeben, ist die geschlagene Ei-Zucker-Masse relativ stabil und wir könnten sie etwa ½ Stunde lang stehen lassen, ohne dass sie merklich zusammenfällt. Zwar werden sich auch dann Bläschen miteinander vereinigen und die Blasengröße wird etwas zunehmen, aber in der Regel wird dies keine schwerwiegenden Konsequenzen haben. Sobald wir aber das Mehl hinzugeben, werden die feinen Partikel viele Bläschen zum Platzen bringen, sodass die Bläschengröße sofort zunimmt. Wenn wir dann noch das Fett hinzugeben, werden die Zwischenwände der Bläschen völlig instabil und die Masse fängt an zusammenzufallen. Nur wenn die Eiproteine so schnell wie möglich gebacken werden, kann man den Zerfall aufhalten. Denn beim Backen gehen die Eiproteine chemische Bindungen ein, die die Schaummasse dauerhaft stabilisieren.

Einige Abweichungen, die Sie vielleicht in Kochbuchrezepten finden

In vielen Kochbüchern habe ich die verschiedensten Varianten dieses Genueser Biskuitrezeptes gefunden. Meistens sind die Unterschiede nur unerheblich und oft sind die angegebenen Anweisungen komplizierter als eigentlich notwendig wäre, aber in einigen Fällen kann die Beachtung des Rezeptes zu einem Desaster führen! Ich habe mir einmal ein paar Anweisungen aus Kochbüchern angeschaut und werde sie im Folgenden etwas genauer unter die Lupe nehmen.

Die Eier werden getrennt und nur das Eiklar wird geschlagen
Es kann ohne weiteres sehr schwierig sein, ganze Eier so zu schlagen, dass man eine stabile Schaummasse erhält. So wird in allen Rezepten für Baiser usw. angegeben, die Eier zu trennen. Dabei soll man dann peinlich genau darauf achten, dass nicht einmal eine winzige Menge Eigelb in das Eiklar kommt. Selbst die geringste Menge Eigelb soll scheinbar verhindern, dass der Eischnee steif wird. Die Schwierigkeit beim Schlagen von ganzen Eiern besteht im Grunde genommen darin, dass im Eigelb auch Fett vorhanden ist. Jede Art von Fett aber erschwert das Aufschlagen einer Schaummasse. Und dennoch, wie Sie ja schon bemerkt haben, werden in der Mehrzahl der Rezepte für Genueser Biskuit ganze Eier geschlagen (unter Zusatz von etwas Zucker) und daraus ein steifer Schaum hergestellt. Es ist eine Menge Energie erforderlich, um ganze

Eier aufzuschlagen, weil wesentlich mehr Proteine denaturieren müssen und damit wesentlich mehr seifenähnliche Moleküle vorhanden sein müssen, um das Fett »einzuhüllen«. Um das Ganze etwas zu vereinfachen, wird in einigen Rezeptbüchern vorgeschlagen, das Eiklar separat schlagen und anschließend die anderen Zutaten einschließlich des Eigelbs unterzuheben. Wenn Sie sich nach einem solchen Rezept richten, ist es wichtig, das Eigelb am Schluss kurz vor Zugabe der geschmolzenen Butter hinzuzufügen, weil auch das Fett aus dem Eigelb – wie die Butter – die Schaummasse sofort destabilisieren wird. Das separate Aufschlagen des Eiklars hat zwei Vorteile. Erstens wird dadurch der erforderliche Kraftaufwand wesentlich verringert und es ist möglich, auch ohne elektrisches Rührgerät, eine Schaummasse herzustellen. Zweitens ist es nur so überhaupt möglich, eine Schaummasse herzustellen, wenn Sie keinen Zucker zugeben wollen. Ohne Zuckerzusatz können Sie unmöglich aus ganzen Eiern einen stabilen Eischaum schlagen.

Die Eier über heißem Wasser schlagen
Bevor die elektrischen Rührgeräte auf den Markt kamen, war es üblich, die Eier über einem Topf mit kochendem Wasser zu erhitzen und damit die Denaturierung der Proteine zu beschleunigen. Ich habe diese Methode auch ausprobiert und mich dabei meistens an dem Wasserdampf aus dem Topf mit kochendem Wasser verbrüht. Deswegen kann ich diese Vorgehensweise auch nicht empfehlen. Wenn Sie kein elektrisches Rührgerät zur Verfügung haben, ist es viel einfacher, die Eier zu trennen – zumindest können Sie sich dabei nicht verletzen! Sie müssten auch sonst sehr aufpassen, dass sich die Eier beim Schlagen nicht überhitzen, weil Sie sonst Sie nachher nur Rührei haben werden!

Hinzugeben von Fett schon beim Schlagen der Eier
In mehreren Rezepten ist mir aufgefallen, dass dort die geschmolzene Butter (oder in einigen Fällen Öl) den Eiern noch während des Schlagens zugefügt werden soll. Ich habe das mehrfach ausprobiert, aber es führte immer zu einer Katastrophe. Die Schaummasse fiel dabei so schnell zusammen, dass es nicht mehr möglich war, einen noch akzeptablen Biskuit herzustellen.

Verwendung von selbstaufgehendem Mehl
In einigen Rezepten wird verlangt, selbstaufgehendes Mehl (mit Backpulver versetzt) zu verwenden. Wenn Sie vorher ausreichend Bläschen erzeugen, gibt es eigentlich keinen Grund dafür, ein Treibmittel zu verwenden. Es kann sogar

sein, dass der Kuchen zu stark aufgeht und die Bläschen so groß werden, dass die Struktur des Kuchens zu grobporig und vom Aussehen her unschön wird.

Verwendung einer Kupferschüssel
In vielen älteren Rezepten wird vorgeschlagen, die Eier in einer Kupferschüssel zu schlagen. Es gibt zwei Gründe dafür, warum dadurch das Schlagen der Eier mit der Hand einfacher wird. Erstens ist Kupfer ein guter thermischer Leiter. Wenn Sie die Schüssel also in der einen Hand halten, während Sie mit der anderen schlagen, wird Ihre Körperwärme durch die Schüssel wandern und sich die Temperatur der Eier erhöhen. Dadurch werden die Eiproteine leichter denaturiert. Zweitens können die Kupferionen mit den Proteinen in Wechselwirkung treten, sie miteinander verbinden, wodurch leichter ein Netzwerk entsteht und der Schaum steif wird. Keiner dieser Vorteile hat jedoch eine Bedeutung, wenn Sie ein elektrisches Rührgerät verwenden.

Verschiedene Biskuitkuchen zum Ausprobieren
Schwarzwälder Kirschtorte
Für eine Schwarzwälder Kirschtorte brauchen Sie einen Tortenboden mit Schokoladengeschmack, sodass etwa 25 g Mehl im Grundrezept für Genueser Biskuit durch Kakaopulver ersetzt wird. Der Biskuit selber wird genauso wie oben beschrieben zubereitet und gebacken. Für die Schwarzwälder Kirschtorte brauchen Sie etwa 500 g Kirschen, die sie zuerst entsteinen müssen. Obwohl frische Kirschen sich am Besten eignen, können Sie auch bereits entsteinte Kirschen aus dem Glas nehmen. Bis auf 13 sollten Sie die Kirschen halbieren und auf einem Stück Küchenkrepp abtrocknen lassen.

Schneiden Sie dann den Tortenboden horizontal in drei Schichten und markieren Sie mit etwas Sahne die Reihenfolge, damit Sie später die Torte wieder richtig zusammensetzen können. Nehmen Sie dann die erste Lage, sprenkeln sie mit etwas Kirschwasser ein und streichen eine Schicht Schlagsahne darüber (verwenden Sie 500 ml Schlagsahne für die gesamte Torte). Drücken Sie dann die Kirschhälften in die Sahne und streichen dann noch etwas Schlagsahne über die Kirschen. Nehmen Sie dann den mittleren Boden, legen ihn in der richtigen Richtung darüber (wie Sie dies beim Schneiden durch die Markierungen kenntlich gemacht haben). Geben Sie wie vorher Kirschwasser, Schlagsahne und Kirschen darauf, legen dann den oberen Boden darüber und bestreichen die Torte oben und an den Seiten mit Schlagsahne.

Verzieren Sie dann die Seiten der Torte mit geriebener Schokolade oder Schokoladenraspeln. Ich kenne Rezepte, in denen vorgeschlagen wird, die gesamte Torte in Raspelschokolade zu rollen und damit die Seiten zu verzieren. Das kann gut gehen, aber wahrscheinlich wird einem damit unerfahrenen Koch die Torte auseinander fallen und Sie werden wahrscheinlich eher das Ergebnis einer Tortenschlacht in Händen halten! Da ist es schon einfacher, einen Löffel mit der Raspelschokolade zu füllen und an den Seiten hoch- und runterzufahren, während man den Löffel leicht antippt und auf diese Weise die Schokoladenstücke auf die Torte fallen. Das führt freilich dazu, dass eine Menge Schokoladenstücke daneben fallen. Entweder sammeln Sie die Stückchen dann wieder auf und verwenden sie noch einmal oder Sie essen sie ganz einfach auf! Dann geben Sie der Torte noch den letzten Schliff und spritzen 12 Rosetten aus Schlagsahne in einem Kreis obenauf und eine in die Mitte, geben dann eine ganze Kirsche auf jede Rosette und dann kann ich nur noch sagen: »Guten Appetit!«

DAS JÜNGSTE GERICHT | Eine sehr beliebte Experimentalvorlesung, die ich gebe, trägt den Namen »Die Physik der Schwarzwälder Kirschtorte«. In diesem Vortrag präsentiere ich die naturwissenschaftlichen Grundlagen aus diesem Kapitel, während ich dabei eine Schwarzwälder Kirschtorte herstelle. Im Laufe der Jahre habe ich diesen Vortrag vor vielen verschiedenen Gruppen gehalten, auch vor den Mitgliedern mehrerer Frauenverbände. Aus solch einem Anlass hatte – ohne dass ich es wusste – ein Frauenverband einen Wettbewerb veranstaltet. Es ging um die beste Schwarzwälder Kirschtorte und die Mitglieder sollten jeweils ihre eigene Torte mitbringen, die dann zusammen mit der, die ich während des Vortrags zubereiten würde, gewertet werden sollte.

Während ich also die Torte zubereitete und die Kirschen in die Schlagsahne zwischen den einzelnen Schichten legte, bemerkte ich so beiläufig, dass man sie eigentlich auch einfach untermischen könnte, weil sowieso niemand jemals die Torte auseinander pflücken würde, um nachzuschauen, wie sorgfältig die Kirschen angeordnet wären.

Erst später, im Frage- und Antwortteil der Veranstaltung kam die Frau, die die Torten begutachten würde, hervor und sagte, dass sie wirklich die Torten auseinander nehmen werde, um zu sehen, wie ordentlich sie zusammengesetzt wären! Es ist eigentlich überflüssig zu erwähnen, dass meine Torte an diesem Tag den Wettbewerb mit Sicherheit nicht gewann.

Erdbeertorte
Eine Erdbeertorte wird im Wesentlichen genauso gemacht wie eine Schwarzwälder Kirschtorte. Das Grundrezept für Genueser Biskuit wird leicht abgeändert und etwa 25 g Mehl werden durch 50 g gemahlene Mandeln ersetzt. Dadurch bekommt der Tortenboden einen besonderen Geschmack. Wegen der gröberen Struktur der gemahlenen Mandeln ersetzten Sie das Mehl durch etwas mehr Mandeln. Der Tortenboden wird nach dem Backen und Abkühlen in 2 oder 3 Böden geschnitten und die Torte im Wesentlichen wie bei der Schwarzwälder Kirschtorte aufgebaut. Nur statt Kirschen nehmen Sie frische, in Hälften geschnittene Erdbeeren, die Sie zwischen die Schichten legen und anstelle von Kirschwasser nehmen Sie Madeira, mit dem Sie die einzelnen Bodenschichten vor dem Zusammensetzen besprenkeln. Die Seiten der Torte werden mit Mandelblättchen verziert und die Oberseite mit Schlagsahnespritzern und ganzen Erdbeeren versehen.

Eine Schokoladentorte für Schokoholics!
Jedes Jahr, am Geburtstag meiner Lebensgefährtin, mache ich eine Torte für ihre Kollegen, die sie dann alle zusammen in einer Kaffeepause essen. Manchmal habe ich den Eindruck, dass alle Menschen, die mit Computern arbeiten, eine Vorliebe für Schokolade haben! Im Laufe der Jahre habe ich immer wieder versucht, die Torte so gehaltvoll zu machen, dass sie eigentlich nicht aufgegessen werden kann – ohne Erfolg. Zumindest wurde die Vielzahl verschiedener Torten von den Schokoholics gewürdigt! Eine sehr beliebte Torte basiert auf einem Genueser Biskuit mit einem Extraboden aus Mürbeteig.

Der zusätzliche Boden besteht aus einem etwas abgewandelten Mürbeteig. Wenn Sie eine Menge von 100 g Mürbeteig nach dem üblichen Rezept herstellen, ersetzen Sie einfach ¼ des Mehls durch Kakaopulver. Rollen Sie den Teig dann etwa 3 mm dick aus, schneiden Sie eine runde Teigplatte von der Größe der Tortenform (verwenden Sie die Tortenform als Vorlage) und backen Sie die Teigplatte auf einem Backblech. Wenn Sie mit der Herstellung von französischem Feingebäck vertraut sind, können Sie auch dieses Rezept nehmen, denn damit erhalten Sie einen noch gehaltvolleren und etwas krümeligeren Boden. Als Nächstes bereiten Sie einen Genueser Biskuit zu, wobei Sie auch hier ¼ des Mehls durch Kakaopulver ersetzen. Schneiden Sie den Biskuit dann in 2 Schichten.

Sobald der Tortenboden und der Mürbeteigboden fertig sind, bereiten Sie eine sehr reichhaltige Schokoladenbuttercreme zu. Für eine Torte mit einem Durchmesser von 20 cm brauchen Sie 250 g Puderzucker, 250 g ungesalzene

Butter (es ist auf jeden Fall empfehlenswert keine gesalzene Butter zu verwenden, weil das Salz im Enderzeugnis einen Nachgeschmack hervorruft), 50 ml Milch und 150 g Schokolade (verwenden Sie eine Backschokolade hoher Qualität mit wenigstens 45 % Kakaobestandteilen). Fangen Sie damit an, die Butter und den Zucker cremig zu rühren. Mit einer Küchenmaschine ist dies sehr einfach. Geben Sie einfach alle Zutaten in eine Schüssel und lassen Sie so lange rühren, bis Sie eine geschmeidige, dicke Creme haben. Wenn Sie die Buttercreme mit der Hand anrühren, sollte die Butter vorher schon weich sein, ansonsten haben Sie eine sportliche Übung vor sich! Schmelzen Sie als Nächstes die Schokolade und geben Sie die heiße Milch hinzu. Rühren Sie dann die Schokolade in die Buttercreme ein. Essen Sie in diesem Stadium nicht zu viel davon!

Streichen Sie jetzt sehr großzügig eine Schicht Buttercreme über den Mürbeteigboden und streuen so viele Schokoladenraspeln darüber wie nur möglich. Drücken Sie die Schokoladenraspeln mit einem Spachtel hinein und streichen Sie eine dünne Schicht Buttercreme darüber. Legen Sie dann die erste Lage Biskuit darüber und streichen Sie wiederum sehr großzügig eine Schicht Buttercreme aus. Legen Sie dann die oberste Biskuitschicht darüber und achten Sie darauf, dass der Boden die richtige Ausrichtung hat, damit die Torte oben waagerecht wird (siehe auch die Anweisungen im Abschnitt über die Schwarzwälder Kirschtorte, wie man dies am besten macht). Streichen Sie dann die restliche Buttercreme über den oberen Boden und an die Seiten der Torte. Bedecken Sie dann die Seiten mit Ihren Lieblingsschokoladenbiskuits. Die Oberfläche der Torte wird dann entweder mit einem festen Schokoladenüberzug verziert (indem man geschmolzene Schokolade auf einem Stück Aluminiumfolie ausstreicht und – wenn sie fast fest ist – mithilfe der Tortenform auf die passende Größe schneidet) oder mit Schokoladen-Dekor ihrer Wahl.

Einige allgemeine Fragestellungen, die beim Backen von Biskuitkuchen auftauchen können

Die Verwendung von Salz und/oder gesalzener Butter

Salz ist zur Herstellung von Biskuit nicht notwendig. Dennoch finden einige Leute die Geschmacksnuance, die dadurch entsteht, angenehm. Ich gehöre nicht zu denen und meiner Meinung nach wird durch Salz der Geschmack einer Torte geschmälert. Die Verwendung von Salz ist also eine individuelle Entscheidung. Sie sollten einmal Torten mit und ohne Salz herstellen und danach entscheiden, was Ihnen besser gefällt. In den hier angegebenen Rezepten wird ungesalzene Butter verwendet und in den meisten Fällen ist dies einfach meine persönliche Entscheidung. Wenn Sie einmal auf keinen Fall gesalzene Butter verwenden sollen (also auch nicht aus Geschmacksgründen), werde ich Sie besonders darauf hinweisen.

DAS MEHL DURCHSIEBEN | In fast allen Rezepten, die ich jemals zu Gesicht bekommen habe und in denen Mehl verwendet wird, wird meist verlangt, das Mehl vor der Zugabe zu sieben. Der einzige Grund dafür, der in neueren Kochbüchern angegeben wird, ist die Auflockerung des Mehls (durchlüften). Wenn Sie jedoch normalerweise Mehl nehmen, geben Sie sowieso eine Flüssigkeit hinzu und rühren das Ganze zu einem Teig zusammen, der überhaupt keine Luft enthält. In der Tat ist der eigentliche Grund für das Sieben des Mehls ein historischer. Vor vielen Jahren, lange vor dem Aufkommen von Supermärkten, haben die Lebensmittelgeschäfte das Mehl als lose Ware verkauft. So war es möglich, dass Fremdkörper (Getreidekäfer, die Mehlmotte und ihre Larven und gelegentlich sogar die Exkremente der Maus usw.) in die Mehlsilos in den Lebensmittelläden gelangen konnten. Und so haben die Menschen früher das Mehl vorher durch ein Sieb gegeben, damit keine mit Getreidekäfern oder mit Mausekot aromatisierten Torten serviert wurden! Im Allgemeinen gibt es heute keine Notwendigkeit mehr, das Mehl vor dem Gebrauch zu sieben. Es kann aber dann sinnvoll und nützlich sein, wenn Sie absolut sicher sein wollen, dass sich im Mehl keine Klumpen befinden. Heutzutage sind im Haushalt Mehlklumpen nur sehr selten, weil Zusätze zum Mehl verhindern, dass sich einzelne Mehlkörner zusammenlagern und verkleben.

Testverfahren, um festzustellen, wann ein Kuchen gar ist
In Rezeptbüchern findet man viele verschiedene Methoden, um festzustellen, wann ein Kuchen fertig ist. Bei den meisten ist das der Zeitpunkt, wenn alle Eiproteine geronnen sind (sich verfestigt haben). Sind einige Proteine noch nicht geronnen, dann wird die Mischung immer noch etwas klebrig sein, vergleichbar dem Eigelb eines weichgekochten Eies. Sind dagegen alle Proteine geronnen, ist die Mischung nicht mehr klebrig, wie das Eigelb eines hart gekochten Eies. Natürlich muss man auch darauf achten, dass ein Kuchen nicht zu lange gebacken wird, weil er sonst eine trockene oder sogar angebrannte

Beschaffenheit hat. Ich benutze zum Testen ein Messer, das ich in die Mitte des Kuchens hineinsteche. Wenn der Kuchen gar ist, ist das Messer nach dem Herausziehen blank und sauber, weil die Mischung dann nicht mehr klebrig ist. Damit der Kuchen nicht zu lange im Ofen bleibt, ist es am besten den Test durchzuführen, bevor die eigentliche Backzeit abgelaufen ist und ihn dann alle paar Minuten zu wiederholen, bis der Kuchen gerade richtig durch ist. Es gibt Leute, die wenden gegen diese Methode ein, dass durch das Einstechen mit dem Messer jedes Mal eine Schnittstelle zurückbleibt. Ich habe jedoch beobachtet, dass alle Einstichstellen, die ich gemacht habe, bevor der Kuchen gar war, sich normalerweise wieder geschlossen haben, wenn der Kuchen noch weiter backt. Nur der letzte Einstich bleibt übrig, aber auch dieser Einstich sollte eigentlich egal sein, weil die meisten Biskuitkuchen sowieso gefüllt und verziert werden und damit alle Einschnitte verdeckt werden.

Warum soll der Kuchen zuerst abkühlen, bevor Sie ihn aus der Backform nehmen; warum soll er etwas lagern, bevor Sie ihn verzieren können?
Wenn Sie einen Kuchen aus dem Ofen nehmen, ist er immer noch heiß und weich. Solange er noch heiß ist, geht der Backvorgang eigentlich noch weiter und der Kuchen wird etwas fester. Beim Abkühlen wird er dann noch fester und ist so nach und nach in der Lage sein eigenes Gewicht zu tragen. Obwohl es im Prinzip möglich sein sollte den Kuchen sofort aus der Backform herauszunehmen, lässt sich dies nach einer kurzen Abkühlungsphase auf jeden Fall besser bewerkstelligen. Bei der Lagerung ändert sich im Laufe der Zeit die strukturelle Beschaffenheit von gebackenen Erzeugnissen (siehe auch die Bemerkungen über das Altbackenwerden und über den Zusatz von Butter). Viele Köche lassen den Tortenboden deswegen für ein paar Stunden ruhen, damit er etwas fester wird, bevor sie mit dem Verzieren anfangen.

Experimente zum selber ausprobieren

1. | **Experimente zur Bestimmung der »optimalen Konsistenz« einer Kuchenmischung**

Am Besten lässt sich die optimale Konsistenz für Ihre Zutaten durch Ausprobieren herausfinden. Ich würde vorschlagen, Sie führen ein einfaches Experiment durch. Dazu stellen Sie eine ganze Reihe kleiner Kuchen in einer 6er oder 12er Muffinbackform her. Dabei hat die Teigmischung pro Kuchen eine andere Konsistenz. Bereiten Sie zuerst die Grundmischung zu mit 50 g allein aufgehendem Mehl (mit Backpulver), 50 g Fett, 50 g Puderzucker und ½ Ei. Geben

Sie 25 g dieser Teigmischung in das erste Förmchen der Backform. Schlagen Sie in einer anderen Schüssel dann den Rest des Eies mit 20 ml Wasser oder Milch zusammen. Geben Sie dann 5 ml der Flüssigkeit in die übrig gebliebene Teigmischung, schlagen es unter und geben dann 25 g davon in das nächste Förmchen. Geben Sie dann weitere 5 ml Flüssigkeit zu der übrig gebliebenen Kuchenteigmischung hinzu, geben wieder 25 g dieser Mischung in das nächste Förmchen. Fahren Sie fort, bis Sie die ganze Teigmischung aufgebraucht haben (dies sollte etwa 8 kleine süße Kuchen ergeben). Wenn Sie die Teigmischung in die Backformen legen, sollten Sie sich die Konsistenz jeder Teigmischung gut merken, um sich dann später daran erinnern zu können, welche Teigmischung Sie in Zukunft zubereiten wollen. Backen Sie das Ganze dann wie üblich. Nach dem Backen werden alle kleinen Kuchen getestet (indem man sie aufisst!), um zu sehen, welcher Kuchen Ihnen am besten zusagt und welche Konsistenz die Teigmischung in Zukunft haben sollte. Wenn Sie diese Experimente dazu benutzen wollen, um Ihre Biskuits zu verbessern, habe ich unten als Leitlinie in einer Tabelle die ungefähre Menge Flüssigkeit aufgeführt, die man brauchen würde, wenn man eine Teigmischung mit 100 g Mehl für jeden Kuchen herstellen würde. Vielleicht haben Sie Lust weitere Experimente mit unterschiedlichen Mengen durchzuführen?

Kuchennummer	Die Anzahl der Eier und die Flüssigkeitsmenge (geschlagene Eier und Milch), die einer Teigmischung auf der Basis von 100 g Mehl hinzugefügt wird.
1	1 Ei
2	1 Ei + 7 ml Flüssigkeit
3	1 Ei + 14 ml
4	1 Ei + 25 ml
5	2 Eier
6	2 Eier + 15 ml
7	2 Eier + 30 ml
8	3 Eier + 50 ml

2. Ein »explosives Experiment«, um zu zeigen, wie Kohlendioxid von Backpulver freigesetzt wird

Für dieses Experiment brauchen Sie eine alte 35-mm-Filmdose, etwas Backpulver und etwas Wasser. Wenn Sie es irgendwo auftreiben können, ist auch Natriumbicarbonat und etwas Säure (z. B. Essig) hervorragend geeignet.

Geben Sie etwa 5 g (½ Teelöffel) von dem Backpulver in die Plastikbox und füllen Sie sie etwa zu ¼ mit Wasser auf. Schließen Sie schnell den Deckel und lassen Sie die Dose auf einer Arbeitsplatte stehen. Sobald das Wasser sich mit dem Backpulver vermischt, wird etwas Kohlendioxid freigesetzt. Der Druck in der Filmdose steigt an, weil mehr und mehr Kohlendioxid gebildet wird, bis er schließlich so hoch wird, dass der Deckel mit einer kleinen »Explosion« abfliegt. Variieren Sie einmal die Menge Backpulver und Wasser in dem kleinen Behälter und beobachten Sie, wie lange es dauert, bevor die »Explosion« stattfindet. Versuchen Sie es auch einmal mit heißem statt mit kaltem Wasser und beobachten Sie, was sich dabei ändert. Mit etwas Übung werden Sie in der Lage sein, ziemlich genau vorherzusagen, wie lange es dauert, bevor der Deckel abfliegt. Dann können Sie vor Ihren Freunden eine kleine Vorführung veranstalten und während Sie erklären, was passiert, wird bei den Worten »... und dann wird es plötzlich einen kleinen Knall geben!« der Deckel abfliegen!

Wenn Sie etwas Natriumbicarbonat und etwas Säure haben und eins von beiden oder beides zu Ihrem Backpulver hinzugeben, wird die Reaktion wesentlich heftiger sein. Dann können Sie z. B. noch untersuchen, wie der Säuregehalt des hinzugegebenen Wassers die Reaktion beeinflusst usw.

3. Ein Experiment, um zu zeigen, dass alle Schaummassen durch Öle zusammenfallen

Machen Sie zuerst einen Schaum mit einer Schaumbadlösung. Nehmen Sie dazu etwa 5 Teile Wasser zu einem Teil Schaumbadlösung und schlagen das Ganze mit einem Schneebesen. Sie werden jetzt eine Menge Schaum erzeugt haben. Geben Sie dann einige Tropfen Öl (oder geschmolzenes Fett) oben auf den Schaum und beobachten Sie dabei, wie der Schaum von oben nach unten schnell zusammenfällt.

Trennen Sie jetzt einige Eier, schlagen aus dem Eiklar einen Eischnee und wiederholen das gleiche Experiment. Welche Lösung fällt schneller zusammen, wenn Öl hinzugegeben wird, ein Schaumbadschaum oder ein Eischneeschaum?

11
Feingebäck

*Stabilität
durch Kneten
und Ausrollen*

*Elastizität
und Plastiziät*

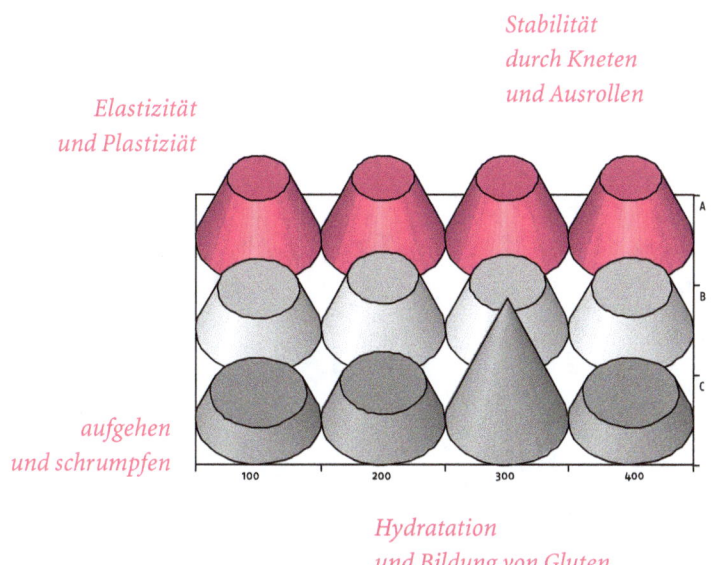

*aufgehen
und schrumpfen*

*Hydratation
und Bildung von Gluten*

Einleitung

Feingebäck kann man aus verschiedenen Teigarten herstellen. Allen diesen Teigen ist gemeinsam, dass sie nur eine einfache Mehl-Wasser-Mischung als Grundlage haben, der dann noch Fett und manchmal andere Zutaten hinzugefügt werden (mit Eiern oder Zucker z. B. wird das Enderzeugnis noch wesentlich gehaltvoller). Die Zutaten selber sind ähnlich wie bei Brot und Kuchen, mit der Ausnahme, dass beim Feingebäck keine Backtreibmittel verwendet werden. Trotz dieser auf den ersten Blick großen Ähnlichkeit zu anderen Backwaren unterscheidet sich Feingebäck jedoch sehr stark von Brot und Kuchen. So »kleben« beim Kuchen im Gegensatz zum Feingebäck die Stärkekörner aus dem Mehl zusammen und bilden größere Aggregate, wobei auch das Ei eingebunden wird. Gleichzeitig werden mit Hilfe von Backtreibmitteln viele kleine Luftbläschen erzeugt und eingeschlossen, wodurch die Struktur leicht und locker wird. Auch das Brot unterscheidet sich in seiner Beschaffenheit von Feingebäck durch den Einschluss von kleinen Luftbläschen. Die Verwendung von Hefe als Backtreibmittel gibt dem Brot darüber hinaus u. a. sein typisches Aroma. Beim Brotbacken versucht man die Bildung von Gluten (Klebereiweiß) durch mehrmaliges Kneten zu fördern, während man beim Feingebäck im Allgemeinen (allerdings nicht immer) die Bildung von Gluten möglichst unterdrückt.

Im Wesentlichen unterscheidet man vier verschiedene Typen von Feingebäckteigen. Am Einfachsten herzustellen ist ein Mürbeteig, ein später bröseliges Erzeugnis, der in vielen Rezepten verwendet wird, so auch als Decke für süße oder pikante Pies. Dann gibt es den Pastetenteig, der stabil und fest sein muss, weil er den Mantel für die Piefüllung bildet. Beim Brandteig entsteht im Inneren der Teigmasse Wasserdampf, der sich beim Backen ausdehnt und innen relativ große Hohlräume entstehen lässt. Schließlich gibt es noch verschiedene Blätterteigarten, die vielfältig verwendet werden können, z. B. für Windbeutel oder für Wurst im Blätterteig. Bis auf wenige Ausnahmen muss der Glutengehalt so klein wie möglich sein, damit der Teig nicht zäh wird. Weil es jedoch in der Regel notwendig ist, einen Teig zu kneten, um ihn in die entsprechende Form zu bringen, kann man die Bildung von Gluten nicht ganz vermeiden. Die Kunst bei der Herstellung von Feingebäck besteht also darin, auf der einen Seite einen Teig herzustellen, der sich gut weiterverarbeiten lässt, der aber auf der anderen Seite so weit wie möglich kein oder nur sehr wenig Gluten enthält.

HYDRATATION UND BILDUNG VON GLUTEN | Gluten wird nur dann gebildet, wenn man Mehl in Anwesenheit von Wasser mechanisch beansprucht. Die Proteine, die bereits im Mehl vorhanden sind, werden durch das Wasser teilweise gelöst bzw. quellen auf. Wenn die Proteinmoleküle mit Hilfe von Wasser quellen, spricht man oft von »Hydratation«. Es handelt sich dabei um den ersten Schritt bei der Bildung von Gluten. Nachdem die Proteinmoleküle hydratisiert worden sind, müssen sie zumindest teilweise durch mechanische Einwirkungen denaturiert werden, bevor sie neue Strukturen bilden können. Dabei kommt es dann zur Quervernetzung von mehreren Proteinen. Im Gluten kann man zwei klar abgrenzbare Komponenten unterscheiden: das Gliadin als klebriges, halb flüssiges Protein, das in Alkohol löslich ist und das Glutenin, ein in Alkohol unlösliches Protein mit einer fibrillenartigen, elastischen Struktur. Gluten entsteht dann, wenn zwischen Gliadin- und Gluteninproteinen Quervernetzungen entstehen. Die sich daraus ergebenen Proteinaggregate werden auch oft als Proteinkomplexe bezeichnet.

Bevor sich diese Proteinkomplexe bilden können, müssen die Proteine, die sich später aneinander lagern, gut hydratisiert werden. Zur Bildung von Gluten wird pro Gewichtseinheit Protein etwa die doppelt Menge Wasser benötigt. Weil so viel Wasser für die Bildung von Gluten gebraucht wird, kann man den Glutengehalt auch durch das Ausmaß der Proteinhydratation beeinflussen. Die Hydratation der Proteine lässt sich steuern, indem man die Wasserzugabe kontrolliert und eventuell verhindert, dass das Wasser die Stärkekörner im Mehl überhaupt erreichen kann. So kann man z. B. durch das Einarbeiten von Fetten die Außenseite der Stärkekörner mit einem dünnen Film überziehen, der dann das Wasser von der Oberfläche abstößt und damit das Ausmaß der Hydratation bzw. dessen Geschwindigkeit verringert wird. Mithilfe dieser Technik lässt sich also bei der Herstellung von Feingebäck der Glutengehalt steuern.

Sobald die verschiedenen Proteinmoleküle hydratisiert worden sind, können sie miteinander in Wechselwirkung treten und es kommt zu neuen Bindungen zwischen den Proteinen (Disulfidbrücken, Wasserstoffbrückenbindungen usw.). Bei diesen Prozessen sind noch nicht alle Einzelheiten bekannt, man weiß jedoch, dass das Dehnen der Proteine dazu beiträgt, die ursprünglich vorhandenen internen Bindungen aufzubrechen. Wenn ein Teig aus Mehl und Wasser geknetet wird, bildet sich nach und nach Gluten, wobei die Proteine zwischen den einzelnen Stärkekörnern

zunächst dünne Schichten formen, die dann in einzelne, feine Fibrillen auseinander brechen. Diese lagern sich dann aneinander und werden gedehnt, während der Teig geknetet wird. Wenn man den Teig ruhen lässt, bevor sich das Gluten vollständig gebildet hat, werden einige dieser lang gestreckten Proteine sich wieder rückbilden und die neuen zwischenmolekularen Bindungen, die das Gluten stabilisieren sollen, können sich nicht bilden.
Jetzt wissen Sie auch, warum in den Rezepten über Feingebäck immer von Ruhepausen zwischen einzelnen Arbeitsschritten beim Ausrollen (oder Kneten) die Rede ist und warum Sie den Teig nicht übermäßig beanspruchen sollen.

Grundlegende Aspekte, die für alle Feingebäckteige gelten

Der wahrscheinlich wichtigste Aspekt bei der Herstellung von Feingebäck ist die Steuerung der Elastizität des Teiges. Ist der Teig zu elastisch, wird er nach dem Ausrollen in seine ursprüngliche Form zurückgehen. Wenn auf der anderen Seite der Teig zu plastisch ist, kann er leicht wegfließen und wird auch nicht in der Lage sein, die Form zu behalten. Wenn Sie noch nicht mit den Begriffen Elastizität, elastisch und plastisch vertraut sind, finden Sie eine kurze Beschreibung in dem nächsten Kasten. Die Elastizität des Teiges wird maßgeblich durch den Wassergehalt und das Ausmaß der Glutenbildung bestimmt. Trockenere Feingebäckteige werden im Allgemeinen fester sein und etwas plastisch, während Teige mit einem höheren Glutengehalt sehr elastisch sind. Um also die Beschaffenheit des Teiges zu beeinflussen, müssen Sie in der Lage sein, den Glutengehalt und den Wassergehalt zu kontrollieren. Den Wassergehalt können Sie relativ einfach und direkt steuern – einfach, indem Sie die Menge Wasser abmessen, die Sie der Mehl-Fett-Mischung hinzufügen. Geben Sie allerdings zu wenig Wasser hinzu, wird der Teig unter Umständen so fest werden, dass er beim Ausrollen zerbröselt. Sollte dies einmal der Fall sein, können Sie einfach etwas Wasser hinzugeben und es vorsichtig in den Teig hinein kneten. Wenn auf der anderen Seite der Teig zu viel Wasser enthält, wird er am Nudelholz festkleben oder unter seinem eigenen Gewicht wegfließen. Aber auch hier ist noch nichts verloren. Geben Sie einfach etwas Mehl hinzu, bis der Teig die gewünschte Konsistenz hat. Wann Sie die richtige Konsistenz der Teige bei den verschiedenen Feingebäckarten jeweils erreicht haben, werden Sie natürlich erst mit einiger Übung und durch Erfahrung lernen.

ELASTIZITÄT UND PLASTIZITÄT | Es kommt oft vor, dass Wissenschaftler Worte benutzen, die uns im alltäglichen Sprachgebrauch zwar sehr vertraut sind, die aber manchmal in der Wissenschaft eine etwas andere Bedeutung haben. So sind uns allen die Worte »elastisch, plastisch, Elastizität und Plastizität« im allgemeinen Sprachgebrauch sehr geläufig, aber die eigentliche wissenschaftliche Bedeutung kann sich hier doch sehr von der »normalen« Verwendung unterscheiden.

Wenn wir das Wort elastisch hören, denken wir vielleicht an das Gummiband, das verhindert, dass unsere Unterwäsche runterrutscht! Für den Wissenschaftler dagegen ist ein Material dann elastisch, wenn es nach einer Verformung in seinen ursprünglichen Zustand zurückkehrt, sobald die einwirkende Kraft entfernt wird. Nach der wissenschaftlichen Definition ist das Gummiband in der Unterhose tatsächlich ein elastisches Material. Bei Plastik denken die meisten Leute an diese »künstlichen Materialien« wie Polyethylen, denen wir heute in allen Variationen begegnen, meistens als Verpackungsmaterialien. Die wissenschaftliche Bedeutung des Wortes »plastisch« ist jedoch, dass ein plastisches Material seinen ursprünglichen Zustand nicht wieder einnehmen wird, nachdem es einmal verformt wurde (die Definition trifft also auf das Wort »Plastik« in der heutigen Form nicht mehr zu). Die Verformung, die Deformation, wird also dauerhaft sein, beispielsweise sind Knetgummi und Tonerden plastische Materialien. Die meisten Materialien sind allerdings beides, elastisch und plastisch, je nach Stärke der Kraft, die aufgewendet wird, um sie zu verformen. Wenn sie z. B. mit Ihrem Auto langsam und leicht gegen eine Mauer fahren, wird die Stoßstange in diesem Moment verformt, aber sie wird ihre ursprüngliche Form wieder annehmen, wenn Sie wieder rückwärts fahren. Die Verformung, die durch diese relativ kleine Krafteinwirkung hervorgerufen wurde, ist elastisch. Wenn Sie allerdings schnell gegen eine Wand fahren, wird der Schaden an der Stoßstange dauerhaft sein. Diese Verformung, durch eine größere Kraft, ist plastisch.

Ähnlich verhält es sich mit allen Feingebäckteigen. Wenn sie verformt werden, werden sie teilweise in ihre ursprüngliche Form zurückgehen. Die Verformung, die rückgängig gemacht werden kann, wird als elastische Deformation bezeichnet, während eine dauerhafte Formänderung als plastische Verformung bezeichnet wird.

Kompliziert wird die Sache manchmal dadurch, dass sich eine Deformation nicht unbedingt sofort zurückbildet. Ein ausgerollter Teig kann sich z. B.

sehr langsam zurückziehen und das volle Ausmaß der Erholung erst nach einigen Minuten erreichen. Das sich sehr langsame Zurückbilden ist eine Eigenschaft, die in der Naturwissenschaft als »Viskoelastizität« bezeichnet wird. Ein viskoelastisches Material, das sehr langsam verformt wird, wird sich so verhalten, dass die Deformation plastisch ist, während das gleiche Material bei einer sehr schnellen Verformung im Allgemeinen sehr elastisch reagiert. In welchem Ausmaß ein viskoelastisches Material elastisch oder plastisch reagiert, hängt von der Stärke der Verformung ab, von ihrer Geschwindigkeit und von der Temperatur. Bei höheren Temperaturen bildet sich eine Formänderung schneller wieder zurück (entsprechend bei tieferen Temperaturen langsamer). Wenn Sie also unglücklicherweise einmal einen Autounfall hatten, ist es ganz gut, wenn Sie sich daran erinnern, dass heutzutage die meisten Stoßstangen aus einem viskoelastischem Material bestehen (glasgefülltes Polypropylen), das sich nach einer Verformung sehr viel schneller wieder zurückbildet, wenn man es erhitzt. Es kann also ohne weiteres sein, dass Sie eine scheinbar dauerhaft eingebeulte Stoßstange, die Sie eigentlich schon ersetzen wollten, einfach mit einem heißen Fön wieder herstellen können.

Den Glutengehalt niedrig zu halten, ist dagegen weit schwieriger. Zunächst müssen Sie also das Ausmaß steuern, in welchem die Stärkekörner Wasser absorbieren. Zweitens müssen Sie die mechanische Beanspruchung, die zum Dehnen der hydratisierten Stärkekörner führt, möglichst gering halten. Denken Sie immer daran, dass es mehr oder weniger unmöglich ist, das Gluten wieder loszuwerden, wenn sich einmal der Glutenkomplex gebildet hat. Deswegen sollte man schon von vornherein die Glutenbildung möglichst vermeiden. Wenn Sie irgendwann doch noch etwas Gluten brauchen, können Sie dies zu gegebener Zeit immer noch erzeugen.

Der erste Schritt bei der Bildung von Gluten ist die Hydratation der Proteine, die die Stärkekörner umgeben. Die Gefahr, dass sich Gluten bei der Handhabung des Teiges bildet, wird dadurch verringert, dass die Proteine vom Wasser abgeschirmt werden und deswegen nicht quellen können. Das können Sie auf zwei verschiedene Arten bewerkstelligen. Erstens können Sie das Fett in das Mehl einarbeiten, bevor Sie das Wasser hinzugeben. Das Fett überzieht die Stärkekörner mit einem dünnen Film (durchdringt diese sogar etwas) und das Wasser kann dann nur sehr schwer eindringen. Je ausgiebiger Sie das Fett in das Mehl einarbeiten und je feinkörniger dadurch die Beschaffenheit der

Mischung wird, umso feiner wird die Verteilung des Fettes rund um die Stärkekörner sein und desto effektiver wird die Bildung von Gluten unterdrückt. Zweitens können Sie das Eindringen von Wasser in die Stärkekörner und damit das Quellen der Oberflächenproteine auf eine andere Art steuern. Die Löslichkeit von Proteinen hängt in verstärktem Maße von der Temperatur ab, und bei tieferen Temperaturen werden die Proteine sehr viel weniger Wasser absorbieren. Wenn also das Mehl und das Wasser so kalt wie möglich sind, können Sie das Ausmaß der Hydratation der Stärkekörner verringern und damit die Bildung von Gluten vermeiden.

Wenn der Teig schließlich fertig ausgerollt ist, empfiehlt es sich, ihn für einige Zeit (in der Regel 10 bis 20 Minuten) ruhen zu lassen, bevor er seine endgültige Form annimmt und weiterverarbeitet werden kann. Die Verformungen durch das Ausrollen werden sich dann langsam zurückbilden und die ausgerollte Teigplatte wird sich wieder etwas zusammenziehen. Je elastischer der Teig ist, um so größer ist das Ausmaß dieser Kontraktion und desto schneller wird sie ablaufen. Wenn Sie den ausgerollten Teig nicht ruhen lassen, wird er sich beim Backen zusammenziehen und dann erst seine endgültige Form annehmen. Wenn Sie also z. B. eine runde Obstkuchen-Hülle hergestellt haben und dafür Kreise ausgeschnitten haben, ohne dass der Teig nach dem Ausrollen geruht hat, werden Sie wahrscheinlich nach dem Backen eher elliptische Formen haben! Ähnlich wird es sich verhalten, wenn Sie den Teig als Piedecke verwenden wollen. Ohne ausreichende Ruhephase wird die Decke oben auf dem Pie in einer Richtung schrumpfen und senkrecht dazu aufplatzen.

KOMMERZIELL ERHÄLTLICHE TEIGE | Heutzutage kann man alle nur erdenklichen Fertigteige in jedem Supermarkt kaufen. Sie werden sich also vielleicht fragen, ob es wirklich der Mühe wert ist, den Teig selbst herzustellen. Wenn Sie wenig Zeit haben, können Sie mit diesen Fertigteigen in der Tat hervorragende Gerichte zubereiten. Diese kommerziell erhältlichen Teige werden jedoch im Allgemeinen mit billigeren Fetten oder hydrierten Pflanzenölen hergestellt und haben oft ein weniger ausgeprägtes Aroma als die mit Butter selbst hergestellten Teige. Auf der anderen Seite haben die Fertigteige auch einige Vorteile: Sie haben eine sehr gleichmäßige Konsistenz und sind robuster gegenüber einem breiteren Temperaturbereich als die meisten selbst hergestellten Teige. So geht insbesondere käuflicher Blätterteig sehr viel gleichmäßiger auf als selbst hergestellter.

Einige wichtige Punkte, die Sie bei der Herstellung von Feingebäck beachten sollten

→ Arbeiten Sie das Fett immer in das Mehl ein, bevor Sie irgendwelche flüssigen Zutaten hinzugeben.

→ Achten Sie darauf, dass das Fett gut in das Mehl eingearbeitet worden ist. Die Mischung sollte eine feine Struktur haben, wobei die kleinen Mehlpartikel, die vom Fett zusammengehalten werden, eine Größe von 1 mm oder weniger haben sollten.

→ Halten Sie die Mehlmischung kühl und geben Sie nur kaltes Wasser hinzu (Ausnahme: Raised Pie-Teig).

→ Nachdem Sie den Teig geknetet oder ausgerollt haben, sollten Sie ihn 10 bis 20 Minuten ruhen lassen, bevor Sie ihn weiterverarbeiten.

Einige Gründe dafür, warum diese Punkte so wichtig sind

Durch das Einarbeiten von Fett werden die Stärkekörner mit einer hydrophoben Schicht umgeben und es wird dadurch verhindert, dass durch das Wasser die Proteine quellen können. Weil die Hydratation der erste Schritt bei der Entstehung von Gluten ist, ist es wichtig, das Mehl so lange »trocken« (wasserfrei) zu halten, bis das gesamte Fett eingearbeitet worden ist. Denken Sie auch daran, dass die Stärkeproteine durch kaltes Wasser nicht so leicht hydratisiert werden. Durch die Einhaltung von tieferen Temperaturen ist die Gefahr, dass sich das zähe Gluten bildet, wesentlich kleiner. Zu viel Gluten würde die strukturelle Beschaffenheit des Teiges so verändern, dass er unbrauchbar wäre. Durch die Teigruhepausen bilden sich die elastischen Verformungen wieder zurück und der Teig behält beim Backen seine Form. Dabei werden auch alle Proteine, die zwar schon gestreckt sind, sich aber noch nicht in Gluten umgewandelt haben, wieder entspannt.

Mürbeteig

Mit Mürbeteig will man ein Endprodukt mit einer feinen, krümeligen Struktur herstellen, das beim Essen im Mund zerbröselt. Deswegen ist es beim Kneten und Ausrollen des Teiges sehr wichtig, so weit wie möglich jegliche Bildung von Gluten zu unterdrücken. Da sich das Gluten erst dann bildet, wenn sich hydratisierte Stärkekörner zunächst aneinander lagern und dann gedehnt werden, können Sie die Bildung von Gluten größtenteils vermeiden, wenn Sie die Hydratation der Stärkekörner möglichst unterdrücken und außerdem den Teig nicht zu stark dehnen.

Das bedeutet also, dass Sie sehr vorsichtig mit dem Teig umgehen und jegliches Dehnen des Teiges auf ein Minimum reduzieren müssen. Denken Sie auch daran, dass der Teig bei allen Arbeitsschritten mechanisch beansprucht und damit gedehnt wird, auch schon beim anfänglichen Zusammenmischen der Zutaten. Am besten verrühren Sie die Zutaten ganz vorsichtig mit einem dünnwandigen Küchenwerkzeug (ein Edelstahllöffel eignet sich besser als ein stumpfer Holzlöffel) und schieben Sie den Teig am besten mit Ihren Händen zusammen. Der Teig wird auch beim Ausrollen oder beim Formen gedehnt. Achten Sie also darauf, so wenig Kraft wie möglich anzuwenden und lassen Sie den Teig nach jedem Ausrollen ruhen, damit er sich wieder zurückziehen kann. In diesen Ruhephasen können sich die gestreckten Proteine, die noch keinen Glutenkomplex gebildet haben, wieder entspannen und werden sich im Folgenden erst einmal nicht an der Bildung von Gluten beteiligen.

Mürbteig — GRUNDREZEPT

ZUTATEN
- 300 g Mehl
- 150 g Fett (Butter oder eine Mischung aus Schmalz und Butter – achten Sie darauf, dass Sie keine fettreduzierten Produkte verwenden, weil diese Wasser enthalten und das Einwirken ins Mehl die Bildung von Gluten unterstützen würde)
- 50 ml kaltes Wasser
- 2 g Salz (die Zugabe von Salz ist optional – Salz wird dem Enderzeugnis eine etwas pikantere Note verleihen, verwenden Sie es also sparsam und nur für pikante Pasteten, etc. Aus technologischer Sicht gibt es keine Notwendigkeit, Salz hinzuzusetzen – es ist also nur eine geschmacksgebende Komponente)

ZUBEREITUNG
Bevor Sie loslegen, sollten alle Zutaten gut gekühlt sein und am besten direkt aus dem Kühlschrank kommen. Geben Sie zuerst das Mehl in eine Schüssel, die Sie evtl. vorher gekühlt haben. Wenn Sie Salz verwenden, so geben Sie es jetzt zum Mehl hinzu. Zerteilen Sie das Fett in kleinere Brocken, geben es zum Mehl hinzu und arbeiten es mit den Fingerspitzen in das Mehl ein – solange, bis keine Fettklumpen mehr übrig sind. Durch

das Fett wird das Mehl bröckelig. Die Bröckchen sollten so klein wie möglich sein, ideal wäre eine Größe von etwa 1 mm.

Sobald Sie das Fett vollständig in das Mehl eingearbeitet haben, können Sie das Wasser hinzufügen und den Teig zubereiten. Denken Sie immer daran, dass nach Hinzugabe von Wasser die Stärkekörner hydratisiert werden und dass jetzt jegliches Dehnen der hydratisierten Stärkekörner zur Bildung von Gluten führt und damit einen zähen, nicht krümeligen Teig ergibt. Es ist auch wichtig, darauf zu achten, dass das Mehl gleichmäßig mit Wasser benetzt wird. Wenn es zu einer ungleichmäßigen Verteilung kommt, fängt das Wasser später in den wasserhaltigeren Teilen an zu kochen und es kommt zur Blasenbildung auf der Oberfläche des Gebäcks. Am besten geben Sie das Wasser portionsweise hinzu, indem Sie es über die Mehl-Fett-Mischung sprenkeln.

Rühren Sie die Mischung nach jeder Wasserzugabe vorsichtig um und wenden Sie dann den Teig, damit der trockenere Teil nach oben zeigt. Während des Rührens sollten Sie auf jeden Fall alle Bewegungen vermeiden, die den Teig drücken oder dehnen. Probieren Sie aus, ob Sie die Mischung besser mit den bloßen Händen durcharbeiten wollen oder doch lieber ein Messer oder einen dünnwandigen Edelstahllöffel bevorzugen. Sie sollten aber auf jeden Fall vermeiden, mit einem stumpfen Gegenstand (hölzerner Kochlöffel, etc.) zu rühren, weil Sie damit weniger Kontrolle beim Rühren haben und dann doch versehentlich den Teig dehnen können.

Sobald der Teig anfängt klebrig zu werden, haben Sie genug Wasser hinzugesetzt. Wie viel Wasser Sie genau benötigen, hängt von vielen Faktoren ab, auch von der Luftfeuchtigkeit in der Küche, der Umgebungstemperatur, der Weizensorte usw. Auf jeden Fall müssen Sie aufpassen, dass Sie nicht zu viel Wasser hinzufügen. Schieben Sie die Teigmischung dann mit Ihren Händen in der Mitte zusammen und drücken Sie den Teig behutsam, bis eine zusammenhängende Masse entstanden ist. Beim Zusammendrücken des Teiges lässt sich nicht ganz vermeiden, dass etwas von dem gefürchteten Gluten gebildet wird. Auf dieser Stufe kann etwas Gluten jedoch erwünscht sein, weil Sie dadurch eine zusammenhängende Teigkugel erhalten.

Wenn der Teig fertig ist, sollten Sie ihn für 15–20 Minuten an einen kühlen Platz legen, damit sich die jetzt teilweise gedehnten Proteine zwischen den Stärkekörnern wieder entspannen können. Dadurch wird eine anschließende Glutenbildung verhindert. Später werden Sie den Teig dann in der gewünschten Form und Größe ausrollen, wobei wieder etwas Gluten gebildet wird. Je behutsamer Sie den Teig also behandeln, umso weniger Gluten wird sich bilden.

Es ist sehr wichtig darauf zu achten, dass der Teig weder auf der Arbeitsplatte noch auf dem Nudelholz (Teigrolle) festklebt. Wenn der Teig irgendwo anhaftet, wird er mit Sicherheit stark gedehnt, mit der Folge, dass sich wieder eine Menge Gluten bildet. Deswegen ist es ratsam, die Arbeitsplatte und das Nudelholz mit etwas Mehl zu bestäuben. Es ist auf jeden Fall besser, Arbeitsplatz und Nudelholz einzumehlen als den Teig, weil nur auf diese Weise die Menge an zusätzlich eingeschlossenem Mehl sehr gering ist und so die erforderlichen Mengenverhältnisse der einzelnen Bestandteile erhalten bleiben.

Rollen Sie jetzt den Teig aus, indem Sie ihn als kleine Teigkugel auf die mit Mehl bestäubte Arbeitsfläche legen, das Nudelholz auf der Ihnen zugewandten Seite in den Teig drücken und dann unter gleichmäßigem Druck von Ihnen weg ausrollen. Drehen Sie dann den Teig um 90°, setzen das Nudelholz wieder an der Ihnen zugewandten Seite auf dem Teig und wiederholen Sie den Vorgang so lange, bis der Teig die gewünschte Dicke hat. Als grobe Richtschnur sollte der Teig für Pies usw. eine Dicke zwischen 2 und 4 mm haben. Letztendlich ist die Dicke auch eine Geschmackssache. Man sollte jedoch darauf achten, dass dünnere Krusten während des Backens leicht aufplatzen können. Bei bestimmten Pies, bei denen während des Backens viel Wasserdampf entsteht, kann es sogar dazu kommen, dass der Teig wegfließt, bevor der Pie fertig ist! Auf der anderen Seite kann es passieren, dass sehr dicke Teigkrusten innen nicht vollständig gar werden und am Ende eher klebrig-zäh sind.

Die Menge an Teig in dem oben genannten Rezept reicht für eine Teigplatte von etwa 30 cm Durchmesser aus. Da Sie den Teig in der Regel nicht zu einem perfekten Kreis ausrollen können, sollten Sie am Rand immer etwas Überstand lassen. Nach dem Ausrollen sollten Sie den Teig wieder für ein paar Minuten ruhen lassen, damit sich lang gestreckte Proteinmoleküle wieder entspannen können. Dann können Sie die entsprechende Form ausschneiden und weiterverarbeiten.

Was bei der Herstellung von Mürbeteig alles schief gehen kann und wie man dies in Zukunft vermeiden kann

Problem	Ursache	Lösung
Der Pastetenteig ist sehr trocken und bricht auseinander, wenn Sie versuchen, ihn auszurollen.	Es wurde nicht ausreichend Wasser hinzugegeben.	Nehmen Sie den Teig mit einem scharfen Messer vorsichtig auf, geben ein wenig Wasser hinzu und vermischen erneut.
Der Teig ist feucht und klebrig.	Es wurde zu viel Wasser bei der Herstellung des Teiges genommen.	Es mag sein, dass Sie den Teig durch Hinzufügen von etwas mehr Mehl retten können, Sie müssen jedoch sehr stark darauf achten, dass der Teig beim Zumischen des Mehls nicht gestreckt wird. Am Besten schneiden Sie den Teig mit einem scharfen Messer in kleine Stücke, wälzen diese in Mehl und fügen alles wieder zu einem Klumpen zusammen.
Das fertige Gebäck ist zäh.	Beim Mischen und Ausrollen wurde zu viel Gluten gebildet.	Achten Sie das nächste Mal darauf, dass der Teig nicht gedehnt wird.
Das Gebäck wirft beim Backen Blasen.	Das Wasser wurde nicht gleichmäßig eingearbeitet.	Achten Sie das nächste Mal darauf, dass das Wasser gleichmäßig im Teig verteilt wird.
Das Gebäck schrumpft beim Backen.	Der ausgerollte Teig wurde nicht lange genug ruhen gelassen, bevor die endgültige Form ausgeschnitten wurde oder der ausgerollte und in Form gebrachte Teig wurde zum Schluss noch einmal gedehnt.	Lassen Sie den Teig beim nächsten Mal etwas länger ruhen und vermeiden Sie es auf jeden Fall, den Teig zu dehnen, um ihn der Backform etc. anzupassen.

> **HERSTELLUNG VON MÜRBETEIG IN EINER KÜCHENMASCHINE**
> Wenn Sie eine Küchenmaschine besitzen, können Sie diese natürlich nehmen, um das Fett einzuarbeiten. Dazu geben Sie das Mehl (und evtl. das Salz) in die Rührschüssel, geben mit einem scharfen Messer das Fett in kleinen Flocken hinzu und lassen die Küchenmaschine bei mittlerer Geschwindigkeit für 1 bis 2 Minuten laufen. Mit einer Küchenmaschine wird das Fett noch besser als mit der Hand eingearbeitet und Sie können in dem Rezept sogar etwas weniger Fett nehmen (wenn vorher die Fettmenge 50 % – bezogen auf das Mehl – betrug, so können Sie die Menge jetzt auf 40 % reduzieren, d. h. in dem oben angegebenen Grundrezept von 150 g auf 120 g). Weil Butter immer etwas Wasser enthält, können beim Vermischen mit Butter die Stärkekörner schon hydratisiert werden. Es ist also besser, Schweineschmalz statt Butter zu nehmen. Wenn sie Butter verwenden, kann durch die starke mechanische Beanspruchung in den Stärkekörnern schon Gluten entstehen. Widerstehen Sie danach auf jeden Fall der Versuchung, in der Küchenmaschine jetzt noch schnell Wasser hinzu zusetzen und den Teig zuzubereiten. Der Teig würde durchgeknetet, was unweigerlich zur Bildung von Gluten führen würde und damit zu einem sehr zähen Gebäck.

Mürbeteigvariationen

Flanpasteten

Der Teig für eine Flanpastete ist einem Mürbeteig sehr ähnlich, man ersetzt jedoch das Wasser im Mürbeteig-Grundrezept mit geschlagenem Ei. Durch die Erhitzung der Eiproteine wird die Pastete sehr stabil und kann eine Füllung ohne weiteres tragen. Je nach Art der Flanfüllung wird manchmal der Mischung noch etwas Zucker hinzugefügt. Außerdem wird in den meisten Flanpasteten-Rezepten mehr Fett verwendet als in dem oben angegebenen Grundrezept. Wie viel Fett Sie letztendlich verwenden, ist auch eine Geschmackssache. Als grobe Richtlinie werden in dem Mürbeteiggrundrezept meistens Mehl und Fett im Verhältnis 2:1 verwendet, während das Verhältnis Mehl zu Fett in den reichhaltigeren Flanpasteten auf bis zu 3:2 ansteigen kann. Mit Ausnahme der etwas anderen Verhältnisse bei den Zutaten ist die Vorgehensweise bei der Zubereitung der Flanpasteten genau die gleiche wie bei den Mürbeteigpasteten.

Paté sucrée

Hier handelt es sich um eine gehaltvolle, süße Variation des Mürbeteiggebäcks, die in französischen Pies und Kuchen verwendet wird. Als Zutaten nimmt man 2 Teile Mehl, 1 Teil Puderzucker und 1 Teil Butter, zusammen mit Eigelb (anstelle von Wasser). Sie benötigen etwa das Eigelb eines großen Eies pro 80 g Mehl. Auch hier ist die Vorgehensweise bei der Zubereitung genau die gleiche wie bei dem Mürbeteiggrundrezept.

Steak and Kidney Pie (ein Beispiel für ein Pie mit einer Decke) REZEPT

ZUTATEN (für 4 Personen)
- *250 g Mürbeteig (d. h. ein Mürbeteig aus 250 g Mehl, der ein Gesamtgewicht von etwa 400 g ergibt)*
- *300 g Suppenfleisch vom Rind (stewing beef)*
- *200 g Rindernieren*
- *500 ml Rinderbrühe (siehe auch Kapitel 9 für ein Rezept oder verwenden Sie Brühwürfel)*
- *25 g Stärke*
- *1 geschlagenes Ei*

ZUBEREITUNG

Fangen Sie mit der Zubereitung von »Steak and Kidney« an. Dies wird etwas mehr als 2 Stunden in Anspruch nehmen. Schneiden Sie das Steak und die Nieren in grobe Würfel von einer Größe von etwa 1 cm Kantenlänge. Geben sie zuerst das Steak und dann die Nierenstückchen in eine Bratpfanne mit etwas Fett oder Öl und bräunen Sie das Fleisch an. Achten Sie darauf, dass das Fleisch wirklich gut durchgebräunt ist, damit sich die Aromastoffe, die durch die Maillard-Reaktionen entstehen, gut ausbilden können (siehe auch die Rezepte in Kapitel 6). Geben Sie jetzt die braun gebratenen Steak- und Nierenstückchen in einen Kochtopf (oder in eine Auflaufform, wenn Sie beabsichtigen, das Fleisch im Ofen zu garen). Löschen Sie die Bratpfanne mit der Brühe ab und fügen Sie alles dem Fleisch im Kochtopf hinzu. Lassen Sie das Ganze etwa 2 Stunden vor sich hin kochen und überprüfen Sie in regelmäßigen Abständen, dass die Flüssigkeit nicht vollständig verdampft ist. Sollte das Fleisch im Kochtopf anhaften, sollten Sie vielleicht besser eine Auflaufform nehmen und das Fleisch stattdessen bei 160 °C im Ofen garen.

Während das Fleisch vor sich hin gart, bereiten Sie den Pastetenteig wie oben beschrieben zu und lassen ihn solange im Kühlschrank liegen, bis Sie ihn brauchen.

Wenn das Fleisch fertig ist, nehmen Sie es aus der Brühe und legen es zur Seite. Füllen Sie die Flüssigkeit mit heißem Wasser auf 400 ml auf. Danach dicken Sie die Brühe mit der in etwas Wasser angerührten Stärke an, indem Sie diese Suspension einfach zur Brühe hinzugeben und das Ganze unter Rühren zum Kochen bringen. Stellen Sie dann auch die Brühe erst einmal zur Seite.

Geben Sie das Steak und die Nieren in eine feuerfeste Auflaufform (die Form sollte fast gefüllt sein) und fügen Sie dann etwas von der angedickten Brühe hinzu. Der Boden der Form sollte dabei einige Millimeter hoch mit Flüssigkeit bedeckt sein. Es ist auch ganz gut, wenn Sie die Ränder der Form vorher einfetten, damit der Pastetenteig später nicht anhaftet. Stecken Sie evtl. ein Röhrchen in die Mitte der Auflaufform, damit der Dampf beim Backen entweichen kann. Wenn Sie kein Röhrchen nehmen, sollten Sie nachher einige Löcher in die Teigoberfläche stechen.

Nehmen Sie jetzt den Pastetenteig aus dem Kühlschrank und rollen Sie ihn zu einer Fläche aus, die etwa 1 cm größer als die Oberseite der Auflaufform ist. Nehmen Sie dann die Teigplatte hoch und legen Sie sie über die Auflaufform. Nehmen Sie ein scharfes Messer und schneiden Sie den überstehenden Teig ab. Drücken Sie dann den Teig am Rand herunter, bis er richtig abgedichtet ist. Wenn Sie kein Dampfabzugröhrchen benutzen, müssen Sie jetzt noch einige Löcher in den Teig schneiden oder stechen. Die Oberfläche können Sie noch mit einigen Verzierungen versehen, z. B. Blätter, Buchstaben etc. Streichen Sie dafür über die Teigfläche das geschlagene Ei und kleben Sie die Dekoration darauf.

Stellen Sie jetzt den Pie für 25 Minuten in einen auf 170 °C vorgeheizten Ofen, bis die Pastete goldbraun ist. Als Soße für den Pie nehmen Sie die restliche angedickte Brühe, die Sie bei Bedarf noch mit etwas Pfeffer und Salz abschmecken können.

Früchte-Pies (Pies mit Boden und Deckel) — REZEPT

ZUTATEN
- 500 g Mürbeteig (d. h. Mürbeteig aus 500 g Mehl, ergibt ein Gesamtgewicht von etwa 800 g)
- 500 g Früchte nach Wahl (z. B. Äpfel)
- 100 g Zucker (je nach Geschmack auch etwas mehr oder etwas weniger)
- 1 geschlagenes Ei

ZUBEREITUNG
Fangen Sie mit der Zubereitung des Teiges an (wie in dem Rezept oben beschrieben) und kochen Sie parallel dazu die Früchte. Die Früchte werden gewaschen, geschält und in etwa 1 cm große Stücke geschnitten. Anschließend werden die Fruchtstücke in etwas zuckerhaltigem Wasser gekocht, wobei Sie darauf achten sollten, dass die Früchte nicht zu weich werden (sie sollten noch etwas fest sein, aber auch nicht zu knackig). Gießen Sie die Früchte durch ein Sieb ab und kochen Sie die Flüssigkeit auf ein Volumen von etwa 20 ml ein.

Nehmen Sie jetzt den Teig aus dem Kühlschrank, teilen ihn in 2 gleiche Teile und rollen Sie beide Teighälften aus. Die eine Teigplatte sollte einen etwa 5 cm größeren Durchmesser als die Pieform haben, die andere einen etwa 2 cm größeren. Das Rezept ist ausgelegt für eine Pieform von etwa 20 bis 25 cm Durchmesser. Wenn Sie eine größere Form nehmen, müssen Sie die Mengen im Rezept entsprechend anpassen. Legen Sie die Form jetzt mit der größeren Teigplatte aus, indem Sie sie herunterdrücken und sie am Rand so weit anpressen, dass keine Hohlräume entstehen. Geben Sie dann die Früchte hinein und soviel von der Flüssigkeit, dass die Früchte gut saftig sind. Schmecken Sie vielleicht noch einmal ab und streuen Sie ggf. noch etwas Zucker über die Früchte. Streichen Sie dann etwas von dem geschlagenen Ei auf die Oberkante des Teigrandes und legen Sie dann die andere Teigplatte darüber. Drücken Sie dann die beiden Teigteile so zusammen, dass sie dicht sind und entfernen Sie überschüssigen Teig mit einem scharfen Messer. Schneiden Sie anschließend noch einige Löcher in die Decke, damit Wasserdampf entweichen kann und betreichen Sie die Oberfläche mit etwas Kochflüssigkeit. Backen Sie dann den Pie für etwa 20 Minuten bei etwa 180 °C, bis der Teig goldbraun geworden ist. Servieren Sie den Pie am besten mit einer Vanillesoße aus frischen Eiern (das Rezept können Sie in Kapitel 9 nachlesen).

TIEFGEFRORENE PIES OHNE BESCHRIFTUNG | Als ich vor einiger Zeit einmal sehr erkältet war und mein Kopf mir nicht nach Kochen stand, habe ich mir einfach ein eingefrorenes Stück Steak-Pie aus dem Gefrierschrank genommen und dazu eine übrig gebliebene Bratensoße aufgewärmt. Als ich dann am Tisch saß und mich schon auf das gute Stück mit der Soße darüber freute, kam mir beim ersten Bissen irgendetwas komisch vor. Wegen meiner Erkältung habe ich es nicht sofort gemerkt, aber es schmeckte einfach scheußlich: Statt des Steak-Pies hatte ich versehentlich ein Stück Apfel-Pie aus dem Gefrierschrank geholt. Daraus habe ich gelernt, dass man Gefriergut doch immer ordentlich beschriften sollte!

Raised Pie (Pie mit einer standfesten Hülle)

Raised Pies sind eine typisch britische Spezialität, die man in Großbritannien überall in Feinkostgeschäften oder besser ausgestatteten Supermärkten kaufen kann. Dennoch geht nichts über selbst hergestellte Raised Pies, die eigentlich einfach zu machen sind und mit denen Sie Ihre Gäste immer wieder aufs Neue beeindrucken können. Der grundlegende Unterschied zwischen dem Raised Pie-Teig und einem Mürbeteig ist die Stabilität. Der Raised Pie-Teig muss so fest sein, dass er unter dem Gewicht der Füllung beim Backen nicht zusammenbricht. Das bedeutet, wenn man es physikalisch ausdrückt, dass die Stärkekörner vor dem Backen gequollen sein müssen. Dementsprechend wird der Teig nicht mit kaltem, sondern mit heißem Wasser zubereitet. Durch das heiße Wasser fangen die Stärkekörner sehr schnell an zu quellen, wodurch leider auch die Bildung von Gluten begünstigt wird und entsprechend wird die Raised Pie-Kruste eine etwas zähere und härtere Beschaffenheit haben, als dies mit Mürbeteig der Fall wäre. Die Bildung von Gluten (und letztendlich die Stabilität der Pastete) wird auch durch einen verglichen mit anderen Pasteten geringeren Fettgehalt begünstigt.

Der fertige Teig muss dann für den entsprechenden Pie geformt werden, d. h. man »richtet« das Piegerüst auf, ein Begriff (engl. raise, raising = erhöhen, etc.), von dem der Raised Pie seinen Namen bekommen hat. Es gibt eine Reihe verschiedener Verfahren, um diese »standfeste Hülle« herzustellen. So können Sie z. B. den etwas angewärmten Teig auf der Außenseite eines geeigneten Behälters anbringen und fest andrücken (geeignet ist z. B. ein Marmeladenglas), lassen den Teig kalt (und hart) werden und nehmen das errichtete Piegehäuse dann ab. Alternativ dazu können Sie auch eine geeignete Backform mit dem warmen Teig innen auskleiden. Sie können dann entweder den ganzen Pie in der Backform backen oder noch besser die Piehülle vor dem Backen wieder herausnehmen, weil so auch die Außenseite des Piebehälters eine schöne, goldbraune Färbung bekommt. Wenn Sie nicht auf jeden Cent achten müssen, können Sie sich auch spezielle Pieformen kaufen, mit denen Sie fantasievolle Piegebilde formen können (diese Formen können aber bis zu 75 € kosten, sodass es sich meist nicht lohnt, diese Investitionen zu tätigen, es sei denn, Sie wollen Pies kommerziell herstellen).

Nachdem Sie die Füllung in die Piehülle gegossen haben, brauchen Sie noch eine kleine kreisrunde Teigplatte als Deckel. Zuerst wird der obere Rand des Piegehäuses mit Eigelb bestrichen und darauf legen Sie dann vorsichtig die ausgerollte und zurechtgeschnittene Teigplatte. An der Schnittkante wird der Teig angedrückt und der Pie vielleicht noch am Rand mit einem Muster verziert.

Stechen Sie dann noch in die Mitte des Deckels eine kleine Öffnung hinein. Durch dieses Loch können Sie nach dem Backen, wenn der Pie schon kalt ist, etwas aufgewärmten, geleeartigen Fond hindurchgießen. Wenn der Fond kalt wird, wird er wieder die frühere, geleeartige Konsistenz annehmen und alle Hohlräume im Pie sind ausgefüllt.

Einige wichtige Punkte, die man beachten sollte, wenn man Raised Pie-Teig herstellt
- → Achten Sie darauf, dass das Piegehäuse gut abgedichtet ist, sich in den Seitenwänden also keine Löcher befinden
- → Bevor Sie die Piehülle von/aus der Form entfernen, sollte der Teig kalt und schon etwas gehärtet sein
- → Falls Sie eine Kuchenform als Hilfsmittel benutzen, sollten Sie den Piebehälter erst füllen und ihn dann aus der Form nehmen
- → Damit Sie nach dem Backen etwas gelartigen Fond in die Hohlräume des Pies gießen können, muss ein Loch in der oberen Decke vorhanden sein

Warum sind diese Punkte so wichtig?
Da Sie einen Pie herstellen, der eine standfeste Hülle besitzen soll – an den Seiten also nicht unterstützt wird – ist es wichtig, dass er stabil genug ist, um dem Druck der Füllung standzuhalten. Auch darf er nicht durch undichte Stellen außen nass werden, weil er dadurch beim Backen unter Umständen nicht mehr stabil genug ist. Das einzige Loch, das Sie unbedingt brauchen, ist

das in der Decke des Pies. Durch die Öffnung kann der Wasserdampf beim Backen entweichen und später können Sie hier den Fond hineinfüllen, der die Hohlräume in der Piefüllung ausfüllt und nach dem Erkalten wieder fest wird.

Raised Pie-Teig   GRUNDREZEPT

ZUTATEN
- 600 g Mehl
- 15 g Salz
- 180 g Schweineschmalz
- 280 ml Wasser

ZUBEREITUNG

Vermischen Sie das Mehl und das Salz in einer Schüssel und machen Sie in der Mitte eine Vertiefung. Geben Sie das Schweineschmalz und das Wasser in einen Kochtopf, erhitzen Sie vorsichtig, bis das Schmalz schmilzt und bringen Sie die Mischung dann zum Kochen. Geben Sie jetzt die heiße Flüssigkeit in die Vertiefung in der Mitte des Mehls und vermischen Sie alles mit einem Löffel zu einem weichen Teig. Schieben Sie den Teig mit den Händen zusammen (es kann sein, dass das Gemisch noch recht heiß ist; passen Sie also auf, dass Sie sich nicht verbrennen) und kneten Sie den Teig etwas durch, damit er fester wird. Decken Sie die Schüssel dann zu und lassen Sie den Teig etwas abkühlen, damit er leichter zu verarbeiten ist. Rollen Sie als Nächstes den Teig zu einer Teigplatte von etwa 5 mm Dicke und formen Sie daraus das Piegehäuse (lassen Sie den ausgerollten Teig vor der Weiterverarbeitung noch einige Minuten ruhen).

Für kleinere Pies mit einem Durchmesser von etwa 8 cm können Sie ein entsprechendes Glas oder ein Keramikgefäß nehmen, das Sie vorher auf der Außenseite leicht einfetten. Stellen Sie das Gefäß mit der Öffnung nach unten auf eine Arbeitsplatte und stülpen Sie den ausgerollten Teig darüber. Drücken Sie den Teig mit den Händen an dem Gefäß fest, damit er die gewünschte Form annimmt. Bedecken Sie die so geformten Hüllen mit einem sauberen Küchentuch und lassen Sie sie etwa 1 Stunde abkühlen. Entfernen Sie dann mit einer leichten Drehbewegung das Glas oder Gefäß aus der Piehülle, die anschließend sofort gefüllt werden kann.

Für größere Pies fetten Sie die Innenseite einer geeigneten, großen Backform ein (am Besten eine Springform). Nehmen Sie die ausgerollte

Teigplatte und hängen Sie sie über die Backform, drücken Sie dann den Teig auf der Innenseite fest an und achten Sie darauf, dass der Teig nicht einreißt. Lassen Sie am oberen Rand etwa 5 mm Überstand, damit der Deckel später besser befestigt werden kann. Die ausgekleidete Form wird dann mit einem sauberen Küchentuch bedeckt etwa 1 Stunde lang abgekühlt, bis sie etwas fest geworden ist. Jetzt können Sie den Pie füllen. Dazu können Sie entweder die Pietasche aus der Backform entfernen oder Sie können den Deckel draufsetzen und den Pie erst etwas vorbacken, bevor Sie ihn aus der Form nehmen.

Nachdem Sie die Piehülle gefüllt haben, nehmen Sie etwas von dem restlichen Teig und rollen eine runde Teigplatte für den Deckel aus. Bestreichen Sie die oberen Ränder des Piebehälters mit etwas geschlagenem Ei (dies wirkt sozusagen als Klebstoff für den Deckel) und legen Sie den Deckel über den Piebehälter. Drücken sie Deckel und Piehülle zwischen Daumen und Zeigefinger zusammen und formen Sie dabei ein muschelartiges Muster rund um die Piehülle. Entfernen Sie überschüssige Teigreste und schneiden Sie ein etwa 4 mm großes Loch in die Mitte des Piedeckels. Bestreichen Sie zum Schluss den Pie überall mit etwas geschlagenem Ei (dadurch wird die Außenseite des Pies leichter gebräunt) und verzieren Sie den Pie mit Teigreststückchen, die Sie in verschiedene Formen geschnitten oder ausgestanzt haben, z. B. Blätter usw. Backen Sie den Pie dann etwa 15 bis 20 Minuten lang in einem auf 220 °C erhitzten Backofen, damit der Teig erst einmal fest wird. Schalten Sie die Temperatur dann auf etwa 180 °C herunter und backen Sie den Pie noch einmal für etwa 50 bis 90 Minuten, bis die Piekruste gut gebräunt ist. Wenn Sie den Pie in einer Kuchenform backen, sollten Sie diese etwa 30 Minuten vor Ende der Backzeit entfernen und die Seitenränder mit etwas geschlagenem Ei bestreichen, damit auch hier die Seitenränder gut gebräunt werden.

Nehmen Sie dann den Pie aus dem Ofen und lassen ihn auf Raumtemperatur abkühlen. Nehmen Sie etwas gelartigen Fond (den Sie wie in Kapitel 9 beschrieben herstellen können; evtl. müssen Sie noch etwas Gelatine hinzufügen) und erwärmen Sie ihn vorsichtig, bis er gerade anfängt, flüssig zu werden. Gießen Sie dann den verflüssigten Fond durch das Loch in der Decke in den Pie, bis er randvoll gefüllt ist, stellen ihn dann für etwa 2 Stunden in den Kühlschrank, damit der Fond fest wird und tragen Sie den Pie dann auf.

Was bei der Herstellung von Raised Pies alles schief gehen kann und wie man dies in Zukunft vermeiden kann

Problem	Grund	Lösung
Der Teigmantel bricht unter seinem eigenen Gewicht zusammen.	Entweder wurde der Teig mit zu viel Flüssigkeit zubereitet oder er wurde nicht genug abgekühlt, bevor er weiterverarbeitet wurde. Oder er wurde vor der Weiterverwendung nicht genügend geknetet.	Verwenden Sie das nächste Mal etwas weniger Flüssigkeit im Teig. Als Notlösung können Sie jetzt etwas mehr Mehl in den Teig einarbeiten und ihn dann noch einmal formen.
Der Teig ist zu spröde oder bröckelig, um ihn formen zu können.	Entweder wurde dem Teig zu wenig Flüssigkeit hinzugefügt oder er wurde vor dem Formen zu stark abgekühlt.	Erwärmen Sie den Teig vorsichtig in einem verschlossenen Gefäß im Backofen, bis er geschmeidig wird.
Die gebackene Pastete ist zu trocken.	Entweder war die Füllung selber so trocken, dass sie Feuchtigkeit aus dem Teig gezogen hat, oder der Pie wurde zu lange gebacken, oder der Teig hatte von Anfang an nicht genug flüssige Bestandteile.	Hier können Sie nachträglich wenig machen. Vielleicht können Sie sich damit behelfen, dass Sie den Pie mit einer Soße servieren. Beim nächsten Mal können Sie entweder für eine kürzere Zeit backen, einen etwas feuchteren Teig oder eine wasserhaltigere Füllung nehmen.
Der Teig reißt beim Backen auf.	Der Teig wurde nicht sorgfältig genug geformt. Besonders an den Stellen, wo mehrere Teigteile miteinander verbunden sind, waren diese nicht ausreichend »verkittet«.	Sie können noch etwas Teig herstellen und die aufgerissenen Stellen und die Löcher flicken. Zuerst müssen Sie die Bereiche mit etwas geschlagenem Ei einstreichen und dann etwas Teig hineindrücken. Damit sollte später an diesen Stellen keine Flüssigkeit heraustreten. Diese »Reparaturarbeiten« müssen Sie in heißem Zustand machen und Sie sollten mindestens 20 Minuten zusätzliche Backzeit einkalkulieren.

Pork and Chicken Pie (Schweinefleisch-Hühnchen-Pie) REZEPT

ZUTATEN
- *500 g Schweinefleisch (Bauchfleisch vom Schwein)*
- *250 g Hühnerbrust*
- *Frische Petersilie*
- *600 g Raised Pie-Teig (d. h. aus 600 g Mehl, wie in dem oben angegebenen Rezept beschrieben)*
- *250 ml gelierten Fond (diesen erhalten Sie beim Kochen des Fleisches, evtl. müssen Sie noch etwas Gelatine hinzufügen)*

ZUBEREITUNG

Das Fleisch sollten Sie einen Tag, bevor Sie den Pie zubereiten, garen. Schneiden Sie das Schweinefleisch in etwa 1 cm große Stücke und braten Sie es in einer Bratpfanne an, bis die Stückchen braun geworden sind. Geben Sie das Fleisch dann in einen Topf, bedecken es mit Wasser (oder falls vorhanden mit Fond) und lassen es für etwa 2 Stunden vor sich hin kochen. Schneiden Sie die Hühnerbrust in etwa 0,5 cm breite Streifen und braten diese in der gleichen Pfanne, bis sie braun sind. Geben Sie das Fleisch dann in einen anderen Topf, bedecken es ebenfalls mit Wasser oder Fond und kochen es etwa 1 Stunde lang. Sobald das Fleisch gar ist, gießen Sie die Kochflüssigkeit zur weiteren Verwendung ab und stellen das Fleisch in den Kühlschrank. Nehmen Sie dann die Kochflüssigkeit und kochen Sie sie auf etwa 300 ml ein (wenn es weniger Flüssigkeit ist, so füllen Sie auf 300 ml auf). Lassen Sie die Flüssigkeit abkühlen und beobachten Sie, ob sie zu einem weichen Gel erstarrt. Nimmt die Flüssigkeit keine Gelform an, erwärmen Sie sie leicht auf kleiner Flamme, lösen parallel dazu etwa 20 g Gelatine in etwas heißem Wasser auf und geben sie der Flüssigkeit hinzu. Nach dem Abkühlen sollte sie jetzt eine weiche, gelartige Konsistenz haben.

Am nächsten Tag bereiten Sie das Fleisch und die Petersilie für die Pastete zu. Nehmen Sie die Schweinefleischstückchen und zerkrümeln Sie sie ein wenig zwischen Ihren Fingern, reißen danach die Hühnerbruststückchen in dünne Streifen und hacken die Petersilie klein. Bereiten Sie den Raised Pie-Teig wie oben beschrieben zu. Nehmen Sie etwa ⅔ der angegebenen Menge für eine Teighülle mit etwa 12 cm Durchmesser und 8 cm Höhe.

Füllen Sie dann das Pastetengehäuse in mehreren Schichten. Zuerst eine Schicht Schweinefleisch, dann eine Schicht Hühnchenfleisch und dann eine

Schicht Petersilie. Wiederholen Sie dies, bis Sie das ganze Fleisch in die Pastetenhülle gefüllt haben. Die Füllung sollte zu einem flachen Berg aufgeschichtet sein, am Rand etwa 1 cm unterhalb der Piehüllen-Oberkante und in der Mitte auf etwa gleicher Höhe.

Nachdem Sie die Pastete gefüllt haben, nehmen Sie den restlichen Teig, rollen ihn aus und formen eine kreisrunde Teigplatte, groß genug als Deckel. Bestreichen Sie den oberen Rand der Pastetenhülle mit etwas geschlagenem Ei (als Klebemasse für den Deckel) und legen Sie den Deckel über die Pastete. Drücken Sie Deckel und Piehülle zwischen Daumen und Zeigefinger zusammen und formen Sie dabei ein muschelartiges Muster rund um die Piehülle. Entfernen Sie überschüssige Teigreste und schneiden Sie ein etwa 4 mm großes Loch in die Mitte des Piedeckels. Bestreichen Sie zum Schluss den Pie überall mit etwas geschlagenem Ei (dadurch wird die Außenseite des Pies leichter gebräunt) und verzieren Sie den Pie mit Teigreststückchen, die Sie in verschiedene Formen geschnitten oder ausgestanzt haben, z. B. Blätter usw.

Backen Sie den Pie dann etwa 15 bis 20 Minuten lang in einem auf 220 °C erhitzten Backofen, damit der Teig erst einmal fest wird. Schalten Sie die Temperatur dann auf etwa 180 °C herunter und backen Sie den Pie noch einmal für etwa 50 bis 90 Minuten, bis die Piekruste gut gebräunt ist. Die Kruste ist fertig gebacken, wenn Sie mit einem Fingerknöchel dagegen klopfen und es sich hart anfühlt und hohl klingt. Wenn Sie den Pie in einer Kuchenform backen, sollten Sie diese etwa 30 Minuten vor Ende der Backzeit entfernen und die Seitenränder des Pies mit etwas geschlagenem Ei bestreichen, damit auch hier die Ränder gut gebräunt werden.

Nehmen Sie dann den fertigen Pie aus dem Ofen und lassen ihn auf Raumtemperatur abkühlen, was in der Regel mehrere Stunden dauert. Erwärmen Sie vorsichtig etwas gelierten Fond, bis dieser gerade anfängt flüssig zu werden. Gießen Sie dann den verflüssigten Fond durch das Loch in der Decke in den Pie, bis er randvoll gefüllt ist, stellen den Pie dann für etwa 2 Stunden in den Kühlschrank, bis der Fond fest ist und tragen Sie dann auf.

Blätterteig

Wenn man die Kunst des Blätterteigmachens beherrscht, kann man viele köstliche und auch manchmal beeindruckende Rezepte verwirklichen. Es gibt eigentlich keinen Grund dafür, sich nicht an die Herstellung von Blätterteig heranzutrauen. Die scheinbaren Schwierigkeiten können durch eine sorgfältige Zubereitung der Zutaten und durch eine genaue Befolgung der Rezeptanweisungen ausgeräumt werden.

Im Grunde genommen besteht ein Blätterteig nur aus vielen dünnen Teigschichten, die durch Fett voneinander getrennt werden. Beim Backen entsteht dann Wasserdampf, der die einzelnen Teigschichten aufgehen lässt und durch das sich zwischen den Lagen befindliche Fett bleiben die einzelnen Blätter voneinander getrennt und ergeben ein knuspriges Erzeugnis mit einer feinen Struktur.

Jetzt haben wir es einmal mit einem Teig zu tun, wo es entscheidend auf die Bildung von Gluten bei der Teigzubereitung ankommt. Man geht so vor, dass man zunächst einen Teig mit einem relativ geringen Fettanteil herstellt. Dieser Teig wird gut durchgeknetet, damit sich die erwünschten Glutenschichten bilden können. Der durchgeknetete Teig wird dann zu einer dicken Schicht ausgerollt und ruhen gelassen, damit sich das gedehnte Gluten wieder entspannen kann. Dann wird eine größere Menge eines festen Fettes, meistens Butter, von der Teigplatte umwickelt. Die Ränder werden sorgfältig abgedichtet, das ganze Paket wird ausgerollt und übereinander geschlagen. Dieses Ausrollen und Übereinanderschlagen wird mehrere Male wiederholt (dazwischen werden immer wieder Ruhephasen eingelegt, damit sich das Gluten entspannen kann) und es entstehen dabei bis zu 1.000 übereinander liegende Teigschichten, die nur durch eine dünne Fettschicht voneinander getrennt werden.

Wenn beim Backen das Wasser in der Butter zu kochen anfängt, entsteht Wasserdampf, der die einzelnen Teigschichten auseinander treibt und es entsteht dabei die charakteristische Struktur von Blätterteig. Es ist also sehr wichtig, dass die einzelnen Teigschichten voneinander getrennt bleiben, d. h. die dünne Fettschicht zwischen ihnen erhalten bleibt. Je dünner die Schichten werden, umso größer ist die Gefahr, dass das Fett von der Stärke über und unter den Fettschichten absorbiert wird. Machen Sie sich dabei auch klar, dass die Fläche der Fettschicht, die mit der Stärke in Kontakt kommt, bei jedem Ausrollvorgang verdoppelt wird und damit jedes Mal mehr Fett von der Stärke absorbiert wird. Damit sich möglichst wenig Fett in die Stärke einlagert und die einzelnen Schichten voneinander getrennt bleiben, sollte der Teig so kalt wie möglich bleiben, denn bei tieferen Temperaturen wird die Absorption von Fett verringert. Am besten ist es, Blätterteig in einem kühlen Raum herzustellen und den Teig zwischen den einzelnen Ausrollvorgängen in den Kühlschrank zu legen – damit er auch wirklich kalt ist.

In vielen Rezeptbüchern finden Sie eine Version des Blätterteigs, ein »Flockenteig«. Dieser Teig ist im Grunde genommen einem Blätterteig sehr ähnlich, aber statt die Butter Stück für Stück zwischen die einzelnen Teigschichten zu rollen, wird sie nur grob in den Teig eingearbeitet, sodass viele kleine Flocken entstehen und keine feinen Schichten.

Auf was Sie alles achten sollten, wenn Sie Blätterteig herstellen
- Nehmen Sie wenigstens teilweise klebereiweißreiches Mehl (damit wird die Menge an Gluten erhöht)
- Am Anfang, wenn Sie den Teig zubereiten, sollten Sie ihn einige Minuten lang durchkneten, damit die Glutenschichten entstehen können
- Achten Sie darauf, dass sich zwischen den einzelnen Arbeitsschritten die Dehnungen im Teig durch Einhaltung von Ruhepausen wieder entspannen können
- Sobald Sie das Fett mit dem Teig eingehüllt haben, sollten Sie darauf achten, dass alles so kalt wie möglich gehalten wird
- Achten Sie beim Ausrollen darauf, dass der Teig eine gleichmäßige Dicke bekommt
- Die Teigplatte sollte möglichst immer rechteckig sein (d.h. die Seiten sollten gradlinig und im rechten Winkel zueinander stehen), sodass Sie nach jedem Ausrollen beim Zusammenfalten eine rechteckige Form erhalten)

Warum sind diese Punkte so wichtig?
Zunächst ist es wichtig, dass genug Gluten gebildet wird und im Teig beim Ausrollen die einzelnen Schichten nicht aufreißen. Ferner ist es von entscheidender Bedeutung, dass die einzelnen Teig- und Fettschichten gleichmäßig dick sind. Wenn die Schichten ungleichmäßig sind, besteht die Gefahr, dass die dünnen Schichten schließlich so dünn werden, dass sie aufreißen. Den ausgerollten Teig an einem kalten Platz ruhen zu lassen, hat zwei Gründe. Zunächst einmal kühlt sich dabei das Fett ab – es wird durch die mechanische Beanspruchung beim Ausrollen erwärmt – und es bleibt fest, d.h. solange das Fett fest ist, ist es sehr unwahrscheinlich, dass wesentliche Anteile davon in die Stärkekörner in den Teigschichten gelangen. Zweitens erholt sich der Teig durch die Ruhephase von einer elastischen Verformung, die nach dem Rollen noch eine Weile anhält, was dazu beiträgt, dass der Teig quadratisch bleibt.

Blätterteig — GRUNDREZEPT

ZUTATEN
- *250 g Mehl (etwa die Hälfte davon sollte klebereiweißreiches Mehl mit einem hohen Proteinanteil sein – damit erreichen Sie die notwendige Elastizität, um die einzelnen Teigschichten voneinander getrennt zu halten)*
- *5 g Salz*
- *250 g Butter*
- *125 ml kaltes Wasser*
- *evtl. einige Spritzer Zitronensaft zur Unterstützung der Glutenbildung*

ZUBEREITUNG

Arbeiten Sie 40 g der Butter in das Mehl und das Salz ein, entweder mit der Hand oder mithilfe einer Küchenmaschine gemäß den oben angegebenen Anweisungen für Mürbeteig. Geben Sie dann das Wasser und den Zitronensaft langsam hinzu und formen Sie einen Teig, entweder mit einem Löffel oder mit der Hand. Der Teig sollte ziemlich weich sein. Kneten Sie den Teig einige Minuten lang auf einem bemehlten Brett oder auf einer Arbeitsplatte, bis er fester wird und ziemlich elastisch ist.

Nehmen Sie die restliche Butter und formen Sie daraus ein Rechteck mit den Ausmaßen 10 × 5 × 2 cm. Legen Sie die Butter für etwa 10 Minuten in den Kühlschrank, damit sie hart wird. Nehmen Sie jetzt den Teig und formen Sie ein Rechteck daraus, etwa 24 cm lang und 12 cm breit. Legen Sie jetzt die Butter in die Mitte des ausgerollten Teiges, schlagen Sie vorsichtig die Seiten über der Butter zusammen und drücken Sie die Nahtstellen mit den Fingerspitzen gut zusammen. Nehmen Sie ein bemehltes Nudelholz und drücken Sie es vorsichtig auf das eine Ende des Teigpakets, sodass seine Dicke sich etwa halbiert, also von 6 auf 3 cm. Rollen Sie das Teigpaket dann aus, indem Sie es von sich wegrollen, bis es eine gleichmäßige Dicke hat. Nehmen Sie das Nudelholz dann wieder an den Ausgangspunkt zurück und rollen Sie noch einmal darüber, bis der Teig eine Dicke von etwa 2 cm hat. Falten Sie den so ausgerollten Teig dreifach zusammen, sodass er ungefähr wieder die ursprünglichen Abmessungen hat, drehen Sie dann das Teigquadrat um 90° und wiederholen Sie das Ganze. Nach 2 Durchgängen legen Sie den Teig in den Kühlschrank und lassen ihn ruhen und abkühlen. Wenn Sie das Gefühl haben, dass das Fett schon beim ersten Ausrollen zu weich wird, legen Sie das Teigquadrat nach jedem Ausrollen in den Kühlschrank. Nach etwa 30 Minuten können Sie den Teig aus dem Kühlschrank nehmen und ihn wie oben beschrieben zweimal ausrollen und zusammenschlagen. Der Teig kommt dann noch einmal für 30 Minuten in den Kühlschrank und wird anschließend noch zweimal ausgerollt und zusammengeschlagen. Zum Schluss wird der Teig noch einmal 30 Minuten kühl gestellt und dann, wie in den einzelnen Rezepten angegeben, verwendet.

Was alles schief gehen kann, wenn man Blätterteig herstellt und wie man dies in Zukunft vermeiden kann

Problem	Grund	Lösung
Der Teig geht nicht auf.	Das Fett wurde wahrscheinlich in die Teigschichten gemischt und es bildeten sich keine einzelnen Blätter aus. Der Teig enthielt nicht genug Gluten und konnte damit nicht in dünne Blätter ausgerollt werden. Das kann passieren, wenn die Temperatur beim Ausrollen zu hoch ist oder der Teig zwischen den einzelnen Ausrollphasen nicht lange genug ruhen gelassen wurde. Oder er wurde zu lange ausgerollt, sodass die einzelnen Fettschichten so dünn wurden, dass sie sich mit dem restlichen Teig vermischten.	Beim nächsten Mal: Bearbeiten Sie den Teig etwas mehr, damit zusätzliches Gluten gebildet wird, bevor Sie das Teigpaket mit dem Fett herstellen. Vergewissern Sie sich, dass der Teig vor dem Ausrollen kühl genug ist (idealerweise sollte er eine Temperatur zwischen 5 und 10 °C haben). Achten Sie darauf, dass der Teig wenigstens 20 Minuten zwischen den einzelnen Arbeitsschritten ruhen gelassen wird. Achten Sie darauf, dass Sie am Anfang eine wenigstens 2 cm dicke Fettschicht und eine wenigstens 1,5 cm dicke Teigschicht haben. Achten Sie ferner darauf, dass Sie den Teig nur soweit ausrollen, dass die Dicke wenigstens 2 cm ist. Wenn nicht, besteht die Gefahr, dass die Fettschichten so dünn werden, dass sie sich auflösen und sich mit den Teigschichten vermischen.

↓

Problem	Grund	Lösung
Der Teig geht an einigen Stellen auf, an anderen jedoch nicht.	Das Fett trennte sich beim Ausrollen in einzelne »Inseln«, wodurch der Teig nur an den Stellen aufgeht, wo sich zwischen den einzelnen Schichten Fett befindet, und dort wo kein Fett ist, passiert nichts. Der Grund dafür könnte sein, dass Sie den Teig zu ungleichmäßig ausgerollt haben, oder dass das Fett zu kalt war und statt gleichmäßig plastisch zu fließen eher gebrochen wurde.	Achten Sie darauf, dass der Teig gleichmäßig ausgerollt wird und dass das Fett nicht zu kalt wird (es sollte eine Temperatur von 5 °C oder höher beim Ausrollen haben).

WIE VIELE SCHICHTEN GIBT ES EIGENTLICH IM BLÄTTERTEIG?

Wenn Sie Blätterteig herstellen, fangen Sie mit einem kleinen Teigpaket an, i. e. das Fett wird in den Teig eingeschlagen. Das Fett in der Mitte ist etwa 2 cm dick und der Teig, der dieses Fett umgibt, hat eine Dicke von etwa 1,5 cm – das Gesamtpaket ist also etwa 5 cm dick. Dann rollen Sie dieses Paket aus, bis es eine Dicke von etwa 2 cm hat und schlagen es dreifach zusammen. In diesem neuen Paket haben Sie jetzt 3 Schichten Fett, die von Teigschichten getrennt sind. Die 2 äußeren Teigschichten sind jetzt 0,5 cm dick, die 2 Schichten in der Mitte zwischen den Fettschichten 1 cm. Die 3 Fettschichten wiederum sind $\frac{2}{3}$ cm dick, sodass das Gesamtpaket wieder eine Dicke von 5 cm hat.

Dieses Paket wird dann wieder ausgerollt und dreifach zusammengeschlagen. Auf dieser Stufe haben wir 9 Fettschichten getrennt durch Teigschichten. Die 2 äußeren Teigschichten sind jetzt etwa 1,7 mm dick und die inneren 8 Schichten 3,3 mm. Die Fettschichten sind alle etwa 2,2 mm dick. Jetzt werden Sie vielleicht erkennen, dass sich dabei eine Regelmäßigkeit ergibt. Nach jedem Durchgang, nach dem Ausrollen, multiplizieren wir die Anzahl der Fettschichten mit 3 (und dividieren die Dicke durch 3), die Anzahl der Teigschichten ist immer um eine größer als die der Fettschichten (das liegt daran, weil die obere und die untere Schicht aus Teig bestehen). Wir haben also nach n Durchgängen 3^n Fettschichten und

$3^n + 1$ Teigschichten. Normalerweise machen wir insgesamt 6 Arbeitsdurchgänge und erhalten so 729 Fettschichten (jede etwa 0,025 mm dick) und 730 Teigschichten (in der Mitte etwa 0,04 mm dick und an der Außenseite 0,02 mm dick).

Wurst im Blätterteig REZEPT

ZUTATEN
- 250 g Blätterteig (d. h. Blätterteig aus 250 g Mehl)
- 250 g Bratwurstbrät
- etwas geschlagenes Ei

Stellen Sie einen Blätterteig wie oben beschrieben her. Heizen Sie den Ofen auf 200 °C vor und bestäuben Sie ein Backblech mit etwas Mehl. Teilen Sie das Fleisch in 3 Portionen auf und rollen Sie es jeweils zu einem etwa 20 cm langen Zylinder mit einem Durchmesser von etwa 2 cm aus. Rollen Sie dann den Teig zu einem Quadrat von etwa 25 cm Seitenlänge und einer Dicke von etwa 5 cm aus. Schneiden Sie den Teig dann in 3 Streifen mit einer Breite von jeweils 8 cm. Legen Sie nun jeweils eine »Fleischwurst« in die Mitte der Teigstreifen. Streichen Sie dann das geschlagene Ei über die Enden der Teigstreifen, falten diese über das Fleisch und drücken die Nahtstellen mit den Fingern fest zusammen. Dann schneiden Sie etwa 5 cm lange Stücke daraus und machen in die Oberfläche linienförmige Einkerbungen, damit der Wasserdampf aus dem Fleischbrät beim Backen entweichen kann. Streichen Sie noch etwas von dem geschlagenen Ei über die Oberfläche und backen Sie die Wurst im Blätterteig auf dem Backblech für etwa 15 bis 20 Minuten im Ofen bei 200 °C, bis sie goldbraun geworden ist.

Erdbeerschnitten REZEPT

- 250 g Blätterteig (d. h. Blätterteig aus 250 g Mehl)
- 250 g frische Erdbeeren
- 250 ml dickflüssige Vanillesoße aus 2 frischen Eigelb, 100 ml Milch, 50 g Zucker (s. auch Kapitel 9)
- etwas geschlagenes Ei
- etwas Erdbeermarmelade

Stellen Sie den Blätterteig wie oben beschrieben her. Machen Sie eine Vanillesoße aus den hier angegebenen Zutaten und nach dem Rezept, das Sie in Kapitel 9 finden. Heizen Sie den Backofen auf 200 °C vor. Rollen Sie den Teig zu einem Rechteck von etwa 25 cm Länge und 20 cm Breite sowie einer Dicke von 5 mm aus. Schneiden Sie zwei etwa 2,5 cm breite Streifen von der langen Seite des Teiges ab und kleben Sie sie mit etwas geschlagenem Ei so auf die Oberseite des großen Teigvierecks, dass sie am Rand abschließen. Es entsteht dadurch eine Art Tablett. Dieses Tablett sollte Seitenwände von etwa 1 cm Höhe und 2,5 cm Breite haben und in der Mitte 5 mm hoch sein (im Innenbereich 10 cm breit). Geben Sie jetzt dieses Teigtablett auf ein Backpapier und backen es im Ofen etwa 15 Minuten lang, wobei es merklich aufgehen sollte. Während der Teig backt, können Sie schon mal die Erdbeeren waschen und wenn sie sehr groß sind, in etwa 2 cm große Stücke schneiden.

Nehmen Sie dann den gebackenen Blätterteig aus dem Ofen und lassen Sie ihn etwas abkühlen. Als Nächstes gießen Sie die abgekühlte und dickflüssig gewordene Vanillesoße in die Mitte des Blätterteig-Tabletts, wobei die Vanillesoße so dick sein sollte, dass sie nicht über die Ränder fließt. Legen Sie die Erdbeeren dann so vorsichtig in die Vanillesoße hinein, dass sie nicht heruntersinken. Zum Schluss erwärmen Sie etwas Erdbeermarmelade, bis sie flüssig wird und streichen sie auf die Oberfläche der Erdbeeren, damit diese einen glänzenden Überzug bekommen. Vor dem Servieren sollten Sie die Erdbeerschnitten noch etwas abkühlen lassen.

Brandteig

Windbeutel, Eclairs, Profiteroles und andere süße oder pikante, meistens gefüllte Backwaren werden aus Brandteig hergestellt. Der Brandteig sollte etwas fester sein als geschlagene Sahne, aber immer noch geschmeidig genug, damit er sich mit einem Spritzbeutel verarbeiten lässt. Beim Backen geht der Teig auf und es entstehen relativ große Hohlräume, die sich sehr gut für süße oder pikante Füllungen eignen. Zwar ist das fertige Erzeugnis direkt nach dem Backen knusprig, aber es nimmt sehr schnell Feuchtigkeit auf und wird klitschig und zäh. Am besten isst man deswegen Brandteigprodukte frisch aus dem Ofen.

Damit der Brandteig aufgehen kann, muss sich beim Erhitzen auf der Außenseite zunächst ein elastischer, verformbarer Film bilden, vergleichbar mit einem noch nicht aufgeblasenen Luftballon. Beim Backen entsteht dann

Wasserdampf und die Teigmischung wird wie ein Ballon aufgeblasen. Damit dieser »Ballon« aufgehen kann und nicht vorher platzt, müssen ausreichende Mengen des elastischen Glutens vorhanden ein. Ist allerdings zu viel Gluten vorhanden, entsteht ein sehr fester Ballon, der durch den Dampfdruck von innen nur wenig aufgebläht werden kann. Zu wenig Gluten führt auf der anderen Seite dazu, dass der Ballon sich sehr schnell ausdehnt und durch den Wasserdampfdruck platzt. Bei der Herstellung des Grundteiges muss man also wieder einmal auf die optimale Menge Gluten achten. Weil im Brandteig aber auch Eier verarbeitet werden, sind die Verhältnisse noch wesentlich komplizierter als bei anderen Teigen. Das Protein aus diesen Eiern wird benötigt, damit sich – sobald der Teig zu backen anfängt – zusammenhängende, gummiartige Schichten bilden, die den Teig zusammenhalten. Das bedeutet aber auch, dass die Eier neben dem Gluten die Eigenschaften der äußeren, gummiähnlichen Schichten sehr stark beeinflussen. Zu viel Ei ergibt eine feste und harte äußere Schicht, während zu wenig Ei zu einer dünnen und leicht aufbrechenden Schicht führt.

Da die Eigenschaft der gummiähnlichen Außenschicht sowohl vom Glutengehalt als auch von der Menge der verwendeten Eier abhängt, kann innerhalb gewisser Grenzen die Zugabe von etwas mehr Ei einen geringen Glutengehalt ausgleichen. Dieses Wechselspiel zwischen der Bildung von Gluten und dem Hinzufügen von zusätzlichem Eiprotein ermöglicht es, die endgültige Beschaffenheit des gebackenen Produktes zu beeinflussen. Wenn der Teig viel Gluten und wenig Ei enthält, wird die Beschaffenheit des Enderzeugnisses eher zäh sein, während beim Zusatz von viel Eiprotein und einem nur geringen Glutengehalt die Struktur sehr krümelig sein wird und eher an einen Kuchen als an Feingebäck erinnern wird.

Sie stellen den Brandteig her, indem Sie das Fett in einer bestimmten Menge Wasser zum Schmelzen bringen und dann sehr zügig das Mehl hinzufügen. Weil das heiße Wasser sehr schnell vom Mehl absorbiert wird, muss alles sehr schnell gehen, denn nur so kann das Wasser gleichmäßig über die gesamte Mischung verteilt werden. Wenn Sie das Mehl nur langsam und portionsweise hinzufügen, wird das am Anfang zugegebene Mehl sehr viel mehr Feuchtigkeit aufnehmen als der Rest und Sie bekommen einen sehr ungleichmäßigen Teig, der letztendlich auch ungleichmäßig ausbacken würde.

Einige Punkte, die Sie beachten sollten, wenn Sie Brandteig herstellen
- → Geben Sie das Mehl in einem Schwung zur Mischung aus heißem Wasser und geschmolzenem Fett.
- → Geben Sie die Eier nach und nach hinzu und achten Sie darauf, dass die Mischung eine optimale Konsistenz hat.
- → Schlitzen Sie den fertigen Brandteig, wenn er gefüllt werden soll, sofort nach dem Backen oben auf, damit auch die Innenseite trocken und knusprig wird.

Brandteig — GRUNDREZEPT

ZUTATEN
- 125 g Mehl
- 50 g Butter
- 150 ml Wasser
- 2 Eier (geschlagen)

ZUBEREITUNG

Schmelzen Sie die Butter im Wasser und bringen Sie dann die Mischung zum Kochen. Es ist wichtig, darauf zu achten, dass das Wasser noch nicht kocht, bevor die Butter geschmolzen ist. Sonst kann es passieren, dass das kochende Wasser schon teilweise verdampft, während Sie darauf warten, dass die Butter schmilzt und sich dadurch der Wassergehalt (wie im Rezept angegeben) verringert. Sobald das Wasser anfängt zu kochen, nehmen Sie den Topf von der Kochstelle und schütten das Mehl auf einmal hinzu. Rühren oder schlagen Sie die Mischung schnell durch, bis eine geschmeidige Paste entsteht. Schlagen Sie bei diesem Schritt aber nicht mehr als unbedingt notwendig, denn wenn Sie zu kräftig schlagen, kann das Fett wieder freigesetzt werden und Wasser an seine Stelle treten (Fett und Wasser werden beide von der Stärke absorbiert). Dadurch würde die Teigmasse außen fettig und durch die zusätzliche Absorption von Wasser würde auch der Glutengehalt steigen.

Bevor Sie die Eier unterrühren, sollten Sie die Teigmischung einige Minuten lang abkühlen lassen. Die Temperatur sollte so niedrig sein, dass die Eiproteine beim Hinzufügen nicht gerinnen (d.h. unterhalb von 60 °C). Rühren Sie nun die Eier so nach und nach unter. Dabei sollten Sie ruhig etwas fester schlagen, damit Luft in die Masse eingearbeitet wird. Diese Luft wird beim Backen später kleine Bläschen bilden, die als Keimzellen für die größeren Dampfblasen dienen. Je mehr kleine Bläschen Sie einarbeiten, umso gleichmäßiger wird die innere Struktur letztendlich werden. Schlagen Sie die Masse so lange, bis sie etwa die Festigkeit und die Konsistenz von geschlagener Sahne hat. Beim Schlagen sollte sich ein leichter Glanz ausbilden, ein Zeichen dafür, dass Sie den optimalen Zeitpunkt zum Aufhören erreicht haben. Verwenden Sie den Teig wie in den entsprechenden Rezepten angegeben.

Was alles bei der Herstellung von Brandteig schief gehen kann und wie man dies in Zukunft vermeiden kann

Problem	Ursache	Lösung
Der Teig geht nicht auf.	Entweder ist keine Luft in den Teig eingeschlossen worden oder die Eiproteine koagulierten und waren schon gar, bevor der Teig in den Ofen kam.	Kühlen Sie den Teig auf jeden Fall unter die Marke von 60 °C ab, bevor Sie die Eier hinzugeben (sonst werden sie schon beim Durchmischen gerinnen) und schlagen Sie genug Luft in die Mischung hinein.
Der Teig wird nicht knusprig.	Die Masse war zu feucht oder der Ofen war nicht heiß genug oder die Backzeit war zu kurz.	Wenn der Teig an der Außenseite schon goldbraun ist, ist das ein Zeichen dafür, dass die Mischung zu wasserhaltig war. Geben Sie also beim nächsten Mal weniger Flüssigkeit hinzu. Ist der Teig noch nicht goldbraun geworden, war höchstwahrscheinlich die Ofentemperatur zu gering oder die Backzeit zu kurz. Versuchen Sie also das nächste Mal die Temperatur zu erhöhen und/oder die Backzeit zu verlängern.
Wenn man die gebackenen Erzeugnisse aufschlitzt, sind keine Hohlräume vorhanden, die man mit Sahne usw. füllen kann.	Es wurde nicht genügend Luft in die Masse eingearbeitet oder die Mischung war zu fest.	Schlagen Sie viel Luft in die Masse ein und achten Sie darauf, dass der Teig immer noch sehr weich ist, bevor Sie ihn verwenden.

Profiteroles

REZEPT

ZUTATEN
- *Brandteig aus 125 g Mehl*
- *50 g Butter*
- *150 ml Wasser*
- *2 Eier (geschlagen)*
- *150 ml Schlagsahne*
- *200 ml Schokoladensoße aus 150 g dunkler Schokolade und 50 ml Milch*

ZUBEREITUNG

Heizen Sie den Ofen auf 250 °C vor und bestäuben Sie ein Backblech mit Mehl. Bereiten Sie den Brandteig wie in dem Rezept oben beschrieben zu. Geben Sie den Brandteig dann in einen Spritzbeutel mit einer Lochtülle von 1 cm Durchmesser und spritzen Sie etwa 12 kleine Teighäufchen (etwa 2 cm breit) auf das bemehlte Backpapier. Backen Sie den Brandteig dann 15 bis 20 Minuten lang, bis er knusprig und außen goldbraun geworden ist.

Lassen Sie die Profiteroles abkühlen und schneiden Sie sie mit einem scharfen Messer horizontal auf. Schlagen Sie die Sahne bis sie steif ist, füllen Sie jeden Profiterole mit einem Löffel Schlagsahne und verschließen Sie sie anschließend wieder, damit die Sahne nicht sichtbar ist.

Bereiten Sie jetzt die Schokoladensoße zu, indem Sie die Schokolade in kleine Stücke zerteilen und vorsichtig zusammen mit der Milch unter ständigem Rühren erwärmen – bis die ganze Schokolade geschmolzen ist. Legen Sie die Profiteroles auf einen Teller und gießen Sie die warme Schokoladensoße darüber. Servieren Sie sofort, noch bevor die Schokoladensoße wieder fest wird.

Käsebeignets

REZEPT

ZUTATEN
- *1 »Eimenge« Brandteig (60 g Mehl, 25 g Butter, 75 ml Wasser und 1 geschlagenes Ei)*
- *120 g geriebener Gruyere-Käse*
- *30 g geriebener Parmesan-Käse*

ZUBEREITUNG

Bereiten Sie einen Brandteig zu, wie in dem Rezept oben angegeben. Rühren Sie den geriebenen Gruyere-Käse unter und rollen Sie 8 kleine Bällchen von etwa 2 cm Durchmesser aus. Erhitzen Sie etwas zum Braten geeignetes Öl in einer Pfanne auf 180 °C und frittieren Sie die Beignets (3 oder 4 gleichzeitig) für 3 bis 5 Minuten, bis sie außen goldbraun geworden sind. Nehmen Sie die Beignets dann aus dem Öl und lassen Sie sie auf einem Küchenkrepp abtropfen. Wälzen Sie sie dann noch in dem geriebenen Parmesankäse und servieren Sie sie heiß.

Einige Experimente für zu Hause zum selber ausprobieren

1.| **Ein Experiment, um zu zeigen, wie viel Schichten es eigentlich im Blätterteig gibt**
Es handelt sich hierbei um ein recht einfaches Experiment, dass Ihnen einmal zeigen soll, dass die Anzahl der Schichten bei jedem Ausrollen von Blätterteig exponentiell ansteigt.

Nehmen Sie einfach 2 unterschiedlich gefärbte Stücke Knetmasse und rollen Sie sie einzeln aus zu einem Quadrat, etwa 1 cm dick und mit einer Kantenlänge von etwa 5 cm. Legen Sie beide Stücke aufeinander und rollen Sie sie in einer Richtung aus bis sich die Länge verdoppelt hat (und die Dicke halbiert hat). Legen Sie das Rechteck so zusammen, dass Sie wieder die ursprüngliche, quadratische Form erhalten. Rollen Sie es jetzt wieder aus, diesmal aber im rechten Winkel zu der ursprünglichen Richtung und schlagen Sie wieder beide Hälften zusammen. Schneiden Sie dann an einer Seite der Knetmasse eine dünne Scheibe ab und zählen Sie die Schichten. Wiederholen Sie den gesamten Vorgang, schneiden Sie wieder eine dünne Scheibe ab und zählen Sie wieder die Schichten. Wiederholen Sie das Ganze zum dritten Mal und diesmal ist es sehr unwahrscheinlich, dass Sie die einzelnen Schichten noch zählen können, wahrscheinlich werden Sie sie noch nicht einmal erkennen.

Jetzt werden Sie begreifen, wie extrem dünn die einzelnen Teig- und Fettschichten beim Ausrollen von Blätterteig werden.

2. | **Ein Experiment, das die Entspannung von Gluten nach dem Ausrollen von Teig veranschaulichen soll**
Wenn Sie ein Stück Teig ausrollen, werden die Gluten-Moleküle in der Rollrichtung gestreckt. Eine ähnliche, wenngleich wesentlich stärkere Streckung von Molekülen, erfolgt bei der Herstellung von Verpackungsmaterialien aus Plastik. Wie stark diese Dehnung in den meisten Plastikmaterialien ist, kann man mit einem einfachen Experiment demonstrieren.

Für das Experiment brauchen Sie nur eine leere Chipstüte. Heizen Sie den Herd auf etwa 180 °C vor – falls Sie einen Gasherd haben, müssen Sie auf jeden Fall das Gas ausdrehen, sobald er heiß genug ist! Nehmen Sie jetzt die Tüte, legen Sie sie auf ein Stück Aluminiumfolie und geben Sie alles zusammen in den heißen Ofen. Sobald das Polypropylen in der Verpackung so heiß wird, dass der Schmelzpunkt fast erreicht ist, werden die Moleküle, die bei der Herstellung des Verpackungsfilms gestreckt wurden, wieder entspannt. Wenn diese Moleküle sich in ihre ursprüngliche, ungeordnete Form zurückziehen, wird die Chipstüte auf etwa ¼ ihrer ursprünglichen Größe zusammenschrumpfen.

Auch Joghurtbecher und andere Verpackungsmaterialien können Sie auf diese Art schrumpfen lassen. Es ist sehr interessant, zu beobachten, wie auch die Schriftzüge auf den Verpackungen kleiner werden.

Wenn Sie einen Feingebäckteig zubereitet haben und ihn nicht nach dem Ausrollen bei Raumtemperatur oder im Kühlschrank ruhen lassen, dann wird sich das Gluten beim Erhitzen sehr schnell entspannen und Ihre Pastete usw. wird von allen Seiten zusammenschrumpfen.

12
Soufflés

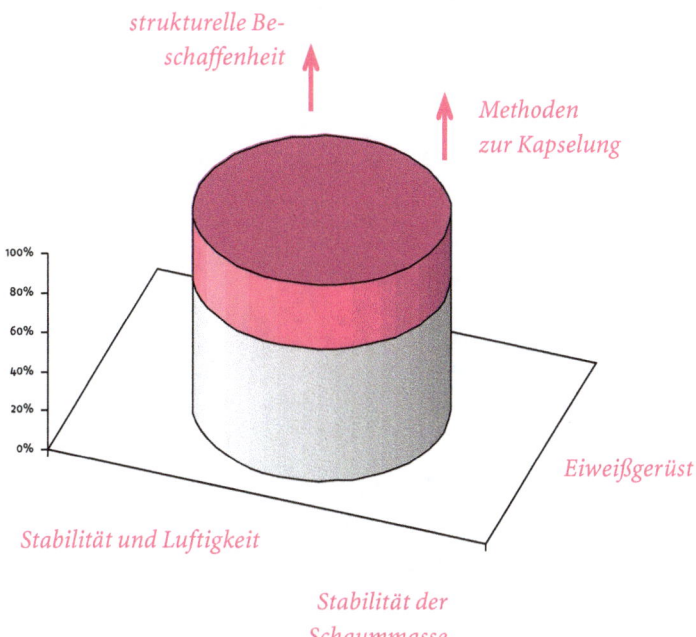

Mit einem heißen, gut aufgegangenen Soufflé frisch aus dem Ofen können Sie geladene Gäste immer wieder von neuem beeindrucken. Viele Menschen glauben, dass es sehr schwierig sei, ein gutes Soufflé herzustellen. Es mag sein, dass diese weit verbreitete Meinung auch von einer Reihe von Rezepten kommt, die eher in einer Katastrophe enden als zu einem lockeren und stabilen Soufflé zu führen. Die Grundlage aller Soufflés ist der Eischnee, eine Schaummasse, die beim Backen aufgeht und die durch Hitzeeinwirkung zu einem stabilen Eiweißgerüst wird. Dieser Schaum geht auf, weil sich beim Garen die Luft in den Bläschen ausdehnt und darüber hinaus Wasserdampf gebildet wird. Um ein gutes Soufflé zuzubereiten, brauchen Sie eigentlich nur zu verstehen, welche Zutaten und welche Prozesse den Eischnee wieder zusammenfallen lassen. Wenn Sie das später beachten, so wird Ihnen jedes Soufflé gelingen.

Grundlegende Prinzipien

Eigentlich braucht man nur einige einfache Regeln zu beachten, damit ein Soufflé garantiert ein Erfolg wird. Zunächst muss der Ofen vorgeheizt und die Auflaufform gefettet werden (benutzen Sie, wenn möglich, mehrere kleine Backformen).

Es ist wichtig, das Soufflé in den vorgeheizten Ofen zu stellen, damit es sofort zu backen anfängt. Je früher die Soufflémasse erhitzt wird, umso besser, denn das Eiweiß als zentraler Bestandteil eines Soufflés hat die Eigenschaft, nach Zugabe der übrigen Zutaten (die in der Regel Fett enthalten, siehe unten) zusammenzufallen. Auch die richtige Wahl der Ofentemperatur kann entscheidend zum Gelingen eines Soufflés beitragen. Ist die Temperatur zu hoch, wird die Außenseite anbrennen, bevor das Innere gar ist. Eine zu niedrige Temperatur dagegen lässt die Soufflémasse nicht genügend aufgehen, weil der Eischnee fest wird, bevor sich überhaupt genügend Wasserdampf bilden kann.

Das Einfetten der Auflaufformen ist ebenfalls eine wichtige Maßnahme, damit das Soufflé richtig aufgehen kann. Gut geeignet dafür sind feste Fette (Butter, Schmalz etc.), die im Gegensatz zu weichen Fetten nicht so schnell wegfließen. Eiweiß haftet besonders leicht an Oberflächen, weil einige Eiweißproteine mit den Metallatomen in der Glasur reagieren (siehe auch Kapitel 2 und 5). Durch das Einfetten wird also verhindert, dass die Proteinmoleküle die glasierte Oberfläche überhaupt berühren können und ein Anhaften wird dadurch weniger wahrscheinlich. Nachdem Sie die Soufflémasse eingefüllt haben, sollten Sie auch Reste davon vom Innenrand der Form wieder abwischen, weil sonst diese verbleibenden Reste an der Oberfläche (die zuerst erhitzt werden) anhaften und damit das Aufsteigen im Randbereich verhindern können. Eine Auflaufform sollte auch einen senkrecht hochgehenden Rand haben, damit beim Aufgehen des Soufflés keine Formänderung erzwungen wird. Wie schon erwähnt, ist es auch einfacher, ein Soufflé in einer kleineren Form zu backen. Da die Schaummasse eines Soufflés ein sehr schlechter Wärmeleiter ist (vergleichbar mit Ytongwänden oder einer Dachboden-Isolation), wird die Außenseite eines Soufflés sehr schnell heiß, während es wesentlich länger dauert, bis das Innere gar ist.

Je kleiner die Formen sind, desto einfacher ist es, ein Soufflé mit einer gleichmäßigen Beschaffenheit herzustellen – eins, das in der Mitte gar ist, aber außen noch nicht angebrannt. Wenn Sie doch größere Backformen benutzen, ist es besser, das Soufflé bei einer tieferen Temperatur zu backen, dafür dann aber länger. Die Tabelle auf Seite 312 gibt einige Richtwerte für Garzeit und Temperatur für verschieden große Backformen an. Es ist also oft praktischer, mehrere einzelne Soufflés zu machen, als ein großes.

Eier trennen und das Eiklar zu einem festen Schaum schlagen

Der wichtigste Rat, den ich Ihnen an dieser Stelle geben kann, ist eigentlich nur, das Eiklar zu einem sehr festen Eischnee zu schlagen. Denn der Eischnee ist die Grundlage des Soufflés und ohne die Schaummasse erhalten Sie nicht die lockere Struktur, die letztendlich ein Soufflé von anderen Gerichten unterscheidet. Beim Schlagen des Eiklars wird Luft aus der Umgebung eingefangen und die dabei entstehenden Bläschen dehnen sich später beim Backen aus, lassen die Masse also aufgehen und machen das Soufflé locker und leicht. Je kleiner die Blasen werden, umso besser, denn nur kleine Bläschen machen das Soufflé sehr gleichmäßig und klumpenfrei. Wenn Sie das Eiweiß stärker schlagen, wird es immer weißer und die Bläschen werden immer kleiner. (Sehr kleine Bläschen kann man unter Umständen mit dem bloßen Auge nicht mehr erkennen.)

In Kochbüchern findet man oft verschiedene und manchmal auch widersprüchliche Anleitungen darüber, wie man am besten den Eischnee steif schlägt. Das mag daran liegen, dass sich im Laufe der letzten Jahrzehnte in der Küchentechnik vieles geändert hat. Viele Ratschläge in älteren Kochbüchern sind deswegen inzwischen überflüssig, weil man heutzutage elektrische Rührgeräte verwendet. Als der Eischnee noch mit der Hand geschlagen werden musste, gab es eine Reihe von Hilfsmitteln, die das Schlagen erleichtern sollten. Warum all diese Tricks auch wirklich funktionieren, kann leicht naturwissenschaftlich erklärt werden. Zum Beispiel wurde der Eischnee über einer Schüssel mit heißem Wasser geschlagen, weil die Proteine dann leichter denaturierten (siehe auch Kapitel 10 für eine weitergehende Erklärung). Auch die Verwendung einer Kupferschlüssel erleichterte das Steifschlagen, weil die Kupferionen eine Quervernetzung der Proteinmoleküle begünstigen und damit den Eischnee schneller steif werden lassen (siehe auch Kapitel 2). Schließlich konnte man auch Weinstein zusetzen, wodurch das Milieu sauer wurde und die Proteine leichter denaturierten (siehe auch Kapitel 2).

Verwenden Sie zum Schlagen von Eiweiß eine Metall-, Hartplastik- oder Pyrexschlüssel

Probleme können auftauchen, wenn Sie eine weiche Plastikschlüssel aus Polypropylen oder Polyethylen nehmen (insbesondere bei älteren Modellen). Diese Gefäße können fettähnliche Moleküle enthalten, die an sich harmlos sind, aber – wie andere Fette auch – die Schaumbildung verhindern oder zumindest verschlechtern können.

Bei der Auswahl der Zutaten für das Soufflé sollten Sie, wenn möglich, auf Fette verzichten

Weil Fette den Eischnee sehr schnell einstürzen lassen, sollten Sie diese möglichst vermeiden. Wir kennen dieses Phänomen vom Seifenschaum beim Abwasch (oder in einem Schaumbad), wo ein kleine Menge Öl oder Fett ausreicht, um die Blasen verschwinden zu lassen. Wenn Sie Eiklar schlagen, denaturieren und verändern Sie die Struktur der Proteinmoleküle in einer Weise, dass sich diese anschließend wie Tenside verhalten. Und so werden auch die Bläschen im Eischnee sofort platzen, sobald irgendwelche Öle oder Fette hinzugefügt werden. Deswegen sollten Sie bei der Auswahl der Zutaten für das Soufflé ein Augenmerk auf alles richten, was eventuell Fette oder Öle enthält. Die einfachste Art ein »perfektes« Soufflé zuzubereiten ist also die Vermeidung aller Bestandteile, die Fett enthalten, und dazu gehört auch das Fett im Eigelb. Ich empfehle deswegen auch nicht – im Gegensatz zu den meisten Kochbüchern –, das Eigelb der Soufflémasse hinzuzufügen. Sobald Sie das Eigelb zugeben, beginnt der

Eischnee zusammenzustürzen und das Soufflé wird nicht oder nicht ausreichend aufgehen.

Bereiten Sie die Füllmasse als feste Masse zu und heben Sie diese unter den Eischnee

In dem nachfolgenden Rezept wird ein sehr dickes Apfelmus benötigt, weil die Apfelmasse später die Stabilität des Soufflés garantieren soll, und zwar so, dass es das eigene Gewicht tragen kann. Im Prinzip kann man ein Soufflé herstellen, das nur aus Eischnee besteht. Dabei würde aber nicht nur das Aroma fehlen, sondern dieses Soufflé wäre sehr instabil und bräche wahrscheinlich unter seinem eigenen Gewicht zusammen, sobald es aus dem Ofen genommen wird. Die Füllmasse sollte dem Soufflé also auch eine gewisse Stabilität verleihen. Die meisten Rezepte verwenden deswegen eine Grundmasse auf der Basis von Mehl, um das Soufflé zu stabilisieren. Ich dagegen nehme meistens nur sehr wenig Mehl, weil ich der Meinung bin, dass sich das Mehl negativ auf den Geschmack auswirkt. Wenn Sie also eine sehr dickflüssige, fast feste Füllmasse zubereiten, werden Sie wahrscheinlich überhaupt kein Mehl brauchen.

Garzeiten für Soufflés

Durchmesser der Auflaufform (cm)	Höhe der Auflaufform (cm)	Ofentemperatur (°C)	Garzeiten (min)
6	3	180	10
10	4	180	15
10	5	170	20
15	5	160	25
20	5	160	30

Grundregeln, die man bei der Herstellung eines Soufflés beachten sollte
→ den Backofen vorheizen
→ die Auflaufformen einfetten
→ die Eier trennen und das Eiklar zu einem festen Eischnee schlagen
→ soweit wie möglich Fette in der Aroma gebenden Masse vermeiden

Warum sind diese Regeln so wichtig?
Damit ein Soufflé gelingt, müssen Sie zunächst die Bläschen erzeugen, die eine lockere und leichte Struktur ergeben. Das machen Sie, indem Sie das Eiklar zu Schaum schlagen. Prinzipiell ist es schon möglich, aus ganzen Eiern eine schaumige Masse herzustellen, wie ich dies in Kapitel 10 in einem Rezept für Genueser Biskuit gezeigt habe. Aber die im Eigelb enthaltenen Fette erschweren die Bildung von Bläschen und die Stabilität der Schaummasse ist sehr gering. Sobald also die mit dem Eischnee vermengte Füllmasse fertig ist, sollte sie sofort im Ofen aufgehen. Das Soufflé geht auf, weil sich die Luft in den Bläschen ausdehnt und sich außerdem im Inneren des Soufflés beim Erhitzen Wasserdampf bildet. Damit das Soufflé gleichmäßig aufgeht, dürfen die Eiweißproteine jedoch nicht am Rand der Auflaufform anhaften, was man durch vorheriges Einfetten der Backform verhindern kann. Die Schaummasse kann jedoch noch vor dem Backen wieder zusammenfallen – auch wenn Sie noch so sorgfältig zubereitet worden ist –, wenn fetthaltige Zutaten enthalten sind. Sie sollten sich deswegen die Beimischungen vorher genau ansehen und Fett in der Füllung vermeiden. Schließlich sollte die fertige Masse unverzüglich in den Backofen gestellt werden.

EIN SOUFFLÉ MIT DER GEÖFFNETEN OFENTÜR BACKEN | Vorausgesetzt, Sie haben die Soufflémasse sorgfältig zubereitet, ist es möglich, wenngleich nicht unbedingt empfehlenswert, das Soufflé bei geöffneter Ofentür zu backen. Dabei müssen Sie darauf achten, dass die Temperatur jetzt im Inneren des Ofens geringer ist als Sie es sonst gewohnt sind – Sie müssen die Temperatur also einfach ein paar Grad höher einstellen. Außerdem wird dabei die Backform ungleichmäßig erhitzt, weil im vorderen, der Ofentür zugewandten Teil, eine geringere Temperatur vorherrscht als im hinteren Teil des Soufflés. Sie müssen die Form also während des Backens mehrmals umdrehen.

Weil die Rezeptur »relativ robust« ist, können Sie beim Backen des Soufflés eigentlich nicht mehr viel verkehrt machen. So können Sie zum Beispiel auch die Ofentür während des Backens öffnen und wieder schließen – etwas, das in den meisten Kochbüchern »streng untersagt« ist, weil dadurch das Soufflé scheinbar ruiniert würde. Wenn ich dagegen in einer öffentlichen Veranstaltung ein Soufflé zubereite, öffne ich jedes Mal die Ofentür, kurz bevor das Soufflé fertig ist. »Es braucht wohl noch ein paar Minuten«, sage ich dann und schließe die Tür lautstark, um zu betonen, dass beim Backen nichts mehr schief laufen kann, sofern bei der Zubereitung der Schaummasse alles beachtet worden ist. Als ich einmal beim Edinburgh Wissenschaftsfestival diese Zeremonie wiederholte, saß meine Lebensgefährtin im Publikum neben der Leiterin dieser Veranstaltung, einer bemerkenswerten Dame. Sie beugte sich zu meiner Freundin hinüber und sagte: »Oh je! Wie schade, das Soufflé hat er damit ruiniert!« Alle Beteuerungen meiner Partnerin, dass dies Absicht sei und dass das Soufflé trotzdem gelingen würde, wies sie vehement von sich. Und natürlich war das Soufflé so hervorragend wie immer.

Apfelsoufflé

Als Hauptbeispiel habe ich die Rezeptur für ein süßes Soufflé ausgewählt. Es folgen später dann noch Variationen dieses Grundrezeptes mit einer ganzen Reihe pikanter Soufflés, die sich entweder als Vorspeise oder als Hauptgericht eignen. Im Hinblick auf die Vermeidung von Fett wird nur das Eiklar verwendet. Das Eigelb kann zum Beispiel zur Herstellung einer Vanillesoße genommen werden, die hervorragend zu diesem Soufflé passt (das Rezept für diese Vanillesoße finden Sie in Kapitel 9).

Die Mengen in dem nachfolgenden Rezept ergeben etwas mehr als 1,2 Liter einer Soufflémischung und diese reicht aus, um vier Auflaufformen von jeweils 10 cm Durchmesser und einer Höhe von etwa 4 cm zu füllen.

Apfelsoufflé GRUNDREZEPT

Heizen Sie den Backofen auf die erforderliche Temperatur vor. Diese können Sie aus der oben angegebenen Tabelle zusammen mit der Garzeit entnehmen. Fetten Sie dann die einzelnen Auflaufformen mit Butter oder einem anderen festen Fett ein.

ZUTATEN
- *200 ml Eiklar (aus etwa 5 großen Eiern)*
- *100 g Puderzucker*
- *250 ml Apfelmus (hergestellt aus 400 g Äpfeln), falls erforderlich mit etwas Mehl oder Speisestärke angedickt*

ZUBEREITUNG

Beginnen Sie mit der Zubereitung des Fruchtpürees. Während alle Handgriffe später sehr schnell ablaufen müssen, können Sie das Püree schon lange im Voraus zubereiten. Kochen Sie die Früchte in etwas Wasser, lassen Sie sie abtropfen und pürieren Sie diese anschließend mit einer Küchenmaschine oder einem Mixer. Das Püree sollte sehr wenig Wasser enthalten und so fest sein, dass ein Teelöffel voll Mus auf einem Teller seine Form behält und nicht wegfließt. Sollte das Püree doch etwas zu dünnflüssig sein, dicken Sie es einfach mit etwas Maisstärke an. Geben Sie dafür etwa einen Teelöffel voll Stärke hinzu und kochen kurz auf.

Schlagen Sie das Eiklar zu einem festen Eischnee. Wenn Sie sich trauen, können Sie ganz schnell feststellen, ob der Eischnee gut ist. Halten Sie die Schüssel mit der schaumigen Masse einfach über Kopf. Bei ausreichender Festigkeit bleibt der Eischnee im Behältnis zurück. Geben Sie dann den Puderzucker unter »Rühren« (mit dem Schneebesen) hinzu, probieren Sie anschließend, ob die Eiweißmasse süß genug ist und runden Sie den Geschmack eventuell mit noch etwas mehr Zucker ab. Wenn Sie ihn zu Ihrer Zufriedenheit abgeschmeckt haben, können Sie dem Eischnee noch einen letzten Schliff geben und ihn solange schlagen, bis er steif und glänzend ist. Heben Sie dann etwas von dem Eischnee unter das Fruchtpüree und wiederholen Sie dies solange, bis der ganze Eischnee aufgebraucht ist. Die Konsistenz der Masse wird dabei immer weicher.

Füllen Sie die fertige Soufflémischung dann unverzüglich in die Backformen und achten Sie darauf, dass keine Hohlräume mit Luft entstehen. Dazu schlagen Sie am besten die gefüllten Formen vorher noch einmal fest auf eine harte Unterlage. Säubern Sie die Formen von irgendwelchen Resten und ebnen Sie die Oberfläche mit einer Palette. Achten Sie besonders darauf, dass am Rand keine Reste der Schaummasse anhaften. Diese würden zuallererst fest werden und damit das Aufsteigen des Soufflés im Randbereich behindern. Bestreuen Sie die Oberfläche der Soufflés mit Puderzucker und stellen Sie sie sofort danach in den Backofen. Nach etwa 15 Minuten sind die Oberfläche und die Seiten des Soufflés leicht gebräunt und fertig gebacken. Die Soufflémischung verdoppelt beim Aufgehen etwa ihre ursprüngliche Höhe und Sie sollten deswegen dafür immer noch genügend Platz in der Auflaufform lassen. Um dem Soufflé eine besondere Note zu geben, können Sie mit einem glühenden Draht oder Spieß noch ein Muster in die Zuckerdecke eingravieren. Servieren Sie das

Gericht unverzüglich, bevor sich das Soufflé abkühlt und zu schrumpfen anfängt.

Probleme, die bei der Herstellung von Soufflés auftauchen können und wie man dies in Zukunft vermeiden kann

Leider gibt es keine Möglichkeit ein missglücktes Soufflé zu retten, sobald es erhitzt worden ist, sodass die folgenden Empfehlungen Ihnen nur zeigen können, wie Sie es das nächste Mal besser machen können.

Problem	Grund	Lösung
Das Soufflé geht nicht auf	Die Bläschen im Eischnee platzen, bevor sie erhitzt worden sind. Es waren ungenügend seifenähnliche Moleküle vorhanden, um den Schaum zu stabilisieren. Es war zuviel Fett oder Öl in der Füllmasse.	Das Eiklar muss stärker geschlagen werden, vergewissern Sie sich, dass kein Eigelb im Eiweiß ist. Vermeiden sie fetthaltige oder ölhaltige Füllungen.
Das Soufflé geht auf, aber es ist im Inneren ganz viel Luft.	Die Bläschen im Eischnee platzen während des Backens, nachdem sich die Decke ausgebildet hat. Es gibt zu wenig seifenähnliche Moleküle, um den Schaum zu stabilisieren. Zu viel Fett oder Öl in der Füllmasse.	Das Eiklar muss stärker geschlagen werden, vergewissern Sie sich, dass kein Eigelb im Eiweiß ist. Vermeiden sie fetthaltige oder ölhaltige Füllungen.
Das Soufflé fällt zusammen, sobald es aus dem Ofen genommen wird.	Der gebackene Schaum ist nicht in der Lage, sein eigenes Gewicht zu tragen, es haben sich zu wenig Eiweißproteine quervernetzt oder die Füllung hat keinen verstärkenden Effekt. Die Backzeit war nicht lang genug. Nicht genügend Füllmasse. Die Füllung war zu dünnflüssig.	Verlängern Sie die Backzeit und/oder erhöhen Sie die Temperatur. Verwenden Sie mehr Füllmasse. Verwenden Sie eine Füllung, die weniger Wasser enthält oder dicken Sie diese z. B. mit Speisestärke an.

↓

Problem	Grund	Lösung
Das Soufflé geht am Anfang im Ofen auf, aber es fällt schon während des Backens zusammen.	Die Bläschen platzen, wenn der Wasserdampfdruck zu groß wird. Der Schaum wird nicht schnell genug erhitzt und ist nicht stark genug, wenn der Wasserdampf erzeugt wird. Das Eiweiß ist nicht lange genug geschlagen worden, um kleine Bläschen zu erzeugen (kleine Bläschen widerstehen höheren Drücken). Die Füllung ist zu dünnflüssig.	Schlagen Sie die Eier länger. Verwenden Sie wasserärmere Füllungen oder dicken Sie diese mit Mehl oder Speisestärke an.
Die Oberseite ist braun und das Innere roh.	Der Ofen ist zu heiß, sodass die Oberseite zu schnell gar wird.	Verringern Sie die Ofentemperatur oder backen Sie in kleineren Backformen.
Das Soufflé hat eine zähe strukturelle Beschaffenheit.	Der Backofen war zu kalt, die Mitte war schon zu stark gegart, bevor die Außenseite braun wurde.	Erhöhen Sie die Ofentemperatur oder backen Sie in einer größeren Souffléform.
An der Oberseite des Soufflés entstehen Risse oder das Soufflé geht ungleichmäßig auf.	Das Soufflé kann nicht richtig aufgehen, weil es seitlich an der Form anhaftet.	Achten Sie darauf, dass die Form gut eingefettet ist.
An den Seiten verschieden hoch.	Die Soufflémischung füllt die Auflaufform nicht richtig und es sind Hohlräume vorhanden.	Achten Sie darauf, dass Sie die Form noch einmal auf eine harte Oberfläche aufschlagen, damit alle größeren Luftblasen entfernt werden, bevor das Soufflé in den Ofen kommt.

EINIGE SCHWIERIGKEITEN, DIE BEI DER ZUBEREITUNG VON SOUFFLÉS AUFTAUCHEN KÖNNEN | Soufflés können aus den verschiedensten Gründen zusammenfallen. Die nahe liegendsten Gründe sind: zuviel Fett, wodurch der Eischnee zusammenbricht; ein nicht genügend steif geschlagener Eischnee; die Verwendung einer zu flüssigen Füllmasse, sodass der Eischnee nicht genügend stabilisiert wird; eine nicht ausreichend lange Backzeit. Es gibt Soufflés, die zwar gut aufgegangen sind, aber dennoch eine sehr grobe Oberfläche haben. Der Grund dafür ist normalerweise, dass das Soufflé vor dem Backen an der Oberfläche nicht ausreichend glatt gestrichen worden ist.

Oft geht das Soufflé in der Mitte stärker auf als an den Rändern und an der Spitze bricht es dann manchmal auf. Das passiert besonders dann, wenn die Auflaufform nicht genügend eingefettet wurde und die Soufflémischung an den Rändern haftet, sodass das Soufflé nicht gleichmäßig aufsteigen kann.

Gelegentlich kommt es vor, dass das Soufflé nur auf einer Seite richtig hochgeht und man erhält ein »windschiefes« Produkt. Dafür gibt es zwei mögliche Gründe: Etwas von der Füllmischung haftete an einer Stelle am Rand der Form oder diese war nicht ausreichend gesäubert worden, bevor das Soufflé in den Ofen gestellt wurde. Ein zweiter Grund könnte sein, dass der Ofen ein Heizelement auf der Rückseite hat, wodurch eine Seite des Soufflés stärker erhitzt worden ist als die gegenüberliegende Seite und es dadurch eine »windschiefe« Oberfläche bekam.

Variationen der Soufflé-Grundrezeptur

Manchmal ist es ganz lehrreich, wenn man sich in den Kochbüchern auch sehr ungeeignete, um nicht zu sagen schlechte Rezepte einmal näher anschaut. Ich habe schon viele Rezepte von namhaften Autoren gefunden, die ohne eine sehr sorgfältige Zubereitung und ohne entsprechende Erfahrung mit Sicherheit nicht zu dem gewünschten Erfolg führen.

Eines der am häufigsten vorkommenden Probleme wird durch die Verwendung von zu viel Fett verursacht. So basieren viele Rezepte auf einer Mehlschwitze, die ja bekanntlich aus geschmolzener Butter, Mehl und eventuell noch Milch hergestellt wird. Aus dieser Mehlschwitze bereitet man dann eine weiße Sauce zu, fügt das Eigelb und die geschmacksgebenden Zutaten hinzu und hebt den Eischnee unter diese Masse. Dabei wird aber mehr Fett als unbedingt notwendig verarbeitet. Das Fett aus dem Eigelb und der Butter (und der Milch) in der Mehlschwitze zerstört viele Bläschen des untergehobenen Eischnees. Das führt dazu, dass das Soufflé jetzt größere Blasen enthält und die Struktur insgesamt gröber wird. Das Eiweißgerüst ist schwächer ausgeprägt, das Soufflé geht nicht so gut auf und neigt eher dazu, zusammenzufallen.

Andere Rezepte stiften eher Verwirrung, wenn dort empfohlen wird, das Soufflé auf einem heißen Backblech zu backen. Wenn die Auflaufform auf einer heißen Oberfläche steht, wird das Soufflé unten schneller heiß als an den anderen Stellen. Man erhält dann entweder ein Soufflé, das unten angebrannt oder in der Mitte noch nicht gar ist. Wenn Sie ein Gericht auf der Basis von Eischnee (ein Soufflé oder ein Biskuit) zubereiten, sollten Sie immer daran denken, dass es sich dabei um eine Schaummasse mit einer sehr guten Wärmeisolierung handelt und die deswegen nur sehr langsam durchgängig erhitzt wird. Am besten ist also eine sehr gleichmäßige Hitzezufuhr; die Verwendung einer heißen Unterlage ist nicht empfehlenswert.

Manchmal ist es natürlich geradezu unerlässlich, Fett mit zu verarbeiten, wenn die geschmacksgebenden Zutaten viel Fett enthalten, wie dies bei Käse oder Schokolade der Fall ist. Es gibt jedoch auch hier einige Tricks, um die Probleme, die mit der Anwesenheit von Fetten verbunden sind, zu umgehen. So können Sie bei einem Käsesoufflé grob geriebenen Hartkäse verwenden, der erst dann schmilzt und das Fett freigibt, wenn das Eiweiß im Schaum schon erhitzt und gefestigt ist. Bei einem Schokoladensoufflé können Sie ganz auf die Verwendung von Schokolade (40 bis 50 % Fett) verzichten und als geschmacksgebende Komponente nur Kakaopulver nehmen.

Wahrscheinlich ist keiner dieser Vorschläge völlig zufrieden stellend und Sie möchten vielleicht ein Weichkäsesoufflé herstellen oder nicht auf die Vollmundigkeit und den zarten Schmelz der Schokolade im Schokoladensoufflé verzichten. In diesen Fällen ist es möglich, die Fettkügelchen in eine dickflüssige Sauce auf der Grundlage von Stärke einzuhüllen (zu kapseln). Dadurch können sich Eiweißproteine und Fette nicht mehr berühren und die Wahrscheinlichkeit, dass das Soufflé zusammenfällt, ist sehr gering.

Die Einkapselung von Fetten kann auf mehreren verschiedenen Wegen durchgeführt werden. Die einfachste Art ist die Verwendung einer fast festen, mit Stärke angedickten Sauce, um das Fett einzuhüllen. Für Käse eignet sich Speisestärke hervorragend, während man für Schokolade am besten eine Mischung aus Kakaopulver und Speisestärke verwendet. Sie können die Zutaten auf zwei verschiedenen Wegen vermischen. Entweder geben Sie die fetthaltigen, grob gekörnten Zutaten einfach zur Sauce oder Sie fügen die fetthaltigen Lebensmittel der noch heißen Sauce hinzu und schlagen solange mit einem Rührgerät auf höchster Stufe, bis die Sauce langsam abkühlt und das Fett in kleine Fettkügelchen getrennt wird. Die Fetttröpfchen werden dann schließlich fest und sind mit der Sauce überzogen.

Schokoladensoufflé

Sie können die Kapselungsmethode wie oben beschrieben bei der Herstellung eines einfachen Schokoladensoufflés einmal ausprobieren. Zuerst stellen Sie eine Sauce her, indem Sie gleiche Anteile von Kakaopulver und Speisestärke mit etwas Wasser vermischen, bis ein geschmeidiger Teig entsteht (Sie sollten etwa je 40 g Kakaopulver und Speisestärke und 100 ml Wasser für ein Soufflé aus vier Eiklar verwenden). Erhitzen Sie diesen Teig, bis er andickt und lassen Sie ihn noch für einige Augenblicke köcheln. Lassen Sie die Mischung abkühlen (unter den Schmelzpunkt von Schokolade) und geben Sie dann etwa 150 g fein geraspelte Schokolade hinzu. Heben Sie diese Mischung unter den Eischnee wie im vorherigen Rezept beschrieben und backen Sie es in der üblichen Weise. In diesem Soufflé wird der Eischnee schon erhitzt und gefestigt sein, bevor das Fett aus der stärkehaltigen Masse freigesetzt wird. Sie sollten damit ein hervorragendes Soufflé erhalten.

Briesoufflé

Die zweite Methode zur Kapselung können Sie kennen lernen, wenn Sie ein Briesoufflé herstellen. Schmelzen Sie etwa 200 g Brie mit etwas Wasser (50 ml) und geben Sie dann der geschmolzenen Masse 40 g Speisestärke hinzu, die Sie vorher mit etwas kaltem Wasser zu einem Teig verrührt haben. Schlagen Sie die Masse kräftig und erhitzen Sie weiter, bis die Mischung dickflüssig wird und Blasen wirft. Nehmen Sie das Gefäß dann vom Herd und schlagen Sie weiter (mit einer Küchenmaschine oder mit einem elektrischen Schneebesen) bis die Mischung kalt geworden ist und sich das Fett abgesetzt hat. Heben Sie diese Mischung unter das geschlagene Eiweiß wie oben beschrieben und backen es wie üblich. In diesem Soufflé wird das Eiweiß schon erhitzt und gefestigt sein, bevor das Fett freigesetzt wird und Sie erhalten ein beeindruckendes Briesoufflé. Natürlich kann dieses Rezept mit leichten Änderungen für alle Käsesorten verwendet werden.

Einige ausgefallene Rezepte, die Sie unter Beachtung der naturwissenschaftlichen Grundlagen leicht nachvollziehen können

Wenn Sie einmal verstanden haben, warum die Rezeptur für ein Soufflé »funktioniert«, dann können Sie jederzeit ein Soufflé auch ohne Kochbuch zubereiten. Stellen Sie sich vor, Sie sind im Urlaub und haben günstig eine Schüssel voller Pflaumen erstanden und diese Pflaumen würden sich hervorragend als köstliche Nachspeise eignen. Nur leider haben Sie kein Kochbuch dabei und können nicht nachlesen, welche Zutaten und Mengen Sie für ein Soufflé brauchen. Mit den gewonnenen Kenntnissen über das »Wie« und »Warum« der Zubereitungsmethoden werden Sie inzwischen aber ein Gefühl dafür entwickelt haben, was jetzt zu tun ist, und können einfach loslegen.

Sobald Sie die wichtigsten Grundsätze bei der Herstellung von Soufflés verinnerlicht haben, werden Sie ohne weiteres in der Lage sein, verschiedene interessante Soufflés selber zu erfinden und zuzubereiten. In der Praxis sind Ihnen dabei keine Grenzen gesetzt, solange Ihre Vorstellungskraft ausreicht und Sie die Probleme, die eventuell bei der Verwendung von besonders fetthaltigen Füllungen auftauchen können, bewältigen können. Um Ihnen bei der Erfindung neuer Soufflés ein bisschen unter die Arme zu greifen, habe ich für Sie nachfolgend einige eher ungewöhnliche Rezepte zusammengestellt. Dabei habe ich bewusst die Einzelheiten auf ein Minimum beschränkt, damit Sie Ihre Kenntnisse anwenden und die Rezepturen nach Ihrem Geschmack abwandeln bzw. anpassen können.

Sommersprossen-Soufflé — REZEPT

ZUTATEN
- *200 ml Eiklar (etwa vier große Eier)*
- *100 g Puderzucker*
- *150 g Rosinen (und/oder Sultaninen usw.)*
- *30 g Speisestärke*

ZUBEREITUNG
Fetten Sie die Auflaufformen ein und heizen Sie den Ofen vor. Schlagen Sie das Eiklar zu einem steifen Schaum, heben dann den Puderzucker unter und schlagen weiter, bis die Mischung so steif geworden ist, dass Sie die Schüssel auf den Kopf stellen können, ohne dass der Schaum herausfällt. Geben Sie die Speisestärke und die getrockneten Früchte vorsichtig hinzu

und mischen Sie alles langsam unter. Füllen Sie die Auflaufform bis zum Rand, streichen die Oberfläche mit einem Teigschaber glatt und säubern die Formen von jeglichen überschüssigen Resten. Backen Sie das Soufflé wie gewöhnlich und servieren Sie es unmittelbar, nachdem Sie es aus dem Ofen genommen haben.

Anmerkung: In diesem Rezept wird Speisestärke genommen, um den Eischnee etwas anzudicken und damit die Rosinen beim Backen nicht auf den Boden sinken können.

Smartiessoufflé — REZEPT

Für eine einfache Variation des oben beschriebenen Rezeptes nehmen Sie Smarties anstelle von Rosinen und Sie erhalten eine lustige Nachspeise für »junge Leute jeglichen Alters« (zumindest meine Lebensgefährtin hat immer viel Freude daran).

ZUTATEN
- *200 ml Eiklar (etwa vier große Eier)*
- *100 g Puderzucker*
- *2 Packg. Smarties*
- *20 g Speisestärke*
- *10 g Kakaopulver*

ZUBEREITUNG
Fetten Sie die Auflaufformen ein und heizen Sie den Ofen vor. Schlagen Sie das Eiklar zu einem steifen Schaum, heben den Puderzucker unter und schlagen weiter, bis die Mischung so steif geworden ist, dass Sie die Schüssel auf den Kopf stellen können, ohne dass der Schaum herausfällt. Heben Sie die Speisestärke und das Kakaopulver vorsichtig unter, geben Sie die Smarties dazu und mischen das Ganze sorgfältig durch. Füllen Sie die Souffléformen bis zum Rand, streichen die Oberfläche mit einem Teigschaber glatt und säubern die Formen von jeglichen überschüssigen Resten. Backen Sie das Soufflé wie gewöhnlich und servieren Sie es unmittelbar, nachdem Sie es aus dem Ofen genommen haben. Achten Sie einmal darauf, dass die Farben aus den Smarties in das Soufflé hineindiffundiert sind. Wenn Sie also kein Kakaopulver nehmen würden, wodurch das Soufflé eine stark dunkelbraune Farbe bekommt, hätten Sie eher ein »Regenbogen-Soufflé«.

Drei-Farben-Soufflé   REZEPT

ZUTATEN
- *200 ml Eiklar (etwa vier große Eier)*
- *100 g Puderzucker*
- *10 g Speisestärke*
- *100 ml eines sehr dickflüssigen Erdbeerpürees (Sie können auch Himbeeren oder Kirschen nehmen), geben Sie evtl. etwas Speisestärke hinzu*
- *100 ml eines sehr zähflüssigen Blaubeerpürees (Sie können auch Pflaumen nehmen), geben Sie evtl. etwas Speisestärke hinzu*

ZUBEREITUNG
Fetten Sie die Auflaufformen ein und heizen Sie den Ofen vor. Schlagen Sie das Eiklar zu einem steifen Schaum und verteilen Sie den Eischnee auf drei verschiedene Schüsseln. Heben Sie dann das Erdbeerpüree unter den Eischnee der einen Schüssel, das Blaubeerpüree unter den Eischnee der zweiten und geben Sie in die dritte Schüssel die Speisestärke (diese trägt dazu bei, dass der Eischnee fest wird).

Füllen Sie die Auflaufform zu einem Drittel mit der roten Erdbeersoufflémischung und streichen Sie die Oberseite mit der Rückseite eines Teelöffels glatt. Geben Sie nun die weiße Soufflémischung darüber, bis die Formen zu zwei Dritteln gefüllt sind, streichen Sie die Oberfläche erneut glatt und geben Sie schließlich die blaue Soufflémischung darüber und füllen Sie die Auflaufform bis zum Rand.

Ein Experiment zum selber ausprobieren

In diesem Kapitel haben Sie gelernt, dass sich bei der Herstellung von Soufflés im Prinzip alles um einen festen und stabilen Eischnee dreht. Der Eischnee ist ein Schaum, der aus ganz vielen kleinen Bläschen besteht. Jetzt wollen wir die Sache aus Spaß einmal umdrehen und besonders große Blasen erzeugen, so groß, dass Sie selbst darin Platz haben.

Zunächst müssen Sie eine gute Seifenlösung herstellen. Die wirksamen Bestandteile sind dabei die »Seifenmoleküle«. Am besten eignen sich die Waschlösungen bzw. die Detergenzien zum Autowaschen. Die meisten Hersteller setzen den Waschlösungen allerdings Salze hinzu, damit die Lösung dickflüssiger wird. Vielleicht haben Sie dadurch den Eindruck, dass Sie mehr für Ihr Geld bekommen, ansonsten hat das aber keine Auswirkungen und ist meist nur eine Marketingmasche. Dieses Salz kann jedoch verhindern, dass riesige Blasen entstehen können. Deswegen sollten Sie lieber eine etwas billigere, dünnflüssige Lösung kaufen.

Für die Seifenlösung nehmen Sie 4 Teile Detergenzienlösung auf 20 Teile Wasser und geben noch etwa ein Teil Glycerin (aus der Apotheke oder Drogerie) hinzu. Das Ganze wird dann gut durchmischt und erst einmal getestet. Dazu nehmen Sie einen Kleiderbügel aus glänzendem Metall, den Sie zu einem ungefähr runden Reif zurechtbiegen. Tauchen Sie den Kleiderbügel in die Lösung ein und nehmen Sie ihn anschließend wieder heraus. Jetzt sollte sich ein dünner Film über dem Reifen befinden. Halten Sie den Kleiderbügel auf Armeslänge von sich weg und machen Sie eine schwungvolle Kreisbewegung. Dabei sollte sich jetzt eine große Seifenblase bilden.

Sollte sich wider Erwarten kein Film bilden, wenn Sie den Reif aus der Lösung ziehen, kann es sein, dass Sie noch mehr Detergenzienlösung hinzufügen müssen. Wenn ein Film vorhanden ist, jedoch keine Blase entsteht, wenn Sie den Kleiderbügel herumwirbeln, sollten Sie etwas mehr Glycerin beigeben. Probieren Sie so lange aus, bis Sie eine Mischung haben, mit der jedes Mal Seifenblasen gelingen.

Haben Sie eine gute Mischung gefunden, können Sie den nächsten Schritt wagen und riesige Seifenblasen formen. Dazu brauchen Sie zuerst eine große Schlaufe. Nehmen Sie dazu einen etwa 5 Zentimeter breiten und 3 Meter langen Streifen Baumwollstoff, den Sie zu einer langen Röhre von ca. 1 cm Durchmesser zusammenrollen. Nähen Sie diese »Wurst« auf der ganzen Länge zusammen, damit sie hält und verbinden Sie danach die beiden Enden zu einem Ring. Jetzt fehlt nur noch ein Stück Stoff als Griff, den Sie ebenfalls annähen. Tauchen Sie die Schlaufe aus Baumwolle dann in die Seifenlösung, nehmen Sie sie wieder heraus und laufen Sie mit ihr los. Halten Sie den Arm seitlich ausgestreckt und achten Sie darauf, dass die Schlinge nicht den Boden berührt. Mit etwas Übung werden Sie in der Lage sein, die Schlaufe zu einem Ring mit einem Durchmesser von etwa einem Meter zu halten und Blasen mit einem Durchmesser von einem Meter und bis zu drei Meter Länge hervorzubringen.

Wenn Sie wollen, können Sie sogar Blasen erzeugen, in denen Sie eingehüllt stehen können. Dazu benötigen Sie einen alten Hula-Hoop-Reifen, der mit einem Baumwollstoff überzogen ist, und eine Person, die Ihnen dabei hilft. Füllen Sie die Seifenlösung in ein kleines Schwimmbassin, legen Sie den Reifen hinein, sodass er vollkommen von Flüssigkeit bedeckt ist und stellen Sie sich selbst in die Mitte. Jetzt hebt Ihr »Assistent« den Reifen bis über Ihren Kopf schnell hoch, ohne Sie dabei zu berühren. Wenn alles klappt, stehen Sie jetzt in einer Seifenblase.

13
Kochen und Backen mit Schokolade

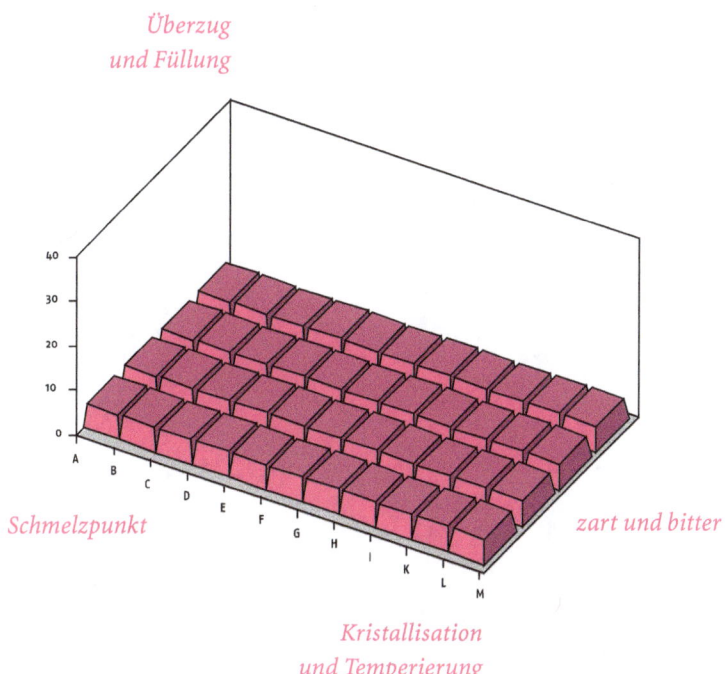

Einleitung

Das vorliegende Kapitel ist etwas anders auf gebaut als die anderen, und ich werde mich hier mehr auf die Geschichte und die Herstellung von Schokolade konzentrieren als auf ihre Verwendung in der Küche. Ich habe mich auch deswegen dazu entschlossen, weil ich glaube, dass viele Menschen überhaupt nicht zu schätzen wissen, wie aufwendig und komplex die Herstellungsverfahren sind, mit denen so alltägliche Lebensmittel wie Schokolade produziert werden. Dies gilt auch für die faszinierende Entwicklungsgeschichte vieler anderer, »gewöhnlicher« Nahrungsmittel.

Die Geschichte der Schokolade

Wenngleich sehr wenig über die früheste Geschichte der Schokolade bekannt ist, so wissen wir doch, dass sie ursprünglich aus Südamerika kommt. Der Kakaobaum kam zuerst in den südamerikanischen tropischen Regenwäldern vor, breitete sich später nach Norden bis nach Mexiko aus (wahrscheinlich ausgehend von den Mayas etwa 700 v. Chr.) und wurde in der gesamten Region zu einer Kulturpflanze. Die meisten einheimischen Volksstämme, die Mayas, Azteken und Tolteken verwendeten die Kakaobohnen, die – wie wir später noch genauer sehen werden – Fett, Stärke und Proteine enthalten, als vielseitiges Lebensmittel. Die Bohnen trugen damit wahrscheinlich maßgeblich zur Ernährung bei. Es gibt auch Belege dafür, dass die Bohnen von Mittelamerika aus Richtung Norden in die heutige USA exportiert wurden, wo ihnen ein so hoher Wert zugeschrieben wurde, dass einige Eingeborenenstämme sie als Zahlungsmittel benutzten. Die uns bekannte Geschichte der Schokolade stammt aus den ausführlichen Schilderungen der Spanier von ihren Reisen nach Südamerika. Die ersten Kakaobohnen wurden um 1502, etwa nach der vierten Seereise von Christopher Columbus, nach Europa gebracht. Zu dieser Zeit hatten die Europäer jedoch noch keine Vorstellung davon, wie man die Bohnen verwendet. Erst später in diesem Jahrhundert, nach der Unterwerfung der Azteken durch Cortez, lernten die Spanier, wie man die Bohnen in der Küche einsetzen kann. Am gebräuchlichsten war die Herstellung eines Getränkes aus den gerösteten Bohnen. Dazu wurden die Kakaobohnen in Wasser gekocht, anschließend mit Chili und Vanille gewürzt und mit gemahlenem Mais angedickt.

Das Wort »Schokolade« leitet sich von den aztekischen Namen für den Baum und dem aus den Kakaobohnen hergestellten Getränk ab. Diese Wörter haben bis heute überlebt und sind in Mexiko noch gebräuchlich: »Schocolatl« für das Getränk und »Cacauatl« für den Baum. Neben der Verwendung als Getränk nahmen die Azteken die gemahlenen Kakaobohnen aber auch als Gewürz zu Fleischgerichten. Die dabei entstandenen, sehr interessant zusammengestellten Saucen, bilden auch heute noch die Basis für eines der köstlichsten Gerichte der modernen mexikanischen Küche (siehe auch das Rezept für »Mole« später in diesem Kapitel).

Der Begriff »Schokolade« wurde in Europa ursprünglich für ein Getränk verwendet, das der aztekischen Version sehr nahe kam, aber mit weniger Chili zubereitet wurde. Scharf gewürzte Nahrungsmittel waren zu dieser Zeit in Europa noch sehr selten und das Originalgetränk der Azteken war für den europäischen Geschmack einfach zu intensiv. Cortez brachte das Kakaogetränk von seiner Expedition nach Mexiko (1519–1528) mit nach Spanien, wo es dem europäischen Geschmack angepasst wurde und schließlich zu dem gesüßten Getränk aus Kakaobohnen, Zucker, Milch und Eiern wurde. Diese europäische Version der Schokolade verbreitete sich langsam von Spanien über Europa und kam etwa um 1650 in England an, wo sie sehr bald bekannt und beliebt wurde. Für die Herstellung des Getränks nahm man jedoch nicht mehr die ganzen Kakaobohnen, sondern eine feste Masse, die durch Mahlen der gerösteten Kakaobohnen hergestellt wurde. Dieser – heute als Kakaomasse bekannte – damalige Getränkegrundstoff konnte zu Blöcken geformt und dann bei Bedarf verwendet werden.

Ende des 17. Jahrhunderts wurden so genannte »Schokoladenhäuser« (engl. Chocolate houses) überall in Europa zu sozialen Treffpunkten. Zwei der berühmtesten »Schokoladenhäuser« in London waren das »Cocoa Tree« (Kakaobaum), in dem sich die Mitglieder der Torypartei trafen (und es gibt böse Zungen, die behaupteten, dass sich hier das Hauptquartier der Partei befand) und »White's« (geöffnet 1693), das zu einem beliebtem Treffpunkt der Whigs (Liberalen) und der Spieler wurde und in dem sich auch die Literaturszene traf. Aber nur die Reichen konnten es sich leisten, Schokolade zu trinken. Ein Pfund Schokoladenmasse für die Herstellung der Getränke kostete im Jahre 1657 10 bis 15 Schillinge, das sind auf heutige Verhältnisse umgerechnet ungefähr 750 Euro. Die »Chocolate houses« kamen jedoch bald in Verruf und es wurde immer gewagter, sich dort sehen zu lassen. In den fünfziger Jahren des 18. Jahrhunderts war das Ansehen der »Schokoladenhäuser« mit Bordellen vergleichbar. So wurden auch zwei Szenen in Hogharths Bildern, »The Rakes Progress« (1735), im unmittelbaren Umfeld von White's in Szene gesetzt.

Die Kirche war strikt gegen Schokolade und versuchte immer wieder, sie aus Europa zu verbannen. Dafür gibt es ein gut dokumentiertes Beispiel aus der spanischen Stadt Chiapa Real. Die Dienstmädchen der ortsansässigen Damen brachten diesen immer während der Messe Schokolade zum Trinken. Als der Bischof, der die Schokolade aufs Äußerste missbilligte, diese Praxis unterbinden wollte, kam es zu einem Aufstand, bei dem in der Kirche sogar Schwerter gezogen wurden. Das Problem löste sich dann allerdings von allein, als der Bischof plötzlich und unter mysteriösen Umständen erkrankte und starb. Man war der Ansicht, er habe eine vergiftete Tasse Schokolade getrunken!

Die Rezepte für Schokoladengetränke wurden im 17. und 18. Jahrhundert immer weiter verfeinert. Das Getränk, das im 18. Jahrhundert bei White's serviert wurde, bestand unter anderem aus Milch, Zucker und der Schokoladenmasse aus den gemahlenen Kakaobohnen. Mit Ausnahme des hohen Fettanteils ist das damalige Getränk dabei ohne weiteres mit unserer heutigen Trinkschokolade vergleichbar. Dieses Fett schwamm oben auf dem Schokoladentrunk, war im Allgemeinen nicht sehr beliebt und man versuchte immer wieder Verfahren zu entwickeln, um das Fett aus den Kakaobohnen zu entfernen.

Der erste Bericht über die Verwendung einer Presse, um das Fett aus den Kakaobohnen zu entfernen, ist eine wissenschaftliche Abhandlung aus Frankreich, veröffentlicht im Jahre 1678. Geehrt für die Erfindung eines Prozesses zur Extraktion von Kakaobutter aus Kakaobohnen zur Herstellung von Kakaopulver wurde jedoch der Holländer Konrad van Houten. Im Jahre 1828 stellte er »Schokoladenpulver« her, bei dem der größte Teil des Fettes aus den fein gemahlenen Kakaobohnen herausgepresst wurde. Der Nutzen dieses später als Kakaobutter bekannt gewordenen Fettes wurde zu diesem Zeitpunkt noch nicht erfasst; es war ein Abfallprodukt.

Als man den technologischen Wert der Kakaobutter schließlich erkannte, war der Weg nicht mehr weit bis die feste Tafelschokolade, so wie wir sie heute kennen, auf den Markt kam. Die erste »Ess-Schokolade« wurde 1847 von der Firma Fry and Sons in Bristol eingeführt. Der ausgepressten Kakaobutter wurde ein Gemisch aus Kakaopulver und Zucker hinzugefügt und das neue Produkt erlebte seine Geburtsstunde. Im Jahre 1876 fügte eine Schweizer Firma der Schokolade Kondensmilch hinzu und die Vollmilchschokolade hatte Weltpremiere. Seit dieser Zeit stiegen die Produktion und der Verbrauch von Schokolade Jahr für Jahr ständig an.

Die immer größer werdende Nachfrage nach Schokolade führte dazu, dass überall auf der Welt – wo immer das Klima es erlaubte – Kakaobäume angepflanzt wurden. So können die Kakaobohnen heute aus Afrika, Asien oder Südamerika kommen.

Angefangen mit den drei Kisten Kakaobohnen, die Cortez nach Spanien mitbrachte, hat der weltweite Export von Kakaobohnen im Jahre 1998 inzwischen eine Größenordnung von über 2 Millionen Tonnen erreicht. Ein Fünftel aller Exporte ging in die Vereinigten Staaten, die aber trotz dieser enormen Importquote mit einem Pro-Kopf-Verbrauch von jährlich 4,5 kg Schokolade weltweit nur den 10. Platz belegen, weit hinter der Schweiz auf Platz eins mit 9,5 kg pro Person und Jahr. Die Briten liegen auf Platz 2 mit einem jährlichen Verbrauch von ca. 8,8 kg.

Die Geschichte der Schokolade

- 700   Erste Anzeichen für die Kultivierung des Kakaobaums in Südamerika
- 1000   Nachweisliche Verwendung der Kakaobohnen in Mexiko
- 1325   Die Azteken trinken Schokolade in Mexiko.
- 1502   Kolumbus bringt Kakaobohnen mit nach Spanien.
- 1519   Cortez besiegt die Azteken.
- 1528   Cortez bringt Kakaobohnen und Rezepte für Trinkschokolade mit.
- 1580   In Spanien wurden die ersten Schokoladenfabriken zur Weiterverarbeitung der Kakaobohnen errichtet.
- 1620   Schokolade wurde in Frankreich beschrieben als ein von Geisterbeschwörern, Zauberern und Hexen benutztes, verdammenswertes Mittel.
- 1648   Der Bischoff von Chiapa Real wurde für seinen Versuch, die Schokolade zu verbannen, ermordet.
- 1650   Die Schokolade erreicht England.
- 1693   Das »Schokoladenhaus« Whites öffnet in London.
- 1735   Hogarth stellt Whites in einer Serie von Bildern (»The Rake's Progress«) als Lasterhöhle dar.
- 1828   Van Houten erfindet die Kakaopresse
- 1847   Fry and Sons stellen die erste essbare Schokolade her.
- 1876   Die Markteinführung der Milchschokolade

Die Herstellung und Weiterverarbeitung von Schokolade

Wenn wir die Schokolade bis zu ihrem Ursprung zurückverfolgen, kommen wir zum Kakaobaum, *Theobroma cacao*, ein weit ausladender, immergrüner Baum, der bis zu 7,5 m hoch wird. Seine Früchte sind botanisch gesehen Beeren, werden bis zu 20 cm lang und 10 cm dick und haben eine harte, lederartige Oberfläche. Jede Frucht enthält bis zu 40 etwa 2 cm große Samen, die hochwertigen Kakaobohnen.

In den tropischen Gebieten rund um den Globus werden verschiedene Arten des Kakaobaums kultiviert. *Theobroma cacao*, die botanisch wichtigste Art, wächst überall in den feuchten tropischen Tieflandregionen, insbesondere in Südostasien, Südamerika und Westafrika. Die Bäume tragen im vierten Jahr nach der Pflanzung zum ersten Mal Früchte. Diese werden nach der Ernte ein paar Tage lang einer natürlichen Gärung, einer Fermentation, unterworfen, um die Gewinnung der Kakaobohnen zu erleichtern. Die gewonnenen Samen sind dann noch von einer seidigen Membran überzogen, die vor einer zweiten Fermentation entfernt werden muss. Schließlich werden die Kakaobohnen getrocknet, damit sie nicht schimmeln und zu den Schokoladen- oder Kakaoherstellern verschifft.

Die Herstellung der Schokolade beginnt eigentlich schon während der Fermentation, bei der durch enzymatische und andere Reaktionen in den Früchten eine ganze Reihe neuer chemischer Verbindungen gebildet wird. Im Herstellungsbetrieb angekommen, werden die Samen dann zunächst sorgfältig von allen festen Verunreinigungen gereinigt. Um fein abgestufte Geschmacksnuancen zu erzielen, mischt man oft Kakaobohnen verschiedener Provenienzen zusammen. Bei der sich anschließenden Röstung der gesäuberten, gemischten und getrockneten Samen entstehen die für Schokolade typischen Aromastoffe. Schon die gerösteten Kakaobohnen riechen und schmecken nach Schokolade. Nach dem Abkühlen werden die Bohnen in einer Brechanlage zertrümmert und die Schalenteilchen mithilfe eines Luftstroms entfernt. Die Samenschalen sind in der Schokoladenindustrie ein Abfallprodukt, werden aber in anderen Branchen noch weiter verwertet, z. B. als Gartendünger, sodass Sie sich ohne weiteres einen nach Schokolade duftenden Garten anlegen können. Die gebrochenen Kakaobohnen werden nach dem Abkühlen zwischen Stahlwalzen gemahlen. Dabei wird einerseits der Stärkeanteil der Bohnen zu einem feinen Pulver vermahlen, andererseits schmilzt wegen der ansteigenden Temperatur das Fett der Bohnen und tritt heraus. Die geschmolzenen Fette umhüllen die gemahlenen Kakaoteilchen und alles zusammen ergibt einen zähflüssigen Brei (Kakaorohmasse).

Als Nächstes werden der Kakaomasse Zucker und Kakaobutter zugesetzt, für Milchschokolade auch Trockenmilchpulver. Diese Zutaten werden gründlich vermischt und mit schweren Maschinen zu einem feinen Brei zerquetscht. Die dabei verwendeten Walzen können einen Durchmesser von mehr als einem Meter haben und sind mehrere Meter breit. Die Mischung wird so lange zerkleinert, bis alle festen Bestandteile (Zucker, Stärke aus den Kakaobohnen und Milchpulverteilchen) mikroskopisch so klein geworden sind, dass das für Schokolade so typische, geschmeidige Mundgefühl (der »zarte Schmelz«) entsteht.

Die Schokolade wird dann conchiert. Es handelt sich dabei um ein einzigartiges Verfahren, bei dem die Schokolade bei erhöhter Temperatur (54 bis 71 °C) unter ständigem Rühren einem Luftstrom ausgesetzt wird. Die warme, strömende Luft entfernt eine Reihe unerwünschter, flüchtiger chemischer Verbindungen, Substanzen, die sich auf früheren Produktionsstufen gebildet haben (u. a. auch größere Mengen an Essigsäure). Während des Conchierens kommt es aber auch zu komplexen chemischen Reaktionen, die maßgeblich zur Bildung des typischen Schokoladenaromas beitragen.

Zur Abrundung des Aromas werden dann noch Vanille und andere natürliche oder künstliche Aromen zugesetzt. Schließlich wird aus technologischen Gründen Lecithin, ein Emulgator aus Sojabohnen, hinzugefügt. Dieser Emulgator verhindert, dass sich die festen Teilchen in dem flüssigen Fett aneinander lagern und ist ein außerdem ein Hilfsmittel, um die Viskosität (Zähflüssigkeit) der geschmolzenen Schokolade zu beeinflussen.

Zum Schluss durchläuft die Schokolade eine Temperieranlage, in der sie sehr präzise erwärmt, sorgfältig gerührt und schließlich abgekühlt wird. Jetzt kann die Schokoladenmasse in Blöcke gegossen und zu anderen Produkten weiterverarbeitet werden. In welchem Produkt sie auch immer verarbeitet worden ist, Schokolade gehört zu den beliebtesten Lebensmitteln überhaupt. Das Schokoladenaroma steht bei den Aromen auf Platz 1 einer Weltrangliste und verdient damit die Bezeichnung *Theobroma cacao* (»Speise der Götter«), die der schwedische Botaniker Carl von Linné 1728 dem Baum gab, als er die Kakaopflanze klassifizierte.

Das Wort »Schokolade« änderte im Laufe der Jahrhunderte seine Bedeutung. Während Schokolade ursprünglich ein Getränk war, bezeichnen wir heutzutage als Schokolade meistens die feste Tafel Schokolade, die aus den gerösteten und gemahlenen Kakaobohnen, vermischt mit Zucker und Kakaobutter, hergestellt wird. (Die Kakaobutter ist das Fett, das beim Mahlen der Bohnen austritt.) Unsere Schokolade enthält heute auch oft natürliche oder künstliche

Aromastoffe, Emulgatoren und bei der Milchschokolade Milchpulver. Je nach Schokoladensorte (Vollmilch, Zartbitter etc.) sind die Mengenanteile dieser Zutaten unterschiedlich groß und wann ein Erzeugnis als »Schokolade« bezeichnet werden darf, wird von Land zu Land oft individuell definiert.

Einen Überlick über die Zusammensetzung einiger Schokoladen- und Überzugsmassen gibt die folgende Tabelle.

Zusammensetzung einiger Schokoladen- und Überzugsmassen

Erzeugnis	Kakaomasse %	Fettfreie Milchtrockenmasse %	Zugesetzte Kakaobutter %	Gesamtfett %	Milchfett %	Zucker %
Koch- und Speiseschokolade	33–50	–	5–7	22–30	–	50–60
Schmelzschokolade	35–60	–	bis 15	28–35	–	38–50
Sahneschokolade	10–20	8–16	10–22	33–36	5,5–10	35–60
Vollmilchschokolade	10–30	9,3–23	12–20	28–32	3,2–7,5	32–60
Magermilchschokolade	10–35	12,5–25	15–25	22–30	0–2	30–60
Überzugsmassen	33–65		5–25	35–46		25–50

Lebensmittelbestandteile, die wie Schokolade aussehen und wie Schokolade schmecken, aber eigentlich keine Schokolade sind

Der größte Teil der »Schokolade«, die in Großbritannien verkauft wird, enthält statt Kakaobutter billigere Fette. Dies hat hauptsächlich marktwirtschaftliche Gründe, weil die Schokoladenverarbeitungsbetriebe für Kakaobutter in der Kosmetikbranche höhere Preise erzielen können als in der Lebensmittelindustrie. Wegen dieser Preisdifferenz ist es wirtschaftlicher, Schokoladenersatzprodukte auf den Markt zu bringen, die überhaupt keine Kakaobutter enthalten. Diese Erzeugnisse besitzen nicht den gleichen, scharf umrissenen Schmelzpunkt wie echte Schokolade und schmelzen in der Regel auch bei einer tieferen Temperatur. Meistens ist es allerdings einfacher diese kakaohaltigen Produkte weiterzuverarbeiten, weil die Temperierung wegfällt, die bei Erzeugnissen mit

Kakaobutter erforderlich ist, um die richtige kristalline Form in der Schokolade zu erhalten.

Technologische Aspekte der Schokoladenproduktion – was passiert auf jeder Produktionsstufe

Die Fermentation der Trockenbeeren und das Rösten der Bohnen

Das volle, abgerundete Aroma von Schokolade, so wie wir es kennen und lieben, entwickelt sich durch die Prozesse, die bei der Fermentation der Trockenbeeren und beim Rösten der Kakaobohnen ablaufen. Während der Fermentation kommt es zu einer Vielzahl chemischer Reaktionen. Dabei entstehen aus den natürlich vorkommenden Zuckern in den Bohnen und in dem sie umgebenden Fruchtfleisch neue chemische Substanzen, von denen viele bislang noch nicht identifiziert worden sind. Die Bohnen werden dann vom Fruchtfleisch getrennt und geröstet. Während dieses Röstvorganges werden viele große Moleküle zu kleineren abgebaut, die dann letztendlich für das charakteristische Aroma und den Geschmack von Schokolade verantwortlich sind. Bei diesen Bräunungsreaktionen sind mehr als 300 verschiedene chemische Verbindungen beteiligt, von denen einige erst bei der Fermentation entstanden sind. Deshalb sind beide Prozesse, die Fermentation und das Rösten, Voraussetzung für das Entstehen des reichhaltigen Schokoladenaromas.

Das Mahlen der Kakaobohnenstückchen und das Auspressen

Kakaobohnen enthalten zwischen 50 und 55 % Fett (Kakaobutter). Dieses Fett befindet sich bei den Bohnen der lebenden Pflanze in kleinen Hohlräumen einer festen Struktur aus Kohlenhydraten und etwas Protein. Die Bohnen sind hart, knirschen beim Kauen und haben daher zum Essen keine angenehmen Eigenschaften. Will man die Kakaobohnen in die geschmeidige Schokolade verwandeln, muss erst die feste Struktur der Kohlenhydrate aufgebrochen werden. Im ersten Schritt dieses Prozesses werden die Bohnen zu Kakaobruch zerkleinert. Dabei werden die Kakaobohnen soweit zerstoßen, dass die Wände der einzelnen Kakaobutterhohlräume aufgebrochen werden. Im zweiten Schritt wird dieser Kakaobruch erhitzt, wobei die Kakaobutter schmilzt und beim anschließenden Auspressen herausfließt. Die zurückbleibende feste Masse wird dann weiter vermahlen und ergibt das Kakaopulver. Dabei sollen die festen Teilchen sehr klein werden – wie fein dabei gemahlen wird, ist von Hersteller zu Hersteller unterschiedlich.

Zugabe von Zucker und Kakaobutter

Beim Erhitzen hat man den Eindruck, dass die Kakaomasse schmilzt und ganz dünnflüssig wird (sie enthält mehr als 50 % Fett). Das flüssige Fett hüllt dabei die fein gemahlenen, festen Partikel vollständig ein. Für die meisten Europäer wäre ein Erzeugnis aus dieser Kakaomasse ohne Zusatz von Zucker allerdings viel zu bitter. Wenn man jetzt aber einfach Zucker zu der heißen flüssigen Kakaomasse hinzufügt, verringert sich dadurch der prozentuale Fettgehalt und es wird sehr schnell ein Punkt erreicht, an dem der Fettgehalt zu gering ist, um alle festen Bestandteile – Zucker und Kakaopartikel – vollständig zu umhüllen. Ohne Zugabe von weiterem Fett ist wegen der dann sehr schlechten Fließeigenschaften der Kakaomasse eine Weiterverarbeitung kaum noch möglich und das fertige Produkt hätte nicht die geschmeidige Konsistenz, die eine Schokolade letztendlich auszeichnet. Dieses Fett sorgt dafür, dass die einzelnen festen Partikel des Kakaopulvers und der fein gemahlene Zucker nicht zusammenklumpen und in der fettigen Phase fein verteilt (suspendiert) werden können. Normalerweise wird ausschließlich Kakaobutter hinzugefügt, aber es gibt viele Hersteller, die nach billigeren Alternativen suchen. In der Praxis ist insgesamt ein Fettanteil von mindestens 30 % erforderlich, um Schokolade herzustellen zu können. Ist der Fettanteil geringer, wird die geschmolzene Schokoladenmasse so zähflüssig, dass sie nicht richtig in die Formen fließen kann und später eine raue und unansehnliche Oberfläche hätte.

Conchieren

Beim Conchieren werden die einzelnen Bestandteile der Schokolade (Kakaomasse, Kakaobutter, Zucker und Emulgatoren) zunächst zusammengemischt. Ein sich anschließendes Feinwalzen ist erforderlich, um die festen Teilchen (Proteine, Kohlenhydrate und Zucker) noch weiter zu verkleinern. Auf dieser Produktionsstufe ist die Schokolade eine Suspension sehr feiner fester Teilchen in flüssigem Fett. Man unterscheidet bei den festen Teilchen zwei verschiedene Typen: die zugesetzten Zuckerkristalle und die gemahlenen Teilchen (bestehend aus Kohlenhydraten und Proteinen) der Kakaobohnen. Die Größe dieser Partikel hat einen entscheidenden Einfluss auf die strukturelle Beschaffenheit der fertigen Schokolade. In Mitteleuropa werden die Teilchen bis auf eine Größe von etwa 0,002 mm gemahlen, während wir in England unsere Schokolade mit gröberen Partikeln (etwa 0,01 mm) schätzen gelernt haben. Die Korngröße ist in allen Fällen so klein, dass wir sie im Mund nicht mehr als rau wahrnehmen können. Die Beschaffenheit der geschmolzenen Schokolade wird aber dennoch sehr stark durch die jeweils unterschiedliche Größe der suspendierten Teilchen beeinflusst.

Werden kleine feste Teilchen in einer Flüssigkeit suspendiert, so bezeichnen wir die daraus entstandene »Flüssigkeit« als Emulsion. Durch sog. Emulgatoren wird verhindert, dass sich die festen Teilchen darin aneinander lagern. Das funktioniert deswegen, weil die einzelnen Moleküle dieser Emulgatoren zwei verschieden Enden besitzen. Ein Ende, das mit dem festen Teilchen eine Bindung eingeht, sodass die Teilchen mit einer Schicht Emulgatormoleküle überzogen werden. Das andere Ende dieser Moleküle ragt in die Flüssigkeit hinein und ist chemisch so gebaut, dass es sich mit der Flüssigkeit gut verträgt und damit die vom Emulgator überzogenen Teilchen vollständig von der Flüssigkeit umgeben sind. Die Stabilisierung von festen Partikeln in einer Suspension mithilfe von Molekülen, die sich an einer Oberfläche anlagern, kennen wir von Seifen und Detergenzien (siehe Kapitel 2). Weil in den Kakaobohnen natürlicherweise keine Moleküle mit Emulgatoreigenschaften vorkommen, müssen wir der Schokolade welche zusetzen. Normalerweise wird dafür in der Schokoladenindustrie Lecithin aus Sojabohnen zugesetzt.

Die Viskosität (Zähflüssigkeit) einer Emulsion wird nicht nur durch die Viskosität der Flüssigkeit bestimmt, sondern auch durch die Menge und ganz wesentlich durch die Größe der emulgierten festen Teilchen. Je kleiner die Teilchen sind, um so zähflüssiger wird die Emulsion. Dieses Dickwerden der Emulsion bei der Verwendung sehr kleiner Teilchen ist auch der Grund für die unterschiedliche Textur von englischer und mitteleuropäischer Schokolade. Weil Schokolade aus England früher anfängt zu schmelzen, fängt diese im Mund rascher an zu fließen und wir bekommen das Gefühl von Schokolade und den Geschmack wesentlich schneller. Die Schokolade, die in Mitteleuropa auf dem Markt ist, hat eine zähere Konsistenz, bleibt also länger im Mund und der Geschmack von Schokolade klingt noch lange nach.

Während des Conchierens wird die anfangs instabile Mischung aus kristallinem Zucker, Kakaopulver, geschmolzener Kakaobutter und Emulgatoren nach und nach in eine stabile Emulsion überführt. Weil die Emulgatoren bei Temperaturen über 55 °C von den Zuckerkristallen »abgestreift« werden und sich bei Temperaturen über 75 °C zersetzen können, ist es sehr wichtig, Schokolade niemals zu überhitzen. Schokolade, die über 55 °C erhitzt wird, bekommt eine sehr grobe Textur, weil sich die Zuckermoleküle dann zusammenlagern; es sei denn, man rührt noch einmal sehr sorgfältig, um den Conchierungsprozess zu wiederholen. Erreicht man jedoch eine Temperatur von über 75 °C bis

80 °C, werden die Emulgatoren unwiederbringlich zerstört und das Ergebnis ist dann eine grobkörnige Schokolade.

Kristallisation und Temperierung

Das Abkühlen der geschmolzenen Schokolade und die Kristallisation der Kakaobutter sind die letzten zwei Schritte bei der Herstellung von Schokolade. Dabei handelt es sich um die heikelste Stufe in der Produktion, denn Kakaobutter kann in sechs verschiedenen Formen auskristallisieren und nur eine Form ist die Richtige für Schokolade! Auch andere Materialien kommen in verschiedenen kristallinen Formen vor und haben dann auch unterschiedliche stoffliche Eigenschaften. Nehmen wir z.B. den Kohlenstoff, der einmal als Graphit vorkommt – ein weiches, schwarzes Material, das für Bleistifte verwendet wird – und der zum anderen als Diamant extrem hart und durchsichtig ist. Auch die verschiedenen kristallinen Formen der Kakaobutter haben unterschiedliche Eigenschaften in Bezug auf die Härte und den Schmelzpunkt. Die Kakaobutterkristalle in der Schokolade müssen so fest sein, dass eine Schokoladentafel nicht wegfließt, aber noch so weich, dass wir sie noch durchbrechen können. Sind die Kristalle zu hart, wären wir nicht in der Lage, die Schokolade zu essen, ohne uns daran die Zähne auszubeißen! Außerdem muss der Schmelzpunkt der Kristalle über der Raumtemperatur und unter der Körpertemperatur im Mund liegen, damit die Schokolade vorher fest ist und anschließend im Mund schmelzen kann. Schließlich sollten die Kakaobutterkristalle sehr klein sein. Wenn sie größer sind als die anderen feinen Teilchen in der Schokolade, würde die Schokolade sandig schmecken und die Tafeln hätten nicht die geschmeidige, zart glänzende Oberfläche.

In welcher Form die Kakaobutter auskristallisiert, wird hauptsächlich durch die Temperatur bestimmt, bei der die Kristallisation beginnt. Die gewünschte Kristallisationstemperatur liegt zwischen 18 und 25 °C. Weil Kristalle auch in anderen Temperaturbereichen in der ursprünglichen kristallinen Form weiter wachsen, muss auf jeden Fall verhindert werden, dass sich bei höheren Temperaturen schon Kristalle bilden. Weil die Kristalle dann auch noch sehr klein bleiben sollen, müssen in dem schmalen Temperaturbereich, in dem die gewünschte Kristallisationsform überwiegt, sehr viele Kristallisationskeime entstehen. Wachsen die Kristalle außerhalb dieses Temperaturbereichs, entsteht eine zähe, kaugummiartige Schokoladenmasse.

Am Anfang des Temperierprozesses muss die Temperatur hoch genug sein (über 44 °C) und lange genug gehalten werden, damit alle Kakaobutterkristalle schmelzen können. Dabei darf die Emulsion nicht durch Überhitzung zerstört werden. Als Nächstes wird die Schokolade langsam auf unter 28 °C abgekühlt und die Kakaobutter kann bei dieser Temperatur in mindestens zwei verschiedenen Formen auskristallisieren. Während des Kristallisationsvorganges wird die geschmolzene Schokolade fortwährend gerührt. Dabei werden auch die kleinen, wachsenden Kristalle zerteilt, wodurch immer mehr Kristallisationskeime entstehen. Je mehr Kristalle sich bilden, umso größer dann auch die Viskosität der geschmolzenen Schokolade. Kurz bevor die Schokolade fest wird, wir die Temperatur auf 31 °C erhöht. Bei dieser etwas erhöhten Temperatur schmelzen die unerwünschten Kakaobutterkristalle, weil sie einen niedrigeren Schmelzpunkt haben, und es bleibt nur die erwünschte Form mit einem Schmelzpunkt von etwa 33 °C zurück. Durch die Verringerung der Anzahl der Kristalle wird die Schokolade erneut flüssig und kann nun weiterverarbeitet werden. Damit ist die Schokolade fertig und kann in Formen gegossen oder als Überzugsmasse verwendet werden. Anschließend wird sie gekühlt, wobei die Kristallisationskeime schnell anwachsen – immer noch in der gewünschten Form – und die Schokolade fest wird.

Die Kakaobutterkristalle sind allerdings nicht immer vollkommen stabil, insbesondere wenn sie über 20 °C erwärmt werden. Die Kakaobutter wandert dann langsam zur Oberfläche der Schokolade und kristallisiert als weißer Überzug erneut aus.

Herstellung von Pralinen und Süßwaren

Pralinen und andere schokoladehaltigen Süßwaren werden auf verschiedene Arten und Weisen produziert. Bei den meisten Verfahren – im industriellen Maßstab – werden die kalten, festen Pralinenkerne durch eine fließende Wand aus geschmolzener Schokolade transportiert und so mit einer Schokoladenschicht überzogen. Soll die Füllung später flüssig sein, kann man die ursprünglich festen Kerne mithilfe einer enzymatischen Reaktion in eine flüssige Masse verwandeln. Dazu nimmt man feste Kerne aus vorwiegend Zucker und etwas Wasser sowie einem Enzym, das die Saccharose in die leichter löslichen Zucker Glukose und Fruktose spaltet. Man erhält so aus einem festen Kern eine cremige Füllung, die bei 18 °C etwa zwei Monate haltbar ist.

In einem handwerklichen Betrieb werden die Füllkerne in der Regel von dem Chocolatier noch per Hand mit Schokolade überzogen. Dabei werden sie entweder in die geschmolzene Schokolade eingetaucht oder man nimmt kleine

Förmchen, die zunächst innen mit einem dünnen Schokoladenüberzug ausgekleidet werden und nach Einbringen der Füllmasse wird dann ein Deckel (der spätere Boden) darüber gegossen. Bei alkoholhaltigen Pralinen wird manchmal die flüssige Füllung zuerst tiefgefroren und dann erst mit Schokolade überzogen. Der Füllkern wird dann zuerst mit einer Zuckerschicht überzogen, weil der Alkohol im Likör die Kakaobutter sonst auflösen würde und die Pralinen irgendwann wegfließen würden.

DR. PRINGLES SCHOKO-ORANGEN | Eine der herausragenden Persönlichkeiten bei der öffentlichen Verbreitung von naturwissenschaftlichen Fragestellungen in Großbritannien ist Dr. Sue Pringle. Vor einigen Jahren organisierte sie in Bristol eine Vortragsreihe und überredete mich zu einem Vortrag über »die Physik der Schwarzwälder Kirschtorte«. Für diesen Vortrag habe ich mich eingehend mit der Lebensmittelwissenschaft beschäftigt und letztendlich wurde dadurch auch die Idee zu dem vorliegenden Buch geboren.

Im Laufe der Jahre wurden Sue und ich gute Freunde und wir gaben zusammen Unterricht in der Schule – die beliebtesten Unterrichtsstunden handelten von Schokolade. Was allerdings ihre Kochkünste betrifft, so wird Sue bereitwillig zugeben, dass sie nicht zu den besten Köchinnen dieser Welt gehört. Sie musste auf die harte Tour lernen, dass panierte Hähnchenbrust aus dem Supermarkt noch nicht gebraten ist.

Vor einigen Jahren erhielt ich eine Einladung des Michelin-Starkochs Ramon zu einem Abendessen und der Zufall wollte es, dass Sue als Nachbarin von Ramon ebenfalls eingeladen war. Ramon kam auf die Idee, dass er selbst die Vorspeise und das Hauptgericht zubereiten würde und Sue die Nachspeise. Nach einigen misslungenen Versuchen entschloss sich Sue, mit Schokolade überzogene Orangenstückchen zuzubereiten. Das Problem war nur, dass Sue vorher noch nie irgendetwas mit Schokolade zubereitet und auch keine Ahnung hatte, wie sie etwas mit Schokolade überziehen sollte. Als es dann Zeit für die Nachspeise war, wurden wir nach nebenan in Sue's Küche eingeladen. Als sie ihren Kühlschrank öffnete, sahen wir an dünnen, roten Baumwollfäden herabhängende seltsame knaufartige Objekte, die an kleine Würstchen erinnerten. Der Boden des Kühlschranks war mit Schokolade bedeckt. Es stellte sich heraus, dass Sue die Schokolade in einem Kochtopf, ohne auch nur im Geringsten auf die Temperatur zu achten,

> geschmolzen hatte und die Orangenstückchen in der geschmolzenen Schokolade herumgerührt hatte. Dann nahm sie Nadel und Faden, nähte an jedes Segment ein Stück Baumwollfaden, bevor sie dann schließlich die Orangenstückchen zum Festwerden in den Kühlschrank hängte. Wir amüsierten uns köstlich, aber leider muss ich sagen, dass die Schoko-Orangen ungenießbar waren. Und so verschwand Ramon schnell in der Küche und bereitete stattdessen ein Soufflé zu!

Pikante mexikanische Schokoladensauce (Mole)

Eine gehaltvolle, köstliche Sauce mit einem auf der Welt wohl einmaligen Geschmack wird mit Schokolade zubereitet. Die anderen Zutaten sind für uns in dieser Zusammenstellung eher ungewöhnlich: Chilis, Tomaten und Nüsse. Angedickt wird diese Sauce mit gerösteten, gemahlenen Samen. Solche Saucen wurden vor vielen Jahrhunderten für die Herrscher in Südamerika entwickelt, lange vor der Ankunft der Spanier. Man findet sie auch heute noch in der mexikanischen Küche, seltener jedoch außerhalb des amerikanischen Kontinents. Es ist nicht immer einfach, die am besten geeignetsten Zutaten in Europa zu bekommen. Wenn Sie die getrockneten Chilis nicht in den etwas besser ausgestatteten Supermärkten bekommen können, gibt es inzwischen auch Möglichkeiten, sie sich per Versandhandel zuschicken zu lassen.

Weil es doch recht lange dauert, diese Saucen zuzubereiten (4 oder mehr Stunden) mache ich meistens eine größere Menge davon und friere sie portionsweise ein.

Mole — REZEPT

ZUTATEN
- 4 getrocknete Anchochilis
- 2 getrocknete Mulatochilis
- 1 getrocknete Passillachili
  oder 6 frische Chilis mit einem Gesamtgewicht von etwa 100 g
  (nehmen Sie möglichst verschiedene Sorten)
- 1½ Tl. Sesamsamen
- 125 ml Pflanzenöl
- 2 El. geschälte Erdnüsse, wenn möglich frisch geröstet

- *2 El. Rosinen*
- *¼ mittelgroße Zwiebel*
- *1 Knoblauchzehe*
- *6 Tortillachips*
- *1 dicke Scheibe altbackenes Weißbrot*
- *1 kleine Tomate (gebacken oder gekocht)*
- *1 kleine Dose Tomaten*
- *20 g ungesüßte Schokolade (wenn Sie keine ungesüßte bekommen, nehmen Sie am besten Schokolade mit 75 % Kakaoanteil)*
- *½ Tl. Oregano*
- *¼ Tl. Thymian*
- *1 Lorbeerblatt*
- *8 Pfefferkörner*
- *3 Gewürznelken*
- *2 ½ cm Zimtrinde*
- *1.250 ml Hühnerbrühe*

Fangen Sie mit der Zubereitung der Chilis an. Wenn Sie getrocknete Chilis verwenden, schneiden Sie die Enden ab, entfernen die Samen und schneiden die Chilis in kleine Stücke. Braten Sie die Chilis nacheinander einige Minuten lang in heißem Öl. Beim Braten werden diese Chilistücke aufgehen und wieder die ursprüngliche, geschmeidige Struktur annehmen; es kann sogar sein, dass sie etwas von der ursprünglichen (natürlichen) roten Farbe zurückbekommen. Gleichzeitig entstehen dabei sehr sehr stechende Gerüche, sodass Sie gut beraten sind, wenn Sie die Abzugshaube voll aufdrehen oder die Fenster weit öffnen. Nach dem Braten nehmen Sie die Chilis aus der Pfanne, legen sie in eine Schüssel und bedecken sie mit kochendem Wasser. Schließen Sie das Gefäß und lassen Sie die Chilis für etwa eine Stunde durchziehen. Gießen Sie dann die jetzt dunkel gefärbte Flüssigkeit ab und stellen Sie sie beiseite. Die Chilis werden dann in einem Mixer püriert. Wenn Sie frische Chilis nehmen, entfernen Sie zuerst die Samen und schneiden Sie sie in kleine Stücke. Braten Sie sie einige Minuten lang, bis sie anfangen braun zu werden. Dann die Chilis ziehen lassen und pürieren, wie bei den getrockneten Chilis beschrieben. Denken Sie daran, dass die Chilis sehr scharf sein können. Passen Sie also auf, was Sie alles anfassen. Wenn Sie versehentlich mit den Händen Ihre Augen reiben, werden Sie evtl. stundenlang weinen!

Rösten Sie die Sesamsamen, bis sie goldbraun geworden sind und stellen Sie sie zur Seite. Braten Sie dann in derselben Pfanne (evtl. müssen Sie noch mehr Öl hinzugeben) die Erdnüsse, die Rosinen, die Zwiebeln, die Tortillachips und das Brot. Vermischen Sie alle Zutaten mit Ausnahme der Hühnerbrühe und den pürierten Chilis und rühren Sie alles gut durch. Geben Sie die Hälfte der Hühnerbrühe zusammen mit den vermischten Zutaten in eine Küchenmaschine (je nach Größe müssen Sie dies evtl. in zwei Durchgängen machen). Das Ganze wird dann weiter püriert und nach Bedarf Brühe hinzugegeben. Anschließend erhitzen Sie die Mischung in einem Kochtopf, rühren so lange, bis die Flüssigkeit andickt und lassen sie anschließend noch mindestens 20 Minuten vor sich hinkochen. Geben Sie dann die pürierten Chilis in kleinen Portionen hinzu. Schmecken Sie jedes Mal ab und nehmen Sie nur soviel, dass es für Ihren Geschmack nicht zu scharf wird. Lassen Sie die Sauce dann noch mindestens 1 Stunde köcheln und geben Sie evtl. noch etwas Brühe hinzu (die Sauce sollte sehr zähflüssig sein, weil sie dafür gedacht ist, ein Stück Fleisch rundherum einzuhüllen). Nehmen Sie die Sauce zu leicht sautierten Hühnerbrüsten, zu Truthahn (Pute), zu gefüllten Paprikaschoten usw. Für mich hat diese Sauce das herrlichste Aroma, das ich kenne, und sie kann zu fast allem gegessen werden. Wenn Sie jemals die Gelegenheit haben in ein gutes, echtes mexikanisches Restaurant zu gehen, sollten Sie die Gelegenheit wahrnehmen und diese Sauce probieren. Ich selbst kenne nur zwei Restaurants, in denen sie wirklich exzellent zubereitet wird. Das eine ist in San Diego und das andere in Dallas.

Trüffel

Wenn man Pralinen oder Konfekt zu Hause selber machen möchte, so sind Trüffel am einfachsten herzustellen. Dabei sehen sie sehr köstlich aus, schmecken vorzüglich und geben mehr her als eigentlich dahinter steckt, insbesondere wenn man den geringen Arbeitsaufwand bedenkt. Weil es so viele Variationsmöglichkeiten gibt, werde ich mich mit einem Grundrezept begnügen und Ihnen anschließend einige Abwandlungen auflisten, die Sie dann selber ausprobieren können. Trauen Sie sich ruhig, neue Rezepte auszuprobieren, damit Sie Trüffel für jede Gelegenheit und für jeden Geschmack zubereiten können.

Trüffel GRUNDREZEPT

ZUTATEN

- 200 g Zartbitterschokolade (nehmen Sie eine qualitativ hochwertige Schokolade mit mindestens 50 % Kakaoanteil, am besten eignet sich Schokolade mit 70 %)
- 100 ml Schlagsahne
- Kakaopulver als Überzug

ZUBEREITUNG

Zerkleinern Sie die Schokolade in kleine Stücke und schmelzen Sie sie in einer Schüssel im Wasserbad. Achten Sie dabei darauf, dass die Schokolade nicht zu heiß wird, d. h. halten Sie die Temperatur unter 45 °C. Bei zu hohen Temperaturen besteht immer die Gefahr, dass die Bestandteile mit emulgierender Wirkung zerstört werden und die Schokolade dadurch ausflockt. Rühren Sie die geschmolzene Schokolade gut durch. Sie sollte einen feinen Glanz haben und vollständig klumpenfrei sein. Nehmen Sie dann die Schokolade aus dem Wasserbad und lassen Sie sie ein wenig abkühlen (versuchen Sie, die Temperatur so etwa bei 30 °C zu halten – das heißt etwa handwarm). Schlagen Sie die Sahne ein wenig und rühren Sie sie dann vorsichtig in die Schokolade ein bis eine gleichmäßige Masse entsteht. Lassen Sie diese Mischung ungefähr ½ Stunde lang in einem kalten Raum oder im Kühlschrank abkühlen, bis sie fast fest geworden ist. Sollte sie zu fest geworden sein, können Sie sie einfach im heißen Wasserbad noch einmal erhitzen und anschließend wieder abkühlen lassen. Formen Sie aus der Masse jetzt kleine Bällchen. Wenn Sie dies mit den Händen machen, wird die Trüffelmasse schmelzen und Sie bekommen ganz schmierige Finger. Deshalb sollten Sie lieber zwei kalte Löffel aus Edelstahl nehmen. Entnehmen Sie einen Löffel voll Trüffelmasse mit dem einem Löffel, bringen Sie die Masse mit dem anderen in die richtige Form und schieben die Bällchen dann herunter auf einen Teller, der mit Kakaopulver bedeckt ist. Wälzen Sie den Trüffel noch einmal gut in dem Kakaopulver und legen Sie ihn dann in ein Pralinenförmchen aus Papier. Die fertigen Trüffel sollten dann noch etwa eine Stunde lang in den Kühlschrank gelegt werden, damit sie richtig fest werden. Vor dem Servieren werden sie dann auf Raumtemperatur temperiert.

Variationen des Trüffel-Grundrezeptes

Das Grundrezept für Trüffel kann man auf vielfältige Weise abwandeln.

Erstens können Sie die Beschaffenheit der Trüffel verändern, indem Sie die Trüffelmasse kurz vor dem Formen mit einem elektrischen Schneebesen auf unterster Stufe schlagen. Dabei wird Luft in die Masse eingeschlagen und die Farbe hellt sich beträchtlich auf. Durch den Einschluss von Luft werden die Trüffel auch leichter und lockerer.

Zweitens können Sie den Trüffeln beliebige Aromen zufügen, z. B. erhalten sie nach Zugabe einiger Tropfen Orangenöl Orangentrüffel. Auch Kaffee oder Nüsse eignen sich hervorragend für Trüffel mit einem charakteristischen Geschmack. Das oben angegebene Rezept ist sehr »robust« und Sie können ohne Probleme auch die einzelnen Bestandteile variieren und bis zu 100 g fester Bestandteile hinzufügen.

Drittens können Sie alkoholhaltige Trüffel herstellen. Alles was Sie brauchen, ist etwas Weinbrand oder ein anderes alkoholisches Getränk, das Sie am Anfang der geschmolzenen Schokolade hinzugeben. Auf diese Weise können Sie bis zu 50 ml Alkohol einbinden.

Schließlich können Sie noch den Überzug der Trüffel verändern. Z. B. können Sie sie mit etwas geschmolzener Schokolade überziehen und erhalten so einen zart glänzenden Schokoladentrüffel. Sie können sie auch in gemahlenen Nüssen, Mandeln usw. wälzen.

Ostereier

Auch Ostereier lassen sich sehr einfach selber herstellen. Alles, was Sie dazu benötigen, ist eine hoch qualitative Schokolade und Ostereiformen (diese können Sie in einem Haushaltswarengeschäft kaufen). Die Schokolade wird geschmolzen, temperiert und dann in mehreren Schichten in die Form ausgestrichen. Sobald die Schokolade hart geworden ist, können Sie sie aus der Form nehmen und dann die andere Hälfte herstellen.

ZUTATEN

- *200 g Zartbitterschokolade (nehmen Sie eine qualitativ hochwertige Schokolade mit mindestens 50 % Kakaoanteil, am besten eignet sich Schokolade mit 70 %)*

ZUBEREITUNG

Nehmen Sie die Formen und behandeln Sie sie gemäß Herstellerangaben vor. Achten Sie besonders darauf, dass sie sauber und trocken sind.

Erwärmen Sie die Schokolade im Wasserbad bis zu einer Temperatur von etwas über 44 °C. Beim Schmelzen entsteht eine zähflüssige, glänzende Masse. Danach wird die Schokolade in einem kalten Wasserbad unter ständigem Rühren auf eine Temperatur von 28 °C abgekühlt. Wenn Sie kein Thermometer zur Verfügung haben, ist die richtige Temperatur dann erreicht, wenn die Schokolade gerade anfängt, dick zu werden. Erwärmen Sie die Schokolade jetzt noch einmal im heißen Wasserbad auf 31 °C. Die Schokolade sollte jetzt eine glänzende Oberfläche haben und kann weiterverarbeitet werden. Nehmen Sie dann einen feinen Pinsel und streichen Sie die Innenseite der Form mit einer dünnen Schicht Schokolade aus. Lassen Sie sie hart werden (was nur ein paar Minuten dauern sollte), streichen dann eine etwas dickere Schicht (bis zu 1 mm) darüber, lassen sie wieder fest werden und fügen eine weitere Schicht hinzu. Wiederholen Sie den Vorgang so lange, bis Sie die gewünschte Dicke erreicht haben. Legen Sie die Form dann in einen kühlen Raum, bis die Schokolade so fest geworden ist, dass Sie sie einfach aus der Form lösen können. Ein Kühlschrank ist dafür nicht geeignet, weil sich dabei eher die niedrig schmelzenden Kristalle bilden würden. Für die zweite Hälfte des Ostereis gehen Sie genauso vor.

Die zwei Eihälften können Sie ganz einfach miteinander verbinden, indem Sie etwas geschmolzene Schokolade auf die Ränder auftragen und dann die beiden Hälften zusammenpressen. Wenn Sie jemandem eine besondere Freude machen wollen, können Sie auch ein Überraschungsei herstellen.

Ein Experiment zum selber ausprobieren

Die Herstellung von Pralinen kann recht mühselig sein, insbesondere das Temperieren, bei dem die Kakaobutter die richtige Kristallform erhält und einen bestimmten Schmelzpunkt erreicht. Einer meiner ehemaligen Kollegen, Malcolm Mackley, der jetzt an der Cambridge University lehrt, beschäftigte sich eigentlich mit den Fließeigenschaften von polymeren Flüssigkeiten, übertrug seine Erkenntnisse aber dann irgendwann auch auf die Weiterverarbeitungsprozesse von Schokolade. Wie er später selber zugab, hätte er dieses eigentlich einfache Experiment niemals in Angriff genommen, wenn er gewusst hätte, wie komplex die Zusammenhänge bei der Verarbeitung von Schokolade sind. Immerhin hat er so ein völlig neues Verfahren erfunden, mit dem Schokolade Formen annehmen kann, die sonst nur sehr schwer, wenn überhaupt, zu erreichen sind. Malcom entdeckte, dass Schokolade, die durch ein Loch gepresst (extrudiert) wird, sich in ein verformbares, plastisches Material verwandelt. Diese Masse kann dann in jede beliebige Form gebracht werden und wird nach einiger Zeit wieder fest, und zwar in der gleichen kristallinen Form wie ursprünglich vorhanden.

Wenn Sie zu Hause einen Fleischwolf besitzen, können Sie dies selbst einmal ausprobieren. Obwohl ein handbetriebener Fleischwolf auch geeignet ist, kann man es mit einem elektrischen noch besser demonstrieren. Alternativ können Sie auch eine Nudelmaschine benutzen. Zerkleinern Sie einfach eine Tafel Schokolade, geben Sie sie in den Einfülltrichter des Fleischwolfs und setzen Sie diesen mit der gröbsten Einstellung in Gang. Die Schokolade wird dabei durch die Löcher gedrückt und kommt in Form von langen »Schnüren« heraus. Diese Bänder sind sehr beweglich und Sie können sogar einen Knoten hineinmachen oder mit ihnen weben. Nach etwa einer Stunde nimmt die Schokolade allerdings wieder ihre ursprünglich harte Form an.

Wenn Sie mit der Geschwindigkeit des Fleischwolfs ein wenig herumexperimentieren, können Sie mit etwas Übung diesen Trick mit mehr oder weniger jeder Schokolade durchführen. Es lassen sich damit dann alle möglichen interessanten Formen nachbilden, mit denen Sie ihre Freunde und Verwandten bestimmt beeindrucken können.

Anhang

Glossar

Ablöschen | Das Verfahren, bei dem man all die geschmacksgebenden braunen Bestandteile aus einer Pfanne herauslöst, in der vorher Fleisch gebraten wurde. Um eine Pfanne abzulöschen, geben Sie etwas kochendes Wasser oder kochende Brühe hinzu und schaben auf dem Pfannenboden mit einem Löffel oder einem Spatel entlang, bis sich alle braunen Bestandteile im Wasser gelöst haben. Diese Flüssigkeit gießen Sie dann ab und heben sie für den weiteren Gebrauch auf.

Aldehyde | Es handelt sich hierbei um eine Klasse von chemischen Verbindungen, die mit dem Alkohol eng verwandt ist (Aldehyde werden aus Alkohol formal gebildet, indem zwei Wasserstoffatome entfernt werden). Viele Aldehyde haben ein stark ausgeprägtes Aroma.

Alkalische Verbindungen | Hierbei handelt es sich um chemische Verbindungen wie z. B. Ätznatron (Natriumhydroxid), die in der Lage sind, Säuren zu neutralisieren. Viele Pflanzenfarbstoffe werden durch alkalische Substanzen in ihrer Farbe verändert: rote Farben in blaue, gelbe in braune, purpurrote in grüne.

Amylopektin | Das sind die stark verzweigten Moleküle der Stärke, die sich aus vielen Glukoseeinheiten zusammensetzen und sehr lange Moleküle bilden mit einer bestimmten Anzahl an kurzen Seitenketten.

Amylose | Die langen linearen Moleküle der Stärke, die aus vielen Glukoseeinheiten bestehen und lange Moleküle ohne Seitenverzweigungen bilden.

Atome | Kleine Teilchen, aus denen als grundlegende Bausteine sämtliche Materie aufgebaut ist.

Casein | Der Sammelname für eine ganze Gruppe von Proteinen, die in der Milch vorkommen und die in einem alkalischen Medium ausflocken.

Cellulose | Ein langes Kohlenhydratmolekül, das aus vielen miteinander verbundenen Glukoseeinheiten besteht. Cellulose unterscheidet sich von Amylose in der Art, wie die Glukoseringe miteinander verknüpft sind.

Denaturierung, denaturieren, denaturiert | In dem ursprünglichen, natürlichen Zustand nehmen die Proteine eine bestimmte Konformation oder Form ein. Andere Moleküle desselben Proteins haben eine identische Form. Gerade durch diese Form wird die biologische Funktionalität festgelegt. Wenn ein Protein durch Erhitzen oder andere Einwirkungen diese natürliche Form verliert, spricht man davon, dass es denaturiert ist.

Dichte | Der Quotient aus dem Gewicht eines Gegenstand und seinem Volumen. Jedes Material hat seine eigene Dichte. Metalle, wie z. B. Eisen oder Blei, die sich schwer anfühlen, haben eine hohe Dichte während andere, leichtere Materialien, wie z. B. Holz oder Plastik, eine geringere Dichte haben.

Disulfidbrücke | Eine der verschiedenen Arten chemischer Bindungen, die innerhalb eines Proteinmoleküls vorkommen und die dazu beitragen, dass es in seiner natürlichen Form stabilisiert wird.

Emulsion | Eine Dispersion kleiner Tröpfchen einer Substanz in einer anderen. Butter ist ein Beispiel für eine Emulsion von Wassertröpfchen suspendiert in einem festen Fett. Mayonnaise ist ein Beispiel für eine Emulsion von Öltröpfchen suspendiert in Wasser.

Enzym | Enzyme sind natürlich vorkommende, chemische Substanzen, die den Ablauf biochemischer Reaktionen katalysieren. Fast alle biologischen Prozesse werden durch entsprechende Enzyme gesteuert.

Exponentiell, exponentieller Anstieg | Es handelt sich hierbei um mathematische Begriffe, die Reihen beschreiben, die sehr schnell ansteigen. Wenn Sie auf einem Schachbrett einen Cent auf ein Quadrat legen, auf das zweite Quadrat zwei, auf das dritte vier, auf das vierte acht, auf das fünfte sechzehn usw., verdoppeln Sie die Anzahl der Centstücke auf jedem nachfolgenden Quadrat und Sie könnten dazu auch sagen, dass die Anzahl der Cents auf jedem Quadrat exponentiell ansteigt.

Fäserchen (Fibrille) | Wörtlich eine kleine Faser. Wenn Sie eine Muskelstruktur beschreiben, sind die Fäserchen die kleinsten Einheiten, aus denen die einzelnen Muskelfasern noch sichtbar zusammengesetzt sind.

Gebundenes Wasser | Wasser, das sich an andere Substanzen – oftmals Proteine – anlagert oder fest mit ihnen verbindet. Das Wasser liegt dann nicht mehr in flüssiger Form vor und kann nicht mehr frei fließen.

Geordnet | Wenn man Moleküle in einem festem Zustand beschreibt, können wir sie als geordnet oder als ungeordnet bezeichnen. In einem geordneten Feststoff beeinflusst der Sitz und die Ausrichtung eines Moleküls diejenigen seiner Nachbarn, während in einem ungeordneten Festkörper dies nicht der Fall ist. Ein sehr gut geordneter Feststoff wäre ein Kristall, wobei jedes Molekül die gleiche Stelle in einem sich wiederholenden Kristallgitter besetzt.

Gliadin | Eines der Weizenmehlproteine, das zusammen mit Glutenin Gluten bilden kann. Ein Unterscheidungsmerkmal zwischen Gliadin und Glutenin ist seine Löslichkeit in Alkohol.

Gluten | Ein Proteinkomplex (die Verbindung zwischen zwei oder mehr Proteinen), der durch die mechanische Verformung einer Mischung aus den Weizenmehlproteinen Gliadin und Glutenin zusammen mit etwas Wasser gebildet wird. Gluten bildet sich normalerweise dann, wenn Mehlteige geknetet werden.

Glutenin | Eines der Weizenmehlproteine, die zusammen mit Gliadin Gluten bilden kann. Glutenin unterscheidet sich von Gliadin durch seine Unlöslichkeit in Alkohol.

Hydratation, Hydratisierung | Der Prozess, bei dem einer Verbindung Wasser zugeführt wird, wobei es sich normalerweise darum handelt, dass das Wasser entweder mit der Substanz chemisch reagiert oder von ihr absorbiert wird (Wasseranlagerung).

Hydrolyse | Eine chemische Reaktion, bei der ein Molekül in zwei einzelne, kleinere Moleküle durch Hinzufügung eines Wassermoleküls gespalten wird.

Hydrophil | »Hat eine Vorliebe für Wasser« oder »wird vom Wasser angezogen«. Alkohol lässt sich sehr leicht mit Wasser vermischen und ist hydrophil. Das Gegenteil ist hydrophob.

Hydrophob | »Mag kein Wasser« oder »wird vom Wasser abgestoßen«. Öle lassen sich nicht mit Wasser vermischen und sind deshalb hydrophob. Das Gegenteil ist hydrophil.

Inter-Protein-Bindungen | Chemische oder physikalische Bindungen zwischen verschiedenen Proteinmolekülen. Wenn viele Proteinmoleküle miteinander verbunden sind, bilden sie ein Gel.

Intra-Protein-Bindungen | Chemische oder physikalische Bindungen, die innerhalb eines einzelnen Proteinmoleküls vorhanden sind. Es handelt sich dabei um Bindungen, die dazu beitragen, dass ein Protein seine natürliche Form behält.

Ion, ionische Bindung | Ionen sind Atome, die entweder ein oder mehr Elektronen zusätzlich oder weniger haben, sodass sie elektrisch geladen sind. Ionen können zwischen (oder innerhalb von) Molekülen Brücken bilden (ionische Bindungen), wobei geladene Bereiche miteinander verknüpft werden.

Keimbildung, »als Keim wirken« | Wenn ein Kristall oder eine Blase größer werden, ist der erste Schritt die Bildung eines (Kristallisations-) Keims. Wenn dieser Keim zu klein ist, dann wird die Blase platzen oder der Kristall schmelzen. Der Keim muss also eine ausreichende Größe besitzen, bevor er eine gewisse Stabilität bekommt und der Kristall oder die Blase wachsen können.

Kohlendioxid | Ein einfaches Gas, dessen Moleküle aus zwei Atomen Sauerstoff und einem Atom Kohlenstoff aufgebaut sind. Kohlendioxid wird beim Wachstum von Hefe erzeugt sowie von Backpulver freigesetzt und lässt Kuchen und Brote aufgehen.

Kolloid | Eine Dispersion einer meist flüssigen Substanz in Form kleiner Tröpfchen in einer anderen Flüssigkeit. Die Tröpfchen der dispergierten, flüssigen Phase sind normalerweise kleiner als 1/1.000 mm. Im Lebensmittelbereich ist Mayonnaise ein gutes Beispiel für ein Kolloid, in dem sehr kleine Öltröpfchen in einer wässrigen Phase dispergiert sind.

Kristall | Ein Feststoff mit einem hohen Ordnungsgrad, bei dem die Moleküle in einer sich wiederholenden Gitterstruktur angeordnet sind.

Kristallisation | Der Vorgang, bei dem eine Substanz aus einer ungeordneten Phase langsam zu einem Kristall wächst. Die ungeordnete Phase kann entweder die geschmolzene Substanz selber sein (z. B. wenn Eiskristalle aus Wasser wachsen) oder eine Lösung dieser Substanz (Salzkristalle wachsen z. B., weil Wasser aus einer salzigen Lösung verdampft).

Maillard-Reaktionen | Eine ganze Anzahl komplexer, chemischer Reaktionen, die zwischen Zuckern (sowohl Polysachariden als auch kleineren Zuckermolekülen) und Proteinen ablaufen. Diese Reaktionen können in ausreichender Geschwindigkeit nur bei hohen Temperaturen stattfinden (etwa über 140 °C). Viele der dabei entstehenden Reaktionsprodukte sind kleine Aromamoleküle, die z. B. für das typische Aroma in gebratenem Fleisch verantwortlich sind. Die Maillardreaktionen werden auch manchmal als Bräunungsreaktionen bezeichnet, weil Sie dann ablaufen, wenn Lebensmittel im Ofen oder unter dem Grill gebräunt werden.

Metabolisieren | Ein Prozess, bei dem mit Hilfe von Enzymen komplexe Moleküle in Lebensmitteln in kleinere, eher verwertbare Moleküle abgebaut werden (verstoffwechseln).

Mizelle | Ein kleines Aggregat von Molekülen, wie z. B. Seifen oder Caseinproteine. Mizellen sind in Kolloiden relativ stabil.

Molekül | Eine Gruppe von Atomen, die chemisch miteinander verbunden sind.

Oberflächenaktive Substanz | Normalerweise ein Molekül mit einem hydrophoben Ende und einem hydrophilen Ende, das eine Oberfläche verändert oder stabilisiert, insbesondere sind dies Detergenzien und Seifen. Sie können Öl-in-Wasser-Emulsionen stabilisieren.

Oxidation | Chemische Reaktion, bei der einer Verbindung Sauerstoff hinzugefügt wird. Wenn Fette oxidieren, werden sie ranzig.

Polysaccharide | Lange, polymere Moleküle, die entstehen, wenn viele Zuckermoleküle miteinander verknüpft werden. Es gibt viele verschiedene Zucker und jedes Zuckermolekül kann über eines von mehreren Kohlenstoffatomen im jeweiligen Ring mit einem anderen Kohlenstoffatom verbunden werden, sodass es unendlich viele Möglichkeiten gibt, Polysacharide zu bilden.

Proteine | Lange, polymere Moleküle, die durch die Aneinanderreihung vieler Aminosäuren entstehen. Es gibt viele verschiedene Aminosäuren, die in beliebiger Reihenfolge miteinander verknüpft werden können, sodass es eine unendliche Anzahl möglicher Proteine gibt.

Rennin | Ein Enzym aus Kälbermägen, das verhindert, dass das Casein in der Milch stabile Mizellen ausbilden kann. Es lässt die Milch gerinnen.

Säuren | Chemikalien, die manchmal recht heftig mit einer ganzen Reihe von verschiedenen Materialien reagieren, und die alkalische Substanzen neutralisieren. Genusssäuren, wie z. B. Zitronen- oder Essigsäure haben im Allgemeinen einen sauren Geschmack. Säuren können auch die blaue Färbung von Gemüse in Richtung Rot verändern.

Stärke | Ein Komplex aus Kohlenhydraten; sie besteht meistens aus Amylose und Amylopektin.

Stärkekorn | Ein Körnchen, das aus konzentrischen Schichten aus Amylose- und Amylopektinmolekülen aufgebaut ist.

Strukturviskoses Verhalten | Viele komplex aufgebaute Flüssigkeiten haben »seltsame« Eigenschaften, wenn sie fließen. Wenn die Viskosität (der Widerstand gegenüber dem Fließen) sich verringert, sobald die Geschwindigkeit, mit der die Flüssigkeit fließt, ansteigt, wird dies als strukturviskoses Verhalten bezeichnet.

Thixotrop | Viele komplexe Flüssigkeiten haben »seltsame« Eigenschaften, wenn sie fließen. Wenn die Viskosität (der Widerstand gegenüber dem Fließen) einer Flüssigkeit abnimmt, sobald Sie unter Schubspannung steht oder ausgebreitet wird, spricht man davon, dass sie thixotrop ist.

Trigeminus-»Sinn« | Der »Sinn«, mit dem wir Chilis usw. schmecken können.

Umami | Der Geschmackseindruck, der z. B. durch Natriumglutamat hervorgerufen wird. Der Umami-Geschmack wird am besten als eine Art Ergänzung oder Verstärkung beschrieben. Er kommt in vielen Lebensmitteln vor, insbesondere in Tomatenpüree und Parmesankäse.

Ungesäuert | Brote, die ohne Hefe oder Sauerteig hergestellt werden, sodass sie nicht aufgehen können und keine Bläschen enthalten.

Viskosität | Das Verhältnis zwischen dem ausgeübten Druck auf eine – durch irgendeine Vorrichtung fließende – Flüssigkeit und der Geschwindigkeit, mit der sie fließt. Der Widerstand gegen das Fließverhalten.

Wasserstoffbrückenbindung | Eines der verschiedenen chemischen Bindungen, die innerhalb eines Proteinmoleküls vorkommen und die dazu beitragen, die natürliche Form der Proteine zu erhalten.

Zersetzen, Zersetzung | Wenn ein langes Molekül erhitzt wird oder zu lang gestreckt wird, kann es manchmal die Spannung nicht länger aufrecht erhalten und bricht in zwei kleinere Moleküle auseinander. Der Prozess, bei dem große Moleküle in kleine Bruchstücke auseinanderbrechen, entweder durch mechanische Beanspruchung oder durch Hitze, wird Zersetzung oder Abbau genannt.

Literaturverzeichnis

Ich habe beim Schreiben dieses Buches auf die verschiedensten Literaturstellen zurückgegriffen, die ich in Teil 2 des Literaturverzeichnisses aufgeführt habe, zusammen mit einigen anderen, sehr nützlichen und bedeutsamen Büchern. Dieses Literaturverzeichnis habe ich thematisch gegliedert und zu jeder Quellenangabe einen kurzen Kommentar über den Inhalt hinzugefügt. Für die deutschsprachigen Leser hat dankenswerterweise das Lektorat des Springer-Verlags in Teil 1 eine kleine Literaturauswahl zusammengestellt, die in keiner Weise vollständig sein kann.

Teil 1
Deutschsprachige Bücher zur Lebensmittelwissenschaft

Lehrbuch der Lebensmittelchemie | H.-D. Belitz, W. Grosch, P. Schieberle, Springer, Berlin Heidelberg New York, 5. vollst. überarb. Aufl. 2001.
Ein klassisches Lehrbuch und Nachschlagewerk für Fachleute

Lebensmittelchemie | W. Baltes, Springer, Berlin Heidelberg New York, 5., vollst. überarb. Aufl., Springer 2000.
Kurzgefasstes Lehrbuch, auch für interessierte Laien mit etwas naturwissenschaftlichem Grundwissen geeignet

Taschenbuch für Lebensmittelchemiker und -technologen Band 1-3 | W. Frede, D. Osteroth (Hrsg.), Springer, Berlin Heidelberg New York, 1993.
Nachschlagewerk, das auch technologische und rechtliche Aspekte abdeckt, informativ und detailreich, für Interessierte sehr geeignet

Naturwissenschaftliche Grundlagen der Lebensmittelzubereitung. Studienausgabe | W. Ternes, Behr, 2000.
Für alle im Lebensmittelbereich Tätigen und Hobbyköche geeignet

Populärwissenschaftliche Bücher über die Kochkunst

Kulinarische Geheimnisse 55 Rezepte – naturwissenschaftlich erklärt | H. This-Benckhard, Springer, Berlin Heidelberg New York 1997

Rätsel der Kochkunst Naturwissenschaftlich erklärt | H. This-Benckhard, Springer, Berlin Heidelberg New York 1996

Kulinarische Geheimnisse. 55 Rezepte – naturwissenschaftlich erklärt | H. This-Benckhard, Piper, 1999

Teil 2
Englischsprachige Bücher zur Lebensmittelwissenschaft

Food Science | H. Charley, John Wiley, New York, 1982.
Es handelt sich dabei um ein umfassendes Lehrbuch für Studenten der Lebensmittelwissenschaften. Es stellt reichhaltiges Quellenmaterial zur Verfügung, ist allerdings für diejenigen, die in diesen Wissenschaften kein Hintergrundwissen haben, wegen der Fachterminologie nicht immer einfach zu verstehen.

Foods: Experimental Perspectives | M. McWilliams, Macmillan, New York, 2nd Ed. 1993.
Margaret McWilliams hat mehrere Bücher über Ernährungswissenschaft geschrieben und dieses Buch ist für ernsthaft interessierte Studenten gedacht. Es ist jedoch gut lesbar, glänzt durch eine gute Ausgewogenheit zwischen theoretischen Aspekten und Experimenten (und Fragen) und veranschaulicht sehr gut die angesprochenen, grundlegenden Gesetzmäßigkeiten.

Food Chemistry | H.-D. Belitz, W. Grosch, Springer, Berlin Heidelberg New York, 2nd Ed. 1999.
Ich finde, dass es eine sehr gründliche und ausführliche Darstellung der chemischen Reaktionen enthält, die beim Erhitzen, usw. ablaufen. Es setzt zwar eine Menge Hintergrundwissen im chemischen Bereich voraus, ist aber trotzdem für einen Physiker wie mich recht gut lesbar.

Populärwissenschaftliche Bücher über Lebensmittel

On Food and Cooking | H. McGee, Unwin Hyman, London, 1986.
Harold McGee's erstes Buch bekam viel Anerkennung für das beste und leicht verständlichste Buch, das in einfachen Worten die naturwissenschaftlichen Aspekte erklärt, die sich hinter unseren Lebensmitteln und der Nahrungszubereitung verbirgt.

The Cook Book Decoder | A. E. Grosser, Beaufort Books, New York, 1981.
Art Grosser ist Chemieprofessor an der Magill Universität. Sein kleines Büchlein enthält viele humorvolle und klar verständliche Erklärungen über die Chemie der Nahrungszubereitung.

The Curious Cook | H. McGee, North Point Press, San Francisco, 1990.
In seinem zweiten Buch untersucht Harold McGee einige naturwissenschaftliche Phänomene etwas ausführlicher. Insbesondere das Kapitel über Mayonnaise ist sehr erhellend.

The Epicurean Laboratory | T. Seelig, W. H. Freeman, New York, 1991.
In diesem kurzen, gut illustrierten Buch werden verschiedene Bereiche der Naturwissenschaften unter die Lupe genommen, in denen die wissenschaftlichen Erklärungen durch einfache Rezepte veranschaulicht werden können.

Cookwise | Sh. O. Corriher, William Morrow, New York, 1997.
Shirley ist eine großartige Kochkunstlehrerin. Sie hat eine Vorliebe dafür, alles in einfachen wissenschaftlichen Begriffen zu verstehen und auszudrücken. Ihr Buch vermittelt dann auch ihre eigene Begeisterung. So versucht Shirley das ganze Buch hindurch dem Leser verständlich zu machen, warum einzelne Rezepturen bestimmte Zutaten benötigen und warum bestimmte Anweisungen erforderlich sind. Dieses Verständnis ist hilfreich, um erfolgreich zu kochen.

Blanc Mange | R. Blanc, BBC Books, London, 1994.
Dieses Buch wurde als Begleitliteratur zu einer Fernsehserie geschrieben, bei der Raymond Blanc einige chemische Aspekte seines eigenen Kochstils untersuchte. Die Naturwissenschaften selbst wurden in der Fernsehserie zum größten Teil von Prof. Nicholas Kurti erklärt und sein Einfluss ist auch seinem Buch anzumerken.

The French Cookie Book | B. Healy, William Morrow, New York, 1994.
Bruce Healy hat ein gigantisches Buch über die Kunst der Patissier geschrieben und an vielen Stellen, wie z. B. beim Aufgehen von Biskuit, bei der Bildung von Schäumen und bei der Temperierung von Schokolade, gibt er genaue naturwissenschaftliche Erklärungen der zugrunde liegenden traditionellen Verfahren.

Lutefisk, Rakefisk and Herring in Norwegian Tradition | A. Riddervold, Novus Press, Oslo, 1990.
In diesem kleinen Buch steht mehr über die norwegische Tradition von getrocknetem Fisch und die Verfahren, um ihn wieder herzustellen, als irgendjemand jemals wissen möchte. Für mich war es sehr wertvoll, als ich versuchte, alles über Lutefisk herauszufinden und zu verstehen.

Allgemeine Kochbücher

The Joy of Cooking | I. S. Rombauer, M. Rombauer Becker, Signet, New York, 1931.
Dieses amerikanische Buch enthält klare und einfach zu befolgende Rezepte aus fast allen Bereichen. Das einzige Problem, mit dem ich zu kämpfen hatte, war die Angabe von US-amerikanischen Messgrößen!

Authentic Mexican | R. Bayless, William Morrow, New York, 1987.
Als Liebhaber der guten mexikanischen Küche finde ich dieses Buch unentbehrlich, weil es authentisch schmeckende Rezepte in einer nachvollziehbaren Form wiedergibt.

Good Housekeeping Cookery Book | Ebury Press, London, revised edition, 1983.
Es handelt sich hier um ein traditionelles britisches Kochbuch – eins, das meine Mutter schon benutzt hat. Trotzdem sind die neueren aktualisierten Ausgaben eine gute Quelle für geeignete Grundrezepte und meins steht immer griffbereit in der Küche als brauchbares Nachschlagewerk, wenn ich einmal ein einfaches Rezept vergessen habe.

Cordon Bleu Cookery | R. Hume, M. Downes, Octopus, London, 1975.
Dieses Buch hat mein Interesse am Kochen geweckt. Kurz nach Erlangen meines Doktorgrades hatte meine Partnerin es mir gekauft, um mich zum Kochen zu animieren. Ich habe fast jedes Rezept in dem Buch ausprobiert und mir haben alle gefallen. Ich muss allerdings zugeben, dass einige Rezepte etwas ausführlichere Erklärungen bräuchten und in einigen Fällen auch eine Überarbeitung bzw. Änderung notwendig wäre. Gerade dadurch, dass ich versucht habe herauszufinden, wie diese Rezepte eigentlich gedacht waren, habe ich angefangen, mir die Naturwissenschaft hinter dem Kochen einmal genauer anzusehen.

Fruits of the Sea | R. Stein, BBC Books, 1998

Naturwissenschaftliche Bücher

Weil ich in der Universität, im Institut für Physik, arbeite, habe ich Zugang zu großen Bibliotheken voll mit anspruchsvollen Büchern über alle möglichen Aspekte der Biochemie, der Chemie, der Biologie und der Physik. Ich habe natürlich viele solcher Bücher zurate gezogen, als ich mir Gedanken über die Naturwissenschaft in der Küche gemacht habe. Aber nur sehr wenige, wenn überhaupt, werden dem allgemein interessierten Leser zugänglich sein, sodass ich nicht glaube, dass es angemessen wäre, sie alle hier aufzuführen. Stattdessen werde ich einige wenige, gut geschriebene Bücher empfehlen, die für die interessierte Allgemeinheit gedacht sind und darüber hinaus einige zugängliche Bücher, die zwar für Studenten im Grundstudium geschrieben wurden, aber dennoch von einer Person mit guter Allgemeinbildung größtenteils verständlich sind.

The New World of Mr Tompkins | G. Gamnow, R. Stannard, Cambridge University Press, Cambridge, 1999.
Molecules at an Exhibition | J. Emsley, Oxford University Press, Oxford, 1998.
Chemical Magic | L. A. Ford, E. W. Grundmeier, Dover Publications, 1993.
Chemistry: Molecules, Matter, and Change | P. Atkins, L. Jones, W. H. Freeman, 1997.
Schrodinger's Kittens | J. Gribbin, Phoenix Paperbacks, 1996.
The Flying Circus of Physics With Answers | J. Walker, John Wiley, 1987.
Principles of Modern Chemistry | D. Oxtoby, H. P. Gillis, N. H. Nachtrieb, Saunders College Publishing, 1998.
Conduction of Heat in Solids | H. S. Carslaw, J. C. Jaeger, Clarendon Press, Oxford, 1947.

Stichwortverzeichnis

A | Ablöschen 349
Aldehyde 349
alkalische Verbindungen 349
altbacken *siehe auch* Stärke
... warum Brot altbacken wird 174
Aminosäuren *siehe* Proteine
Amylopektin 22, 24, 249
... *siehe auch* Polysaccharide
Amylose 22, 24, 249
... *siehe auch* Polysaccharide
Apfelsoufflé 314
Aromen
... Geruch 43 ff
Atome 12

B | Backpulver 242
Bindegewebe 97, 98
... Elastin 97
... Kollagen 97
... Reticulin 97
Biskuit
... Genueser Biskuit 250
... Rezept 237
Biskuitkuchen 233
... alles-zusammenrühren-Methode 248
... Backpulver 242
... Früchtekuchen 249
... Genueser Biskuit 250
... Mehl 243
... Schokolade 249, 262
... Victoria Sandwich 248
... Zusammenfallen verhindern 240
Blätterteig 292, 295
Boeuf Bourguignon 128
Brandteig 299, 301
Bratpfannen *siehe* Küchenausrüstung
Briesoufflé 320
Brot 163 ff
... Brotbackmaschinen 177
... Brötchen 181
... kneten 175

... Mehltypen 166
... Naan 182
... Pizza 184
... ungesäuerte Brote 183
... Vollkornbrot 180
... warum Brot altbacken wird 174
... was ist Hefe? 168
... Weißbrot 170

C | Casein 349
Cellulose 22, 349
... *siehe auch* Polysaccharide 353
Chicken-Parmesan 212

D | denaturieren 350
Denaturierung *siehe auch* Proteine 30, 350
... durch Fließen 31
... durch Erhitzen 30
... Kollagen 32
Detergenzien *siehe* Seifen
Disulfidbrücken 29, 350

E | Eiscreme 220
Ei-Vanillesoße 219
Elastin 97
Elastizität von Teigen 274
Emulsion 224, 350
Enzyme 46, 350
Erdbeertorte 262
Erdbeerschnitten 298
Esskastanien
... Schälen 121
Experimente zum selber ausprobieren
... Aroma und Geruch 49
... Backpulver Explosionen 266
... Blasen in Körpergröße 323
... Blasen und Schäume 36
... Brotteig 185
... Emulsionen 230
... Entspannung von Teig 304

Experimente zum selber ausprobieren
- ... Garzeiten – Kartoffeln   75
- ... Kartesischer Taucher   160
- ... Kochen auf Papier   93
- ... Kollagen zu Gelatine   132
- ... Kuchenteigkonsistenz   265
- ... Maillard-Reaktionen   133
- ... Mikrowellenherd   75
- ... Plastikschokolade   345
- ... Schichten im Blätterteig   304
- ... zähes und zartes Fleisch   131
- ... Zerstören von Schäumen   267

F | Feingebäck   269 ff
- ... Blätterteig   292
- ... Brandteig   299
- ... Flanteig   282
- ... Mürbeteig   277
- ... Paté Sucrée   283
- ... Raised Pie-Teig   286
- ... Schichten im Blätterteig   297
- ... Verfahren mit der Küchenmaschine   282

Fette   16 ff
- ... gesättigte Fette   17, 18
- ... ungesättigte Fette   17, 18

Fish and Chips   148

Fish   135 ff
- ... backen   145
- ... braten und sautieren   142
- ... dämpfen   141
- ... dünsten   141
- ... frittieren   143
- ... Geruch von Fisch   138
- ... grillen   146
- ... konservierter Fisch   153
- ... Lutefisk   154
- ... Muskeln   137
- ... warum ist Fisch weiß?   139

Flan Teig   282

Fleisch   95 ff
- ... Auswirkungen von Hitze auf Fleisch   105, 107
- ... Entwicklung von Aromen   105
- ... Farbe von Fleisch   101
- ... Schlachten und Alterung   104
- ... Steaks braten   108
- ... zähes und zartes Fleisch   98, 103
- ... Zusammensetzung von Fleisch   101

Fond   198
- ... Fleischfond   203
- ... Fonds klären   205
- ... Gemüsefond   200

Fondue   226

Forelle mit Mandeln   149

Früchte-Pie   285

G | Garzeiten
- ... Braten   116, 117
- ... für Braten
  - ... theoretisch   72
- ... gebratener Truthahn   120
- ... Souflés   312

gebundenes Wasser   351

gedämpfte Puddinge   250

Gelatine   31

Gele und Gelbildung   31

Genueser Biskuit   250

Geruch   39 ff, 138

Geschmack   39 ff
- ... Geschmackssinn   41
- ... Umami   41

Gliadin *siehe auch* Gluten   351

Gluten   24, 351

Glutenbildung   24, 272

Glutenin   24

Glutenin *siehe auch* Gluten   351

H | Hefe   168
- ... Hefearten   172
- ... Instanthefe   173
- ... was ist Hefe?   168

Hydratation   272, 351

Hydrolyse   351

hydrophil   33, 351

hydrophob   33, 352

K | Kakao 334
... Kakaobutter 334
... Kristallformen 337
Käse
... Beschaffenheit von Käse 228
... Käsebeignets 303
Kohlendioxid 352
Kollagen 31, 97
Kolloid 224, 352
Konvektion *siehe* Wärme
Küchenausrüstung 79 ff
... Ausrüstung 79
... Backöfen 92
... Küchenmaschinen 86
... Küchenwerkzeuge 83
... Thermometer 85
Küchenmaschinen *siehe* Küchenausrüstung
Küchenutensilien *siehe auch* Küchenausrüstung 79
... Antihaftbeschichtungen 89
... Bratpfannen 87
... Küchenausrüstung 79
... Töpfe 87

L | Lamm
... geschmorte Lammkeule mit Knoblauch 113
Lute fisk 154

M | Maillard-Reaktionen 47, 353
Mayonnaise 223, 225
Mehl 165
... Mehl sieben 264
... Mehltypen 166
... Struktur 165
Mexikanische Sauce mit Schokolade (Mole) 340
Mikrowellen 74
Moleküle 7, 12, 353
... Mundgefühl 197
Mürbeteig 277
Muskeln 99

... Fasern 98
... Fisch 137

N | Naan 182

O | Ochsenschwanzsuppe 130
Ofen *siehe* Küchenausrüstung
Öle 16 ff
Ostereier 344

P | Parmesan-Hähnchen 212
Pizza 184
Plastizität von Teigen 274
Polysaccharide 22 ff, 353
... Amylopektin 22, 349
... Amylose 22, 349
... Cellulose 22, 349
Profiteroles 303
Protein
... Wasserstoffbrückenbindung 29
Proteine 27 ff, 354
... Aminosäuren 27
... Schäume 35
Püree 50

R | Raised Pie-Teig 286
Räucherlachssoufflé 159
Rennin 354
Reticulin 97
Rezepte
... Apfelsoufflé 314
... Blätterteig 295
... Boeuf Bourguignon 128
... Brandteig 301
... Bratensaucen 217
... dunkle Grundsauce 213
... Eiscreme 220
... Erdbeerschnitten 298
... Fish and Chips 148
... Fleischbrühe 203
... Fondue 229
... Forelle mit Mandeln 149

Rezepte
... Früchte-Pie 285
... gebratener Truthahn 117
... gegrillte Steaks 111
... Gemüsebrühe 200
... Genueser Biskuit 252
... geschmorte Lammkeule mit Knoblauch 113
... helle Sauce 209
... Käsebeignets 303
... Mayonnaise 225
... Mexikanische Soße mit Schokolade (Mole) 340
... Mürbeteig 277
... Naan 182
... Ochsenschwanzsuppe 130
... Parmesan-Hähnchen 212
... Pork and Chicken Pie 291
... Profiteroles 303
... Raised Pie-Teig 286
... Räucherlachssoufflé 159
... Rindfleischeintopf 122
... Sautéed Sirloin Steaks 109
... Schokoladen Trüffel 342
... Schwarzwälder Kirschtorte 260
... Schwein und Hähnchen Pie 291
... Seebarsch mit Himbeersauce 149
... Taschenkrebssuppe 151
... Vanillesoße mit Ei 219
... Vinaigrette 225
... Weißbrot 170
... Wurst im Blätterteig 298
Rind
... Boeuf Bourguignon 128
... Ochsenschwanzsuppe 130
... Rindfleischeintopf 122
... Sautéed Sirloin Steaks 109

S | Sauce 189 ff
Saucen
... andicken 191
... Bratensaucen 215, 217
... dunkle Grundsauce 213
... helle Sauce 209
... mit Protein angedickte Saucen 196, 218
... Saucen auf Proteinbasis 196, 218
... Saucen auf Stärkebasis 194, 207
Säuren 354
Schäume 33
Schokolade 325 ff
... Biskuitkuchen 249, 262
... Conchieren 335
... Fermentation von Kakaobohnen 334
... Geschichte der Schokolade 327
... Konfekt 338
... Ostereier 344
... Produktion 331, 334
... Rösten der Kakaobohnen 334
... Schokoladensoufflé 320
... Temperieren 337
... Theobroma cacao – Kakaobaum 327, 331, 332
... Trüffel 342
... Verarbeitung 331, 334
... Vermahlen von Kakaobohnen 334
Schokoladentorte für Schokoholics 262
Schwarzwälder Kirschtorte 260
Schwein und Hähnchen Pie 291
Seebarsch
... Seebarsch mit einer Himbeersauce 149
Seifen 33
Sirloin Steaks 109
Soufflés 307 ff
... Apfelsoufflé 314
... auftretende Probleme 316, 318
... Backen mit geöffnetem Ofen 313
... Briesoufflé 320
... Dreifarbensoufflé 323
... Garzeiten 312
... grundlegende Techniken 309
... Räucherlachs 159
... Schokoladensoufflé 320
... Smartiessoufflé 322
... Sommersprossensoufflé 321

Stärke 22 ff, 354
... Stärkekörner 23, 354
Strahlung *siehe* Wärme

T | Taschenkrebssuppe 151
Temperatur 55
Temperaturleitkoeffizient *siehe* Wärme
Töpfe *siehe* Küchenausrüstung
Truthahn
... gebratener Truthahn 117
... Garzeiten 120

U | Umami 41, 354

V | Vanillesoße 196, 219
Vinaigrette 223, 225
Viskosität 192, 355

W | Wärme 55 ff
... Konvektion 63, 67
... latente Wärme 56
   ... Geschwindigkeit beim Gefrieren 57
... Leitung 60
... Mikrowellen *siehe* Mikrowellen
... Strahlung 65
... Wärmeleitkoeffizient 61
... Wärmestrahlung 65, 72
Wärmeleitfähigkeit *siehe* Wärme
Wärmestrahlung *siehe* Wärme
Wärmeübertragung 60
... Konvektion 63
... Leitung 60
... Strahlung 65
Wasserstoffbrückenbindung
   siehe auch Proteine 355
Weiße Sauce 209
Wurst im Blätterteig 298

Z | Zucker 19 ff
... Glukose 21
... Fruktose 20
... Lactose 20
... Saccharose 20
Zersetzung 355

GPSR Compliance

The European Union's (EU) General Product Safety Regulation (GPSR) is a set of rules that requires consumer products to be safe and our obligations to ensure this.

If you have any concerns about our products, you can contact us on

ProductSafety@springernature.com

In case Publisher is established outside the EU, the EU authorized representative is:

Springer Nature Customer Service Center GmbH
Europaplatz 3
69115 Heidelberg, Germany

www.ingramcontent.com/pod-product-compliance
Lightning Source LLC
LaVergne TN
LVHW010334260326
834688LV00036B/711